Photoshop CS5 数码照片处理圣经

曹伟 王静 孟金昌 / 编著

深入解析 Photoshop CS5 照片处理的权威著作！

律师声明

北京市邦信阳律师事务所谢青律师代表中国青年出版社郑重声明：本书由著作权人授权中国青年出版社独家出版发行。未经版权所有人和中国青年出版社书面许可，任何组织机构、个人不得以任何形式擅自复制、改编或传播本书全部或部分内容。凡有侵权行为，必须承担法律责任。中国青年出版社将配合版权执法机关大力打击盗印、盗版等任何形式的侵权行为。敬请广大读者协助举报，对经查实的侵权案件给予举报人重奖。

侵权举报电话：
全国"扫黄打非"工作小组办公室
010-65233456 65212870
http://www.shdf.gov.cn

中国青年出版社
010-59521012
E-mail: cyplaw@cypmedia.com
MSN: cyp_law@hotmail.com

图书在版编目（CIP）数据

Photoshop CS5数码照片处理圣经/曹伟，王静，孟金昌编著．—北京：中国青年出版社，2011.7
ISBN 978-7-5153-0035-1
Ⅰ.①P… Ⅱ.①曹… ②王… ③孟… Ⅲ.①图像处理软件，Photoshop CS5 Ⅳ.①TP391.41
中国版本图书馆 CIP 数据核字（2011）第 114334 号

Photoshop CS5 数码照片处理圣经

曹伟 王静 孟金昌 编著

出版发行：	中国青年出版社
地　　址：	北京市东四十二条21号
邮政编码：	100708
电　　话：	（010）59521188 / 59521189
传　　真：	（010）59521111
企　　划：	北京中青雄狮数码传媒科技有限公司
责任编辑：	郭 光　张海玲　邸秋罗　沈 莹
书籍设计：	王世文
印　　刷：	中煤涿州制图印刷厂北京分厂
开　　本：	787×1092　1/16
印　　张：	32
版　　次：	2011年7月北京第1版
印　　次：	2011年7月第1次印刷
书　　号：	ISBN 978-7-5153-0035-1
定　　价：	99.90元（附赠2DVD，包含视频教学及海量素材）

本书如有印装质量等问题，请与本社联系　电话：（010）59521188 / 59521189
读者来信：reader@cypmedia.com
如有其他问题请访问我们的网站：http://www.lion-media.com.cn

"北大方正公司电子有限公司"授权本书使用如下方正字体。
封面用字包括：方正兰亭黑系列

软件介绍

在众多照片处理软件中，Photoshop 具有压倒性的绝对优势。它由美国 Adobe 公司出品，是目前功能最强大、使用最广泛的图形图像软件之一，它广泛应用于平面设计、图像创意合成、照片后期处理等领域。Photoshop 以其专业化水准和大众化操作深受广大用户的青睐，是惟一一款可以同时满足专业人士和业余爱好者使用需求的照片处理软件。

Photoshop CS5 是 Photoshop 软件的最新版本，其中的很多新增功能都是为数码照片处理而服务，如智能选区、内容识别填充与修复、HDR 色调、"镜头校正"滤镜、"操控变形"命令等。

本书特色

知识全面： 114 个知识点解析 +152 个相关链接 +108 个专家技巧
注重实战： 127 个实战指导 +52 个摄影师训练营 +9 大综合实例
超值附赠： 基础及案例视频 + 海量素材 + 数码照片处理电子书

内容简介

本书共包括 7 篇，即数码照片基础篇、Photoshop CS5 软件篇、数码照片修复篇、数码照片调色篇、数码照片艺术特效篇、数码照片进阶篇和数码照片应用篇。第 1～2 篇主要介绍了数码摄影的基础知识和 Photoshop 的基本操作，通过学习该部分内容可对基础知识有初步的认识；第 3～6 篇为提高篇，分别讲解运用 Photoshop CS5 进行数码照片修复、处理、艺术加工、特效制作等方面的知识；第 7 篇为应用篇，其中的 9 个大型实例综合运用前面所学知识制作而成，同时帮助提高读者的数码照片处理能力和创意设计能力。

超大容量2DVD

本书赠送总容量达 8.6G 的超值 DVD 光盘，包含以下内容：
- 本书所有实例的素材文件与最终效果文件
- 13 小时基础 + 实例多媒体教学视频
- 3000 个画笔、样式、动作、渐变、形状、喷溅墨迹等素材
- 500 幅高清纹理质感图片和 30 个常用特效字体分层文件
- 70 套照片艺术调色动作和 70 个精美数码照片相框
- 包含 Photoshop CS5 操作技巧及数码照片处理技巧的电子书

读者对象

本书适用于希望使用 Photoshop CS5 进行数码照片处理的初、中级读者。通过学习书中 Photoshop 数码照片处理的基础知识，初级读者可以迅速达到上手的目的，已经具备一定的中级读者则可以通过学习进阶实例不断提高数码照片处理水平。

如何使用 Photoshop 将普通的数码照片变为具有艺术美感的摄影作品，是值得思考与探索的，希望本书能带给广大的摄影爱好者更多技术技巧和创意构想。由于时间仓促，难免有错漏之处，希望广大读者能给予批评指正。

作　者

Contents 目录

Part 01 数码照片基础篇

CHAPTER 01　数码摄影基础知识

Section 01　认识数码相机	22
Section 02　数码相机的清洗和整理	22
Section 03　常见的拍摄姿势	23
Section 04　了解光圈的原理	23
Section 05　数码摄影的拍摄焦距	24
Section 06　数码相机的拍摄模式	25
Section 07　避免噪点的产生	25
Section 08　色温与白平衡	26
Section 09　使用闪光灯为摄影对象补光	27

CHAPTER 02 数码照片基础知识

Section 01 数码照片的导出 ······30
- 知识点 导出数码照片的方式 ······30
- 如何做 连接端口并导出照片 ······30

Section 02 数码存储卡的种类 ······31
- 知识点 认识各种不同存储卡 ······31
- 如何做 使用读卡器连接电脑 ······31

Section 03 数码照片的上传 ······32
- 知识点 上传照片的方法 ······32
- 如何做 通过光影魔术手上传照片至网络相册 ······32

Section 04 浏览数码照片 ······33
- 知识点 使用ACDSee浏览照片 ······33
- 如何做 调整照片方向 ······33

Section 05 数码照片的管理 ······34
- 知识点 Adobe Bridge工作界面 ······34
- 如何做 使用Adobe Bridge管理照片 ······35
- 专 栏 Mini Bridge面板 ······36
- 摄影师训练营 利用Mini Bridge打开数码照片 ······37

Section 06 数码照片的像素和分辨率 ······38
- 知识点 了解像素与分辨率 ······38
- 如何做 调整图像分辨率 ······38

Section 07 数码照片的颜色模式 ······39
- 知识点 了解颜色模式 ······39
- 如何做 颜色模式之间的转换 ······39

Section 08 数码照片常用存储格式 ······40
- 知识点 了解各种不同的数码照片格式 ······40
- 如何做 更改数码照片格式 ······40

Section 09 光影魔术手的简单应用 ······41
- 知识点 使用光影魔术手 ······41
- 如何做 调整照片为胶片效果 ······41
- 摄影师训练营 调整照片梦幻色调 ······42
- 摄影师训练营 调整照片怀旧艺术色调 ······43

Part 02　Photoshop CS5软件篇

CHAPTER 03　解读Camera Raw

- Section 01　认识Camera Raw ……46
  - 知识点　了解Camera Raw插件……46
  - 如何做　在Camera Raw中调整视图……48
- Section 02　应用Camera Raw修复照片 ……49
  - 知识点　认识Camera Raw的修复工具……49
  - 如何做　去除照片中指定区域……50
- Section 03　应用Camera Raw调整色调和影调 ……51
  - 知识点　认识Camera Raw色调和影调调整面板……51
  - 如何做　校正照片整体色调……52
  - 摄影师训练营　修复模糊的照片……53
- Section 04　Adobe Camera Raw高级应用 ……54
  - 知识点　认识"效果"调整面板……54
  - 如何做　为照片添加效果样式……54
  - 摄影师训练营　修复曝光过度的照片……55
- Section 05　RAW格式文件的设置与保存 ……56
  - 知识点　RAW格式的优点……56
  - 如何做　调整并另存照片……56

CHAPTER 04　Photoshop CS5基础知识

- Section 01　Photoshop CS5 的基本应用 ……58
  - 知识点　安装与卸载Photoshop CS5软件……58
  - 如何做　启动和退出软件……59
- Section 02　Photoshop CS5工作界面 ……60
  - 知识点　认识Photoshop CS5工作界面……60
  - 如何做　面板的拆分与组合……61
  - 专　栏　工具箱……62
  - 摄影师训练营　调整工作区颜色……64
- Section 03　优化工作界面 ……65
  - 知识点　了解"首选项"对话框……65
  - 如何做　在"首选项"对话框中设置相关参数……72
  - 专　栏　了解"键盘快捷键和菜单"对话框……73
  - 摄影师训练营　自定义工作界面……

Section 04 调整屏幕模式	75
知识点 屏幕模式类型	75
如何做 切换屏幕的显示模式	75

Section 05 调整照片排列方式 ··················· 76
   知识点 多种文档排列方式 ···················· 76
   如何做 排列图像窗口并统一缩放 ············· 77

Section 06 图像的基本操作 ······················ 78
   知识点 新建和打开文件 ························ 78
   如何做 置入文件 ································ 78
   专　栏 了解"新建"、"打开"和"置入"对话框 ······ 79

Section 07 存储和移动数码照片 ················· 81
   知识点 移动工具属性栏 ························ 81
   如何做 调整图像位置并存储文件 ············· 82
   专　栏 了解"图层"面板 ····················· 83

Section 08 批处理照片 ··························· 84
   知识点 了解"批处理"对话框 ················ 84
   如何做 批处理多张照片 ························ 85

Section 09 利用"动作"处理照片 ··············· 86
   知识点 新建与存储动作 ························ 86
   如何做 应用动作调整图像 ····················· 86
   专　栏 了解"动作"面板 ····················· 87
   摄影师训练营 记录动作并调整同样的效果 ······ 89

Section 10 常用辅助工具应用 ···················· 90
   知识点 辅助工具的种类 ························ 90
   如何做 利用辅助工具调整图像 ··············· 91
   摄影师训练营 校正照片方向和角度 ············ 92

CHAPTER 05　数码照片基本处理

Section 01 调整图像大小 ························· 94
   知识点 认识"图像大小"对话框 ············· 94
   如何做 调整照片的大小 ························ 95

Section 02 调整画布大小 ························· 96
   知识点 认识"画布大小"对话框 ············· 96
   如何做 为照片添加相框 ························ 97
   如何做 裁剪照片 ································ 98

Section 03 裁剪数码照片 ························· 99
   知识点 认识裁剪工具 ··························· 99

如何做	将生活照裁剪为证件照	100
专 栏	裁剪工具属性栏	101
摄影师训练营	制作照片个性大头贴	103

Section 04　旋转和变换数码照片 … 104
- 知识点　自由变换命令 … 104
- 如何做　调整照片方向和大小 … 105
- 专　栏　"变形"命令 … 106
- 摄影师训练营　调整照片透视角度 … 107

Section 05　操控变形 … 108
- 知识点　添加或删除图钉 … 108
- 如何做　调整图钉位置 … 109
- 专　栏　操控变形属性栏 … 110
- 摄影师训练营　调整照片中人物动态 … 111

Section 06　保护照片图像 … 112
- 知识点　内容识别比例命令 … 112
- 如何做　存储选区并调整图像 … 113

Section 07　校正倾斜照片 … 114
- 知识点　标尺工具 … 114
- 如何做　调整倾斜照片 … 115

Section 08　拼贴数码照片 … 116
- 知识点　Photomerge对话框 … 116
- 如何做　拼贴照片全景图 … 117
- 专　栏　自动对齐图层与自动混合图层 … 118
- 摄影师训练营　拼合风景照片 … 119

Part 03　数码照片修复篇

Section 03　去除照片多余部分 ·················· 129
　知识点　修补工具的基本操作 ····················· 129
　如何做　去除照片中的局部图像 ················· 130
　摄影师训练营　去除照片中多余的杂物 ········· 131
Section 04　修复受损照片 ························· 133
　知识点　红眼工具的基本操作 ····················· 133
　如何做　修复人物红眼效果 ························ 133
Section 05　修复与复制图像 ······················ 134
　知识点　仿制图章工具与图案图章工具的基本操作 ·· 134
　如何做　去除人物眼袋 ······························ 135
　如何做　为照片添加图案背景 ····················· 136
　专　栏　了解"仿制源"面板 ····················· 137
　摄影师训练营　复制各个主体图像 ··············· 138
Section 06　常用修饰工具 ························ 140
　知识点　认识修饰工具组 ··························· 140
　如何做　利用工具快速模糊和锐化照片图像 ··· 141
　如何做　利用涂抹工具修饰照片 ················· 142
Section 07　利用滤镜修复模糊照片 ············ 144
　知识点　认识锐化滤镜组 ··························· 144
　如何做　快速修复照片模糊效果 ················· 145
　摄影师训练营　还原照片清晰效果 ··············· 146
Section 08　利用填充修复照片 ·················· 147
　知识点　"内容识别"填充命令 ··················· 147
　如何做　修复不完整照片 ··························· 148
　摄影师训练营　去除照片中不需要的部分 ······ 149
Section 09　修复照片噪点 ························ 150
　知识点　"减少杂色"与"蒙尘与划痕"滤镜 ··· 150
　如何做　去除照片噪点 ······························ 151

CHAPTER 07　数码照片色彩与光影修复

Section 01　利用工具修复照片颜色 ············ 154
　知识点　认识颜色替换工具 ························ 154
　如何做　替换照片局部颜色 ························ 155
Section 02　校正颜色失真的照片 ··············· 156
　知识点　应用"镜头校正"滤镜校正照片颜色 ·· 156
　如何做　校正失真照片颜色 ························ 156
　摄影师训练营　修复失真照片 ····················· 157
　专　栏　了解"镜头校正"对话框 ··············· 158

This is one of them. In late afternoon, in the autumn of 1989, I'm at my desk, looking at a blinking cursor on the computer screen before me, and the telephone rings. On the other end of the wire is a former Iowan named Michael Johnson. He lives in Florida now. A friend from Iowa has sent him one of my books

Section 03 应用"可选颜色"命令修复偏色照片 ·········· 16
  知识点 认识"可选颜色"对话框 ························ 16
  如何做 修复人物偏黄皮肤 ····························· 162
  专 栏 了解"调整"面板 ····························· 163
  摄影师训练营 增强照片光影色调 ························ 164

Section 04 替换照片颜色 ······································· 165
  知识点 认识"替换颜色"对话框 ······················· 165
  如何做 替换照片局部图像颜色 ·························· 166

Section 05 利用工具修复照片光影 ····························· 167
  知识点 认识光影修复工具 ····························· 167
  如何做 利用减淡工具提高照片亮度 ······················ 168
  如何做 利用海绵工具调整照片局部颜色 ·················· 170
  摄影师训练营 修复照片光影层次 ························ 171

Section 06 修复曝光照片 ······································· 172
  知识点 认识"曝光度"对话框 ·························· 172
  如何做 修复曝光过度的照片 ···························· 173
  如何做 修复曝光不足的照片 ···························· 174
  摄影师训练营 修复逆光的人物照 ························ 175

Part 04 数码照片调色篇

CHAPTER 08 调整照片艺术影调

Section 01 自动调整照片色调与明暗对比 ····················· 178
  知识点 认识自动调整命令 ····························· 178
  如何做 调整照片色调 ································· 178

Section 02 调整照片亮度 ······································· 179
  知识点 "亮度/对比度"调整命令 ······················ 179
  如何做 调整暗沉照片的亮度 ···························· 179
  摄影师训练营 调整照片色调对比 ························ 180

Section 03 调整照片明暗对比 ··································· 18
  知识点 "色阶"与"曲线"调整命令 ··················· 18
  如何做 增强照片颜色对比效果 ·························· 184
  摄影师训练营 修复风景照光影层次 ······················ 185

Section 04 调整照片黑白效果 ·································· 186
  知识点 "去色"与"黑白"调整命令 ··················· 186
  如何做 将彩色照片调整为黑白效果 ······················ 18

| 如何做 | 将彩色照片调整为双色调效果 ················ 188 |

Section 05　调整照片为矢量效果 ················ 189
　　知识点　"阈值"调整命令 ················ 189
　　如何做　将照片调整为黑白矢量图效果 ················ 189
Section 06　使用"阴影/高光"命令调整照片 ················ 190
　　知识点　"阴影/高光"调整命令 ················ 190

CHAPTER 09

调整照片艺术色调

Section 01　调整照片颜色 ················ 192
　　知识点　"自然饱和度"调整命令 ················ 192
　　如何做　调整照片颜色使其更鲜亮 ················ 192
　　如何做　调整图像颜色饱和度 ················ 193
Section 02　调整照片色调 ················ 194
　　知识点　"色相/饱和度"调整命令 ················ 194
　　如何做　增强照片颜色饱和度 ················ 194
　　如何做　更改照片局部色调效果 ················ 195
　　专　栏　了解"色相/饱和度"对话框 ················ 197
　　摄影师训练营　调整照片复古绿色调 ················ 199
Section 03　调整照片色彩倾向 ················ 200
　　知识点　"照片滤镜"调整命令 ················ 200
　　如何做　增强照片浓郁色调 ················ 201
Section 04　调整照片个性色调 ················ 204
　　知识点　"通道混合器"调整命令 ················ 204
　　如何做　利用"通道混合器"命令调整照片 ················ 206
　　摄影师训练营　调整照片波西中性色调 ················ 207
Section 05　为照片添加渐变叠加效果 ················ 210
　　知识点　"渐变映射"调整命令 ················ 210
　　如何做　使用"渐变映射"命令调整照片 ················ 211
　　摄影师训练营　调整照片复古蓝色调 ················ 212
　　专　栏　关于前景色和背景色 ················ 213
Section 06　调整照片颜色对比 ················ 214
　　知识点　"HDR色调"调整命令 ················ 214
　　如何做　使用"HDR色调"命令调整照片颜色 ················ 215
　　专　栏　"合并到HDR Pro"命令 ················ 217
　　摄影师训练营　调整照片诱人色调 ················ 218
Section 07　应用图像特殊色调 ················ 219
　　知识点　"应用图像"调整命令 ················ 219
　　如何做　使用"应用图像"命令调整照片 ················ 220
　　摄影师训练营　调整照片反转片负冲色调 ················ 221

Part 05 数码照片艺术特效篇

CHAPTER 10 人物照片美容秘笈

Section 01 为人物眼部美容 ·········· 226
    知识点 画笔工具 ·········· 226
    如何做 添加浓密睫毛 ·········· 227
    如何做 添加人物炫彩美瞳 ·········· 229
    专　栏 了解"画笔"面板 ·········· 231
    摄影师训练营 为人物添加个性眼影 ·········· 234

Section 02 为人物嘴巴美容 ·········· 236
    知识点 "色彩平衡"调整命令 ·········· 236
    如何做 校正人物唇色 ·········· 237
    如何做 美白人物牙齿 ·········· 239
    摄影师训练营 添加炫彩唇膏 ·········· 240

Section 03 为人物耳朵美容 ·········· 242
    知识点 "操控变形"命令 ·········· 242
    如何做 修复难看大耳朵 ·········· 242

Section 04 为人物脸型美容 ·········· 243
    知识点 向前变形工具 ·········· 243
    如何做 快速甩掉大饼脸 ·········· 243

Section 05 为人物头发美容 ·········· 245
    知识点 顺时针旋转扭曲工具 ·········· 245
    如何做 将直发变卷发 ·········· 245

Section 06 人物身体的修饰 ·········· 246
    知识点 褶皱工具 ·········· 246
    如何做 打造细长美腿 ·········· 246
    如何做 打造人物纤细手臂 ·········· 247
    专　栏 了解"液化"对话框 ·········· 248
    摄影师训练营 打造人物完美S曲线 ·········· 250

Section 07 美化人物皮肤 ·········· 252
    知识点 认识外挂滤镜 ·········· 252
    摄影师训练营 应用外挂滤镜修复人物照片 ·········· 253

Section 08 调整人物服饰 ·········· 255
    知识点 定义图案 ·········· 255
    如何做 添加衣服图案 ·········· 255

CHAPTER 11 风景照片艺术调整

Section 01 转换风景照季节 ············ 258
- **知识点** Lab颜色模式 ············ 258
- **如何做** 丰富照片颜色效果 ············ 259
- **摄影师训练营** 调整风景照的季节 ············ 261

Section 02 调整梦幻色调 ············ 263
- **知识点** 认识"高斯模糊"滤镜 ············ 263
- **如何做** 调整照片梦幻清新色调 ············ 264
- **专　栏** 了解"模糊"滤镜组 ············ 265

Section 03 调整照片黄昏效果 ············ 267
- **知识点** 油漆桶工具 ············ 267
- **如何做** 调出照片浓郁落日效果 ············ 267
- **专　栏** 油漆桶工具属性栏 ············ 269

Section 04 调整风景照艺术效果 ············ 270
- **知识点** "计算"命令 ············ 270
- **如何做** 模仿照片HDR纪实色调 ············ 270
- **专　栏** 了解"计算"对话框 ············ 272

Section 05 增强照片整体色调 ············ 273
- **知识点** "色调均化"命令 ············ 273
- **如何做** 应用色调均化增强照片色调 ············ 274
- **摄影师训练营** 制作水彩画效果 ············ 276

Section 06 调整照片层次 ············ 277
- **知识点** 认识"镜头模糊"滤镜 ············ 277
- **如何做** 制作照片景深效果 ············ 278

CHAPTER 12 主题照片修饰

Section 01 利用"变化"命令调整宠物照 ············ 282
- **知识点** 认识"变化"对话框 ············ 282
- **如何做** 调出可爱宠物照效果 ············ 283
- **摄影师训练营** 制作宠物信笺纸效果 ············ 285

Section 02 利用"光照效果"滤镜调整静物照片 ············ 287
- **知识点** 认识"光照效果"滤镜 ············ 287
- **如何做** 调整静物照片艺术色调 ············ 288
- **摄影师训练营** 调整静物照片怀旧色调 ············ 289
- **专　栏** 了解"光照效果"对话框 ············ 29
- **摄影师训练营** 为照片添加温婉光影 ············ 29

Section 03 利用"消失点"滤镜添加照片物体 ················· 297
    知识点 认识"消失点"对话框 ····································· 297
    如何做 为建筑物添加图案 ··· 298
Section 04 利用"动感模糊"滤镜调整照片 ················· 300
    知识点 认识"动感模糊"对话框 ································· 300
    如何做 制作照片细雨效果 ··· 301
    摄影师训练营 制作照片绘画效果 ······························· 302

Part 06 数码照片进阶篇

CHAPTER 13 照片的抠取与合成

Section 01 利用选区抠取图像 ·································· 306
    知识点 认识选区创建工具 ··· 306
    如何做 制作画中画效果 ·· 308
    如何做 制作数码影集 ··· 309
    专 栏 编辑选区 ·· 311
Section 02 利用图层蒙版抠取图像 ··························· 314
    知识点 认识图层蒙版 ··· 314
    如何做 合成海市蜃楼效果 ··· 317
    专 栏 认识"蒙版"面板 ··· 318

Section 03 利用快速蒙版抠取图像 ··························· 320
    知识点 认识快速蒙版 ··· 320
    如何做 替换人物背景 ··· 321
Section 04 利用矢量蒙版抠取图像 ··························· 323
    知识点 认识矢量蒙版 ··· 323
    如何做 制作宠物可爱大头贴 ····································· 324
Section 05 利用剪贴蒙版抠取图像 ··························· 325
    知识点 认识剪贴蒙版 ··· 325
    如何做 快速合成图像 ··· 325
Section 06 利用通道抠取图像 ·································· 326
    知识点 认识通道 ··· 326
    如何做 抠取人物发丝 ··· 328
    摄影师训练营 制作照片艺术封面效果 ······················· 330
    专 栏 通道的编辑 ··· 333

Section 07 利用"色彩范围"命令抠取图像 ········ 335
    知识点 "色彩范围"命令抠图原理 ········ 335
    如何做 合成晴朗的天空 ········ 336
Section 08 利用"调整边缘"命令抠取图像 ········ 338
    知识点 认识"调整边缘"对话框 ········ 338
    如何做 抠取动物毛发 ········ 340
Section 09 利用橡皮擦工具抠取图像 ········ 342
    知识点 认识擦除工具组 ········ 342
    如何做 合成另类风景效果 ········ 343

CHAPTER 14 添加照片文字

Section 01 为照片添加文字 ········ 346
    知识点 认识文字工具组 ········ 346
    如何做 为照片添加错落有致的文字 ········ 348
    如何做 为照片添加纪念文字 ········ 350
    专 栏 了解"字符"面板 ········ 351
    摄影师训练营 为照片添加艺术文字 ········ 353
Section 02 为照片添加段落文字 ········ 355
    知识点 认识"段落"面板 ········ 355
    如何做 为照片添加段落文字 ········ 356
    摄影师训练营 制作照片个性名片 ········ 357
    专 栏 文字工具属性栏 ········ 359
Section 03 为照片添加变形文字 ········ 361
    知识点 认识"变形文字"对话框 ········ 361
    如何做 为照片添加弧形文字 ········ 362
    摄影师训练营 制作照片抽象签名效果 ········ 363
    专 栏 文本的编辑 ········ 366
Section 04 沿路径输入文字 ········ 368
    知识点 绘制路径 ········ 368
    如何做 为照片添加曲线文字 ········ 369
    摄影师训练营 制作照片杂志插页效果 ········ 370
Section 05 结合图层样式添加文字 ········ 372
    知识点 认识图层样式 ········ 372
    如何做 为照片添加透明文字 ········ 374
    摄影师训练营 为照片添加铁锈文字 ········ 376

如何做	添加人物可爱图案	387
摄影师训练营	制作天空闪电效果	388
专　栏	定义画笔预设	390

Section 03　利用路径绘制图形 … 391

知识点	认识"路径"面板	391
如何做	制作个性相框效果	392

Section 04　利用钢笔工具绘制图形 … 393

知识点	认识钢笔工具组	393
如何做	添加照片动感线条	396
摄影师训练营	添加人物个性纹身	398
专　栏	描边路径	400

Section 05　利用形状工具绘制图形 … 401

知识点	认识形状工具组	401
如何做	添加照片情景对话框	404
专　栏	自定形状工具形状面板	405

Section 06　图形的颜色填充 … 406

知识点	认识渐变工具	406
如何做	添加照片彩虹效果	408
专　栏	了解"渐变编辑器"对话框	409

Part 07 数码照片应用篇

CHAPTER 16 制作照片艺术画效果

Section 01 "木刻"滤镜的应用 ················ 412
- 知识点 滤镜库与"木刻"对话框 ············ 412
- 如何做 制作照片木刻画效果 ················ 414
- 摄影师训练营 制作人物照片矢量画效果 ···· 415
- 专 栏 滤镜菜单和独立滤镜 ················ 417

Section 02 "干画笔"滤镜的应用 ············ 418
- 知识点 "干画笔"滤镜选项组 ·············· 418
- 如何做 制作照片个性壁画效果 ·············· 419

Section 03 "粗糙蜡笔"滤镜的应用 ·········· 420
- 知识点 "粗糙蜡笔"滤镜选项组 ············ 420
- 如何做 制作彩色铅笔绘画效果 ·············· 421

Section 04 "绘画涂抹"滤镜的应用 ·········· 423
- 知识点 "绘画涂抹"滤镜选项组 ············ 423
- 如何做 制作照片水粉画效果 ················ 424
- 专 栏 了解"艺术效果"滤镜组 ············ 425

Section 05 "成角的线条"和"海洋波纹"滤镜的应用 ········ 426
- 知识点 "成角的线条"和"海洋波纹"滤镜选项组 ···· 426
- 如何做 制作人物照片印象油画效果 ·········· 427

Section 06 "喷溅"滤镜的应用 ················ 429
- 知识点 "喷溅"滤镜选项组 ················ 429
- 如何做 制作照片淡雅装饰画效果 ············ 430
- 摄影师训练营 制作照片水墨画效果 ·········· 432
- 专 栏 了解"画笔描边"滤镜组 ············ 433

Section 07 "特殊模糊"滤镜的应用 ············ 434
- 知识点 认识"特殊模糊"对话框 ············ 434
- 如何做 制作照片钢笔淡彩绘画效果 ·········· 435
- 专 栏 了解"模糊"滤镜组 ················ 436

Section 08 "水彩"和"纹理化"滤镜的应用 ········· 437
 知识点 "水彩"和"纹理化"滤镜选项组 ········· 437
 如何做 制作照片水彩画效果 ········· 438
 专　栏 了解"纹理"滤镜组 ········· 440
Section 09 "查找边缘"和"等高线"滤镜的应用 ········· 441
 知识点 认识"查找边缘"和"等高线"滤镜 ········· 441
 如何做 制作图像手绘草稿效果 ········· 442
 摄影师训练营 制作照片炭笔画效果 ········· 443

CHAPTER 17 制作照片特殊质感效果

Section 01 "马赛克"滤镜的应用 ········· 446
 知识点 "马赛克"滤镜对话框 ········· 446
 如何做 制作照片瓷砖效果 ········· 446
 摄影师训练营 制作照片十字绣效果 ········· 448
 专　栏 了解"像素化"滤镜组 ········· 450
Section 02 "添加杂色"和"动感模糊"滤镜的应用 ········· 451
 知识点 "添加杂色"和"动感模糊"对话框 ········· 451
 如何做 制作照片雨丝效果 ········· 452
 专　栏 了解"杂色"滤镜组 ········· 454
Section 03 "染色玻璃"滤镜的应用 ········· 455
 知识点 "染色玻璃"滤镜选项组 ········· 455
 如何做 制作照片彩色玻璃质感 ········· 456
Section 04 "拼缀图"滤镜的应用 ········· 458
 知识点 "拼缀图"滤镜选项组 ········· 458
 如何做 制作照片织锦效果 ········· 459
Section 05 "半调图案"滤镜的应用 ········· 460
 知识点 "半调图案"滤镜选项组 ········· 460
 如何做 制作照片铜版雕刻质感效果 ········· 462
 专　栏 了解"素描"滤镜组 ········· 463
Section 06 "塑料包装"滤镜的应用 ········· 465
 知识点 "塑料包装"滤镜选项组 ········· 465
 如何做 制作照片冰冻效果 ········· 466
Section 07 利用3D命令调整照片 ········· 467
 知识点 认识3D工具 ········· 467
 如何做 制作照片微雕立体效果 ········· 470
 摄影师训练营 制作个性抱枕效果 ········· 472
 专　栏 了解"凸纹"对话框 ········· 474

CHAPTER 18

综合实战

Section 01　制作非主流手机壁纸·················476
Section 02　制作CD封面···························481
Section 03　制作照片燃烧效果·····················485
Section 04　制作时尚婚纱效果·····················489
Section 05　制作温馨杯贴效果·····················494
Section 06　制作双胞胎合影效果··················498
Section 07　制作网店商品色调效果···············502
Section 08　制作可爱晾晒效果·····················505
Section 09　制作人物明星照效果··················509

APPENDIX

附录

APPENDIX 01　数码照片处理技巧·····················2
APPENDIX 02　数码照片处理的常见问题············12
APPENDIX 03　数码照片的输出·······················15
APPENDIX 04　Photoshop常用快捷键···············17

Part 01

数码照片基础篇

Chapter 01 | 数码摄影基础知识
Chapter 02 | 数码照片基础知识

CHAPTER 01

数码摄影基础知识

在对数码照片进行处理之前,首先需要对数码摄影基础知识进行了解,以便在对数码照片进行处理的过程中更好地理解摄影专业术语和图像处理的方法。本章主要针对数码摄影中的基本概念如光圈、白平衡和构图法则等进行介绍,帮助用户了解数码摄影的基础知识。

Section 01　认识数码相机

一般家庭所使用的相机通常为消费级数码相机，即卡片机，其外观精致小巧、携带方便，但在性能上与更加专业的数码单反相机相比还是有着较大的差距。数码单反相机在性能上更加优越，功能更多，且在机身设计上也更加专业化、复杂化。针对使用群体的不同需求，数码单反相机分为多种级别，包括入门级数码单反相机、中端数码单反相机、高端全画幅数码单反相机等，同时在价位上也有较大的差异。

佳能消费级数码相机　　　　●索尼入门级数码单反相机　　　　佳能全画幅数码单反相机

Section 02　数码相机的清洗和整理

使用相机的同时也要学习对摄影器材进行清理和整理，此时需要用到各种摄影配件。一般情况下套件包括清洁套装和摄影包两部分，清洁套装可针对不同的机型购买专业厂家的产品，以免污损相机部件。对于一般家庭用户而言，购买相机时附赠的普通摄影包基本可以满足保护摄影器材的需求，而专业的摄影师则需要专业的摄影包，这类摄影包都具有防水防尘功能，且内部会添加海绵内衬进行分隔，以便将装备放置在不同的区域中分别保护。

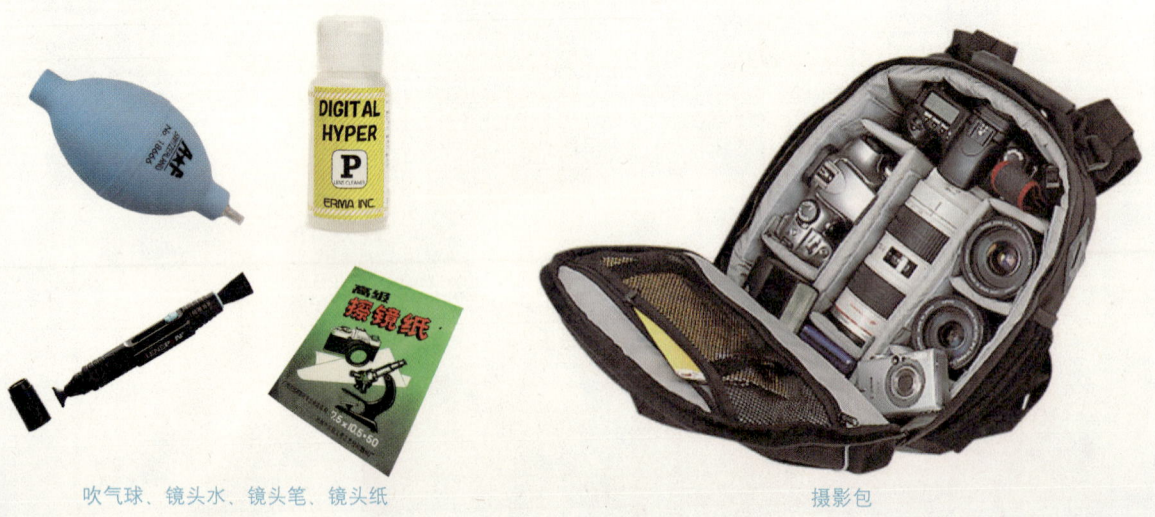

吹气球、镜头水、镜头笔、镜头纸　　　　　　　　　　　　摄影包

Section 03 常见的拍摄姿势

这里所指的拍摄姿势是针对较为专业的摄影而言的。在使用专业相机进行拍摄时，须注意手持相机的姿势是否规范，以得到最佳拍摄效果。正确的摄影姿势有以下几个要点：（1）右手在上握住相机手柄，食指轻放于快门按键上；（2）左手在下托住机身或镜头下端；（3）紧握相机的同时手臂或手肘紧贴身体以稳固相机；（4）将相机紧贴面部，眼睛观察取景器以准备拍摄。

站立拍摄时的姿势

下蹲拍摄时的姿势

Section 04 了解光圈的原理

光圈以F表示，用于控制相机的进光量，其原理类似于人眼瞳孔的控光原理。光圈值越小，表示光圈越大，透光量就越多；光圈值越大，表示光圈越小，透光量也越少。光圈与光圈值是成反比的，使用时不要混淆。

光圈与画面景深有着密切的联系，即光圈可以控制画面的清晰范围。使用较大的光圈拍摄时，增加了画面的曝光量，从而形成小景深范围效果；若使用较小光圈拍摄，则减少画面曝光量，可以拍摄更为广阔而清晰的风景。我们还可以通过设置相机A/AV光圈优先模式控制景深范围，调整所需的光圈大小后，相机自动控制快门速度以获得最佳曝光效果。

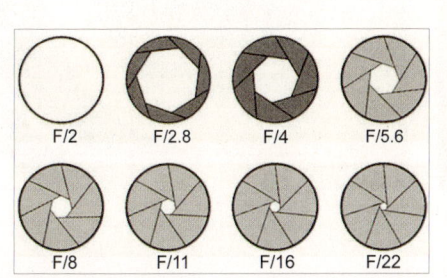
光圈与光圈值

大光圈景深浅

小光圈景深深

Section 05　数码摄影的拍摄焦距

从相机镜片中心到底片或是CCD等成像平面的距离即镜头中心到焦点之间的距离被称为相机的焦距，通常以毫米（mm）为单位。与光圈一样，镜头焦距的长短同样可决定景深范围。焦距越短，景深越深，可表现广阔的景色；焦距越长，景深越浅，可营造舒适的环境，并突出主体。使用短焦距拍摄时，可拍摄到相机所在位置能够捕捉到的最大范围；使用长焦距拍摄时，能拍摄更远处的对象，以突出画面主体并模糊背景区域。

短焦距表现风景　　　　　　　　　　　　长焦距突出主体

焦距在50mm左右的镜头或包含此焦段的镜头被称为标准镜头，而长焦距镜头则是比标准镜头长的摄影镜头。利用长焦镜头拍摄远景中的特写部分，能够在不移动位置的情况下轻松获取其细节。使用这种方法可避免在拍摄动物时对动物的惊扰，同时也可选择性地裁切画面中不理想的部分，以优化画面构图。

尼康70-300mm长焦镜头

数码单反相机可使用配置的专业长焦镜头进行拍摄，但便携式数码相机则通常为较为固定的焦距。在便携式数码相机的镜头上或外置式相机镜头上标注的焦距长度即为相机的光学焦距。对于传统35mm相机而言，其标准镜头为28-70mm，若高于70mm则表示能够远距离对焦，若低于28mm则表示具有广角拍摄的能力。

便携式数码相机镜头上标注的光学焦距

Section 06　数码相机的拍摄模式

相机的拍摄模式由不同相机的摄影需求而定，常见的拍摄模式包括Auto模式、微距模式、人像模式和液晶模式等。对于普通摄影用户而言，可使用Auto模式进行拍摄，该模式下可对相机参数自动调整并进行拍摄，也被称为傻瓜模式。Auto全自动拍摄模式对焦、测光同时完成，并能拍摄出清晰的画面；而在弱光环境下，该模式将自动开启闪光灯，以平衡画面光量。数码相机拍摄模式设置根据相机本身而定，可通过外置式或内置式拍摄模式设置方式应用不同的拍摄模式。

还有一些拍摄模式可以针对该模式拍摄环境而增强画面的效果，从而使其达到最佳，如防抖模式、儿童和宠物模式、逆光模式等。

外置式拍摄模式图标

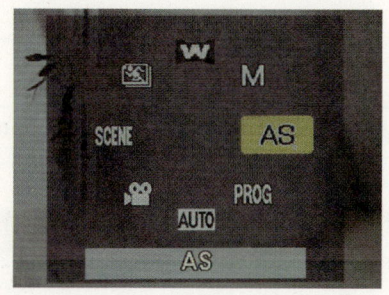
内置式拍摄模式图标

图像缩览式拍摄模式图标

Section 07　避免噪点的产生

噪点是感光元件接收光线信号后，在传输过程中由于电子干扰而在图像上产生的影响图像像质的因素。最为常见的是在较暗的环境下拍摄时由于高感光度或长时间曝光而造成的图像细节丢失。

ISO感光度是控制感光元件对光线感光敏锐度的量化参数，通常以倍数递增的方式表现其数值。增加一档感光度值会同时增加感光元件对光线的敏锐度，并在光圈不变的情况下缩减正常曝光时间，提高相应的快门速度。ISO感光值越大，噪点越多；感光度值越小，噪点越少。在图像原始大小尺寸时以肉眼观看可能不会很明显，但放大图像局部细节后可在画面中看到一些分布较均匀的小颗粒。

图像原大小

放大视图

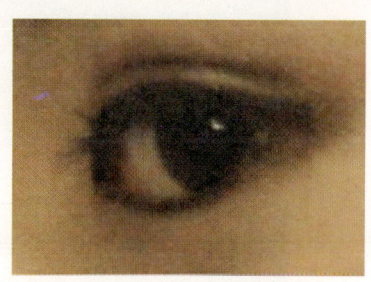
继续放大视图后可看到噪点

为避免产生噪点，可在拍摄过程中采取一些措施，以表现更清晰的图像。例如：（1）在较暗环境下拍摄时，减少曝光时间；（2）选择优化了芯片的较高档的相机或具有降噪功能的相机；（3）降低ISO值，一般在400以下，而平时应设置自动ISO值为100；（4）使用三脚架固定相机；（5）使用"向右曝光"法，即在保证不会曝光过度的情况下增加画面曝光量；（6）不宜长时间开机拍照，否则会导致相机过热，高温和强磁场均能导致噪点产生；（7）在后期处理中使用降噪功能让照片更清晰，但应避免过度处理而导致更多细节的丢失。

Section 08　色温与白平衡

　　色温是指色彩的温度，不同的光线、不同的时段所表现出来的色温都有所不同。因此在不同的光源环境下拍摄时将呈现出不同的白平衡效果。若以绝对的黑体来定义色温，当黑体温度升高时，升温过程中不同阶段的温度使黑体表现出不同的颜色状态，这些不同阶段所呈现出来的色彩就是色温。色温越低，红辐射越多，色调越暖；色温越高，蓝辐射越多，色调越冷。标准的烛光色温为1900K，钨丝灯为2760-2900K，闪光灯为3800K，正午阳光为5400K，蓝天为12000-18000K。

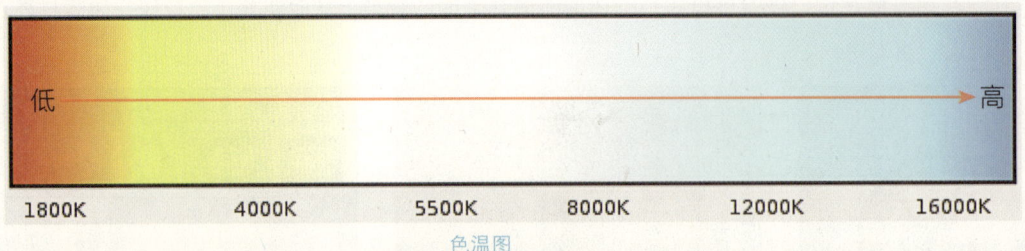
色温图

　　白平衡与色温有着密切的联系。数码相机一般采用自动白平衡进行拍摄，也可在不同环境下设置不同白平衡来校正画面色调，排除光线的色温对照片色调的影响。在不确定光线环境对画面色调所造成的影响时，可通过在相机镜头前放置白纸的方式调整白平衡。将白纸放置在镜头前，若白纸呈现非白色的状态，表示该环境下画面白平衡失衡，此时可设置相机白平衡的方式进行校正，直到白纸呈现白色的状态。相机白平衡设置包括自动模式、日光模式、钨丝灯模式、荧光灯模式、闪光灯模式、阴天模式，以及自定义白平衡等。

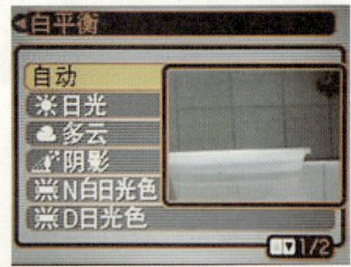
白平衡设置

自动模式拍摄

白炽灯模式拍摄

阴影模式拍摄

N白日光色模式拍摄

Section 09　使用闪光灯为摄影对象补光

在光线较暗的环境下或逆光拍摄时，被摄体由于受光不足而导致主体过暗，可通过使用闪光灯为被摄体补光。闪光灯可用于为被摄体补光，也可烘托画面氛围，其色温类似于太阳光的色温，按下快门的同时可将闪光灯与快门速度同步，从而在瞬间发射出一定量的光线，为画面进行补光。

使用闪光灯为被摄体补光，可使用数码相机内置式闪光灯进行补光，也可使用独立式闪光灯。一般的数码相机都附有内置式闪光灯，而独立式闪光灯则更多用于较为专业的摄影中。

消费级数码相机内置式闪光灯

数码单反相机内置式闪光灯

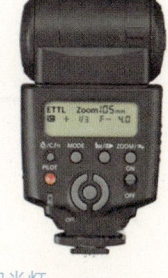
独立闪光灯

在光线较暗的环境或背光环境下拍摄时，常导致画面主体较暗，可通过适当调整曝光补偿或使用闪光灯等方式为画面主体补光。例如在户外强光、逆光环境下，可能导致被摄体受光不足，可在使用闪光灯与快门高速同步进行拍摄的同时降低1~2档曝光补偿，以减弱闪光灯的强度，同时保证了背景亮度和被摄主体的曝光量，使拍摄效果生动自然。

光线暗淡环境下拍摄的人物

背光环境下拍摄的人物

使用闪光灯为人物补光

Section 10　数码摄影黄金构图法则

摄影中的构图表现是至关重要的，好的构图是艺术的体现，也是视觉的享受。摄影构图中最为经典的构图法则之一即黄金分割法，是一个古典的美学法则。

黄金分割法是将一条线段分为x和y两条长短不等的线段，长线段与整条线段的比等于短线段与长线段的比，即为最理想的黄金分割率，而分割线段x和y的点C则被称为黄金分割点，是最理想也是最有吸引力的视觉中心点。在数码相机的矩形取景框中大都附有井字形分割的辅助框线，形成的格局即宫格构图，这种构图便于拍摄者更容易地找到黄金分割点。

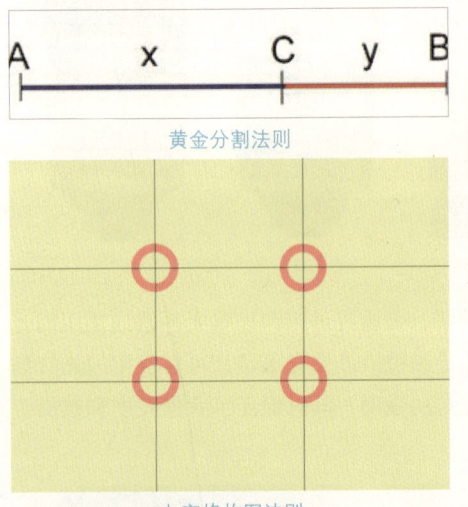

黄金分割法则

九宫格构图法则

黄金分割比例构图

Section 11　巧妙利用前景

在拍摄时可以使用前景进行画面构图并表现气氛，使用前景可突出画面主题思想，也能在视觉上更具美感，前景作为一种惊喜运用到画面中，烘托出不一样的氛围。使用前景不仅可以丰富画面的细节、营造特殊氛围，还使构图也更加饱满。在运用前景时，可通过景深深浅表现前景与背景的关系，在虚化前景或背景时，突出画面的主体，并同时展现一种戏剧性色彩，使整个画面富有故事情节。

使用不同前景表现画面构图

CHAPTER

02

数码照片基础知识

　　对数码照片进行处理之前，先了解数码照片的导出方式、上传方式、数码照片的管理、数码照片的像素和分辨率、数码照片的颜色模式等基础知识，将加深对图像处理的认识，使照片处理效果达到更好的状态。

Section 01 数码照片的导出

对数码照片进行处理之前，须将拍摄的照片导出到电脑中。导出数码照片的方法很简单，将数码相机与电脑连接后，根据提示即可将相机中的照片导出到电脑中。

知识点 导出数码照片的方式

导出数码照片的方法有很多种，下面介绍两种常用的方法。

方法1：使用数据线导出数码照片。使用数码相机原装数据线连接相机的USB接口和电脑的USB接口，连接后打开数码照片所在文件夹，然后根据提示选中并复制指定的照片文件至电脑中即可。

方法2：使用读卡器导出数码照片。取出数码相机中的存储卡并插入读卡器中，然后将读卡器插入电脑USB接口以连接电脑，使用同样的方法复制照片至电脑中即可。

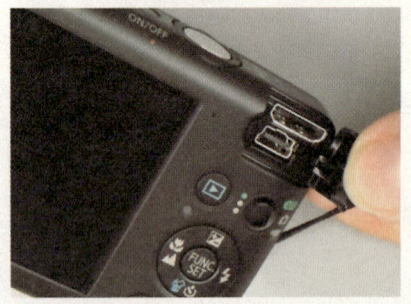
数码相机USB接口

读卡器与存储卡1

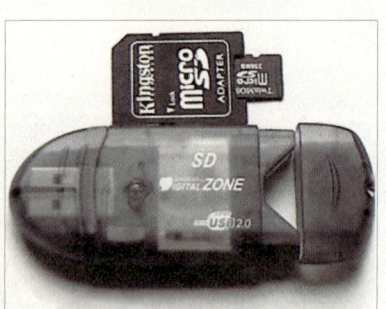
读卡器与存储卡2

如何做 连接端口并导出照片

将数码相机和电脑的USB接口相连后，在默认情况下会弹出属性对话框，在该对话框中选择相应的选项并应用后，通过数码相机资源管理器可将照片导出到电脑中。

01 连接电脑并选择执行操作
连接数码相机和电脑USB接口，在弹出的对话框中选择选项。

02 应用选项并复制文件夹
单击"确定"按钮后，在弹出的管理窗口中复制照片文件夹。

03 切换至电脑并粘贴文件夹
切换至电脑指定磁盘并粘贴照片文件夹，导出照片到电脑中。

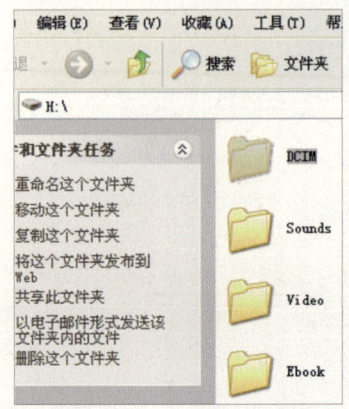

Section 02 数码存储卡的种类

数码存储卡内置于数码相机，用于存储拍摄的数码照片。目前数码存储卡的种类很多，其价格和性能均有所不同，本小节将介绍主要的几种存储卡。

知识点 认识各种不同存储卡

数码存储卡的种类很多，主要包括CF卡（小型闪存卡）、MS卡（记忆棒）、SD卡（安全数字卡）、SM卡（智慧卡）、xD图像卡和MMC卡（多媒体卡）等，其中常用的有CF卡、SD卡和MS卡。

（1）CF卡。CF卡在单位容量上的存储成本较低，存储速度较快，其使用非常广泛，市场上大容量存储卡通常为此类存储卡。

（2）SD卡。SD卡最大的特点在于具有加密功能，能够保障数据资料的安全。SD卡形似MMC卡，且在数码相机上的接口兼容，但等容量的两种卡SD卡价位更高。

（3）MS卡。MS卡容量大、体积小，是由索尼公司研发的闪存记忆卡，广泛应用于该公司MP3播放器、数码相机和掌上电脑等产品设备中。

CF卡

SD卡

MS卡

如何做 使用读卡器连接电脑

使用读卡器导出数码照片，需要选择与存储卡兼容的读卡器，并根据读卡器的连接方式将其连接至电脑USB接口，从而导出数码照片。

01 取出存储卡
打开数码相机放置存储卡的关卡，将存储卡取出。

02 将存储卡置于读卡器内
将取出的存储卡插入与之兼容的读卡器中，包括数据线连接式读卡器和优盘式万能读卡器。

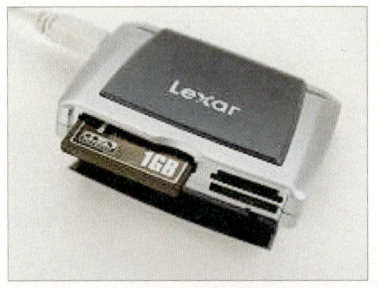

03 连接至电脑
若读卡器为数据线连接式，可将该读卡器数据线的另一接口插入电脑USB接口，以连接至电脑。

数码照片的上传

将数码照片上传至网络，与朋友们一起分享精彩的时刻，是一种流行的网络交流形式。在网络论坛、邮箱或网络通讯工具的个人空间及博客中均可使用网络相册，本小节将介绍将数码照片上传至网络的方法。

知识点　上传照片的方法

将数码照片上传至网络中，通常须在注册的网站中开启个人页面，并上传数码照片，也可在一些可用于上传数码照片的软件中进行，如光影魔术手等。

在相册中单击"上传照片"按钮

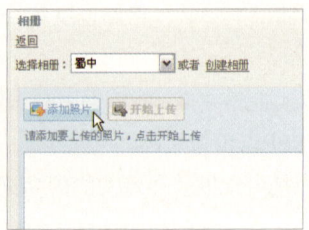

单击"添加照片"按钮

单击"开始上传"按钮上传照片

如何做　通过光影魔术手上传照片至网络相册

在光影魔术手中应用上传照片功能，在不登录网页的情况下即可将照片上传至指定的网络相册中，包括百度相册、新浪相册和QQ相册等。

01 应用上传功能
在光影魔术手中打开任一照片文件后，多次单击界面右上角的扩展箭头，直到可单击"上传"按钮。

02 登录网络相册
在弹出的对话框中选择个人网上相册并输入账号和密码，以登录个人相册。

03 选择指定相册并上传照片
登录相册后选择指定的相册或新建相册，并设置相应的选项后即可上传照片。

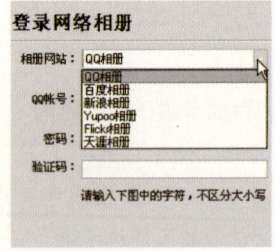

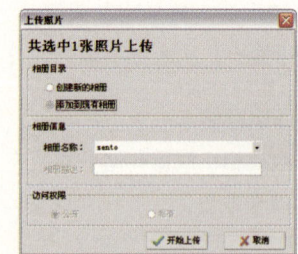

知识链接

光影魔术手

光影魔术手是国内非常受欢迎的一款用于数码照片修饰润色处理的图像处理软件。其外观精巧、功能丰富实用，且可对数码照片进行快速调整，实用而易上手，因此广受时尚青年和一些专业人士的青睐。使用光影魔术手无须繁琐的操作程序和专业技术，使你轻轻松松就能对数码照片的色调、画质和构图等属性进行调整，并可为照片添加特殊效果等。

Section 04 浏览数码照片

将数码照片导入到电脑后,可使用图片浏览器浏览所拍摄的照片,以体验拍摄成果或挑选、调整照片等。在使用指定的图片浏览器浏览照片时,还可对照片进行基本的调整,以使其更易于浏览。

知识点 使用ACDSee浏览照片

在默认情况下,双击照片文件后将以系统自带的"Windows图片和传真查看器"浏览照片,也可通过安装其他图片浏览器,并将照片文件与浏览器关联,在指定浏览器中浏览照片,如ACDSee图片浏览器等。

在ACDSee中浏览照片,可在打开该浏览器后,通过界面左侧的文件夹选项选择指定的文件夹位置,打开该文件夹以缩览图形式浏览照片。若要浏览指定的照片,可双击该照片缩览图,以满界面浏览照片,然后单击界面中的"上一个"或"下一个"按钮以浏览其他照片。

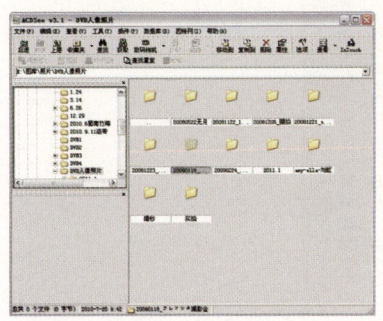
选择指定的文件夹

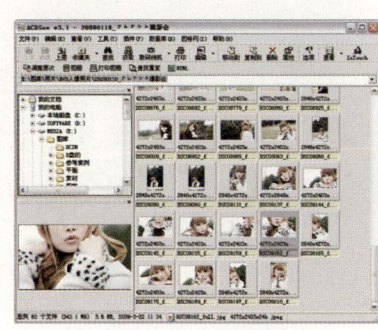
浏览文件夹中的照片

打开照片并进行浏览

如何做 调整照片方向

使用ACDSee图片浏览器可浏览照片,也可对照片的方向进行调整。一些照片在拍摄时由于相机位置等因素的影响而导致其方向变换,通过ACDSee可快速恢复其方向。

01 应用旋转命令
在ACDSee中打开附书光盘Chapter 2\Media\01.jpg文件,执行"工具>JPEG旋转"命令。

02 翻转照片
在弹出的"无损JPEG旋转"对话框中,根据照片所要恢复的方向单击第一个旋转按钮。

03 应用翻转效果
完成设置后单击该对话框中的"确定"按钮,将旋转效果应用于照片,以恢复其方向。

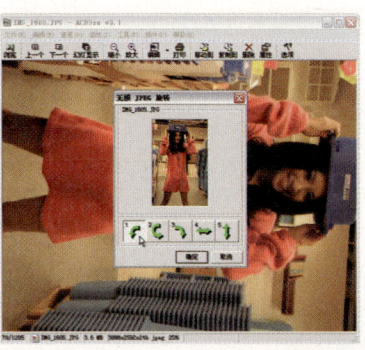

Section 05 数码照片的管理

对数码照片进行统一地管理，有利于在后期处理中对照片的查找和浏览。使用 Adobe Bridge 可以对大量的照片文件进行系统化的管理，本小节将介绍 Adobe Bridge 的使用方法。

知识点 Adobe Bridge工作界面

单击"启动Bridge"按钮，或执行"文件>在Bridge中浏览"命令，即可打开Adobe Bridge。在工作界面左侧的"文件夹"选项卡中选择指定的文件夹，即可在图像预览区域查看照片文件夹中的照片缩览图。

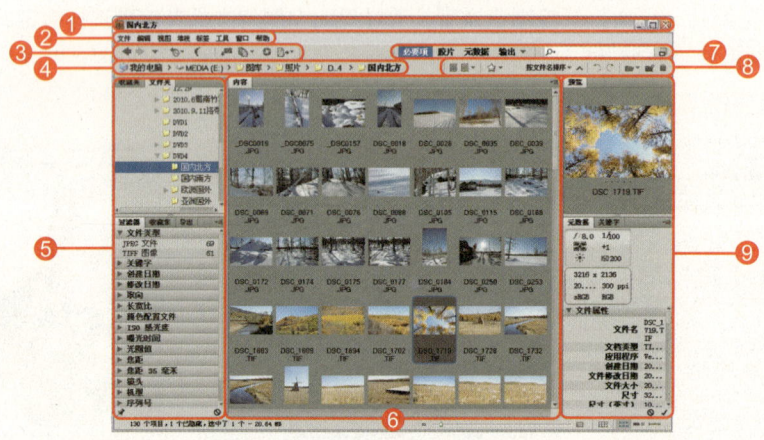

Adobe Bridge工作界面

❶ **标题栏：** 在标题栏中将显示当前文件夹的名称，以及界面的放大、缩小和关闭按钮。

❷ **菜单栏：** 菜单栏中包括8个菜单选项，通过单击这些菜单选项可执行相关的命令。

❸ **按钮属性栏：** 显示一些常用的按钮选项，单击相应按钮可快速执行相关命令。

❹ **文件路径：** 显示当前所打开的文件夹所在位置。

❺ **控制面板组：** 主要包含5个控制选项卡，单击指定的选项卡即可切换至该面板中，以便对照片文件进行系统化的管理。

❻ **文件预览窗口：** 用于显示当前文件夹或打开的照片文件缩览图。

❼ **"预览方式"选项组：** 包括"必要项"、"胶片"、"元数据"和"输出"4个选项，单击指定按钮，可按指定的方式在预览窗口中显示文件。

❽ **"图像查看方式"选项组：** 可设置当前文件夹中的所有图像文件的排列方式。单击指定按钮即可按照指定的方式排列文件，也可通过单击该选项组中的旋转按钮以旋转当前图像文件。

❾ **控制面板组：** 用于预览当前选择的照片文件以及其相关数据信息。

知 识 链 接

切换Adobe Bridge界面

使用Adobe Bridge浏览照片或编辑照片属性时，可切换其界面大小，以节省更多空间。在完整模式状态下单击"切换到紧凑模式"按钮可切换至较紧凑的模式；而单击"切换到超紧凑模式"按钮则可切换至超简化的界面状态。

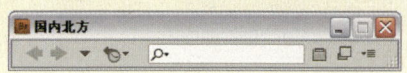

如何做 | 使用Adobe Bridge管理照片

在Adobe Bridge中可通过不同的浏览方式浏览照片文件，也可对照片文件进行属性管理，以便在之后的编辑中更快捷地查找到相关的照片。

01 启动Adobe Bridge并打开照片文件夹

在Adobe Bridge中打开一个指定的照片文件夹，进入该照片文件夹的预览状态。

02 选择指定照片

按住Ctrl键的同时单击预览区中指定的花卉照片，将其选中。

03 添加关键字

在界面右下角的"关键字"选项卡中单击"新建关键字"按钮，新建一个关键字并在文本框中输入"花卉"，完成后按下Enter键并勾选该关键字复选框，以添加照片的关键字。

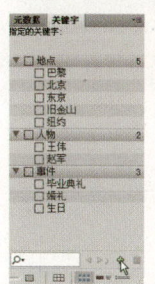 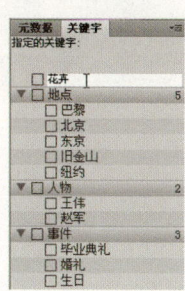 

04 添加标签

在选择的照片区域单击鼠标右键，在弹出的快捷菜单中执行"标签>已批准"命令，以添加照片的标签状态。

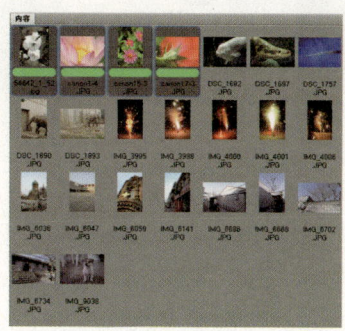

05 搜索指定照片

取消选择指定的照片后，在界面右上角的"Bridge搜索"文本框中输入"花卉"，并按下Enter键，即可查看添加了该关键字的所有照片，并隐藏其他照片。

> **知 识 链 接**
>
> **切换界面浏览模式**
>
> 在Adobe Bridge界面中浏览照片文件，可切换多种预览模式以查看照片。在界面顶端的预览方式选项组中分别单击"必要项"、"胶片"、"元数据"或"输出"选项按钮，将分别切换到相应的预览模式，以便更清晰地浏览照片相关数据信息。

专栏 Mini Bridge面板

Mini Bridge面板是Adobe Bridge的迷你版。在Photoshop CS5的功能图标栏中单击"启动Mini Bridge"按钮，或执行"文件>在Mini Bridge中浏览"命令，即可打开Mini Bridge面板。在该面板中可选择"导航"选项卡中的指定选项以切换"内容"选项卡中的该选项，在其中选择指定的文件夹位置，以便浏览文件夹中的照片。双击其中任一照片文件可将其打开至Photoshop中。

打开Mini Bridge面板

查找照片文件夹

在Mini Bridge面板底端可切换当前照片浏览视图方式。单击"视图"按钮，可在弹出的菜单中选择指定的视图选项，以切换至该视图样式，包括"缩览图"和"详细信息"等视图样式。

"缩览图"视图

"连环缩览幻灯胶片"视图

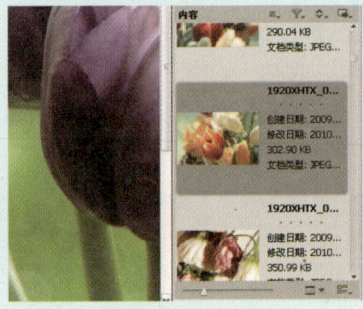
"详细信息"视图

除调整照片视图样式外，还可调整照片浏览模式，单击该面板底端的"预览"快捷箭头，在弹出的菜单中可选择"幻灯片放映"、"审阅模式"和"全屏预览"等预览模式选项。

"幻灯片放映"模式浏览

"审阅模式"浏览

摄影师训练营　利用Mini Bridge打开数码照片

在Mini Bridge中可浏览数码照片，也可将指定的照片打开至Photoshop中，以便对照片进行编辑处理。在该面板中通过双击指定文件夹中的照片缩览图可打开照片图像。

知 识 链 接

调整Mini Bridge缩览照片的预览大小

在Mini Bridge中预览照片文件时，除调整该面板中照片预览模式等方式外，还可手动调整照片缩览图的大小。

在Mini Bridge面板底端，通过拖动视图调整滑块的方式可快速调整照片缩览图的大小。滑块越靠左，照片缩览图越小；滑块越靠右，照片缩览图越大。调整后的照片缩览图将以不同的状态显示在"内容"列表框中。

最小缩览图样式

01 打开Mini Bridge面板

启动Photoshop，在工作界面中执行"文件>在Mini Bridge中浏览"命令，打开Mini Bridge面板。

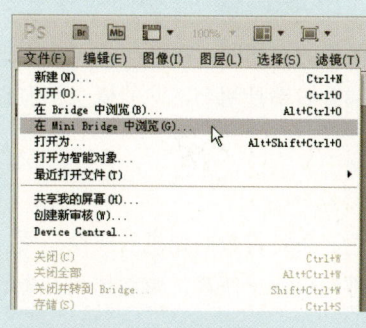

03 选择指定的照片文件

单击"浏览文件"按钮，选择附书光盘中的Chapter 2\Media\02.jpg文件。

02 选择指定的照片文件夹

在Mini Bridge面板中单击"浏览文件"按钮，再指定照片文件夹所在位置的路径。

04 打开指定的照片

双击需要打开的照片缩览图，即可将其打开至Photoshop中，在图像预览区域可浏览照片效果。

放大缩览图样式

继续放大缩览图样式

最大缩览图样式

Section 06 数码照片的像素和分辨率

像素和分辨率是两个重要且具有密切联系的概念，了解了这两个概念后才能更好地对数码照片进行处理。数码照片的像素和分辨率与相机本身及相机设定相关，也可在Photoshop中对数码照片的像素和分辨率进行查看或更改。

知识点 了解像素与分辨率

图像的像素和分辨率决定着照片图像的清晰度，在Photoshop中根据需求可调整数码照片的像素和分辨率，以表现照片图像最佳效果。像素和分辨率是两个不同的概念，但它们之间又存在着密切的联系，从而构成图像的像质。

1. 像素

像素是数码摄影中的一种应用单位，决定着数码相机的成像品质。相机里的光电传感器上的光敏元件数目决定相机的分辨率，一个光敏元件对应一个像素，像素越大，光敏元件就越多，因此所拍摄的照片图像也会越清晰。

2. 分辨率

分辨率用于度量位图图像内部数据量，代表显示器屏幕图像的精密度，指显示器所能显示的点数，通常表示为每英寸像素和每英寸点（ppi和dpi）。每单位内所包含的数据量越多，表示文件长度越大，图像则越清晰且像质越佳，但同时也会增加内存使用率。

将照片图像放大至超出图像100%像素与分辨率状态后，图像将呈现边缘模糊或像素化色块的状态。图像放大得越大则图像越模糊。

如何做 调整图像分辨率

在Photoshop中通过更改照片像素或分辨率的方式可调整照片的大小，也能调整照片图像的视图显示比例。将照片像素和分辨率更改至比原图像小的状态后放大画面视图，照片像质将发生变化，使得照片中图像颜色区域呈现模糊或像素色块的状态。

01 打开图像文件并查看像素
打开附书光盘Chapter 2\Media\03.jpg文件，执行"图像>像素大小"命令。

02 更改照片像素
在弹出的对话框中设置"宽度"和"高度"选项，完成设置后单击"确定"按钮。

03 放大画面视图
画面视图将自动缩小，单击缩放工具，再单击"填充屏幕"按钮，可看到图像像质效果。

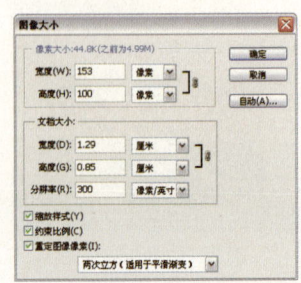

Section 07 数码照片的颜色模式

数码照片具有颜色模式属性，这一属性决定了图像颜色的模式和状态。不同的颜色模式可使图像呈现出不同的颜色效果，同时也在应用功能上有所差异或限制，本小节将对颜色模式的相关知识进行简单介绍。

知识点 了解颜色模式

颜色模式是图像颜色表现的一种应用模式，Photoshop支持多种颜色模式，包括RGB颜色、CMYK颜色、Lab颜色、灰度、索引颜色和位图模式等。下面分别对几种常用的颜色模式进行简单介绍。

1. RGB颜色模式

RGB颜色模式是一种光学意义上的颜色模式，其中R代表红色，G代表绿色，B代表蓝色，通过以三色为基本通道进行混合而产生丰富的色彩效果。三色混合后其数值越大颜色就越亮，数值越小则颜色就越暗，被称为加法混合。

2. CMYK颜色模式

CMYK颜色模式与油墨颜料有关，用于印刷输出。其中C代表青色，M代表洋红，Y代表黄色，K代表黑色，四色油墨通过混合产生其他颜色。其混合后的数值越大则颜色越暗，反之则越亮，被称为减法混合。

3. Lab颜色模式

Lab颜色模式是一种理论上包括了人眼能够看见的所有颜色的颜色模式，不依赖于光线和颜料，弥补了RGB和CMYK两种颜色模式的不足。Lab颜色模式包括了一个明度通道和两个颜色通道，其中L代表明度，a代表从深绿到中灰再到亮粉红色的颜色，b代表从亮蓝到中灰再到黄色的颜色。

如何做 颜色模式之间的转换

一个图像从一种颜色模式切换至另一种颜色模式后，其颜色呈现的状态将被改变，同时图像中的原始颜色数据信息也将在一定程度上造成损失，且在未执行还原操作的情况下其颜色信息将不可被恢复。

01 打开图像文件
打开附书光盘Chapter 2\Media\04.jpg文件。在"通道"面板中可查看该图像当前的颜色模式为RGB颜色模式。

02 切换至CMYK颜色模式
执行"图像>模式>CMYK颜色"命令，在弹出的对话框中单击"确定"按钮，转换图像为CMYK颜色模式，同时图像颜色被更改。

03 切换至灰度模式
执行"图像>模式>灰度"命令，在弹出的对话框中单击"确定"按钮，转换图像为灰度模式，同时图像颜色变为灰度效果。

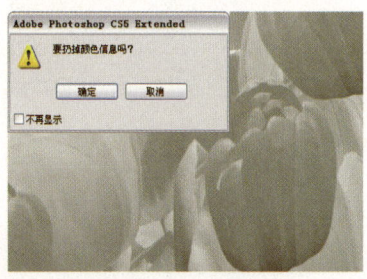

Section 08 数码照片常用存储格式

数码照片的文件格式是为存储照片文件而使用的特殊编码形式，用于识别内部存储的资料，因此不同的文件格式通常使用不同的扩展名来区分，以便更好地编辑或管理照片文件。

知识点　了解各种不同的数码照片格式

数码照片常用的存储格式有JPEG、TIFF和RAW格式等，针对数码照片不同的应用范畴可使用不同的照片存储格式，以优化相机或电脑内存使用率。下面分别对数码照片常用存储格式进行介绍。

（1）JPEG格式。该格式是一种有损压缩格式，将图像的色彩和灰阶压缩后减小了文件的内存使用率，并提高了存储的速度，但同时也会导致图像中部分颜色信息丢失，是普通家庭摄影常用的存储格式。

（2）TIFF格式。该格式是一种无损压缩格式，可同时存储多个图像，也可存储图像的RGB、CMYK或灰度模式以及Alpha通道。TIFF格式的图像品质较好，常用于排版印刷，也可用于多个图像软件之间进行数据交换。

（3）RAW格式及NEF格式。RAW格式是一种无损压缩格式，保留了数码照片的原始信息。该格式可将照片存储为16位/通道图像，与JPEG格式相比，多了256倍的处理空间，就如同底片与照片的关系，是一种更加专业化的照片存储格式，且需要配备专业的软件进行处理。NEF格式则是RAW格式的另一种形式。

如何做　更改数码照片格式

更改照片的存储格式将根据所要更改并应用的存储格式性质决定照片数据信息的状态。例如将照片从高品质存储格式更改为低品质存储格式后，将压缩照片数据，从而破坏照片中图像的原始数据。

01 打开图像文件
打开附书光盘Chapter 2\Media\05.jpg和06.jpg文件。

02 放置图像
单击移动工具，将06.jpg图像文件中的图像拖动至05.jpg图像文件中，生成"图层1"。

03 存储图像文件为指定格式
执行"文件>存储"命令，在对话框中选择TIFF格式并单击"保存"按钮，再单击"确定"按钮即可。

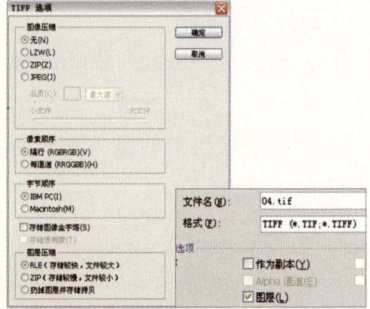

专家技巧　复制并粘贴图像

通过按下快捷键Ctrl+A和Ctrl+C可全选并复制图像，再切换至另一图像文件时按下快捷键Ctrl+V可粘贴复制的图像至该图像文件中心。如果两个图像文件像素尺寸一致，则通过该方法粘贴的图像将覆盖原始图像。

Section 09 光影魔术手的简单应用

光影魔术手是一款在国内广受欢迎的数码照片处理软件,其外观设计精巧简洁,操作便捷且容易上手。使用该软件可对数码照片的曝光度、颜色和构图等进行调整,并可为照片添加丰富的特效样式,增强照片美观性。

知识点 使用光影魔术手

光影魔术手拥有精巧而简洁的工作界面,其操作功能突出,能够快速引导用户学习并使用软件处理数码照片。启动光影魔术手后,将进入该软件欢迎界面,从"向导中心"和"诊断中心"选项面板中可查看并体验软件神奇操作功能,关闭该欢迎界面后可打开指定的照片文件并进行编辑。

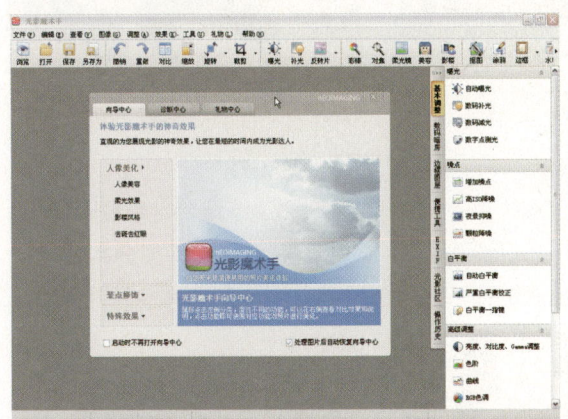
光影魔术手欢迎界面

在光影魔术手中打开图像

如何做 调整照片为胶片效果

使用光影魔术手为照片添加胶片效果,是通过应用其中的边框特效制作功能实现的。在工作界面中单击顶端的"边框"按钮快捷箭头或在右侧的"边框图层"选项卡中应用指定样式的边框。

01 打开图像文件
打开附书光盘Chapter 2\Media\07.jpg文件,然后单击界面右侧的"边框图层"选项卡标签。

02 选择边框选项
单击"边框图层"选项卡中的"轻松边框"选项,在弹出的对话框中单击"胶片边框"选项,可看到照片添加边框后的效果。

03 添加边框效果
完成设置后单击"确定"按钮,即可为照片添加胶片边框效果。

摄影师训练营　调整照片梦幻色调

使用光影魔术手处理照片，可应用多种调整命令校正照片失真色调，完成后通过应用一些特效色调调整命令调整画面亮丽丰富的颜色和质感，使其富有梦幻特质。

01 打开图像文件
启动光影魔术手，执行"文件>打开"命令，打开附书光盘Chapter 2\Media\08.jpg文件。

02 为照片补光
执行"效果>数码补光"命令，在弹出的对话框中设置参数并单击"确定"按钮，稍微调亮画面。

03 自动调整曝光度
单击工作界面顶端的"曝光"按钮，以自动调整画面的曝光度，增强画面色调。

04 继续补光
执行"效果>数码补光"命令，在弹出的对话框中设置参数并单击"确定"按钮，调亮画面。

05 增强画面色调对比
单击工作界面顶端"反转片"按钮旁的快捷箭头，执行"淡雅色彩"命令，以增强画面色调效果。

06 降噪处理
执行"效果>降噪>颗粒降噪"命令，在对话框中设置参数并单击"确定"按钮，以减少照片噪点。

07 锐化图像
执行"效果>模糊与锐化>精细锐化"命令，在弹出的对话框中设置参数并单击"确定"按钮。

08 应用柔光镜命令
锐化照片图像后，执行"效果>柔光镜"命令，在弹出的对话框中设置各项参数。

09 应用柔光镜效果
完成设置后单击"确定"按钮，应用照片柔光镜效果，以增强画面中人物的柔美效果。

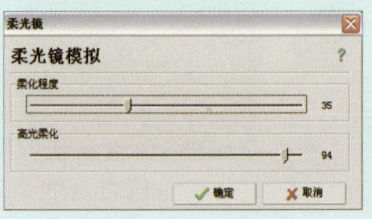

调整照片怀旧艺术色调

使用光影魔术手调整照片艺术色调，可通过对照片进行特效色调调整的方法增强照片图像的质感和色调氛围，以使其富有怀旧艺术气息。

知识链接

调整不同反转片色调

使用光影魔术手调整照片色调时，可应用"反转片"调整命令调整不同的反转片色调，以增强照片的颜色效果，使其氛围更加浓郁。

要调整照片反转片色调，可通过执行"效果>反转片效果"命令，在弹出的对话框中进行相应设置；也可在软件工作界面顶端的功能按钮栏中单击"反转片"按钮右侧的快捷箭头，在弹出的菜单中选择相关选项即可，其中包括"素淡人像"、"淡雅色彩"、"真实色彩"、"艳丽色彩"和"浓郁色彩"。

原图

"真实色彩"效果

"浓郁色彩"效果

01 打开图像文件

启动光影魔术手，执行"文件>打开"命令，打开附书光盘Chapter 2\Media\09.jpg文件。

03 增强画面色调对比

单击工作界面顶端"反转片"按钮旁的快捷箭头，执行"淡雅色彩"命令，以增强画面色调效果。

05 应用单色调

执行"调整>单色>更多色调"命令，在弹出的对话框中设置参数并单击"确定"按钮，以应用照片怀旧色调效果。

02 调整曲线

执行"调整>曲线"命令，在弹出的对话框中向左上方拖动曲线锚点，以调亮画面。

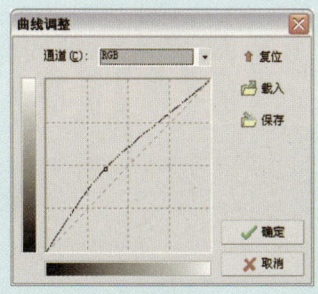

04 应用褪色旧相

执行"效果>其他特效>褪色旧相"命令，在弹出的对话框中设置参数并单击"确定"按钮，以应用照片怀旧色调效果。

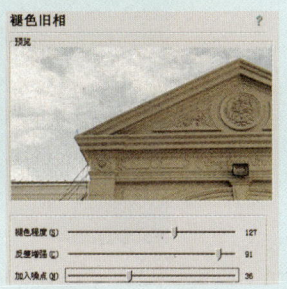

06 应用滤色镜

执行"效果>其他特效>数字滤色镜"命令，在弹出的对话框中设置参数并单击"确定"按钮，以继续调整照片怀旧色调效果。

Part 02

Photoshop CS5软件篇

Chapter 03 解读Camera Raw
Chapter 04 Photoshop CS5基础知识
Chapter 05 数码照片基本处理

CHAPTER 03

解读 Camera Raw

　　Camera Raw 是依附于 Photoshop CS5 软件的一款专门用于处理与 RAW 格式相关数码照片的插件，在数码照片处理方面具有更专业的功能。本章主要针对 Camera Raw 的图像处理功能进行讲解，并通过一些实际操作演示该插件的处理方法和技巧。

Section 01 认识Camera Raw

Camera Raw 是依附于 Photoshop CS5 的一款较为专业的插件，用于处理更加专业化的数码照片。在 Camera Raw 中处理数码照片，主要针对一些特殊格式的专业数码照片进行处理，如 RAW、NEF 和 DNG 格式等。

知识点 了解Camera Raw插件

Adobe Camera Raw用于校正数码照片局部图像或色调。在Photoshop CS5中打开一张数码照片后，将自动弹出该插件界面对话框。在该对话框中可快速地将数码照片调整到想要的状态，适用于高清照片的冲洗。

知识链接

使用Phtoshop Lightroom

Adobe Phtoshop Lightroom是一款后期图像处理和图形制作软件，主要针对数码摄影和图形设计的专业用户，用于对数码照片的浏览、编辑、管理和打印等处理。Lightroom支持各种RAW格式图像，也可将普通格式的图像存储为与RAW相关的格式。

Lightroom工作界面

要将普通格式如JPEG格式的照片存储为与RAW相关的格式，可单击该界面左下角的"导出"按钮，以导出照片。

单击"导出"按钮

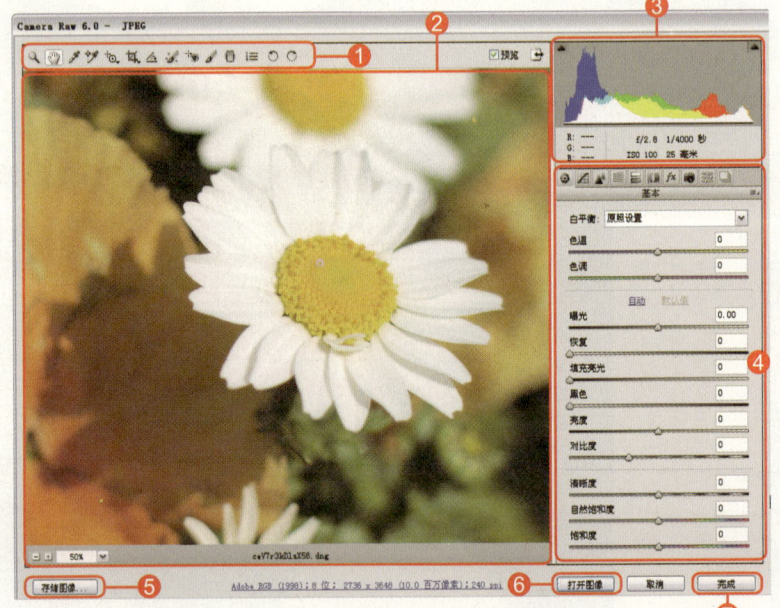

Adobe Camera Raw插件

① **工具按钮栏**：利用工具栏中的各种调整工具可快速校正图像局部或整体颜色，以及调整画面构图等效果。

缩放工具 （快捷键Z）：在预览窗口中单击图像，可放大图像视图，按住Alt键单击则可缩小图像视图，双击缩放工具可将图像放大至100%。也可以在图像中拖动鼠标，框选需要放大的区域。

抓手工具 （快捷键H）：主要用于当画面视图放大至超出图像预览窗口的范围而不能完整显示的时候，拖动图像以查看各个区域。双击抓手工具，图像将适合预览窗口显示。

白平衡工具 （快捷键I）：可用于快速校正白平衡。单击图像指定区域可调整色调；单击白色或中灰色区域可校正照片白平衡。

颜色取样器工具 （快捷键S）：在预览窗口中单击图像，可吸取颜色样本。每张图最多放置9个取样样本，每个取样样本的信息放置在顶端的属性栏中，要清除这些样本可单击"清除取样器"按钮。

也可在Lightroom中执行"文件>导出"命令，弹出"导出"对话框，在该对话框中可设置导出的照片格式为TIFF或DNG相关格式，并指定照片存储的位置，以导出照片。

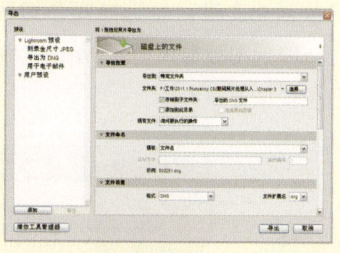

"导出"对话框

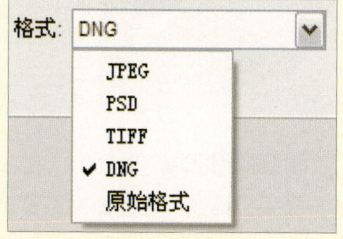

设置存储格式

在Lightroom中还可对照片应用不同风格的预设色调。单击界面右侧"存储的预设"选项下拉按钮，在弹出的菜单中可选择多种预设色调，而不损坏照片原始颜色。

预设色调菜单

冷色调风格效果

目标调整工具（快捷键T）：按住该工具，可在弹出的菜单中选择指定的命令选项，以切换至对应的面板中，并在画面中拖动鼠标以调整照片曲线、色相、饱和度和亮度等属性。

裁剪工具（快捷键C）：在图像上拖动可创建裁切框，完成后按下Enter键即可。要取消裁切框，则可按下Esc键。

拉直工具（快捷键A）：用于校正倾斜的照片，在图像中拖动可以创建垂直或是水平参考线。要取消纠正，可按下Esc键。

污点去除（快捷键B）：在图像中可创建取样样本并进行仿制或修复。

红眼去除（快捷键E）：用于移去由于闪光灯拍摄人物而导致的人物红眼，也可用于移去由于闪光灯拍摄所导致的动物照片中的白色或绿色反光。调整"瞳孔大小"选项可以设置要修复的瞳孔范围大小；"变暗量"选项可设置瞳孔的暗度。

调整画笔（快捷键K）：使用该工具可在画面中创建调整点，然后以该点为样本进行涂抹，可在其调整面板中设置曝光度、亮度、对比度和锐化度等参数，以调整所涂抹区域的色调。

渐变滤镜（快捷键G）：在画面中拖动可创建渐变滤镜，并可在其调整面板中设置各项参数，调整渐变滤镜覆盖区域的色调。

"打开首选项对话框"按钮（快捷键Ctrl+K）：单击该按钮可打开"首选项"对话框，进行首选项的各项属性设置。

"逆时针旋转图像90度"按钮（快捷键L）：单击可让图像按逆时针旋转90°。

"顺时针旋转图像90度"按钮（快捷键R）：单击可让图像按顺时针旋转90°。

❷ **预览窗口**：用于预览照片原始图像或通过调整色调等属性后的效果图。可通过缩放工具调整画面视图，也可在左下角输入数值以调整显示比例。

❸ **直方图**：用于查看照片的颜色信息。位于面板左上角的小三角代表"阴影修改警告"，右上角的小三角则表示"高光修改警告"。小三角显示为白色时，则表示该区域为警告状态。

❹ **调整面板**：单击某一选项按钮可切换到该调整面板，并在其中设置相应的参数。包括"基本"、"色调曲线"、"细节"、"HSL/灰度"、"分离色调"、"镜头校正"、"效果"、"相机校准"、"预设"和"快照"调整面板。

❺ **"存储图像"按钮**：单击该按钮可在弹出的对话框中设置文件的存储格式和存储位置，将照片另存为其他照片文件。

❻ **"打开图像"按钮**：单击即可打开图像至Photoshop预览窗口中。

❼ **"完成"按钮**：单击该按钮可直接存储调整效果至原照片，并退出Camera Raw。

如何做　在Camera Raw中调整视图

与Photoshop中调整照片视图的方式一样，在Camera Raw中也可随意调整照片视图状态。通过使用各种工具按钮或快捷键的方式调整画面视图，以便在编辑过程中更加快捷地进行操作。

01 打开图像文件
在Photoshop CS5中打开附书光盘Chapter 3\Media\01.dng文件，弹出Camera Raw界面对话框。

02 框选缩放区域
单击界面对话框中的缩放工具，并在画面中按住鼠标左键并拖动鼠标框选图像。

03 放大视图
释放鼠标左键，框选的矩形选区区域的视图被放大至Camera Raw图像预览窗口大小。

04 调整视图百分比
单击"选择缩放级别"下拉按钮，在弹出的菜单中选择100%，放大视图至实际大小。

05 切换屏幕模式
单击工具按钮栏中的"切换全屏模式"按钮，将隐藏Camera Raw的标题栏，以稍微加宽画面视图。

06 调整视图区域
单击抓手工具，在图像预览窗口中任意拖动视图，以调整视图区域至指定的部分。

07 调整旋转角度
单击工具按钮栏中的"逆时针旋转图像90度"按钮，将照片视图以逆时针方向旋转90°。

08 再次旋转角度
单击"顺时针旋转图像90度"按钮，将照片再次以顺时针方向旋转90°，以恢复照片角度。

09 恢复屏幕模式
再次单击工具按钮栏中的"切换全屏模式"按钮，以恢复界面对话框的屏幕模式。

Section 02 应用Camera Raw修复照片

使用 Camera Raw 中的修复功能修复照片,可通过使用相关修复工具的方法修复图像色调、局部污点或瑕疵等不理想的部分,以便美化照片整体效果。本小节将对 Camera Raw 中的主要修复工具进行介绍。

知识点 认识Camera Raw的修复工具

Camera Raw中的直接修复工具主要包括白平衡工具、污点去除工具和红眼去除工具。

1. 白平衡工具

白平衡工具用于修复照片白平衡色调,使用该工具在画面中的指定区域单击,将以所单击区域颜色的补色校正画面色调。例如在图像中的冷色系区域单击,可调整画面整体色系为暖色系。

原图像1

使用白平衡工具单击冷色区域以校正色调

2. 污点去除工具

使用污点去除工具可通过创建选区并移动选区至指定区域的方式修复或仿制图像。单击污点去除工具后,可在画面中拖动鼠标以创建选区,创建选区后将自动创建一个样本选区,用于将该选区内的图像仿制并覆盖创建的原选区中的图像,拖动选区则可以调整其位置。在右侧的工具属性调整面板中可设置污点移去类型,设置"半径"值可调整选区大小,设置"不透明度"可调整仿制或修复区域的透明度。

原图像2

使用污点去除工具在左侧图像创建选框并仿制为右侧图像

PART 02 Photoshop CS5软件篇 49

3. 红眼去除工具

Camera Raw中的红眼去除工具可用于移去照片中的人物红眼现象。使用该工具在红眼区域拖动，可创建红眼选区，拖动选区边角可调整其大小，以使其覆盖整个红眼区域，从而修复人物眼睛。

原图像3

使用红眼去除工具在红眼部分创建选框以移去红眼

如何做　去除照片中指定区域

使用污点去除工具去除照片中指定的局部图像，可直接在该图像区域拖动以创建修复选区，然后将自动创建的样本选区移动至所要仿制的区域，以修复该区域图像。

知识链接

移去修复叠加

使用修复工具如污点去除工具或红眼去除工具修复图像时，将在指定的区域创建选区。所创建的选区决定了所要修复的范围，可将该选区移动至其他区域，以调整其他区域；也可隐藏该选区，以查看修复效果；同时还可将该选区删除，以取消调整。

创建污点修复选区

移动选区以调整修复区域

01 打开图像文件并创建修复选框

打开附书光盘Chapter 3\Media\02.dng文件，单击污点去除工具，并在画面中指定的区域拖动，以创建修复选区。

02 调整选框

创建选区后，将自动创建样本选区，调整该选区至相应区域以修复图像。在"污点去除"调整面板中取消"显示叠加"复选框的勾选，以隐藏选区，完成对照片的调整。

Section 03 应用Camera Raw调整色调和影调

在Camera Raw中调整照片色调和影调，主要是通过设置色调选项卡和影调质感类调整面板中的参数来实现。在工作界面右侧的调整面板组中单击选项按钮可切换至不同的调整面板，以调整照片色调和影调。

知识点 认识Camera Raw色调和影调调整面板

在Camera Raw对话框右侧的调整面板组中包括多种调整面板，主要用于调整照片的色调和图像质感。包括"基本"、"色调曲线"、"细节"、"HSL/灰度"和"分离色调"等。

知识链接

直方图的应用

直方图用于查看图像中每个明亮度值的像素数量，若其中每个明亮度值都不为零，则表示该图像的色调范围较完整。

直方图左侧区域表示暗调区域，而右侧区域则表示高光区域。当峰值拥挤在直方图最左侧，"阴影修剪警告"图标亮起，表示阴影修剪；当峰值拥挤在直方图最右侧，"高光修剪警告"图标亮起，表示高光修剪。单击修剪警告图标，可查看所修剪的图像区域。

Camera Raw中的直方图由3层颜色组成，分别为红、绿和蓝通道。当3个通道重叠时显示为白色；当两个通道重叠时则根据所重叠通道的颜色决定所显示的颜色。如红色与绿色通道重叠后显示黄色；红色与蓝色通道重叠后显示为洋红；而绿色和蓝色通道重叠后则显示为青色。

在Camera Raw中打开照片文件后，自动显示为"基本"调整面板，主要用于调整照片基本色调如曝光度、亮度、对比度和饱和度等属性。

在"色调曲线"调整面板主要使用色调曲线对照片色调进行微调，通过拖动曲线至不同方向以调暗或调亮色调，也可设置下方的选项参数以调整色调曲线。

"细节"调整面板主要用于调整图像中的细节像素，通过锐化图像或减少图像杂色的方式增强照片图像的影调质感。

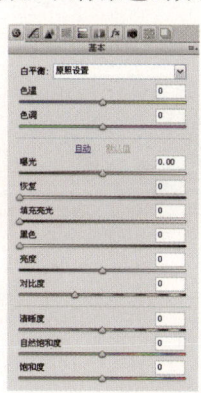
"基本"调整面板

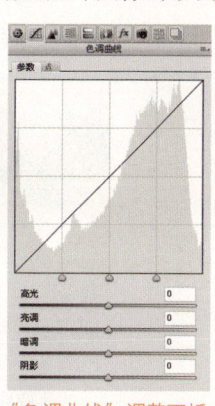
"色调曲线"调整面板

"细节"调整面板

打开原图像

原图像

调整基本色调属性后

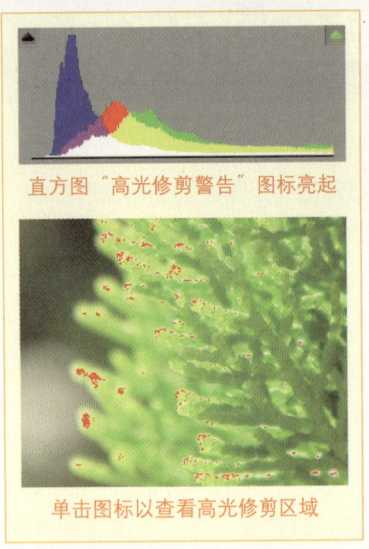
直方图"高光修剪警告"图标亮起

单击图标以查看高光修剪区域

"HSL/灰度"调整面板用于调整图像中指定颜色范围的色调,例如调整图像中红色范围的色相、饱和度和亮度。

"分离色调"调整面板用于调整图像中指定色调区域的颜色色相和饱和度。包括在图像中的高光和阴影色调区域调整颜色色相和饱和度。

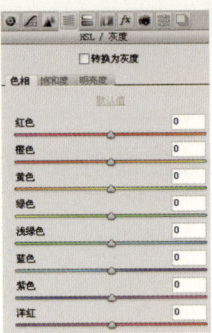

"HSL/灰度"调整面板　　　"分离色调"调整面板

如何做　校正照片整体色调

在Camera Raw中校正照片整体色调,可通过结合使用各种色调调整面板的方式实现。分别在各色调调整面板中设置参数以恢复照片色调对比,然后结合使用色调修复工具校正整体色调。

01 打开图像文件
打开附书光盘Chapter 3\Media\03.dng文件。

02 调整基本属性
在"基本"调整面板中设置各项参数,以稍微调亮画面。

03 调整曲线
在"色调曲线"调整面板中设置曲线锚点,以继续调整画面色调。

04 调整HSL/灰度
在"HSL/灰度"调整面板中设置"饱和度"选项卡中的相关参数,以调整画面色调效果。

05 调整白平衡
单击白平衡工具,在画面中的高光区域单击,以调整画面白平衡色调效果。

知识链接

调整色调曲线

在"色调曲线"调整面板中调整曲线状态,可通过其"参数"和"点"选项卡进行设置。

在"参数"选项卡中,可通过设置各项参数的方式调整曲线状态,从而调整画面的亮部和暗部区域;而在"点"选项卡中,则可直接通过单击曲线添加锚点,再拖动锚点的方式调整曲线,并同时调整画面色调。

摄影师训练营　修复模糊的照片

使用Camera Raw修复模糊的照片，可通过应用色调调整命令增强画面色调对比，然后对图像进行锐化处理的同时降低图像中的噪点，以在最大程度上锐化照片细节。

01 打开图像文件
打开附书光盘Chapter 3\Media\04.dng文件。

02 调整基本属性
在"基本"调整面板中设置各项参数，以增强画面色调对比效果。

03 调整曲线
在"色调曲线"调整面板中设置曲线参数，以稍微调整画面色调。

04 调整HSL/灰度
在"HSL/灰度"调整面板中分别设置"色相"和"饱和度"选项卡中的参数，以调整画面色调效果。

05 调整细节锐化度和颜色
在"细节"调整面板中分别设置"锐化"和"减少杂色"选项组中的参数，以锐化图像并进行降噪处理。

知 识 链 接

更改照片设置参数

　　在Camera Raw中设置照片各项属性参数并存储至原照片后，关闭该照片并重新将其打开时，由于这些设置不会直接覆盖原照片，所有参数设置保持不变且可以继续进行更改。若要完全恢复调整后的效果至照片最初状态，则可按住Alt键单击"复位"按钮，以恢复照片色调。

Section 04 Adobe Camera Raw高级应用

使用 Camera Raw 中的高级应用功能调整照片，可为照片应用特殊质感效果，以增强照片特殊氛围色调，例如使用 Camera Raw 对话框中的"效果"调整面板可调整图像的质感。

知识链接

新建预设

在Camera Raw中调整照片效果后，可将处理的效果存储为预设效果，以便在之后的编辑中应用该调整效果至其他照片。在"预设"调整面板中单击"新建预设"按钮，在弹出的对话框中设置预设效果的属性即可。

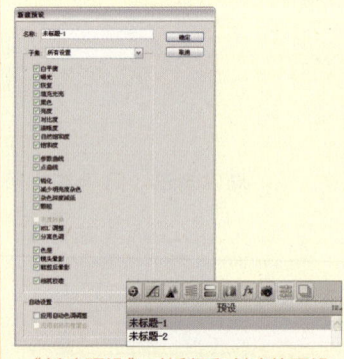

"新建预设"对话框和创建的预设

知识点 认识"效果"调整面板

"效果"调整面板主要用于为照片添加颗粒质感，并对照片添加高光或暗角晕影效果，以制作照片特殊氛围效果。

在该调整面板中设置"颗粒"选项组中的参数，可调整应用到画面中的颗粒数量、颗粒大小及其粗糙度；设置"裁剪后晕影"选项组中的参数，可设置添加到画面中的暗角或高光晕影效果。

切换至"效果"调整面板

如何做 为照片添加效果样式

为照片添加效果样式，通过结合使用"效果"调整面板添加照片中的杂色颗粒，以及暗角或高光晕影的方式，可增强照片的怀旧特质。

01 打开图像文件
打开附书光盘Chapter 3\Media\05.dng文件。

02 添加颗粒
在"效果"调整面板中设置"颗粒"的参数，以添加颗粒效果。

03 添加晕影
继续设置"裁剪后晕影"参数，以添加高光晕影效果。

修复曝光过度的照片

使用Camera Raw修复曝光过度的照片，可通过调整照片基本色调属性的方式恢复照片基本色调和细节，然后分别调整照片细节图像和颜色，以增强其色调效果。使用该方法可快速修复照片曝光过度的色调，并在最大程度上恢复其细节区域。

01 打开图像文件
执行"文件＞打开"命令，打开附书光盘Chapter 3\Media\06.dng文件。

02 修复照片曝光
在"基本"调整面板中设置"曝光"选项的参数，以初步修复照片过曝的色调。

03 调整局部暗调
继续在该调整面板中设置"恢复"选项的参数，以稍微调暗画面局部色调，恢复部分细节。

04 填充高光
继续在该调整面板中设置"填充高光"选项的参数，以稍微调亮画面建筑和路面区域。

05 调整对比色调
在该调整面板中设置"黑色"、"亮度"和"对比度"的参数，以增强画面对比色调。

06 调整清晰度和饱和度
继续在该调整面板中设置"清晰度"和"自然饱和度"的参数，以增强画面细节和颜色。

知识链接

在Bridge中打开照片

在Adobe Bridge中选择多张照片后，右击并执行"在Camera Raw中打开"命令，即可在Camera Raw中查看多张照片。

在Camera Raw中浏览多张照片

07 锐化图像
切换至"细节"调整面板中，设置各项参数，稍微锐化图像细节。

08 调整清晰度和饱和度
切换至"分离色调"调整面板，设置各项参数，调整画面颜色。

Section 05　RAW格式文件的设置与保存

与 RAW 格式相关的存储格式文件与一般格式的照片文件有着极大的区别。通过使用 Camera Raw 这一专业的图像处理程序，可调整 RAW 相关格式的照片文件，并可直接将调整后的照片存储至原照片中而不影响照片原始信息。

知识点　RAW格式的优点

RAW格式用于专业的数码摄影，对于一般家庭摄影而言较为陌生。与JPEG格式相比，RAW格式数码照片有着不可超越的优势，其图像品质也是JPEG格式无法匹敌的。

RAW文件格式用于数码单反相机的文件存储中，该格式能够更好地保存数码照片原始图像信息。RAW文件格式与JPEG格式相比，尽管在内存占用率上不占任何优势，但在照片图像品质上占据绝对的优势。

（1）RAW格式是一种无损压缩格式，它在最大程度上保留了数码照片的原始数据。RAW格式可将照片存储为16位/通道图像，与JPEG格式相比多了256倍的处理空间。而与TIFF格式相比，RAW格式由于保留了更多的图像信息，在图像品质上也更优越。

（2）使用RAW格式拍摄并存储照片时，不会对照片应用白平衡、曝光度、噪点、锐化等属性的处理，这使得在后期处理中有了更多的处理空间。而JPEG格式照片则会在拍摄时自动在相机中进行前期处理，从而使得照片原始信息流失过多。因此，在使用RAW格式拍摄并存储照片时，不必担心相机的设置。

使用Camera Raw处理与RAW格式相关格式的照片后，可直接将照片存储至原照片，但并不会影响照片的原始数据；也可在Camera Raw中单击"存储图像"按钮，在弹出的对话框中设置文件的属性并应用这些设置。

如何做　调整并另存照片

在Camera Raw中处理照片后，可将调整效果直接存储至原照片，也可将其另存为其他格式或另存至其他位置。通过应用Camera Raw中另存图像的功能，在其存储选项中，可设置照片的新名称和格式，并可根据当天日期存储该日期数字至照片名称属性。

01　打开图像文件
打开附书光盘Chapter 3\Media\07.dng文件至Camera Raw中。

02　设置存储属性
单击对话框中的"存储图像"按钮，在弹出的对话框中设置所要存储的格式和名称等属性。

03　查看保存的照片
完成设置后单击"存储"按钮，保存照片至指定位置。打开照片所放置的文件夹，可看到保存后的照片名称和格式。

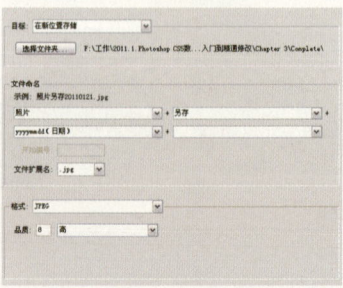

CHAPTER 04

Photoshop CS5 基础知识

本章主要针对 Photoshop CS5 的基础知识和基本操作进行介绍，包括软件的安装和卸载、软件的启动和退出、软件工作界面、操作环境的优化以及图像的基本操作等。通过对这些知识的了解和应用，帮助用户认识软件的基本功能，并初步掌握数码照片处理的一些基本方法和技巧，为后面的数码照片处理奠定基础。

Section 01　Photoshop CS5 的基本应用

在使用 Photoshop CS5 处理图像之前，首先需要了解安装与卸载该软件的方法，以及如何启动与退出该软件等基本操作方法，从而更好地使用该软件进行各种操作处理。

知识点　安装与卸载Photoshop CS5软件

使用Photoshop CS5之前，首先需要了解该软件的安装和卸载方法。安装和卸载Photoshop CS5，可在启动相关程序后根据提示进行设置，以安装或卸载该程序。

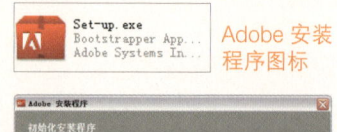

Adobe 安装程序图标

要安装Photoshop CS5，可双击该文件程序图标，弹出"Adobe 安装程序"初始化对话框。

"Adobe 安装程序"对话框

初始化安装程序完成后，将弹出Photoshop CS5安装程序界面对话框，可根据提示或个人需求进行相关的选项设置。包括Adobe 软件许可协议、序列号输入和安装选项等，完成后单击"安装"按钮，开始安装软件。

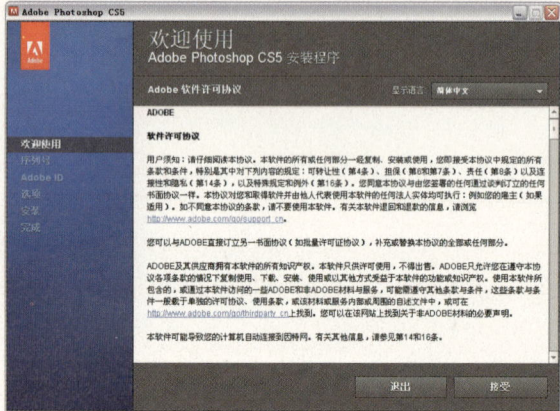

Adobe 软件许可协议

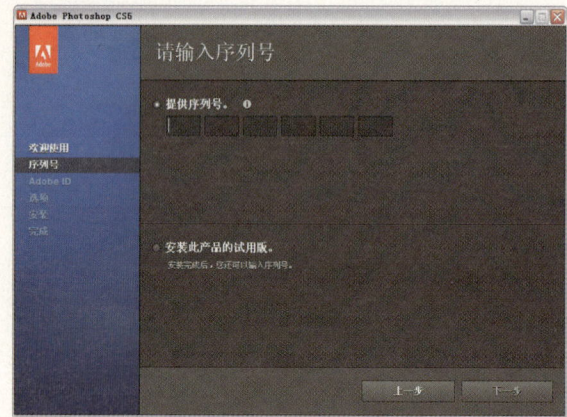

输入序列号

设置安装选项

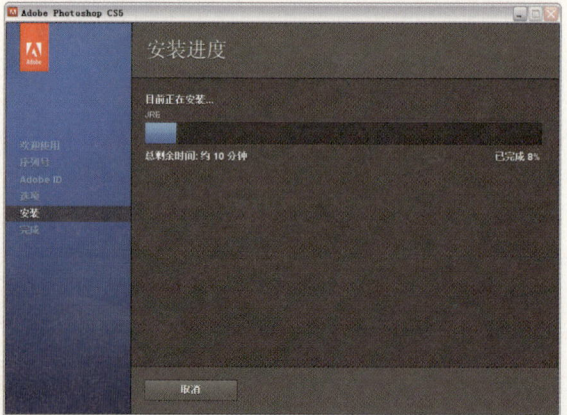

查看安装进度

知识链接

添加或删除程序

除了可以执行"开始>控制面板>添加或删除程序"命令打开程序设置对话框外，还可以在桌面上双击"我的电脑"图标，在打开的窗口中选择"控制面板"选项后，双击该面板中的"添加或删除程序"图标即可。

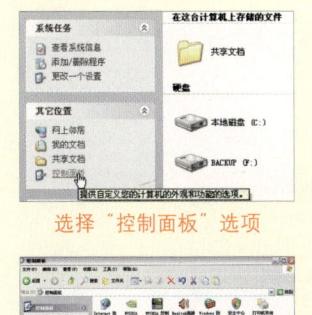

选择"控制面板"选项

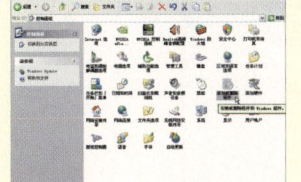

选择"添加或删除程序"选项

要从系统中卸载Photoshop CS5，可在系统界面中执行"开始>控制面板>添加或删除程序"命令，在弹出的对话框中选择Adobe Photoshop CS5程序并单击"删除"按钮，弹出"卸载选项"的对话框。

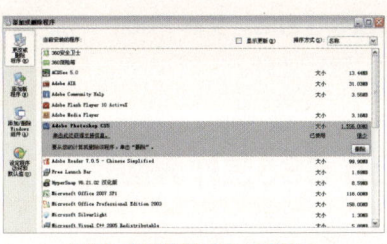

"添加或删除程序"对话框

设置卸载选项

在"卸载选项"界面对话框中单击"卸载"按钮后，切换至下一个操作选项的界面对话框，即"卸载进度"界面对话框，此时系统开始卸载程序，卸载完成后单击"完成"按钮即可。

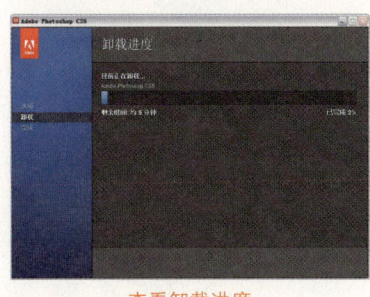

查看卸载进度

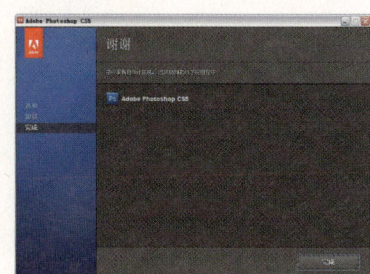

完成卸载任务

如何做 启动和退出软件

Photoshop CS5软件的启动和退出可通过多种方式实现。启动该程序，可通过选择桌面"开始"菜单中的选项启动，或双击桌面快捷方式启动；要退出该程序，可通过直接应用该程序的关闭命令实现，如执行"文件>退出"命令或按下快捷键Ctrl+Q，以及应用该程序"关闭"功能按钮等方式。

01 启动程序

在系统操作界面单击"开始"按钮，在弹出的菜单中选择Adobe Photoshop CS5，以启动程序。

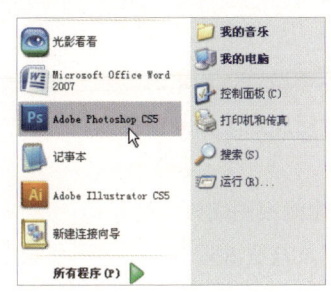

02 退出程序方法1

在打开的Photoshop CS5工作界面中执行"文件>退出"命令或按下快捷键Ctrl+Q，可退出程序。

03 退出程序方法2

在打开的Photoshop CS5工作界面中单击界面右上角的"关闭"按钮，可退出程序。

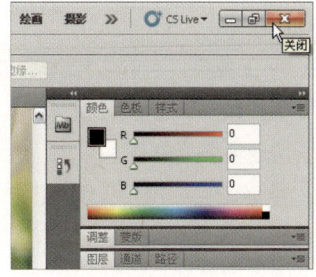

Section 02 Photoshop CS5工作界面

Photoshop CS5 的工作界面由功能图标栏、菜单栏、属性栏、工具箱、工作区和浮动面板等组成。了解 Photoshop CS5 工作界面组成及其功能从而更好地对数码照片进行处理。

知识点 认识Photoshop CS5工作界面

对Photoshop CS5工作界面的认识，有助于深入学习其功能。Photoshop CS5工作界面的功能分区合理，导航清晰，使用户在操作过程中能够深刻地体会到软件的强大功能。

Photoshop CS5工作界面

❶ **功能图标栏**：显示了Photoshop CS5的基本操作按钮，包括"启动Bridge"按钮、"启动Mini Bridge"按钮、"查看额外内容"按钮、"排列文档"按钮、"屏幕模式"按钮以及用于设置工作区的按钮和界面窗口状态调整按钮等。

❷ **菜单栏**：包括了Photoshop中各种应用功能的设置选项，不同的选项设置被归类为统一的菜单中，如"文件"菜单、"编辑"菜单、"图像"菜单、"图层"菜单和"滤镜"菜单等。

❸ **属性栏**：属性栏用于显示各工具和相关应用的设置属性，可通过这些属性参数调整工具或应用功能的应用效果。

❹ **工具箱**：包含了Photoshop CS5中的所有工具，其中分别集合了各相关工具组，如矩形选框工具组、套索工具组、画笔工具组、橡皮擦工具组、钢笔工具组和3D工具组等；同时还显示了当前前景色和背景色以及快速蒙版按钮等。

❺ **状态栏**：用于显示当前工作状态的操作提示和图像的相关信息，如图像的视图缩放比例等。

❻ **工作区**：用于显示当前图像文件，可在该区域直接对图像进行编辑以及查看处理效果。还可任意放大或缩小图像显示比例。

❼ **浮动面板**：用于排列组合面板如"图层"面板、"颜色"面板和"通道"面板等。单击其扩展按钮，可收起或展开浮动面板。

如何做 面板的拆分与组合

在Photoshop CS5中,可根据个人喜好自定义当前工作界面中的面板组合,以便在操作处理的过程中更顺应个人习惯。通过拖动指定的面板,将其拆分并重新组合可调整面板状态。

知识链接

拆分面板组中的面板

除了可将面板组拆分出面板区外,也可将面板组中的面板拆分出来。在将所有面板组拆分出面板区时,可拖动面板组顶端的深灰色标题栏;拆分一个指定的面板组至所有面板组合外时,则可拖动该面板组中的灰色标题栏;而要拆分某一面板至面板组外,则可拖动该面板的浅灰色名称标题栏,以将其拆分。

默认的面板状态

拆分面板组

通过直接拖动面板组中的面板名称标题栏,可将指定的面板拆分为独立的面板。

拆分指定的面板为独立面板

01 启动程序以查看面板
打开附书光盘Chapter 4\Media\01.jpg文件。

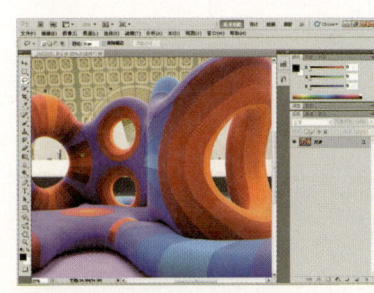

02 拆分面板
向图像预览区拖动指定的面板,将其拆分出来。

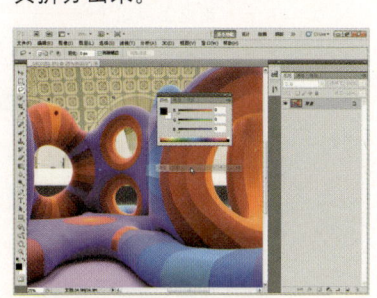

03 重组面板
将拆分出来的面板拖动至面板区中,在面板边缘出现蓝色缝合条时释放鼠标,即可将其组合其中。

04 查看面板
在面板区使用鼠标单击刚才拖动并重组后的任意面板图标,即可弹出对应的面板。

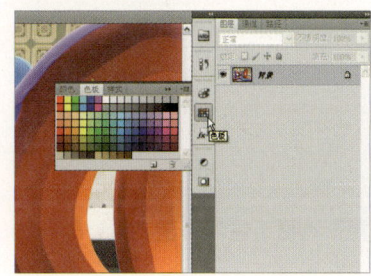

05 拆出面板组
拖动面板组的标题栏,将其拖动至图像预览区,可拆出所有面板组,并将其转换为图标状态。

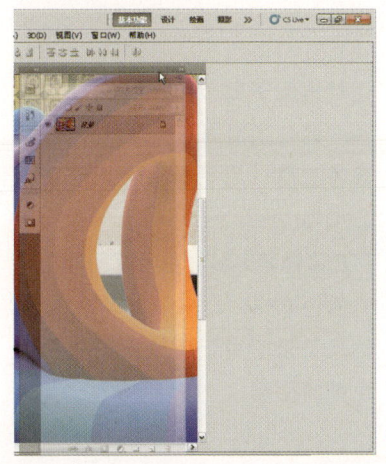
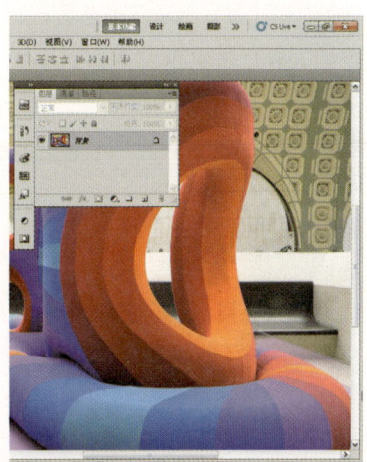

专 栏　工具箱

　　Photoshop CS5的工具箱中包含了超过70种工具，分别位于各工具组中，用于不同的图像编辑处理中。工具箱的显示方式包括单排式和双排式，可通过单击工具箱顶端的扩展按钮，调整工具箱单排或双排状态。Photoshop的工具分别归类于指定的工具组中，并使用对应的快捷键。当工具右下角显示快捷箭头时，表示该工具组包含了多个相关工具，按住该工具则可在弹出的菜单中选择其他隐藏的工具。

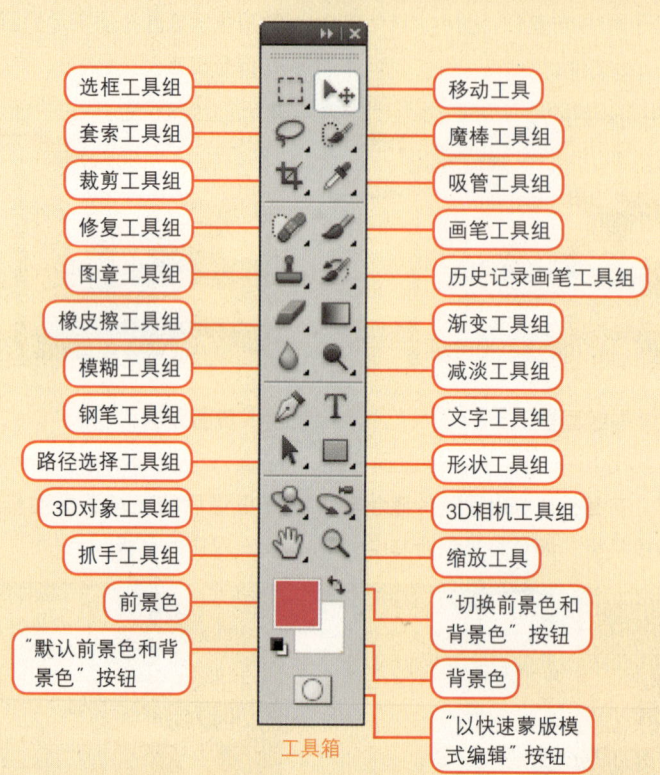

工具箱

注释工具：用于添加文字注释。
计数工具：用于计算数量。
污点修复画笔工具：用于快速移去图片中的污点和其他不理想部分。
修复画笔工具：用于校正瑕疵，使其消失在周围的图像中。
修补工具：用于消除图像中的蒙尘、划痕和瑕疵等。
红眼工具：用于消除图像中人物的红眼。
画笔工具：用于绘制边缘较软的线条或者图形。
铅笔工具：用于绘制边缘较硬的线条或者图形。
颜色替换工具：用于将选定的颜色替换为新颜色。
混合器画笔工具：以指定的湿度混合图像中的颜色。
仿制图章工具：使用原图像的副本绘制图像。
图案图章工具：使用选取的图案绘制图像。
历史记录画笔工具：用于恢复图像至某一个状态。
历史记录艺术画笔工具：使用选定状态或快照，采用模拟不同绘画风格的风格化描边进行绘画。
橡皮擦工具：用于擦除不需要的图像部分。
背景橡皮擦工具：用于擦除背景色范围的图像。
魔术橡皮擦工具：用于擦除指定颜色范围的图像。

矩形选框工具：用于创建矩形和正方形选区。
椭圆选框工具：用于创建椭圆形和圆形选区。
单行选框工具：创建单行选区。
单列选框工具：创建单列选区。
移动工具：用于拖动指定的图像以便调整其位置。
套索工具：用于创建任意不规则形状的选区。
多边形套索工具：用于创建多边形选区。
磁性套索工具：用于选取图像中色彩分明的不规则形状的图形。
快速选择工具：根据颜色快速选择大面积选区。
魔棒工具：用于选取图像中颜色相同或者相近的范围。
裁剪工具：用于对图像进行相应比例的裁剪。
切片工具：用于将图像分割为多个矩形区域。
切片选择工具：用于选取使用切片工具分割出的图像区域。
吸管工具：用于在画面中吸取任意颜色。
颜色取样器工具：用于在图像中进行颜色取样。
标尺工具：用于测量图像中两点之间的距离。

知识链接

调整工具箱状态

默认状态下的工具箱位于工作区最左端，以单排形式嵌于界面。

默认工具箱位置

可执行"窗口>工具"命令，取消显示工具箱，以加宽图像预览区。

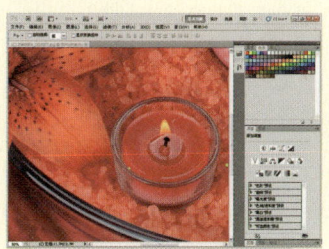

隐藏工具箱

也可拖动工具箱，将其拆分出来，放置在图像预览区。

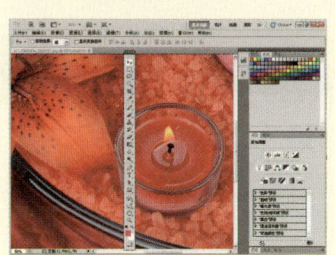

拆分工具箱

还可拖动工具箱至右端的面板组中，当面板组边缘出现蓝色闪动条时，即可将其嵌入其中。

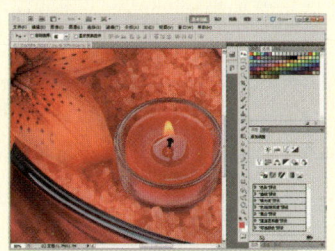

嵌入工具箱至面板区

渐变工具： 为图像填充渐变颜色。
油漆桶工具： 用于填充颜色。
模糊工具： 用于模糊图像。
锐化工具： 用于锐化图像。
涂抹工具： 以涂抹方式修饰图像。
减淡工具： 用于增大图像曝光度，使图像变亮。
加深工具： 用于减小图像曝光度，使图像变暗。
海绵工具： 用于调整图像饱和度。
钢笔工具： 通过绘制一系列锚点绘制路径。
自由钢笔工具： 沿着鼠标拖动的路线绘制路径。
添加锚点工具： 用于在路径中添加锚点。
删除锚点工具： 用于删除路径中的锚点。
转换点工具： 用于转换曲线锚点和直线锚点。
横排文字工具： 创建横排文字。
直排文字工具： 创建直排文字。
横排文字蒙版工具： 用于创建横排文字选区。
直排文字蒙版工具： 用于创建直排文字选区。
路径选择工具： 用于选择路径。
直接选择工具： 用于选中路径中的锚点以调整路径。
矩形工具： 用于绘制矩形。
圆角矩形工具： 可用于绘制圆角矩形。
椭圆工具： 绘制正圆和椭圆形。

多边形工具： 用于绘制多边形。
直线工具： 用于绘制直线。
自定形状工具： 用于绘制自定义形状。
3D对象旋转工具： 可使对象围绕其x轴旋转。
3D对象滚动工具： 可使对象围绕其z轴旋转。
3D对象平移工具： 可使对象沿x或y方向平移。
3D对象滑动工具： 可在沿水平方向拖动对象时横向移动对象；或在沿垂直方向拖动时使对象前进和后退。
3D对象比例工具： 可增大或缩小对象。
3D旋转相机工具： 可将相机沿x或y方向环绕移动。
3D滚动相机工具： 可使对象围绕其z轴旋转。
3D平移相机工具： 可将相机沿x或y方向平移。
3D移动相机工具： 可在沿水平方向拖动相机时横向移动相机；或在沿垂直方向拖动时前进和后退。
3D缩放相机工具： 可拉近或拉远视角。
抓手工具： 可拖动以平移对象，用于查看对象。
旋转视图工具： 单击并拖动对象以旋转查看视图。
缩放工具： 放大或缩小视图。

专家技巧：切换工具和工具组

使用工具箱中的多种工具时，各工具或工具组的切换较为麻烦。可通过使用一些快捷键的方式快速切换各工具或工具组。在工具箱中的工具组中，按住工具可在弹出的菜单中看到该工具组的快捷键，如画笔工具组中各工具的快捷键为B；而要快速切换工具组中的各工具，则可同时按住Shift键，例如多次按下快捷键Shift+B，以快速切换该工具组中的各工具。

摄影师训练营　调整工作区颜色

Photoshop CS5工作界面中的图像预览区中，图像之外未显示像素的区域默认为灰色状态，通过放大图像视图可隐藏该区域。也可对该区域颜色进行设置，以便在编辑图像时更好地处理边缘区域。

知识链接

设置界面边界投影

要更改工作区颜色，还可在"首选项"对话框中进行设置，并可对工作区图像边缘的投影进行设置，为图像添加更丰富的预览效果。

执行"编辑>首选项>界面"命令，可弹出"首选项"对话框，在"界面"选项面板中的"边界"下拉列表中选择"投影"选项。

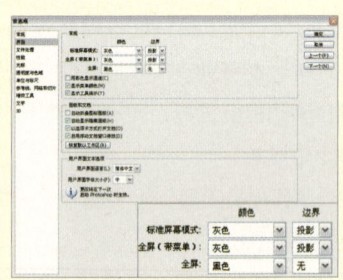
设置界面图像边缘投影

完成设置后单击"确定"按钮并重启Photoshop，可查看到图形边缘出现投影样式。

应用投影前

应用投影后

01 查看默认工作区颜色

启动Photoshop CS5，在未打开任何图像文件时，可看到图像预览工作区的颜色为中灰色。执行"文件>打开"命令，打开附书光盘Chapter 4\Media\02.jpg文件，可看到图像预览区以外的区域为浅灰色。

02 更改预览工作区颜色

在图像预览区外的浅灰色区域单击鼠标右键，在弹出的快捷菜单中执行"黑色"命令，即可更改该区域颜色为黑色。

03 自定义工作区颜色

继续在该区域单击鼠标右键并执行"选择自定颜色"命令，在弹出的对话框中设置颜色并应用，可更改该区域为其他颜色。

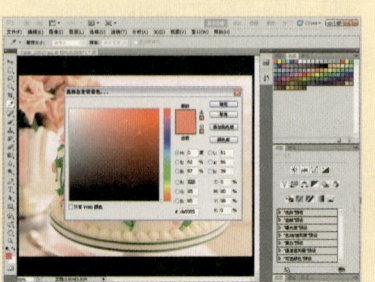 

Section 03 优化工作界面

Photoshop CS5 工作界面和功能的优化，可通过"首选项"对话框进行设置。在该对话框中可设置包括软件界面、软件性能、光标状态、透明度与色域、参考线和网格、文字以及 3D 功能等属性，以优化 Photoshop CS5 的操作。

知识点 了解"首选项"对话框

"首选项"对话框用于设置Photoshop中的基本功能属性，执行"编辑>首选项"命令，在弹出的级联菜单中选择相应的选项，包括"常规"、"界面"、"文件处理"、"光标"和"文字"等即可打开"首选项"对话框。也可按下快捷键Ctrl+K，在弹出对话框左侧的列表框中选择不同的选项，以切换至相应选项面板。

专家技巧

切换各首选项

切换"首选项"中的各选项，可在该对话框中选择该选项，以切换至其选项面板中；也可在该对话框中单击"上一个"或"下一个"按钮，以切换各选项。

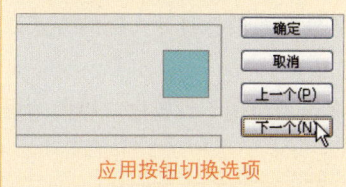

应用按钮切换选项

知识链接

置入栅格化图像后的图层

默认状态下置入栅格化图像至当前图像后，图层将转换为智能对象图层。若在"首选项"对话框中取消勾选"将栅格化图像作为智能对象置入或拖动"复选框并应用后，可在置入栅格化图像时将其转换为栅格化图像。

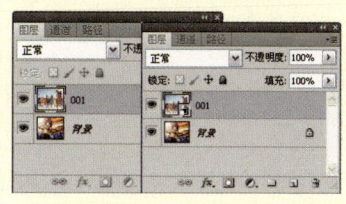

更改前后的智能图层和普通图像

1."常规"选项面板

"常规"选项面板用于设置Photoshop中较为基本的属性，包括面板显示、拾色器属性、图像插值以及操作方式等。

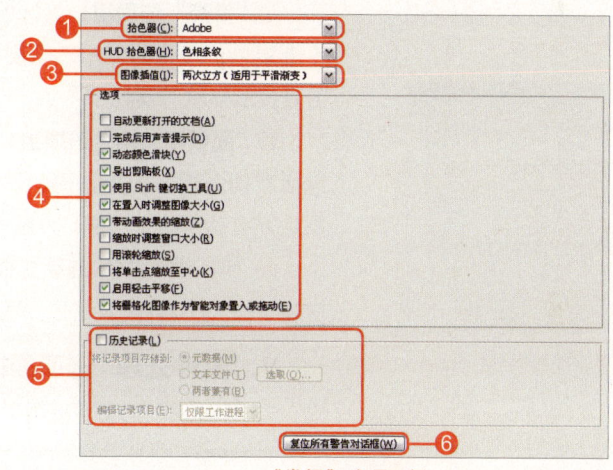

"常规"选项面板

❶ **"拾色器"选项：** 单击右侧的下拉按钮，可在弹出的下拉列表中选择一种拾色器类型。

❷ **"HUD拾色器"选项：** 单击右侧的下拉按钮，可在弹出的下拉列表中选择一种色相形态。

❸ **"图像插值"选项：** 单击右侧的下拉按钮，可在弹出的下拉列表中选择一种图像插值计算方式。

❹ **"选项"选项组：** 用于设置一些常用的操作选项，包括剪贴板导出、工具切换快捷键、调整图像窗口状态以及平移应用等。

❺ **"历史记录"选项组：** 勾选"历史记录"复选框后可激活该选项组，用于设置存储及编辑历史记录的方式。

❻ **"复位所有警告对话框"按钮：** 单击该按钮，可启用所有警告对话框。

知 识 链 接

通道的显示颜色

在默认状态下，Photoshop中"通道"面板的颜色通道以灰度状态显示，而通过设置"首选项"可将其以彩色状态显示。

在"首选项"对话框中的"界面"选项面板中勾选"用彩色显示通道"复选框，完成后应用设置，即可看到通道显示为彩色状态。

默认通道状态

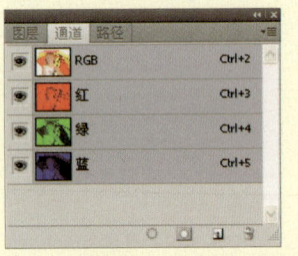

彩色通道状态

专 家 技 巧

显示工具提示

初期在使用一些工具进行编辑时，可能会对这些工具的应用属性不是很了解，可通过在"首选项"对话框中的"界面"选项面板中勾选"显示工具提示"复选框，以便更加深入地认识该工具的使用方法和作用。

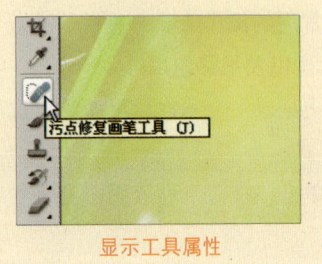

显示工具属性

2. "界面"选项面板

"界面"选项面板用于设置Photoshop的界面属性状态，以便在使用过程中根据个人喜好或实际需求进行调整。

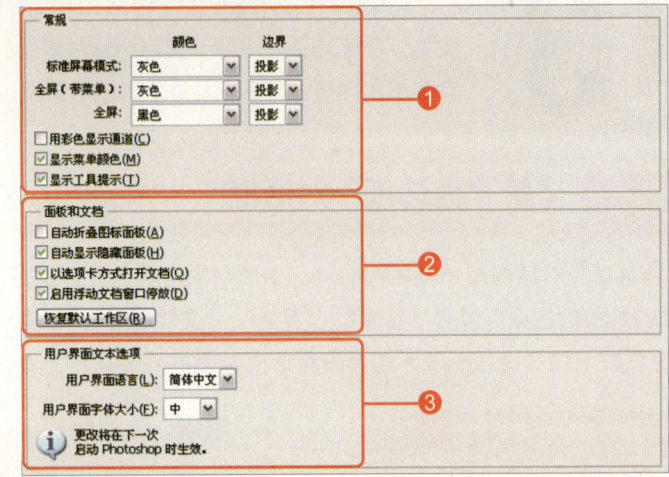

"界面"选项面板

❶ **"常规"选项组**：该选项组用于设置标准屏幕模式的显示、全屏（带菜单）模式的显示、全屏模式的显示、通道显示、菜单显示以及工具提示显示等属性。

❷ **"面板和文档"选项组**：该选项组用于设置面板和文档的显示，包括浮动面板的折叠方式、是否显示隐藏的面板、打开文档的方式以及是否启动浮动文档窗口停放等。

❸ **"用户界面文本选项"选项组**：该选项组用于设置用户界面的语言和字体大小属性。

3. "文件处理"选项面板

"文件处理"选项面板用于设置文件的存储、文件的兼容等属性。

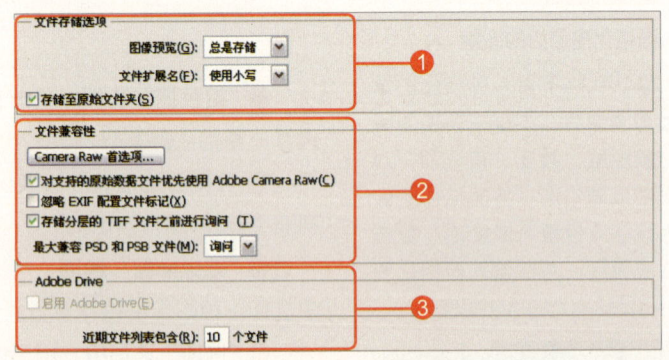

"文件处理"选项面板

❶ **"文件存储选项"选项组**：该选项组用于设置图像在预览时文件的存储方法，以及文件扩展名的应用方式等。

❷ **"文件兼容性"选项组**：用于设置在使用相关兼容文件时的应用选项。

❸ **Adobe Drive选项组**：用于简化工作组的文件管理。

专家技巧

合理选择暂存盘

Photoshop中的暂存盘是当软件运行时文件暂存的空间。选择的暂存盘可用空间越大,可打开的图像文件也就越大,但若选择了空间过大的暂存盘,就会占用电脑很大的空间,而其他程序的使用空间变小,从而造成资源浪费。因此在选择暂存盘时需选择合理的暂存盘。

专家技巧

设置历史记录状态次数

在"性能"选项面板中,可设置历史记录的显示数量。可设置1~1000之间的历史记录数量,并将其显示在"历史记录"面板中。但是设置较大的数值后,将占用较多的内存空间,从而影响运行速度。在默认状态下,该选项数值为20,通常不推荐更改该数值,除非有特殊需要。

4."性能"选项面板

"性能"选项面板用于设置Photoshop在系统中运行时的性能,包括使用该软件时的内存使用情况、历史记录与高速缓存等属性和参数的设置。该选项面板的设置关系到Photoshop在系统中运行时的内存使用状态,并影响用户在操作时的工作效率。

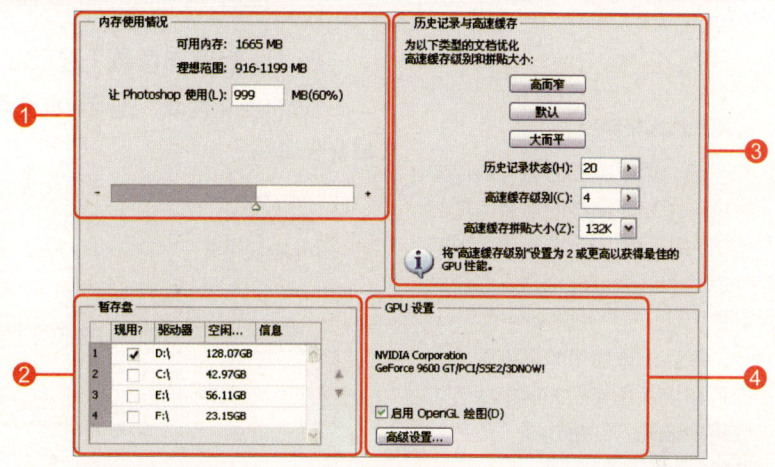

"性能"选项面板

❶ **"内存使用情况"选项组**:通过拖动滑块或输入数值的方式设置内存使用情况。

❷ **"暂存盘"选项组**:用于设置作为暂存盘的计算机驱动器。

❸ **"历史记录与高速缓存"选项组**:设置历史记录的次数和高速缓存的级别,若数值过高,计算机的运行速度会减慢。

❹ **"GPU设置"选项组**:勾选"启用OpenGL绘图"复选框,可启用该绘图功能,从而应用一些新的使用功能。

5."光标"选项面板

"光标"选项面板用于设置Photoshop中光标的属性,可设置光标的显示状态和颜色效果。

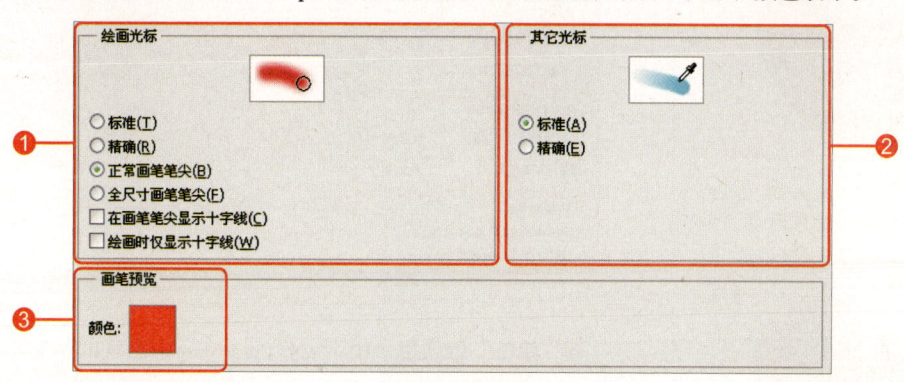

"光标"选项面板

❶ **"绘画光标"选项组**:设置使用画笔工具和铅笔工具等绘画调整工具时的光标显示状态,包括"标准"、"精确"、"正常画笔笔尖"、"全尺寸画笔笔尖"、"在画笔笔尖显示十字线"和"绘画时仅显示十字线"6个选项。

 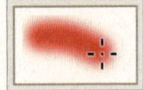 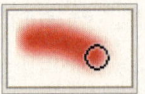 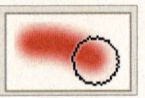 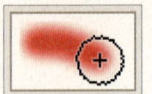

标准　　　　精确　　　　正常画笔笔尖　　全尺寸画笔笔尖　在画笔笔尖显示十字线

❷ "其他光标"选项组：设置除绘画调整工具外的其他工具光标显示状态，如吸管工具等。

❸ "画笔预览"选项组：单击颜色色块，可在弹出的对话框中设置画笔预览时的颜色。

知识链接

应用预设网格颜色

在"透明度与色域"选项面板中，可自定义透明像素区域的网格大小，也可自定义该区域的颜色状态，还可应用预设的颜色设置。

默认的透明像素区域颜色为白色和浅灰色交织的网格状态。应用预设如"红色"或"蓝色"选项后则可更改其颜色。

默认淡灰色网格

应用预设红色网格

应用预设蓝色网格

6. "透明度与色域"选项面板

"透明度与色域"选项面板主要用于设置透明像素区域的状态和色域警告属性。

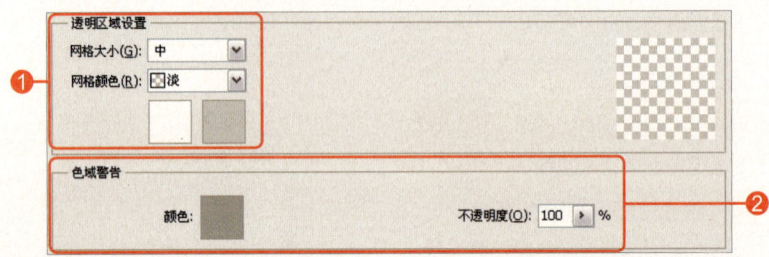

"透明度与色域"选项面板

❶ "透明区域设置"选项组：在该选项组中可设置透明像素区域的显示状态，包括透明像素区域的网格大小和网格颜色等。

❷ "色域警告"选项组：设置用于显示色域警告的颜色及其不透明度。

7. "单位与标尺"选项面板

"单位与标尺"选项面板主要用于对页面中的单位、标尺、列尺寸和分辨率等属性进行设置。

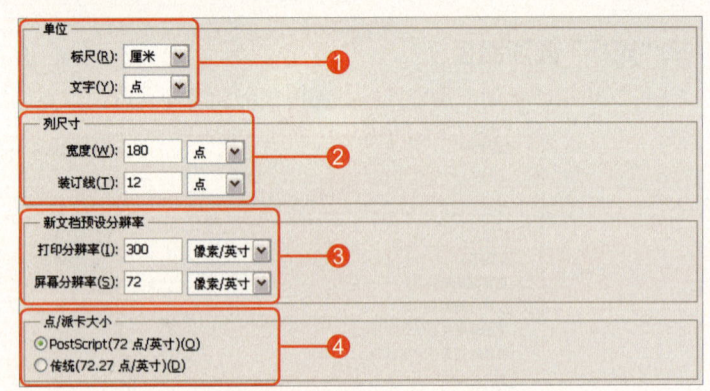

"单位与标尺"选项面板

❶ "单位"选项组：用于设置Photoshop中出现的所有单位，主要包括两种类型，即标尺的单位和文字的单位。

❷ "列尺寸"选项组：用于设置默认状态下列尺寸的宽度和装订单位。

❸ "新文档预设分辨率"选项组：设置新建文档时默认的打印分辨率和屏幕分辨率。

知 识 链 接

Photoshop基本辅助功能

Photoshop中具备一些基本辅助功能，包括参考线、网格和标尺等，可在"首选项"对话框中设置其属性。

参考线的应用需要标尺的运用；网格通常为隐藏状态，可通过应用相关命令显示网格。

标尺和参考线的应用

显示网格

❹ "点/派卡大小"选项组：定义点/派卡大小。"传统"状态下的1英寸为72.27点；PostScript状态下1英寸为72点。

8. "参考线、网格和切片"选项面板

"参考线、网格和切片"选项面板主要用于设置参考线、智能参考线、网格和切片的颜色及样式等属性。通过在该选项面板中设置这些辅助工具的属性后，可避免参考线、网格或切片等颜色与其他对象的颜色相混淆。

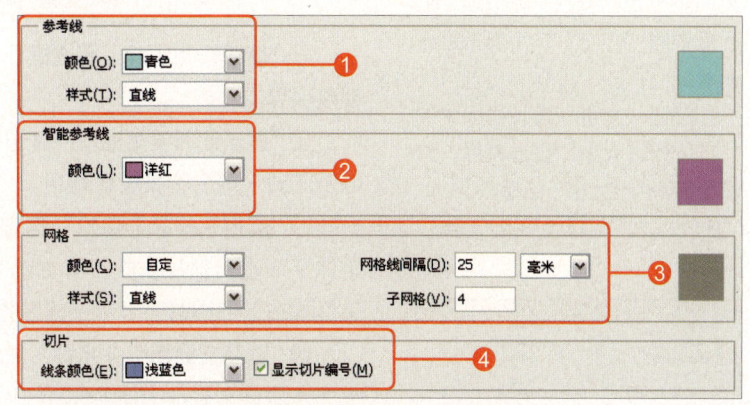
"参考线、网格和切片"选项面板

❶ **"参考线"选项组**：该选项组用于设置参考线的颜色和样式，可单击右侧的色块缩览图并在弹出的对话框中自定义颜色。

❷ **"智能参考线"选项组**：该选项组用于设置智能参考线的颜色。

❸ **"网格"选项组**：该选项组用于设置网格的颜色、样式、网格线间隔和子网格等属性。

❹ **"切片"选项组**：该选项组用于设置切片的线条颜色。勾选"显示切片编号"复选框后使用切片工具进行切片操作时，可在切片左上角显示以切片产生顺序为依据的切片编号。

9. "增效工具"选项面板

"增效工具"选项面板主要用于设置从网站上下载并应用到Photoshop的增效工具属性，其中包括扩展面板和附加增效工具文件夹的设置。

设置"增效工具"选项面板属性后，重新启动Photoshop方可使这些设置生效。

"增效工具"选项面板

❶ **"附加的增效工具文件夹"选项组**：勾选"附加的增效工具文件夹"复选框可激活该选项组。用于设置是否将增效工具文件夹附加到Photoshop列表中。

❷ **"扩展面板"选项组**：该选项组中的复选框分别用于设置扩展面板属性的显示内容，以便在操作时更快地应用相关选项。

知识链接

设置文字列表预览大小

设置文字字体时，需对众多文字字体进行预览，以选择最佳的文字字体。可通过在"字符"面板或文字工具属性栏中浏览文字字体，而字体列表中的字体大小状态则可通过"首选项"对话框中的"文字"选项面板进行设置。

勾选"文字"选项面板中的"字体预览大小"复选框后，可设置字体预览大小，包括"小"、"中"、"大"、"特大"和"超大"选项。

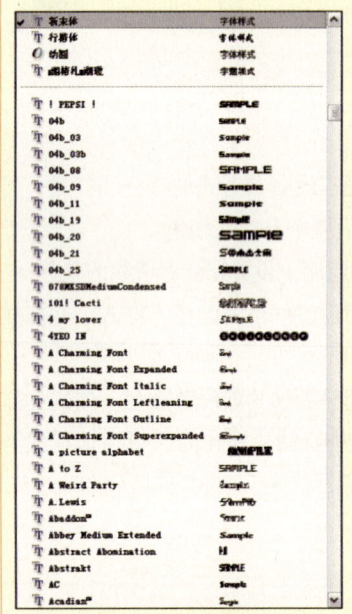

10. "文字"选项面板

"文字"选项面板主要用于设置Photoshop中文字的显示状态和应用效果等属性。

"文字"选项面板

❶ **"使用智能引导"复选框**：勾选该复选框，可在Photoshop中使用智能引导。

❷ **"显示亚洲字体选项"复选框**：勾选该复选框，可在Photoshop中显示亚洲字体的相关设置选项。

❸ **"启用丢失字形保护"复选框**：勾选该复选框，可启用对丢失的字体字形进行保护。在没有更改字体的情况下，仍然保持原有字体的字形状态，但同时会显示字体警告图标。

❹ **"以英文显示字体名称"复选框**：该复选框决定在字体列表中以中文还是英文显示字体名称。

❺ **"字体预览大小"复选框**：勾选该复选框后，右侧的选项被激活，用于设置在浏览字体时字体的显示大小。

11. 3D选项面板

3D选项面板主要用于设置Photoshop中的3D相关属性。

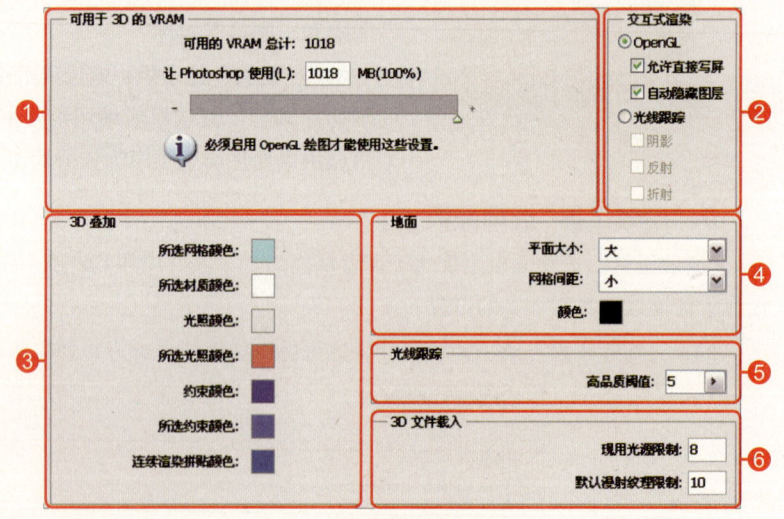

3D选项面板

❶ **"可用于3D的VRAM"选项组**：Photoshop 3D Forge（3D引擎）可以使用的显存（VRAM）量。这不会影响操作系统和普通Photoshop VRAM分配，仅用于设置3D允许使用的最大VRAM。使用较大的VRAM有助于进行快速的3D交互。尤其是处理高分辨率的网格和纹理时，但这同时也会增加内存占用率。

知 识 链 接

3D参考线颜色设置

"首选项"对话框中3D选项面板用于设置3D功能属性，可在该选项面板中设置3D辅助工具的颜色，包括网格颜色、材质颜色、光照颜色和连续渲染拼贴的颜色等。通过在指定选项右侧单击颜色缩览图，并在弹出的对话框中自定义颜色即可。

要显示某些3D设置。可执行"视图>显示"命令，在弹出的级联菜单中选择相关命令，以显示辅助应用。

默认3D光照

更改3D光照颜色为黄色并显示光照

❷ "交互式渲染"选项组：用于设置进行3D对象交互时Photoshop渲染选项的首选项。选中OpenGL单选按钮，将在与3D对象进行交互时始终使用硬件加速。对于"品质"设置，一些依赖于光线跟踪的高级渲染功能在交互时将不可见。选中"光线跟踪"单选按钮，若要在交互期间查看阴影、反射或折射，则可勾选其中的复选框，启用这些性能会同时降低性能。

❸ "3D叠加"选项组：单击各选项右侧的颜色缩览图，可在弹出的"拾取所选网格颜色"对话框中自定义颜色值。3D叠加主要指定各种3D辅助应用参考线的颜色，以便进行3D操作时高亮显示可用的3D组件。要显示这些额外内容，可执行"视图>显示"命令，并在弹出的级联菜单中选择相应命令。

❹ "地面"选项组：设置进行3D操作时可用的地面参考线参数。若要切换地面，可执行"视图>显示>3D地面"命令，或在3D面板中单击"切换各种3D额外内容"按钮，在弹出的菜单中选择相关选项即可。

❺ "光线跟踪"选项：当"3D场景"面板中的"品质"选项设置为"光线跟踪最终效果"时，定义光线跟踪最终渲染的图像品质阈值。使用较小的值，可在某些区域（柔和阴影、景深模糊）中图像品质降低时立即自动停止光线跟踪。渲染时，始终可通过单击鼠标或按下键盘上的向上方向键，以手动停止光线跟踪。

❻ "3D文件载入"选项组：指定3D文件载入时的行为。其中"现在光源限制"设置现用光源的初始限制。若即将载入的3D文件中光源数量超过该限制，则某些光源在一开始会被关闭，用户仍然可以使用"场景"视图中光源对象旁边的可视图标按钮在3D面板中打开这些光源。在"默认漫射纹理限制"选项中，当设置漫射纹理不存在时，Photoshop将在材质上自动生成漫射纹理的最大数值。若3D文件具有的材质数超过此数量，则Photoshop将不会自动生成纹理。漫射纹理是在3D文件上进行绘图所必须的。而若在没有漫射纹理的材质上绘图时，将提示创建纹理。

知 识 链 接

启用OpenGL绘图以激活3D选项面板

在"性能"选项面板中勾选"启用OpenGL绘图"复选框后，方可激活一些相关的应用功能，但不会对已打开的文档启用OpenGL。

启用该功能后将激活包括旋转视图工具、鸟瞰缩放、像素网格、"轻击平移"首选项、细微缩放、HUD拾色器、取样环、画布画笔大小调整和硬度、硬毛刷笔尖预览和Adobe凸纹（仅限Extended）的功能；增强包括平滑的平移和缩放、画布边界投影、3D交互加速、3D轴Widget、3D叠加功能设置。当该功能为关闭状态，大多数3D首选项会停用，且呈现灰色状态。

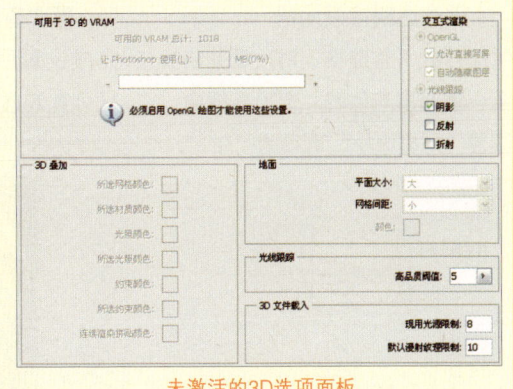
未激活的3D选项面板

如何做 在"首选项"对话框中设置相关参数

在"首选项"对话中可对Photoshop中的众多功能进行属性设置，以便根据用户需求调整其应用功能，并优化运行系统或功能应用。

01 打开图像文件
打开附书光盘Chapter 4\Media\03.psd文件。

02 打开"首选项"对话框
执行"编辑>首选项>常规"命令，打开"首选项"对话框。

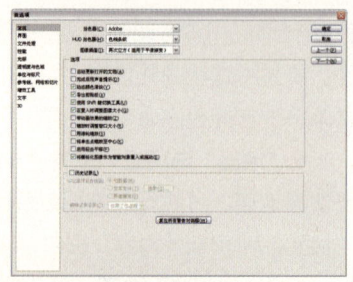

03 设置界面字体大小
切换至"界面"选项面板，并设置"用户界面字体大小"为"小"。

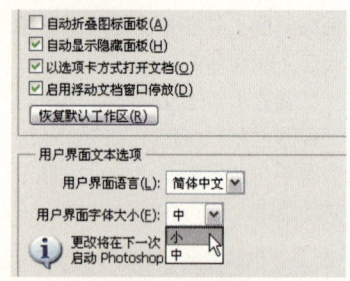

04 查看界面字体大小
完成设置后单击"确定"按钮，并重启Photoshop CS5软件，可以看到面板区的文字变小。再次打开"首选项"对话框，左侧的选项字体同样变小。

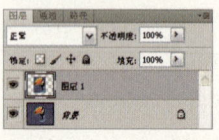

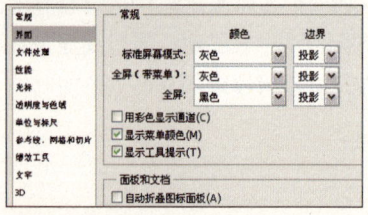

05 设置透明像素网格
切换至"透明度与色域"选项面板中，在"透明区域设置"选项组中设置"网格大小"选项为"小"。

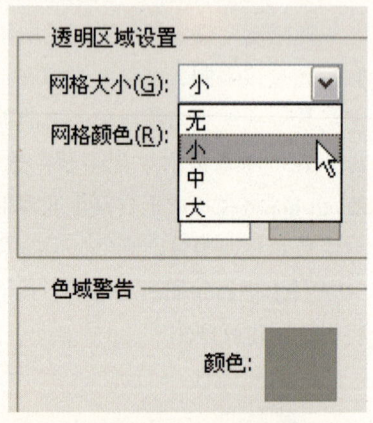

06 查看透明像素网格
完成设置后单击"确定"按钮，并单击"图层1"左侧的"指示图层可见性"按钮，可查看设置后的透明像素网格状态。

07 更改透明像素网格
继续打开"首选项"对话框并切换至"透明度与色域"选项面板中，设置"网格大小"选项为"中"。

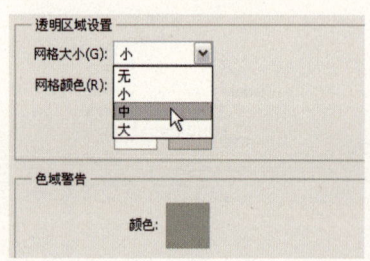

08 再次查看透明像素网格
完成设置后移开"首选项"对话框可查看透明像素网格状态。

09 继续更改透明像素网格
按照同样的方法更改透明像素网格为"大"，则网格变大。

专栏　了解"键盘快捷键和菜单"对话框

"键盘快捷键和菜单"对话框用于设置所有快捷键和菜单命令相关属性。根据用户需求在"键盘快捷键和菜单"对话框中自定义快捷键或菜单属性，以便在操作时更加轻松快捷。

知识链接

设置菜单颜色

在"键盘快捷键和菜单"对话框中可对菜单的可见性和颜色进行设置。在该对话框中的"菜单"选项卡中"应用程序菜单命令"下选择一个指定的命令，更改其"颜色"选项为指定的颜色，完成后应用设置即可。

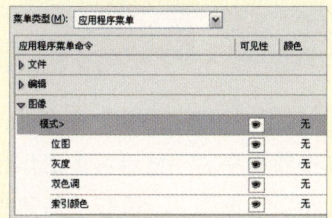
选择指定的命令

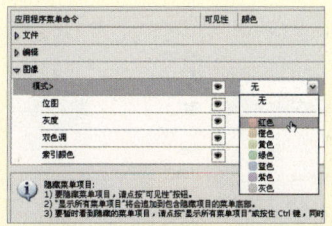
更改命令颜色

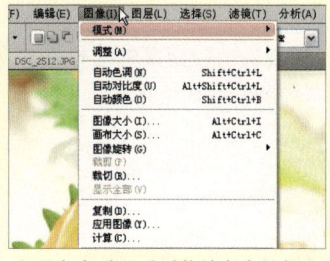
应用命令时可看到菜单命令的颜色

执行"编辑>键盘快捷键"或"编辑>菜单"命令，可打开"键盘快捷键和菜单"对话框。在该对话框中可随时切换"键盘快捷键"和"菜单"选项卡。

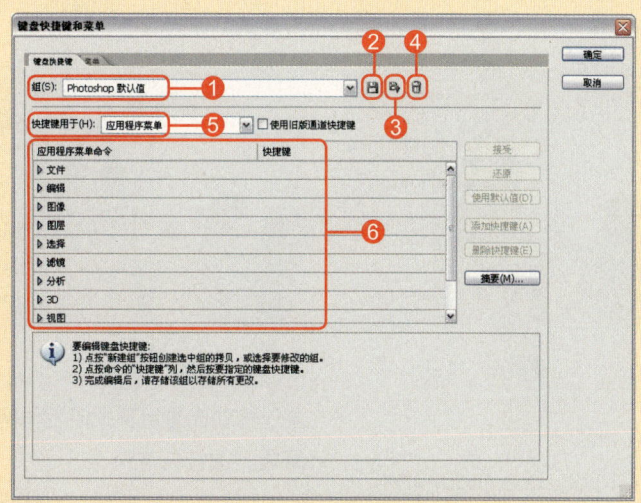
"键盘快捷键和菜单"对话框中的"键盘快捷键"选项卡

❶ **"组"选项**：可在下拉列表中选择当前需要更改的快捷键组。

❷ **"存储对当前快捷键组的所有更改"按钮**：单击该按钮可在弹出的"存储"对话框中设置快捷键保存的目标位置。

❸ **"根据当前的快捷键组创建一组新的快捷键"按钮**：单击该按钮可在弹出的"存储"对话框中对当前快捷键组进行拷贝并暂存，然后根据需要对新建的快捷键组进行设置。

❹ **"删除当前的快捷键组合"按钮**：单击该按钮可删除当前快捷键组合。

❺ **"快捷键用于"选项组**：单击下拉按钮，可选择所设置的快捷键应用于应用程序菜单、面板菜单还是工具菜单。

❻ **应用程序菜单命令和快捷键列表框**：在该列表框中单击指定选项的扩展箭头，可展开该选项查看各应用命令或工具的快捷键，也可更改指定的快捷键，以便根据用户需求进行调整，使操作更快捷。

知识链接

设置快捷键时出现的提示符号

在"键盘快捷键和菜单"对话框中设置快捷键时，常会出现气泡符号或禁止操作符号。当出现气泡符号 ⓘ 时，表示该快捷键已被使用，若要确认当前快捷键设置，则原有的快捷键将自动更改为无快捷键状态；当出现禁止操作符号 ⓧ 时，则表示该快捷键无效，因为操作系统正在使用它。因此，出现气泡符号 ⓘ 时表示快捷键可更改；而出现禁止操作符号 ⓧ 时表示所设置的快捷键无效。

摄影师训练营　自定义工作界面

Photoshop CS5可应用预设的工作区，以针对不同的编辑操作应用工作区。在工作界面中单击工作区按钮如"基本功能"、"设计"、"绘画"或"摄影"文字按钮，可切换工作区状态，单击"显示更多工作区和选项"按钮，则可在弹出的菜单中选择其他预设工作区等。

01 打开图像文件
打开附书光盘Chapter 4\Media\04.jpg文件。

02 切换至"设计"工作区
单击界面中的"设计"按钮 设计 ，切换至该工作区状态。

03 切换至"绘画"工作区
单击界面中的"绘画"按钮 绘画 ，切换至该工作区状态。

知识链接

复位工作区

在Photoshop CS5中可对工作区面板进行任意调整，若要恢复其原来的状态，可单击"显示更多工作区和选项"按钮，应用菜单中对应的恢复工作区命令。例如当前应用的工作区为"摄影"工作区，则该菜单中显示为"复位摄影"命令。

任意调整工作区后

复位工作区后

04 任意调整工作区
通过拖动或显示及关闭工作区中的面板，进行任意调整。

05 应用"新建工作区"命令
单击界面中的"显示更多工作区和选项"按钮，执行"新建工作区"命令。

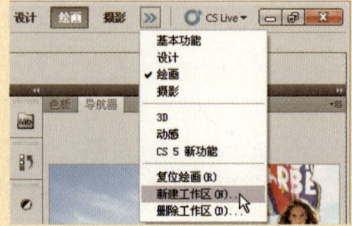

06 新建并应用自定义工作区
在弹出的对话框中单击"存储"按钮，存储当前自定义的工作区。单击"显示更多工作区和选项"按钮，可看到存储的工作区。

Section 04 调整屏幕模式

Photoshop CS5 中包含 3 种不同的屏幕模式，用于在编辑处理照片图像的过程中更加便捷地查看或调整图像，以提高工作效率，更好地对图像进行处理。本小节将介绍这 3 种屏幕模式及其显示状态。

知识点　屏幕模式类型

Photoshop CS5中的屏幕模式类型包括"标准屏幕模式"、"带有菜单栏的全屏模式"和"全屏模式"。可通过单击界面顶端的"屏幕模式"按钮，在弹出的菜单中选择屏幕模式。

标准屏幕模式

带有菜单栏的全屏模式

如何做　切换屏幕的显示模式

切换屏幕的显示模式，可应用界面顶端的"屏幕模式"按钮相关选项，也可执行相应命令，或按下对应的快捷键，以快速切换屏幕模式。

01 打开图像文件
执行"文件＞打开"命令，打开附书光盘Chapter 4\Media\05.jpg文件。

02 切换带有菜单栏的全屏模式
单击界面顶端的"屏幕模式"按钮，执行"带有菜单栏的全屏模式"命令，以切换屏幕模式。

03 切换全屏模式
单击界面顶端的"屏幕模式"按钮，执行"全屏模式"命令，以切换至全屏模式。

> **专家技巧　切换全屏模式的命令和快捷键**
>
> 要切换屏幕模式，可执行"视图＞屏幕模式"命令，在弹出的级联菜单中选择相应命令即可；也可通过多次按下F键的方法快速切换屏幕模式；还可通过按下Tab键快速切换屏幕显示模式。

Section 05 调整照片排列方式

在 Photoshop 中可对多个照片文件窗口进行排列,以便同时显示多个照片文件。通过设置不同的文档排列方式可调整照片排列的状态,以便对照片进行编辑调整或对比等。

知识点 多种文档排列方式

在 Photoshop CS5 中打开多个照片文件后,将同时出现多个图像窗口,但在默认情况下这些窗口大部分会被隐藏,仅保留一个图像窗口。可通过设置图像文档排列状态的方式进行调整,以便显示更多地文档窗口,或在编辑图像时进行查看和对比等。

单击界面顶端的"排列文档"按钮,在弹出的菜单中可选择相应的按钮或菜单命令,以调整文档的排列方式。包括"全部合并"排列方式、"全部按网格拼贴"排列方式、"双联"排列方式和"三联"排列方式等多种文档排列方式。

专家技巧

随意调整排列窗口

Photoshop 中可对图像窗口进行任意调整。通过拖动图像窗口的标题栏,可调整多个图像窗口中指定图像文件的顺序,或将其分离出来。而分离出来的图像窗口可随意调整位置,也可将其重组至一个群组图像窗口。

打开多个图像窗口

随意排列图像窗口

重组图像窗口至同一窗口中

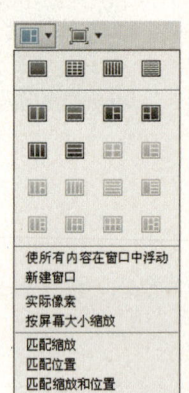
"排列文档"菜单

默认"全部合并"排列方式

"全部按网格拼贴"排列方式

"全部垂直拼贴"排列方式

"全部水平拼贴"排列方式

如何做 排列图像窗口并统一缩放

在Photoshop中可应用相关命令调整图像窗口的排列方式，也可手动进行调整。若要使图像窗口的排列方式更加整齐，则可应用相关的预设排列方式，以便在打开众多图像窗口时，更加便捷规范地查看或编辑图像，如统一缩放图像等调整。

知识链接

复制图像窗口

在打开照片文件后，界面图像区域显示该图像窗口。若要复制该图像窗口为新图像文件，可单击界面顶端的"排列文档"按钮，在弹出的菜单中执行"新建窗口"命令，即可将当前图像文件复制并新建为另一图像文件。

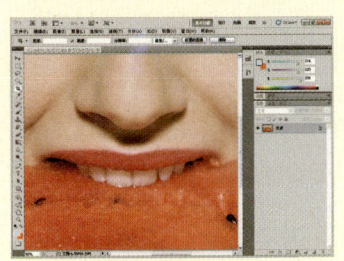
打开图像文件

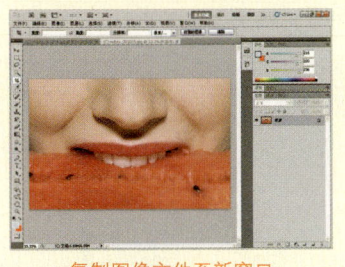
复制图像文件至新窗口

01 应用按钮排列图像窗口

打开附书光盘Chapter 4\Media\06.jpg、07.jpg和08.jpg文件。单击界面顶端的"排列文档"按钮，在弹出的菜单中选择"三联"按钮，以调整图像窗口的排列方式。

02 应用菜单命令排列图像窗口

选择指定图像窗口后再次单击"排列文档"按钮，在弹出的菜单中执行"实际像素"命令，以放大该图像视图。再次单击"排列文档"按钮，执行"匹配缩放"命令，将统一缩放其他图像窗口。

Section 06 图像的基本操作

图像的基本操作包括图像文件的新建、打开和置入等操作，了解了图像文件的基本操作后，能帮助用户更快地认识图像的基本处理要素，从而更好地对图像文件进行处理。

知识点 新建和打开文件

新建图像文件，是通过指定图像文件的画布尺寸、分辨率和颜色模式等方式新建一个空白的文档。执行"文件>新建"命令，或按下快捷键Ctrl+N，可打开"新建"对话框，在该对话框中可设置新文档的各种属性。

打开图像文件可打开一个指定格式的照片文件，或打开Photoshop所支持格式的图像文件。执行"文件>打开"命令，或按下快捷键Ctrl+O，或在未打开任何图像文件时双击灰色图像预览区，即可打开"打开"对话框，在该对话框中选择指定文件夹中的图像文件并将其打开即可。

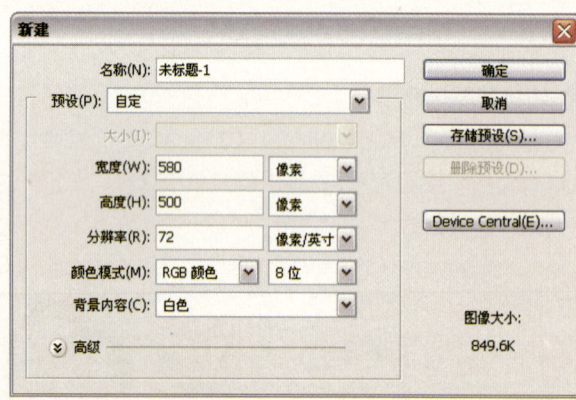

"新建"对话框　　　　　　　　　"打开"对话框

如何做 置入文件

要应用"置入"命令，需在打开图像文件至工作区的状态下进行，以便将指定的图像文件置入到打开的图像文件中。置入的图像在默认情况下将以文件名命名图层名称，并转换为智能对象。

01 打开图像文件
打开附书光盘Chapter 4\Media\09.jpg文件。

02 置入文件
执行"文件>置入"命令，置入Chapter 4\Media\10.jpg文件。

03 确定置入
按下Enter键确定置入，其图层名称自动应用为该图像文件的名称。

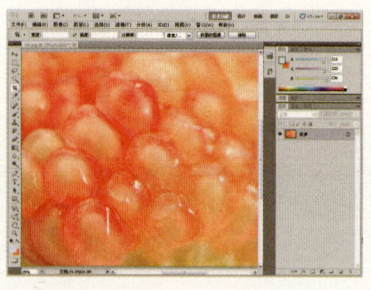

专栏　了解"新建"、"打开"和"置入"对话框

图像文件的新建、打开和置入等操作可通过应用相关命令后在打开的对话框中设置相关属性，了解这些属性以便更好地处理图像。

知识链接

预设画布大小

在"新建"对话框中可对新建的图像文件画布大小和分辨率等属性进行设置。若要应用画布为国际通用尺寸，可单击对话框中的"预设"选项下拉按钮，在弹出的下拉列表中选择指定的预设选项，包括美国标准纸张、国际标准纸张、Web尺寸以及胶片和视频尺寸等。

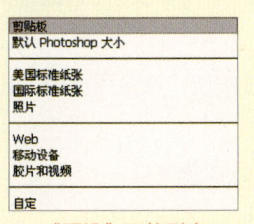

"预设"下拉列表

1. "新建"对话框

执行"文件>新建"命令，打开"新建"对话框，在该对话框对图像文件的属性进行设置即可。

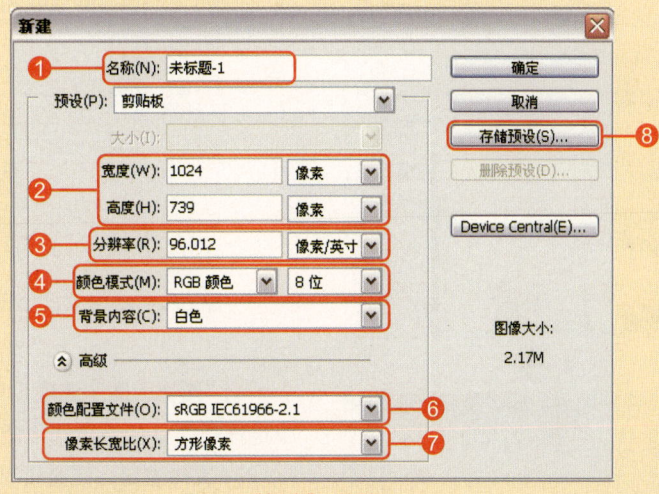

"新建"对话框

❶ **"名称"选项**：在文本框中输入文字或数字作为文件的名称。

❷ **"宽度/高度"选项**：用于设置新建图像文件的画布长宽尺寸，还可对其单位进行设置，如像素、厘米和毫米等。

❸ **"分辨率"选项**：用于设置新建文件的分辨率数值和单位。

❹ **"颜色模式"选项**：用于设置图像文件的颜色模式，包括位图、灰度、RGB、CMYK和Lab颜色模式。

❺ **"背景内容"选项**：用于设置新建图像文件背景内容的颜色状态，包括白色、背景色和透明样式。

❻ **"颜色配置文件"选项**：可单击其下拉按钮，并在下拉列表中选择配置到图像文件的颜色类型。

❼ **"像素长宽比"选项**：用于设置像素长宽比的类型。

❽ **"存储预设"按钮**：单击该按钮可弹出"新建文档预设"对话框，在其中可设置预设名称和包含于储存文档中的相关属性。

知识链接

设置新建画布的背景

新建图像文件时，可设置新建画布的背景色，包括白色、背景色和透明。选择白色表示将背景图层填充为白色；选择背景色表示填充新画布颜色为当前设置的背景色；选择透明则表示不填充新画布任何颜色，而以透明像素显示，且新建后的图层为栅格化图层。

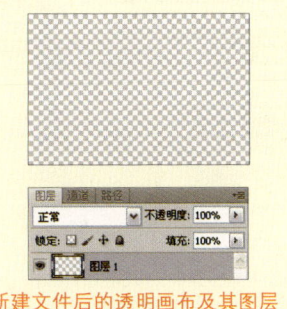

新建文件后的透明画布及其图层

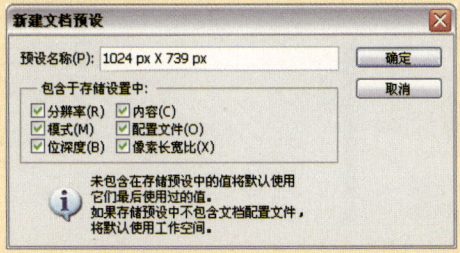

"新建文档预设"对话框

2. "打开"对话框

对指定的已有照片文件进行处理，需将其打开。执行"文件>打开"命令，也可在Photoshop中未打开任何图像窗口的情况下双击灰色图像预览区，在弹出的对话框中选择指定的照片文件即可。

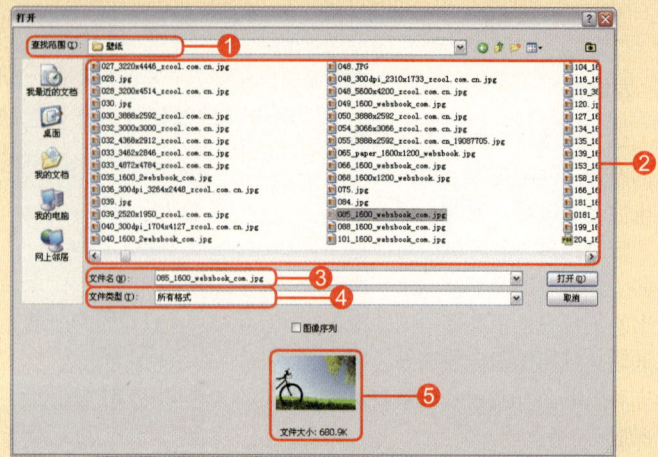

"打开"对话框

❶ **"查找范围"选项：**单击右侧的下拉按钮，可在弹出的下拉列表中选择需要打开的文件路径。

❷ **文件窗口：**该窗口显示文件夹及所有图像文件。

❸ **"文件名"选项：**查找所要打开的照片文件的名称。

❹ **"文件类型"选项：**单击右侧的下拉按钮，可在弹出的下拉列表中选择指定格式，以查找指定格式的文件。

❺ **图像预览区域：**选择一个指定的图像文件后，可在该区域显示该图像缩览图。

3. "置入"对话框

"置入"对话框与"打开"对话框的应用方法基本一致。在Photoshop中打开图像文件后执行"文件>置入"命令，可将指定的图像文件置入到已打开的图像文件中。

"置入"对话框

专家技巧

直接拖入照片文件

置入指定的照片文件至打开的图像文件中，可直接将需要置入的照片拖动至Photoshop工作窗口的图像预览区或面板区域，在图像中显示变换框，完成后按下Enter键确定置入即可。若要取消置入则可按下Esc键，以取消当前置入状态。

打开图像文件

拖动指定的图像文件至Photoshop中

置入图像文件

确定置入图像后

Section 07 存储和移动数码照片

在 Photoshop 中对数码照片进行处理时，常常需要移动照片图像，使用移动工具可对照片图像进行移动。照片处理完成后又需要对图像文件进行保存，此时可应用存储命令保存处理后的图像效果。

知识链接

选择图层

选择指定的图层，可直接在"图层"面板中进行选择，但若该面板中的图层较多时，图层的选择可能会比较麻烦。可通过使用移动工具直接在图像中进行选择。

使用移动工具并在其属性栏中勾选"自动选择"复选框，然后单击指定图像，以选择该图像所在图层。也可在画面中单击鼠标右键，在弹出的快捷菜单中选择单击点中包括的相关图层，以选择指定的图层。

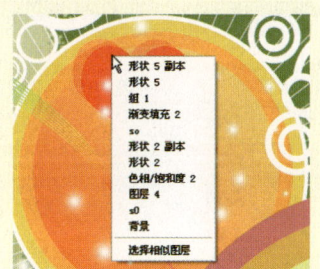

使用移动工具右击弹出的快捷菜单

若要同时选择多个图层，可在"图层"面板中按住Ctrl键单击指定的图层，以选择多个图层；也可按住Shift键分别单击相距较远的两个图层，以选择这两个图层位于两个图层之间的所有图层。

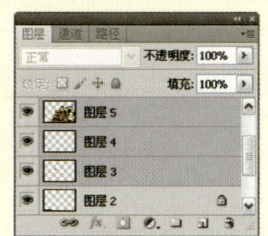

选择多个图层

知识点 移动工具属性栏

移动工具用于选择指定的图像并调整其位置，包括指定的单个图层图像，或群组图像。可使用该工具在图像中右击，以快速选择指定的图层图像；也可在其属性栏中应用相关选项，快速选择指定的图像。

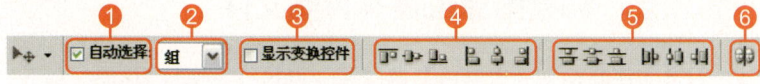

移动工具属性栏

❶ **"自动选择"复选框**：勾选该复选框后，在画面中单击指定的图像将直接选择该图像所在的图层，以便直接对其进行编辑。

❷ **"选择组或图层"选项**：单击右侧的下拉按钮，可在下拉列表中选择"组"或"图层"。在勾选"自动选择"复选框并选择"组"选项后，单击指定的图像，该图像若位于群组中则选择整个群组；若选择"图层"选项，则单击时仅选择群组中的该图像图层。

❸ **"显示变换控件"复选框**：勾选该复选框后，可显示当前图层图像的变换控件，通过拖动控件锚点以变换图像。

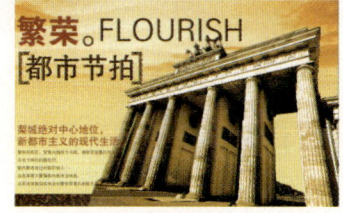 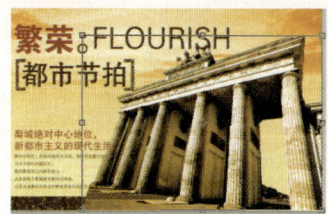

原图1　　　　　　　　　　　　显示变换控件

❹ **对齐按钮**：用于对齐图像指定的中心或边缘，包括"顶对齐"按钮、"垂直居中对齐"按钮、"底对齐"按钮、"左对齐"按钮、"水平居中对齐"按钮和"右对齐"按钮。在选择了多个指定的图层后可应用这些按钮。

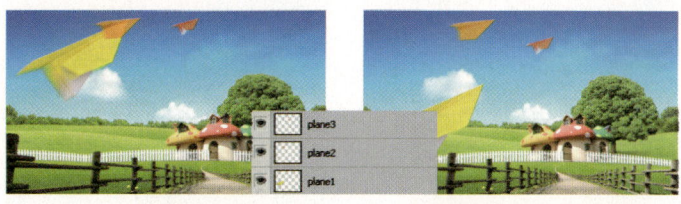

原图2　　　　　　　　　　应用指定图层顶对齐效果

❺ **分布按钮：** 用于分布图像的位置，包括"按顶分布"按钮、"垂直居中分布"按钮、"按底分布"按钮、"按左分布"按钮、"水平居中分布"按钮和"按右分布"按钮。在选择了多个指定的图层后可应用这些按钮。

原图3　　　　　　　　　　　　　　　　　　水平居中分布后

❻ **"自动对齐图层"按钮：** "自动对齐图层"按钮可用于拼合全景图像，单击该按钮可在弹出的对话框中设置拼合效果。

如何做　调整图像位置并存储文件

图像文件调整完成后若要存储图像，可执行"文件>存储"命令，在弹出的对话框中应用相关设置即可。也可将图像文件另存为其他文件，以免覆盖原始图像。

知识链接

存储和另存图像文件

　　存储图像可将调整后的效果直接进行存储，以覆盖原始图像文件；而要将调整后的效果存储为其他文件，可应用"存储为"命令，以存储图像为其他名称或其他格式的副本图像文件。

　　执行"文件>存储"命令，或按下快捷键Ctrl+S可直接存储图像。若该图像文件已经存储至指定位置，则再次应用该命令时将直接进行存储；若未将该图像文件存储至指定位置，则会弹出对话框。

　　执行"文件>存储为"命令，或按下快捷键Shift+Ctrl+S弹出对话框，以便将图像文件存储至指定的位置，并设置其名称和格式。

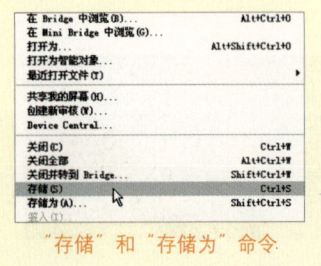

"存储"和"存储为"命令

01 打开图像文件

打开附书光盘Chapter 4\Media\11.psd文件。

02 选择指定图层

单击移动工具，并按住Ctrl键单击指定的图层，以选取椭圆。

03 分布图层图像

在移动工具属性栏中分别单击"垂直居中对齐"按钮和"垂直居中分布"按钮，然后拖动调整后的椭圆至画面顶端。

04 存储图像文件

执行"文件>存储为"命令，在弹出的对话框中设置文件名称，并将其存储在指定的位置。

专 栏　了解"图层"面板

"图层"面板用于管理图像的图层、图层组、蒙版和图层效果等。可直接通过"图层"面板对图像效果进行编辑处理，也可通过该面板访问其他命令选项。在该面板中，可设置图层图像的相关属性如混合模式、不透明度、锁定状态、图层样式、调整图层和图层蒙版等属性，以处理图像丰富的图像效果。

知 识 链 接

了解图层类型

"图层"面板管理着图像文件中的所有图层、图层组和蒙版等功能属性，该面板中包括多种类型的图层，包括栅格化图层、文本图层、调整图层、蒙版图层、智能图层和3D图层等。

文本图层为文本文字所在的图层；调整图层为应用相关调整命令后生成的图层；蒙版图层为添加了图层蒙版、矢量蒙版或剪贴蒙版的图层；智能图层为将图像转换为智能对象后所生成的图层；3D图层为通过创建3D模型的方式转换的图层。

文本图层

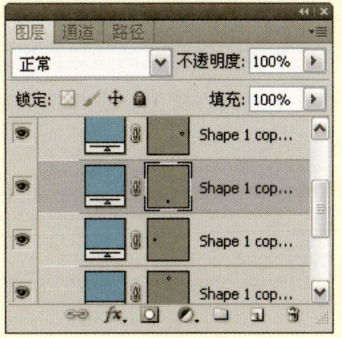
矢量蒙版图层

默认情况下，"图层"面板显示于工作界面右侧的面板区域，双击该面板名称，可展开或收缩面板。执行"窗口>图层"命令，可显示或隐藏"图层"面板。

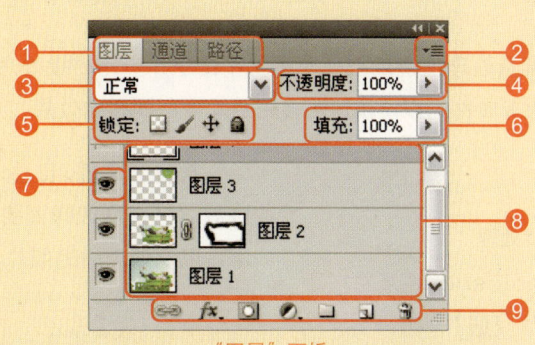
"图层"面板

❶ **面板组**：选择不同的选项卡标签可切换至相应面板。

❷ **扩展菜单按钮**：单击扩展菜单按钮，可弹出其扩展菜单，包含了"图层"面板中的相关操作命令。

❸ **"设置图层的混合模式"选项**：单击右侧的下拉按钮，可在弹出的下拉列表中选择指定的图层混合模式，以调整图像色调。包括"正片叠底"、"滤色"、"柔光"、"色相"和"明度"等模式。

❹ **"不透明度"选项**：用于设置图层的透明度状态，数值越小，图像越透明。

❺ **"锁定"按钮**：用于锁定指定图层的图像属性，包括"锁定透明像素"按钮 ⊠、"锁定图像像素"按钮 ✎、"锁定位置"按钮 ✢ 和"锁定全部"按钮 ⌂。

❻ **"填充"选项**：用于调整所选图层的不透明度。

❼ **"指示图层可见性"按钮**：单击图层或图层组左侧的该按钮，可隐藏当前图层或图层组中的图像，再次单击该按钮则可重新显示其图像。

❽ **图层、群组及蒙版等的显示区域**：用于管理图像图层、群组、蒙版或图层样式等。在该区域显示了图层图像的缩览图、蒙版状态、图层样式，以及图层链接方式等属性。

❾ **各应用按钮**：包括"链接图层"按钮 ∞、"添加图层样式"按钮 fx、"添加蒙版"按钮 ▢、"创建新的填充或调整图层"按钮 ◉、"创建新组"按钮 ▢、"创建新图层"按钮 ▢ 和"删除图层"按钮 ▯。可应用不同的按钮，以添加或编辑当前图像文件的图层。

Section 08 批处理照片

对照片进行批量处理，可一键快速对照片的色调和尺寸等进行调整。应用数码照片批量处理功能，可结合使用"动作"面板和"批处理"命令调整照片效果，以获取便捷有效的处理形式。

知识点 了解"批处理"对话框

自动批量处理是通过结合使用动作命令并应用"批处理"命令的方式批量处理数码照片的色调、尺寸和特殊效果等属性，以便快速对多张照片应用同样的效果，从而节省操作步骤和时间。

知识链接

创建快捷批处理

在Photoshop中可将指定的动作命令存储为批处理快捷方式。执行"文件>自动>创建快捷批处理"命令，在弹出的对话框中选择要创建的动作命令，并设置存储快捷方式的文件夹位置。

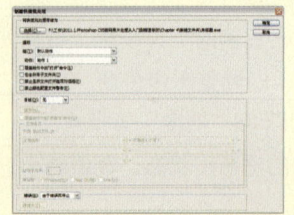

"创建快捷批处理"对话框

创建快捷批处理后，将在指定的文件夹中生成一个批处理快捷方式。若要对其他图像文件应用同样的批处理操作，可将这些图像文件拖动至该快捷图标，以便应用同样的操作。

创建的批处理快捷方式

执行"文件>自动>批处理"命令，可弹出"批处理"对话框。在该对话框中可选择需要处理的批量数码照片、需要应用批量处理的动作，以及处理后的照片名称和存放位置等属性。

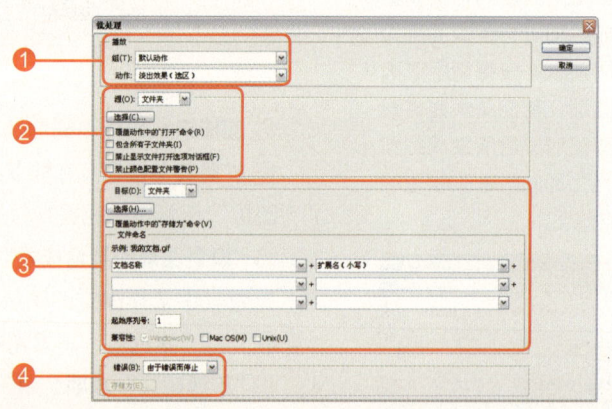

"批处理"对话框

❶ **"播放"选项组：** 用于选择动作组和动作命令，以应用选定的效果到需要批处理的照片中。

❷ **"源"选项组：** 选择需要处理的批量照片所在的文件夹，以便对该文件夹中所有照片进行批量处理。

❸ **"目标"选项组：** 选择批量照片被处理后所存放的指定位置，所有被自动批量处理后的照片将自动存放于该文件夹中。在该选项组中还可对批量处理后的照片文件名称进行设置。

❹ **"错误"选项组：** 用于设置在自动批量处理数码照片而遇到错误时的自动操作。

知识链接

应用自定义动作命令

应用"批处理"命令时，可在其对话框中选择指定的动作命令，以便将该动作命令应用到需要批处理的照片中。所选择的这些动作命令来源于"动作"面板，因此可通过在"动作"面板中自定义动作命令，并将该动作命令用于批处理操作，以便按照个人需求批量处理数码照片。

如何做 批处理多张照片

对多张数码照片应用同样的调整效果，可应用"批处理"命令。在应用之前可将所有需要批处理的照片放置在一个指定的文件夹中，以便对这些照片进行统一调整。

知识链接

自动"裁剪并修齐照片"

执行"文件>自动"命令，可在弹出的级联菜单中选择"裁剪并修齐照片"命令，该命令用于将一次扫描的多个图像分成多个单独的图像文件，并对其进行修整。

统一扫描至一张画布上的图像

执行"文件>自动>裁剪并修齐照片"命令，可将扫描到同一画布中的图像分别裁剪出来，并调整为单独的图像文件，显示在图像窗口中。单击界面顶端的"排列文档"按钮，在弹出的菜单中选择相应的排列方式，即可查看裁剪后的图像文件窗口。

应用"裁剪并修齐照片"命令后

需要注意的是，在应用"裁剪并修齐照片"命令前，确保扫描的多个图像之间的间距为1/8英寸，并且背景为较均匀的单色，同时与照片边缘的颜色具有一定的差异，以便在裁剪并修齐照片时保证照片边缘的完整效果。

01 放置照片文件

将指定的照片文件存放在一个指定的文件夹中，如附书光盘Chapter 4\Media\批量处理文件夹\12.jpg、13.jpg、14.jpg和15.jpg文件。

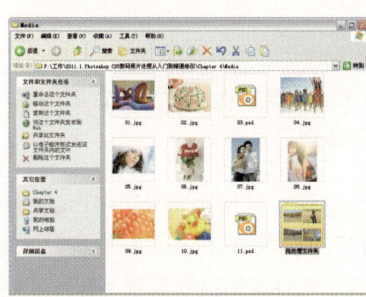 

02 设置批处理属性

执行"文件>自动>批处理"命令，在弹出的对话框中选择需要批量处理的照片文件夹，并设置需要存储的位置及其应用的动作命令等。

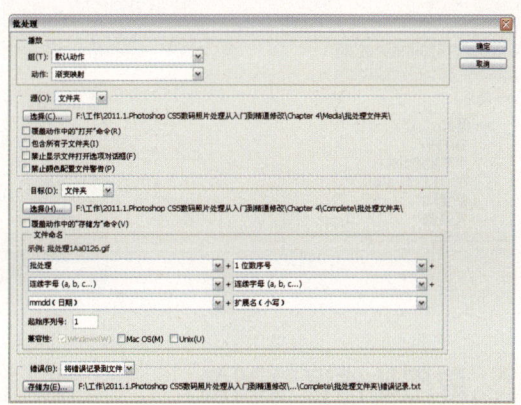

03 开始进行批处理

完成设置后单击"确定"按钮，开始批处理照片。由于未勾选"覆盖动作中的'存储为'命令"复选框，在处理过程中弹出"存储为"对话框，单击"保存"按钮即可。

 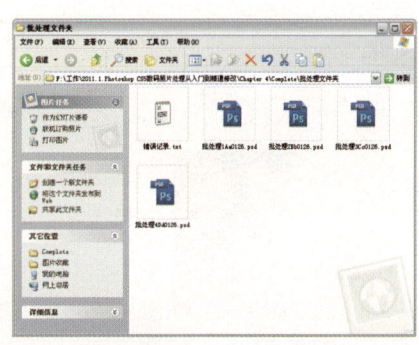

Section 09 利用"动作"处理照片

"动作"面板用于记录图像处理过程,并以动作命令的形式存储在该面板中,以便将操作直接应用到其他图像文件中,还可通过结合应用"批处理"命令对数码照片进行批量处理。

知识点 新建与存储动作

在"动作"面板中可新建动作,并通过该动作记录对图像的编辑过程,完成操作后即可将其存储至该面板中,以便将其调整效果应用于其他图像。

知识链接

覆盖原有动作记录

创建新动作命令后,可对之前所应用的相关命令进行更改,以覆盖原有的操作调整。通过在指定的操作步骤中双击相关命令,以修改其属性。

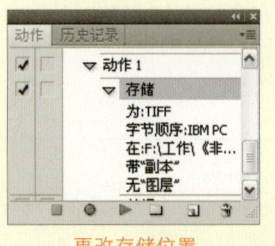
更改存储位置

在"动作"面板中单击"创建新动作"按钮,将会弹出"新建动作"对话框。在该对话框中设置动作的名称、所属动作组、功能键以及颜色并应用这些设置,即可开始记录动作。

开始记录动作后,可对图像进行相关处理,操作步骤将会记录在动作中。操作步骤越多,该动作命令的内存占用率越高,从而会降低应用该动作命令编辑图像的速度。

完成编辑后,若要存储该动作至"动作"面板,可单击"停止播放/记录"按钮,以停止操作记录并存储该动作。

"新建动作"对话框

如何做 应用动作调整图像

应用动作命令调整图像,可直接应用预设动作至图像,也可自定义动作命令并应用于图像中。

01 打开图像文件
执行"文件>打开"命令,打开附书光盘Chapter 4\Media\16.jpg文件。

02 选择预设动作
执行"窗口>动作"命令,打开"动作"面板,在该面板中选择"综合色调(图层)"预设动作。

03 应用预设动作
单击面板底部的"播放选定的动作"按钮,可将该动作应用到图像中,以调整图像色调。

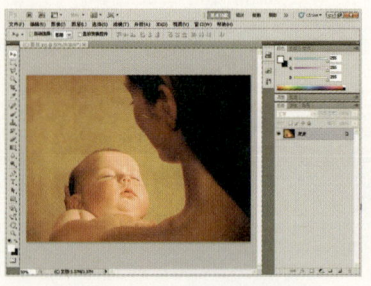 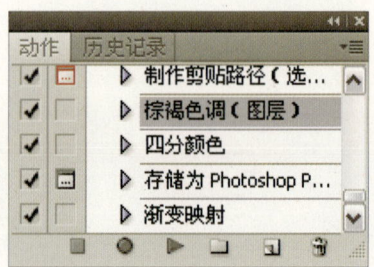 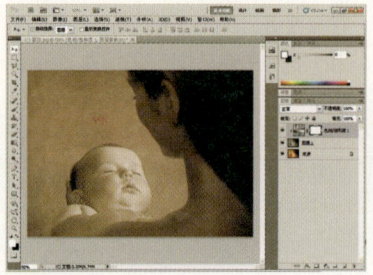

专 栏　了解"动作"面板

"动作"面板的实用之处在于可记录操作动作,并用于之后的编辑调整中,以便对其他图像应用同样的处理效果,从而节省操作步骤和操作时间,避免反复地操作调整。

知 识 链 接

载入动作和复位动作

"动作"面板在默认状态下仅显示"默认动作"组及其动作命令。要应用Photoshop中的其他预设动作,可载入这些动作至"动作"面板中,以便执行这些动作。除此之外还可以载入其他自定义动作至该面板。

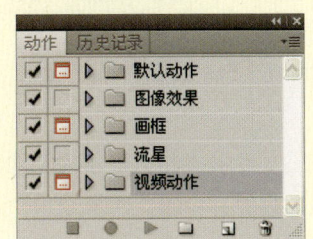

载入的预设动作组

若要恢复"动作"面板中的动作组和动作显示状态,可复位该面板。通过单击该面板右上角的扩展菜单按钮,并在弹出的扩展菜单中选择"复位动作",再在弹出的对话框中单击"确定"按钮即可;若单击其中的"追加"按钮,可将"默认动作"追加至该面板中。

复位动作弹出对话框

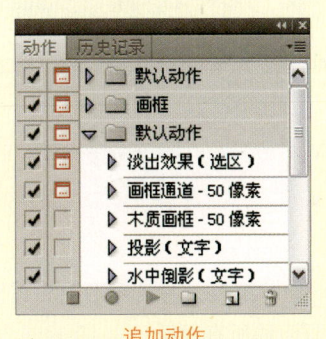

追加动作

执行"窗口>动作"命令,可打开"动作"面板。该面板中集合了多种默认动作,也可通过载入新动作的方式添加动作选项。

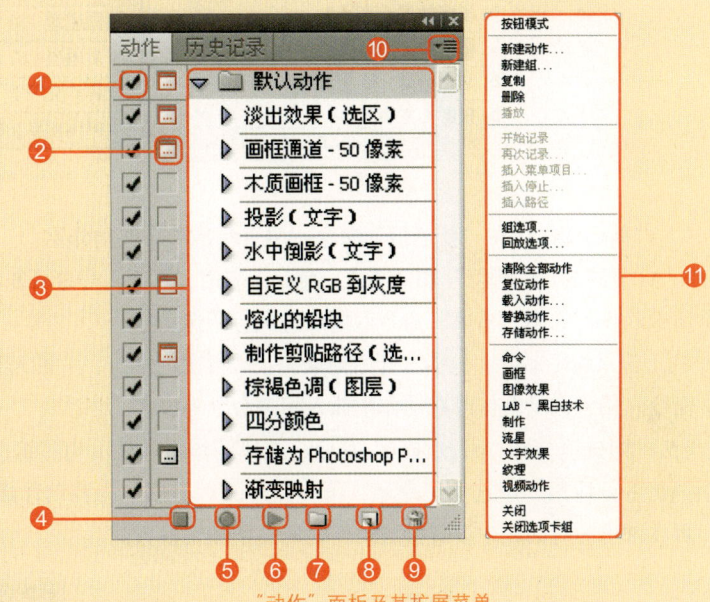

"动作"面板及其扩展菜单

❶ **"切换项目开/关"按钮**:通过勾选或取消勾选的方式设置动作或动作中的命令是否被跳过。当某一动作左侧的该按钮为勾选状态标识✔,表示该命令正常运行;若呈未勾选状态标识▢,表示该命令被跳过。若在某一动作组左侧显示为红色勾选状态标识✔,表示此动作组中有命令被跳过;而该动作组左侧为未勾选状态标识▢,表示该动作组中的所有命令被跳过。

❷ **"切换对话框开/关"按钮**:通过勾选或取消勾选的方式来设置动作在运行过程中是否显示有参数对话框的命令。若在动作的左侧显示红色对话框标识▢,表示该动作命令中有对话框设置选项;若在动作的左侧显示灰色对话框标识▢,则表示该命令中没有对话框设置选项。

❸ **默认动作组和动作**:该区域显示动作组和动作命令。

❹ **"停止播放/记录"按钮**:该按钮只有在播放或记录动作的过程中可使用,单击该按钮可停止播放或记录动作。

❺ **"开始记录"按钮**:新建动作后或选择动作命令时,该按钮为红色状态,表示正在记录。

❻ **"播放选定的动作"按钮**:单击该按钮可播放当前所选定的动作命令,并应用于图像中。

❼ **"创建新组"按钮**:单击该按钮可新建一个动作组。

❽ **"创建新动作"按钮**:单击该按钮以新建动作并开始记录动作。

❾ **"删除"按钮：**单击该按钮，或将指定的动作或动作组拖动至该按钮，可删除动作或动作组。
❿ **扩展菜单按钮：**单击该按钮，可弹出扩展菜单，从中可执行相关的操作命令。
⓫ **扩展菜单：**单击扩展菜单按钮后可弹出该菜单，其中囊括了"动作"面板中所有动作命令。
（1）"按钮模式"命令：勾选或取消勾选该命令选项，可调整"动作"面板中动作的显示状态。

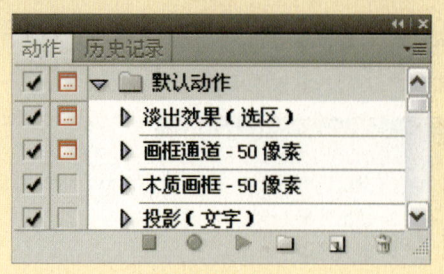 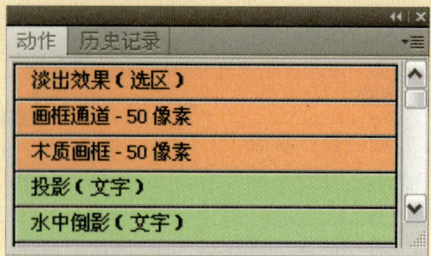

默认显示模式　　　　　　　　　　　　　按钮模式

（2）"新建动作"和"新建组"命令：用于新建动作或动作组。
（3）"复制"、"删除"和"播放"命令：应用"复制"命令可复制当前所选动作；应用"删除"命令可删除所选动作；应用"播放"命令可播放并执行所选动作。
（4）记录编辑命令：包括"开始记录"、"再次记录"、"插入菜单项目"、"插入停止"和"插入路径"命令，用于记录动作或在动作中插入相关命令等操作。
（5）"组选项"和"回放选项"命令：选择动作组时显示为"组选项"命令，选择动作时显示为"动作选项"命令。应用"组选项"命令，可在弹出的对话框中设置动作或动作组的属性；应用"回放选项"命令，可在弹出的对话框中设置播放动作时的速度和切换方式。

 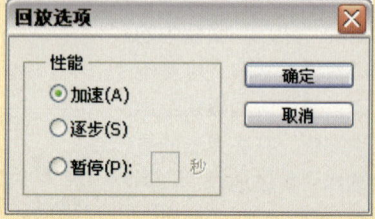

"组选项"对话框　　　　　　　　　　　　"回放选项"对话框

（6）"编辑动作"命令：包括"清除全部动作"、"复位动作"、"载入动作"、"替换动作"和"存储动作"命令，用于调整当前"动作"面板中的动作命令状态。
（7）"选择显示动作"命令：选择任一命令选项可载入对应的动作组及其各动作，并将其显示在"动作"面板中。

 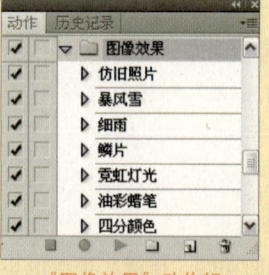 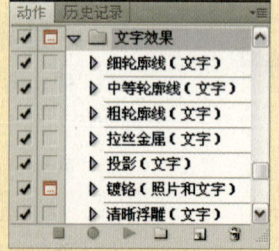 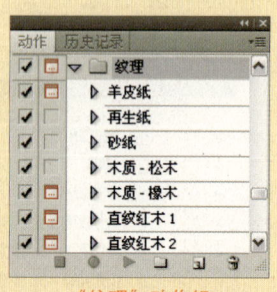

"画框"动作组　　　"图像效果"动作组　　　"文字效果"动作组　　　"纹理"动作组

（8）"关闭"和"关闭选项卡组"命令：应用"关闭"命令，可关闭"动作"面板，而面板组中的其他面板不受影响；应用"关闭选项卡组"命令，则可关闭"动作"面板所在面板组的所有面板。

记录动作并调整同样的效果

在编辑调整照片时,将操作方法和步骤记录下来,以便对其他照片应用同样的调整效果。如果在记录过程中存储了图像指定的名称和位置,则应用该动作命令至其他图像前需更改其存储选项,以免覆盖原始操作图像文件。

01 打开图像文件
打开附书光盘Chapter 4\Media\17.jpg文件。

02 新建动作
单击"动作"面板中的"创建新动作"按钮,并在弹出的对话框中单击"记录"按钮。

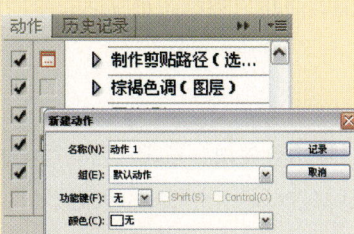

03 调整亮度和对比度
单击"创建新的填充或调整图层"按钮,应用"亮度/对比度"命令并设置参数,以调整色调。

04 应用"渐变映射"命令
按照同样的方法应用"渐变映射"命令,并设置从土黄色(R204、G191、B167)到棕色(R181、G157、B115)的渐变颜色。

05 设置混合模式
设置调整图层的混合模式为"色相"、"不透明度"为80%,以调整画面色调。

06 存储图像文件
按下快捷键Ctrl+S,将图像文件存储至指定的位置,并设置其文件名称。

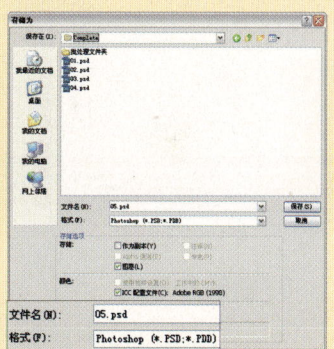

07 关闭图像文件并停止记录
按下快捷键Ctrl+W关闭图像文件,然后单击"动作"面板中的"停止播放/记录"按钮,以停止当前记录动作。

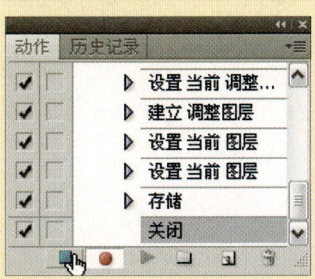

08 打开图像文件并更改存储属性
打开18.jpg图像文件,双击"动作"面板中刚才记录的"存储"动作,并更改其存储名称,以免覆盖之前的图像文件。

09 播放动作
单击"动作"面板中的"播放选定的动作"按钮,开始执行动作命令,对打开的图像应用同样的编辑效果。

Section 10 常用辅助工具应用

Photoshop 中包含多种辅助应用工具，用于对图像进行精确定位调整，以使图像效果更加美观。各种辅助应用工具的特点有所不同，用户可根据需求选择合适的工具对图像进行处理。

知识点 辅助工具的种类

辅助工具的应用特征各有不同，但在应用过程中可相互结合使用。这些辅助应用工具包括标尺、参考线、智能参考线和网格等。

1. 标尺

标尺用于测量页面的长宽和坐标，可结合使用参考线进行应用。通过执行"视图>标尺"命令，可显示标尺，也可按下快捷键Ctrl+R以显示或隐藏标尺。标尺显示的刻度密度与图像视图比例有关。

2. 参考线

通过显示标尺即可从中拖出参考线，以便度量页面或添加辅助线，参考线是浮动在图像上方的一些不会打印出来的线条。通过执行"视图>显示>参考线"命令，可显示或隐藏参考线。还可执行"视图>锁定参考线"命令，将参考线锁定，以避免在操作时将其意外拖动。

未显示标尺

显示标尺

添加参考线

3. 智能参考线

智能参考线可用于对齐形状、切片和选区。绘制形状、创建选区或切片时，智能参考线会自动出现，也可隐藏智能参考线。

4. 网格

网格对于对称排列图素很有用，默认情况下网格显示为不打印出来的线条或点。

参考线的间距和缩放视图时的可视性等均因图像像素而异。网格间距、参考线和网格的颜色及样式对于所有图像都是相同的。拖动选区或参考线时，若拖动距离小于8个屏幕（不是图像）像素，它们将与参考线或网格对齐，可打开或关闭此功能。

显示网格

将参考线对齐网格

如何做 利用辅助工具调整图像

使用辅助工具调整图像时，可结合使用多种工具进行。使用标尺、参考线和网格添加辅助应用，以便在操作时更加精确地调整图像。

知识链接

调整参考线

在Photoshop中添加参考线，可在现实图像窗口边缘的标尺后，从中拖动以添加参考线。在图像窗口顶端的标尺栏向图像中拖动，将添加水平方向上的标尺；在图像窗口左端的标尺栏向图像中拖动，将添加垂直方向上的标尺。多次拖动后可添加多条参考线。

除了从标尺区域拖动以添加参考线的方式外，还可应用"新建参考线"命令，以更精确的方式添加参考线。执行"视图>新建参考线"命令，可在弹出的对话框中设置参考线的位置，以及水平取向或垂直取向。

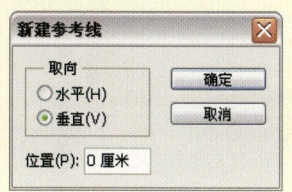
"新建参考线"对话框

添加参考线后，可通过锁定参考线的方式避免对参考线的意外拖动。执行"视图>锁定参考线"命令，可锁定参考线。

若要清除参考线，可使用移动工具拖动未锁定的参考线至页面区域外；也可执行"视图>清除参考线"命令，以清除当前所有参考线。

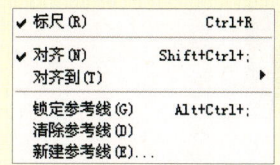
调整参考线的命令

01 打开图像文件
打开附书光盘Chapter 4\Media\19.psd文件。

02 显示网格
执行"视图>显示>网格"命令，并按下快捷键Ctrl++放大视图。

03 显示标尺
执行"视图>标尺"命令，显示图像窗口边缘的标尺。

04 添加参考线
从标尺中拖出参考线，分别添加水平方向和垂直方向的参考线。

05 调整图像位置
选择茶叶罐所在的图层组，分别选择各茶叶罐并使用移动工具调整其位置，调整茶叶罐的位置以使其水平对齐。

摄影师训练营　校正照片方向和角度

在Photoshop中校正照片方向和角度，可应用"图像旋转"级联菜单中的相关命令实现。通过校正照片方向以恢复其画幅取向，并对其水平角度进行调整，以校正其角度。

知识链接

"图像旋转"命令

"图像旋转"命令中包括多种用于旋转画布的命令。执行"图像>图像旋转"命令，在弹出的级联菜单中可选择包括"180度"、"任意角度"和"水平翻转画布"等命令，以指定的角度旋转画布。

选择以90°倍数的旋转命令，可较规范地旋转画布方向；选择"水平翻转画布"命令或"垂直翻转画布"命令，则可将画布进行水平方向或垂直方向的翻转；选择"任意角度"命令，则可在弹出的对话框中设置任意的角度和方向，以自定旋转效果。

原图

180°翻转画布

垂直翻转画布

01 打开图像文件

打开附书光盘Chapter 4\Media\20.jpg文件。

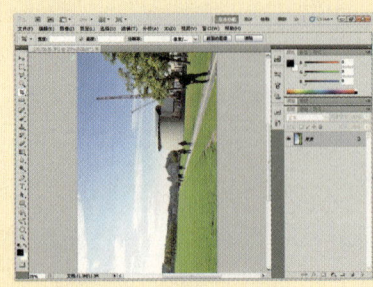

02 校正照片方向

执行"图像>图像旋转>90度（顺时针）"命令，以校正照片方向。

03 设置旋转画布参数

执行"图像>图像旋转>任意角度"命令，在弹出的对话框中设置参数和属性。

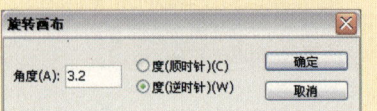

04 旋转画布角度

完成设置后单击"确定"按钮，画布被旋转，可看到拓展的区域填充为背景色。

05 裁剪画布

单击裁剪工具，沿画布边缘多余的区域创建裁剪框，完成后按下Enter键确定，以裁剪多余区域。

CHAPTER
05

数码照片基本处理

本章对数码照片的基本处理进行了详细的介绍。包括调整图像大小，调整画布大小，数码照片的裁剪、旋转和变换，操控变形，校正倾斜照片，保护照片图像，以及拼贴数码照片等。这些操作相对简单，却是最为常见且使用频率较高的照片处理方法。掌握这些基本的操作技巧，有利于后期对照片进行复杂的处理。

Section 01 调整图像大小

在 Photoshop CS5 中，调整图像大小是指在保留原有图像不被裁剪或裁切的情况下，通过改变图像的大小或比例来实现对图像整体尺寸的调整。对图像的大小进行调整，可通过"图像大小"对话框实现。

知识点 认识"图像大小"对话框

执行"图像>图像大小"命令或按下快捷键Ctrl+Alt+I，即可打开"图像大小"对话框，在该对话框中可对图像的像素大小、文档大小、缩放比例等相关参数进行查看并设置，调整后单击"确定"按钮即可应用调整。

知识链接

快速使用自动分辨率

除了可以在"图像大小"对话框"文档大小"选项组的"分辨率"数值框中对图像的分辨率进行调整外，还可通过单击"自动"按钮，打开"自动分辨率"对话框，进行更细致的设置，完成后单击"确定"按钮，此时可在"图像大小"对话框中看到，图像的宽度、高度以及分辨率都进行了自动的调整。

打开的"图像大小"对话框

"自动分辨率"对话框

调整后的"图像大小"对话框

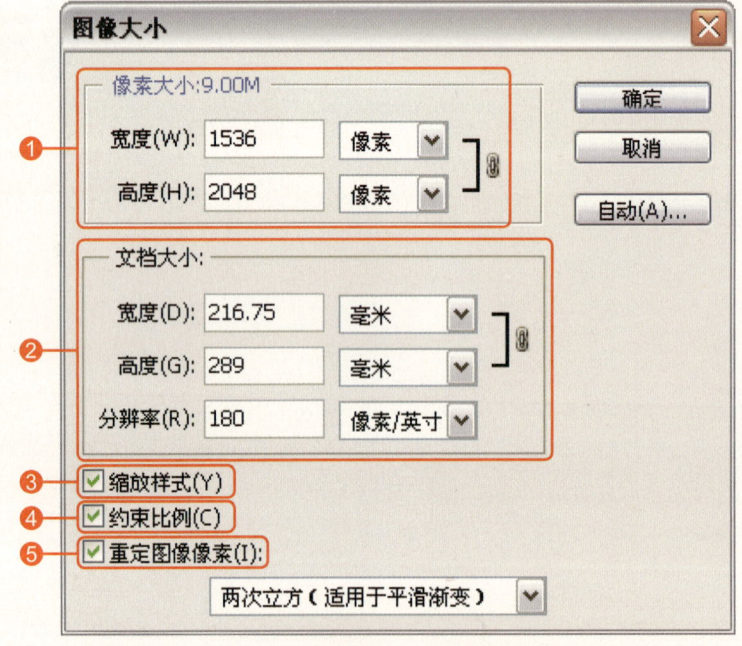

"图像大小"对话框

❶ **"像素大小"选项组：** 用于更改图像在屏幕上的显示尺寸。

❷ **"文档大小"选项组：** 在创建用于打印的图像时，可在该选项组中设置文档的宽度、高度和分辨率，以调整图像的大小。

❸ **"缩放样式"复选框：** 勾选该复选框后，将自动按比例缩放图像中带有图层样式的效果部分。

❹ **"约束比例"复选框：** 勾选该复选框后，在"宽度"和"高度"数值框后将出现一个链接图标。此时在其中一个数值框中输入相应的数值，另一项将按原图像比例进行相应变化。

❺ **"重定图像像素"复选框：** 勾选该复选框后，激活"像素大小"选项组中的参数，以更改像素大小，取消勾选该复选框，像素大小将不发生变化。

如何做 调整照片的大小

当将数码照片从数码相机中导出后，为了方便以后调用以应对不同的使用需求，还可对数码照片的大小进行调整。

01 打开图像文件
在Photoshop CS5中打开附书光盘Chapter 5\Media\01.jpg图像文件，此时打开的图像显示在工作区中，默认以16.67%的显示比例进行显示。

02 查看图像大小
执行"图像>图像大小"命令或按下快捷键Ctrl+Alt+I，打开"图像大小"对话框，在其中的"像素大小"或"文档大小"选项组中可查看到该图像的大小。

03 调整图像大小
在"像素大小"选项组的"高度"数值框中单击，置入插入点后输入新的数值，此时"宽度"数值框中的数值随之发生变化，单击"确定"按钮。

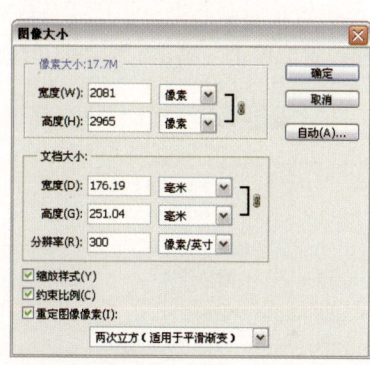
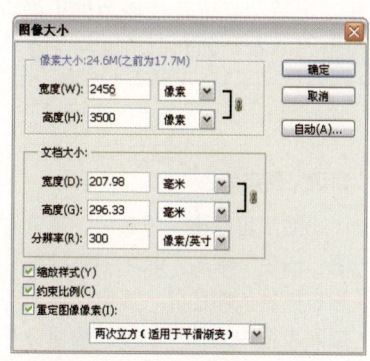

04 查看图像效果
在工作区中可以看到，在16.67%的相同显示比例下，经过调整后的照片图像放大了。

05 继续调整
继续在"图像大小"对话框"文档大小"选项组的"高度"数值框中进行调整。

06 再次查看图像效果
此时单击"确定"按钮即可看到，在16.67%的相同显示比例下，经过调整后的照片图像缩小了。

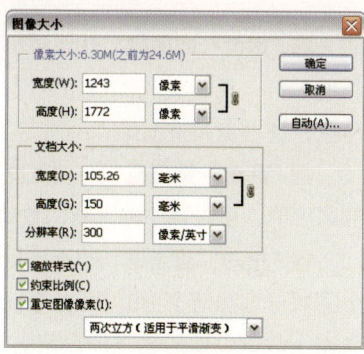

07 放大图像显示比例
此时可单击缩放工具，在图像中单击即可将调整后的图像放大显示，此时仅显示效果放大，图像的大小没有改变。再次单击即可继续放大。放大图像后可使用抓手工具改变图像在工作区中的显示范围和效果。

Section 02 调整画布大小

在 Photoshop CS5 中可以将照片图像理解为放置在一张画布上的图像，此时我们可以通过调整画布的大小对照片图像的大小进行调整，还可通过调整画布的大小为照片图像添加边框或进行适当的裁剪。

知识点　认识"画布大小"对话框

执行"图像>画布大小"命令或按下快捷键Ctrl+Alt+C，即可打开"画布大小"对话框，在其中可通过在"定位"栏中定位画布的扩展方向，确定是对画布进行扩展还是裁剪。同时结合"宽度"和"高度"数值框对画布扩展的大小进行设置，完成设置后单击"确定"按钮即可应用调整。

知识链接

自定义画布颜色

除了可以使用前景色、背景色、白色、黑色、灰色等来设置画布扩展的颜色外，还可在该下拉列表框中选择"其他"选项，此时打开"选择画布扩展颜色"对话框，在其中可拖动鼠标单击设置颜色，单击"确定"按钮即可返回到"画布大小"对话框中，此时在"画布扩展颜色"下拉列表框中看到重新设置后的颜色。

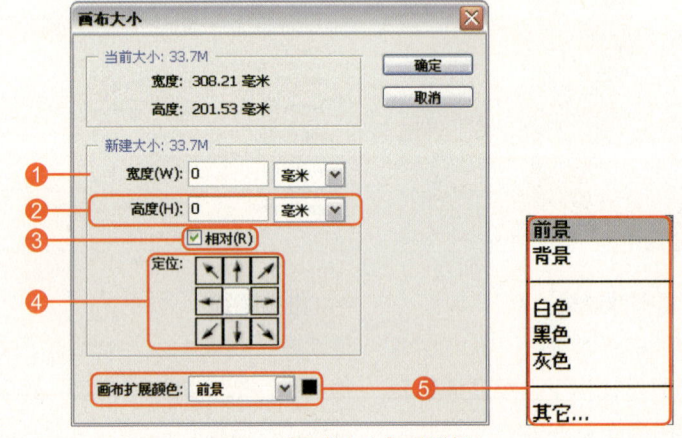
"画布大小"对话框

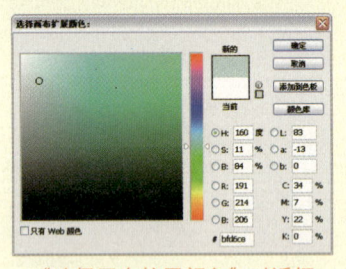
"选择画布扩展颜色"对话框

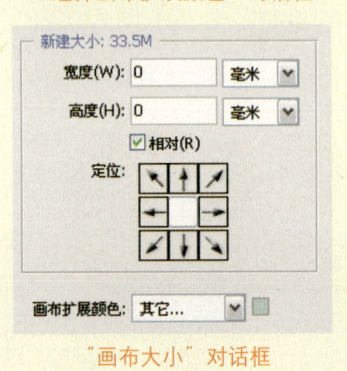
"画布大小"对话框

❶ **"宽度"数值框**：默认显示为当前图像的宽度值，可在其中输入新的数值，重新设置图像的宽度，同时还可在其后的下拉列表中设置单位，进一步调整图像。

❷ **"高度"数值框**：与"宽度"数值框相同，默认显示为当前图像的高度值，可在其中输入新的数值，重新设置图像的宽度。

❸ **"相对"复选框**：勾选该复选框，将"宽度"和"高度"数值框中的数值自动清空为0，可在清空后的"宽度"和"高度"数值框中重新输入数值。此时输入的数值则表示在原有数值上增加的量，当输入的数值为正数时表示为扩展画布，当输入的数值为负数时则是对图像进行裁剪操作。

❹ **"定位"栏**：默认情况下自动定位在九宫格的正中间，选中的九宫格呈白色显示。此时用户若想在图像哪个方向上调整画布大小，只须在九宫格中单击相应的方格即可定位其扩展方向。

❺ **"画布扩展颜色"下拉列表框**：单击右侧的下拉按钮，在弹出的下拉列表框中有前景、背景、白色、黑色、灰色、其他等选项可供选择，以便对扩展后的画布颜色进行设置。

如何做 为照片添加相框

要为数码照片快速添加相框，可通过调整照片图像的画布大小实现。通过为照片添加简约的白色边缘，从而形成相框的质感。

01 打开图像文件
在Photoshop CS5中打开附书光盘Chapter 5\Media\02.jpg图像文件，此时可在工作区中查看到该图像的效果。

02 复制图层
在"图层"面板中单击选择"背景"图层，并将其拖动到"创建新图层"按钮上，复制得到"背景 副本"图层。

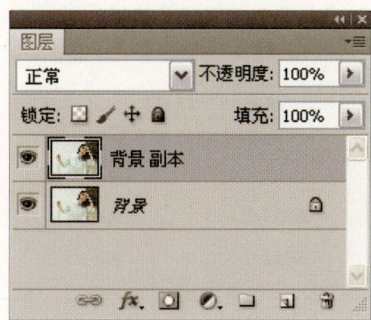

03 调整画布大小
执行"图像>画布大小"命令，打开"画布大小"对话框，勾选"相对"复选框后分别在"宽度"和"高度"数值框中输入数值。

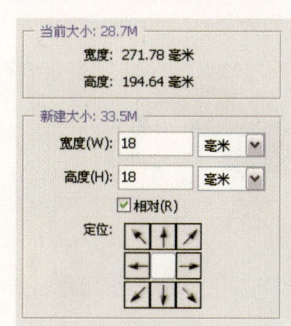

04 设置画布扩展颜色
单击"画布扩展颜色"右侧的下拉按钮，在弹出的下拉列表框中选择"白色"选项。

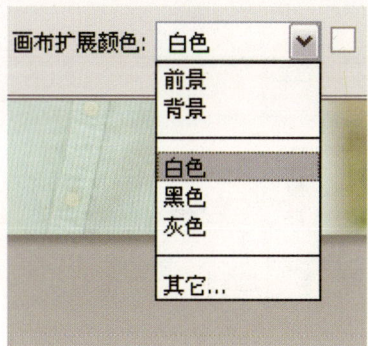

05 查看图像效果
此时单击"确定"按钮，即可在图像中查看到为照片添加白色边框后的效果。在"图层"面板中单击选择"背景 副本"图层。

06 设置描边效果
执行"编辑>描边"命令，打开"描边"对话框，在"宽度"数值框中设置参数，单击"确定"按钮。

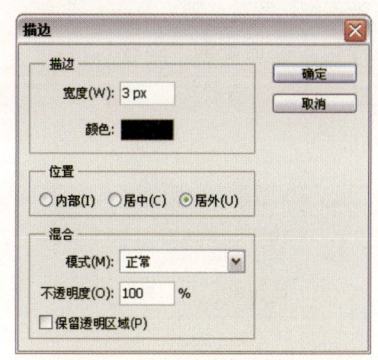

07 查看最终效果
此时在图像中可以看到，通过为"背景 副本"图层添加了黑色的描边，从而让整个照片图像的白色边框效果更为明显。

专家技巧
快速调整描边颜色

在"描边"对话框中单击颜色色块打开"选取描边颜色"对话框，单击即可选择描边颜色。

"选取描边颜色"对话框

如何做 裁剪照片

数码照片在拍摄时会在一定程度上受拍摄角度、距离的远近等因素的制约，从而影响拍摄效果，此时可使用Photoshop CS5对原有的数码照片进行调整，通过调整画布大小对数码照片进行裁剪，在保证照片图像效果的同时，让照片的构图更完善。

01 打开图像文件
在Photoshop CS5中打开附书光盘Chapter 5\Media\03.jpg图像文件。此时可在工作区中查看到该图像的效果。

02 设置裁剪参数
执行"图像>画布大小"命令，打开"画布大小"对话框，勾选"相对"复选框后分别在"宽度"和"高度"数值框中输入数值。

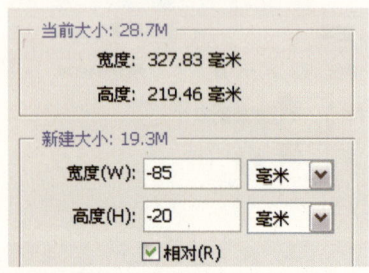

03 定位裁剪
在"定位"栏中单击九宫格中左上角的灰色方格，使其呈白色显示，将裁剪定位在左上角。

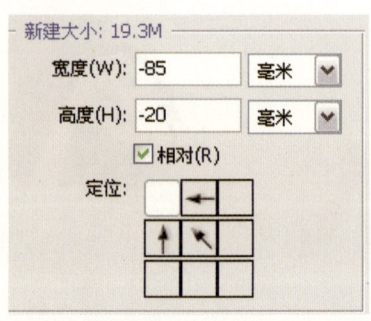

04 设置提示对话框
此时单击"确定"按钮，弹出信息提示对话框，若确认需要对照片图像进行裁剪可单击"继续"按钮，若不确认裁剪，则可单击"取消"按钮。这里单击"继续"按钮，对图像进行裁剪。

05 确认裁剪效果
单击"继续"按钮后，软件自动进行裁剪，此时在图像中即可看到裁剪后的照片效果。

06 解锁图层
双击"背景"图层，打开"新建图层"对话框，在该对话框中单击"确定"按钮，解锁"背景"图层为"图层0"。

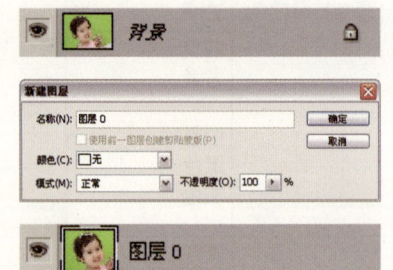

07 扩展透明边缘
继续执行"图像>画布大小"命令，打开"画布大小"对话框，勾选"相对"复选框，分别在"宽度"和"高度"数值框中输入数值，此时可看到，"画布扩展颜色"下拉列表框呈灰色显示，表示不可用，此时单击"确定"按钮，扩展的图像边缘为透明边缘效果。

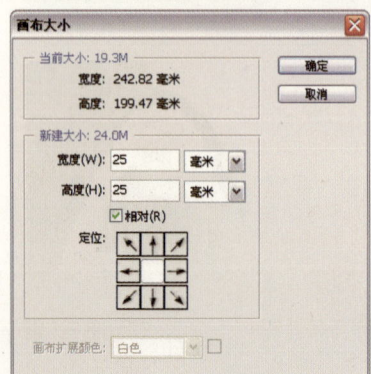

Section 03 裁剪数码照片

前面我们对数码照片的裁剪进行了介绍，除了可以使用调整画布大小的方法来裁剪图像外，还可以通过 Photoshop 提供的裁剪工具来实现对数码照片的裁剪处理，以得到想要的图像效果。

知识点 认识裁剪工具

使用裁剪工具可以在软件工作区中直观地对照片图像进行裁剪，通过裁剪可以将图像中需要或多余的部分剪去，从而实现对图像尺寸的调整，同时也能改变照片的构图效果，从而突出照片的展示重心。

知识链接

充分掌握裁剪后的效果

Photoshop中的裁剪功能不仅针对只具有"背景"图层的图像文件，同时也针对具有多图层的PSD格式文件，当使用裁剪工具对图像进行裁剪后，其他图层中多余的、隐藏在显示页面外的部分也被裁剪掉。

多层图像效果原图

裁剪后的效果

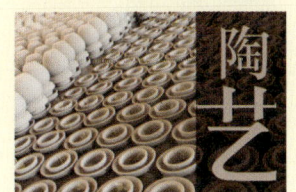
移动文字查看被裁剪后的文字效果

裁剪工具的使用方法是，在工具箱中单击裁剪工具 ，在需要进行裁剪的图像中单击，拖动出裁剪控制框，控制框外部的图像变暗显示，在确定好裁剪区域后按下Enter键即可确认裁剪。

需要注意的是，当裁剪控制框小于整个画面的尺寸时，对图像进行裁剪操作；当裁剪控制框大于整个画面的尺寸时，则进行扩展操作，扩展的部分以当前背景色进行自动填充。

原图1　　　　　　　　　　　　　　裁剪后的效果

原图2　　　　　　　　　　　　　　扩展后的效果

| 如何做 | **将生活照裁剪为证件照**

在没有标准的证件照而又急需使用时，可适当选择具有正面效果的普通生活照，通过Photoshop软件的裁剪功能进行相应的处理，将其制作为证件照。

01 打开图像文件
在Photoshop CS5中执行"文件＞打开"命令，打开附书光盘中的Chapter 5\Media\04.jpg图像文件。

02 裁剪图像
单击裁剪工具，在图像中的人物头部单击拖动鼠标，绘制出裁剪控制框，此时框内的图像表示裁剪后保留的图像。

03 旋转裁剪控制框
将光标移动到裁剪控制框的边缘节点上，当其呈↻显示时拖动控制框即可对其进行旋转操作。适当旋转控制框，纠正人物效果。

04 确认裁剪
此时可在工具属性栏中单击"提交当前裁剪操作"按钮✓，或按下Enter键确认裁剪，得到正常角度的人物正面照。

05 绘制选区
单击磁性套索工具，在图像中沿人物边缘拖动，绘制较为准确的人物选区。按下快捷键Ctrl+J，复制得到"图层1"。

06 新建图层并填充颜色
在"图层"面板中"图层1"下方新建"图层2"，并填充"图层2"为红色（R200、G51、B51），完成证件照的制作。

  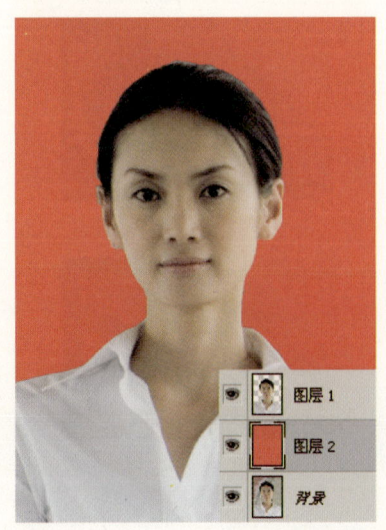

专栏　裁剪工具属性栏

裁剪工具属性栏有两种不同的状态，单击裁剪工具后，在菜单栏下即显示默认情况下的裁剪工具属性栏，可在其中设置裁剪长宽比；当在图像中单击并拖动出裁剪控制框后，工具属性栏有所变化，在其中可设置参考线的样式、屏蔽的颜色等，从而让裁剪操作的调整更加充分。

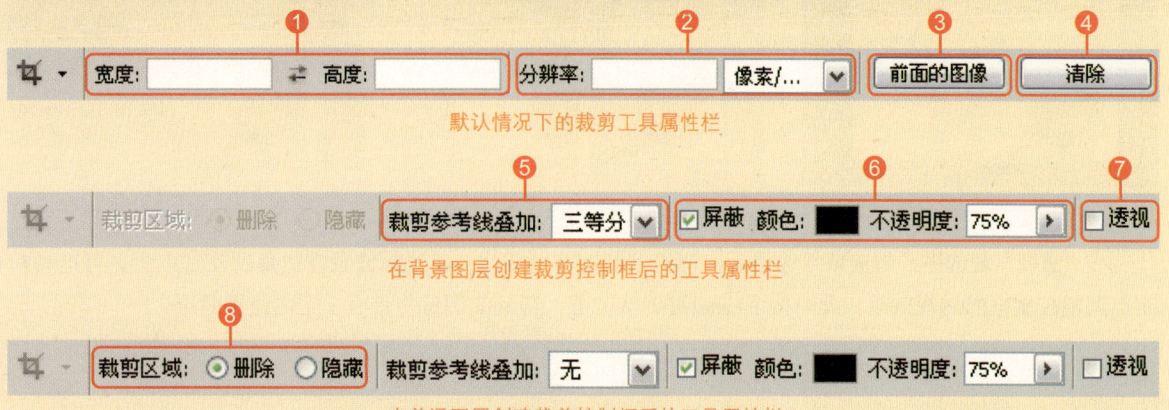

❶"宽度"和"高度"数值框： 分别设置裁剪图像的宽度和高度，在图像中拖动出的裁剪控制框将会按设置的长宽比进行显示，此时若是放大或缩小裁剪控制框，则都会默认按此长宽比显示。

❷"分辨率"数值框： 用于设置裁剪图像的分辨率。裁剪后图像的分辨率则为该数值框中的数值。在其后的"像素/…"下拉列表中可设置分辨率的单位。

❸"前面的图像"按钮： 单击该按钮则使用顶层图像中的数值进行裁剪。

❹"清除"按钮： 单击该按钮即可清除设置的宽度、高度和分辨率等参数值。此时即可自由地拖动裁剪控制框。

❺"裁剪参考线叠加"下拉列表框： 单击右侧的下拉按钮，在弹出的下拉列表框中包含"无"、"三等分"和"网格"3个选项，选择相应的选项，即可在拖动裁剪控制框后以相应的样式显示裁剪的参考线效果。

选择"无"选项的裁剪控制框

选择"三等分"选项的裁剪控制框

选择"网格"选项的裁剪控制框

❻ **"屏蔽"复选框**：勾选该复选框后即可激活颜色色块和"不透明度"数值框，单击颜色色块，即可打开"拾色器"对话框，在其中可设置屏蔽裁剪控制框外图像的颜色，同时也可在"不透明度"数值框中调整不透明度。

默认情况下的裁剪控制框效果　　　　　调整颜色后的效果　　　　　调整不透明度后的效果

❼ **"透视"复选框**：勾选该复选框后，调整控制框有所变化，将光标放置在边角的控制点上，可拖动控制点调整控制框的透视效果。此时按下Enter键确认裁剪，得到的图像将带有一定的透视效果。

调整后的裁剪控制框　　　　　　　　　　确认裁剪后的效果

❽ **"裁剪区域"选项组**：在该选项组中包含两个单选按钮，默认情况下选中"删除"单选按钮，表示若对图像进行裁剪操作，则对裁剪控制框外的图像进行删除，同时其他图层上的内容也会被删除；若选中"隐藏"单选按钮，表示仅对裁剪控制框外的图像进行隐藏，使用移动工具移动图像即可查看到控制框外的图像，以便进行进一步的调整。

原图

设置并绘制裁剪控制框　　　　　裁剪后的效果　　　　　移动裁剪图像后的效果

　　　　　　　　　　　　　　　知　识　链　接

属性栏中的确认操作和取消操作按钮

　　在Photoshop CS5中，在如裁剪工具、文字工具等的属性栏中右侧会出现 ◎ ✓ 按钮，需要注意的是，其中的 ◎ 按钮表示取消当前操作，而 ✓ 按钮则表示确认或执行当前的操作。由于当前操作的不同，所有不同工具属性栏中这两个按钮的名称不同，但其功能相同。

摄影师训练营　制作照片个性大头贴

使用裁剪工具对照片图像进行裁剪，同时结合形状的添加以及素材的综合运用，能将普通的生活照制作为流行的个性大头贴效果。

01 打开图像文件
在Photoshop CS5中打开附书光盘Chapter 5\Media\05.jpg图像文件。

02 绘制裁剪控制框
单击裁剪工具，在图像中单击并拖动，在人物脸部绘制相应的裁剪控制框。

03 确认裁剪
在确定裁剪控制框的大小和位置后按下Enter键，确认裁剪。

04 绘制路径
单击自定形状工具，在属性栏中设置形状样式为"边框7"，绘制路径。

05 编辑选区
按下快捷键Ctrl+Enter，将路径转换为选区，按下快捷键Shift+F6，设置羽化半径，羽化选区。

06 新建并填充图层
单击"创建新图层"按钮，新建"图层1"，按下快捷键Ctrl+Delete，填充图层为白色。

07 盖印图层
按下快捷键Ctrl+Shift+Alt+E，盖印图层，生成"图层2"，设置混合模式为"柔光"，加强效果。

08 添加花朵素材
打开附书光盘Chapter 5\Media\花朵.png图像文件，将其移动到05.jpg图像文件中，生成相应的图层，调整其大小和位置，并复制得到副本图层，加强大头贴周边的花朵效果。

Section 04 旋转和变换数码照片

旋转数码照片即旋转照片的角度，从而纠正照片的构图，而变换操作则要相对复杂一些，包括缩放、旋转、斜切、扭曲、透视和变形等，通过这些操作，能够更加全方位地对数码照片进行调整。

知识点　自由变换命令

自由变换命令是Photoshop为方便对图像进行快速调整而设置的，可执行"编辑>自由变换"命令或在图像中直接按下快捷键Ctrl+T，显示变换控制框，从而对图像进行调整。

执行"编辑>变换"命令，在其级联菜单中包含缩放、旋转、斜切、扭曲、透视、变形以及翻转等命令，通过执行相应命令或按下快捷键显示变换控制框后，将光标移动到控制点上，当光标变为形状时，单击并拖动即可调整图像的大小，按住Shift键的同时拖动即可等比例缩放图像。当光标变为形状时，则可对图像进行自由角度的旋转。按住Ctrl键并拖动控制点还可对图像进行自由调整，按下Enter键确认变换。

专家技巧

显示自由变换快捷菜单

在使用自由变换命令调整图像时，可在显示的变换控制框中单击鼠标右键，即可弹出自由变换快捷菜单，此时可在菜单中选择相应的选项，以便快速对图像进行相应的操作。

自由变换快捷菜单

知识链接

针对背景图层的变换

由于"背景"图层处于锁定状态，对其执行"编辑>自由变换"命令时该命令呈灰色显示，表示不可用，在"图层"面板中双击"背景"图层，在弹出的对话框中单击"确定"按钮，解锁图层后，再次执行相应的命令，即可进行自由变换操作。

原图

显示变换控制框

等比例缩放控制框

自由旋转控制框

调整控制框透视效果

变形控制框

如何做 调整照片方向和大小

通过调整照片的方向和大小，能改变整个图像的效果，下面就结合复制图层的操作，对图像进行复制的同时调整图像的方向和效果，赋予照片图像"画中画"的效果。

01 打开图像文件
在Photoshop CS5中打开附书光盘Chapter 5\Media\06.png图像文件。

02 缩小图像
按下快捷键Ctrl+J，复制得到一个副本图层，按下快捷键Ctrl+T，按住Shift键的同时拖动变换控制框，等比例缩小图像。

03 复制图像
继续使用相同的方法复制得到另一个副本图层，并调整其位置，使其呈现并排的效果。

04 调整图像位置
按住Ctrl键的同时单击全部副本图层，选中图层后单击移动工具，向下移动图像，同时调整这3个图像的位置。

05 复制并旋转图像
继续保持3个图层的选择状态，按住Alt键的同时向上移动并复制图像，执行"编辑＞变换＞垂直翻转"命令，翻转并调整图像位置。

06 制作围绕效果
使用相同的方法，复制图像，执行"编辑＞变换"命令，缩小并旋转图像，并调整图像位置，形成左右侧的围绕效果。

专栏　"变形"命令

"变形"命令被收录在"编辑>变换"级联菜单中，使用该命令可对图像进行各种的变形操作，从而使照片达到理想的视觉效果。

使用"变形"命令能让照片图像产生变形效果，并对图像的效果进行较为自由的调整，从而得到或拉伸、或膨胀、或仿鱼眼镜头拍摄出的效果。

其操作方法是在Photoshop CS5中选择需要调整的图像后，执行"编辑>变换>变形"命令，或按下快捷键Ctrl+T，在调整控制框中单击鼠标右键，在弹出的快捷菜单中选择"变形"选项，此时图像中显示调整网格，通过拖动网格上的锚点和调整手柄即可对图像形状进行调整，完成调整后按下Enter键确认图像的变换。

原图　　　　　　　　　　　　　　显示出的变形控制框

调整变形控制框　　　　　　　　　　确认变形效果

知 识 链 接

变形命令的确认与再次变形

在使用变形命令对照片图像进行调整时，经过初次调整后图像已经发生了相应的变化，此时再次使用变形命令，当显示调整控制框时，会以上次调整的边缘为边缘，重新进行平直的定位显示。

原图　　　　　　　　　调整变形控制框　　　　　　　再次显示的变形控制框

摄影师训练营　调整照片透视角度

透视是指一幅图像的视觉点，通过调整照片图像的透视角度，能让图像的效果焕然一新，此时可结合变换图像操作中的"变形"、"翻转"等操作来进行调整。

01 打开图像文件

在Photoshop CS5中打开附书光盘Chapter 5\Media\07.png图像文件。

02 变形图像

执行"编辑>变换>变形"命令，此时图像中显示调整网格，单击并拖动网格上的锚点，同时调整拖动锚点上的调整手柄，变形图像。

03 确认变换

完成调整后按下Enter键确认图像的变换。

04 翻转图像

按下快捷键Ctrl+T，在显示的调整控制框中单击鼠标右键，在弹出的快捷菜单中选择"水平翻转"选项，翻转图像。

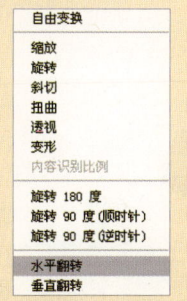 

05 调整透视效果

继续在调整控制框中单击鼠标右键，在弹出的快捷菜单中选择"透视"选项，拖动控制点调整透视效果。

06 确认变换并添加效果

完成调整后按下Enter键确认图像的变换。按下快捷键Ctrl+J，复制得到"图层0 副本"图层，设置混合模式为"叠加"，"不透明度"为50%，加强调整后照片图像的效果。

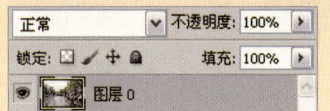

Section 05 操控变形

"操控变形"命令是 Photoshop CS5 的新增功能,使用该命令可在图像上针对某个点添加图钉,固定该处的画面内容,从而根据不同的需要变形图像。特别是针对具有固定形状的图像,通过变形可以改变图像的整体效果。

知识点 添加或删除图钉

要使用"操控变形"命令对图像进行调整,首先应该了解图钉的添加和删除方法,下面就来进行详细的介绍。

1. 添加图钉

打开需要调整的图像,执行"编辑>操控变形"命令,默认情况下,图像中会显示网格效果的变形网格,将光标移动到网格中的图像上,当光标变为✱形状时单击即可添加黄色的图钉,在人物的主要关节处连续单击,即可同时创建多个图钉,以固定图像中该处的画面内容。

原图

显示网格

添加图钉

连续添加多个图钉

2. 删除图钉

在图钉上单击即可选中图钉,此时选中的图钉在黄色中间呈现黑色圆点◉,此时按下Delete键即可删除当前选中的图钉。

还有另外一种删除图钉的方法,即在需要删除的图钉上单击鼠标右键,在弹出的快捷菜单中选择"删除图钉"选项即可删除当前图钉;选择"移去所用图钉"命令即可删除已经添加的所有图钉;选择"选择所有图钉"命令即可同时将所有添加的图钉选中;选择"隐藏网格"命令即可对网格进行隐藏。

快捷菜单　　删除部分图钉后的效果

如何做 调整图钉位置

"操控变形"命令是通过添加图钉,并调整图钉的位置,对图像中一些特定的图像部分进行调整,从而改变图像效果。

知识链接

掌握操控变形的作用范围

在Photoshop中,使用"操控变形"命令调整图像时,当需要调整的部分在一个图层上时,执行"操控变形"命令,显示的网格将铺满整个图像。若只对图像中的人物部分进行调整,则可结合选区工具将人物部分选出,将其单独放置在一个图层上,此时使用"操控变形"命令,则可让变形的网格仅覆盖在人物图像上。

变形网格覆盖整个图像

变形网格仅覆盖人物图像

01 打开图像文件

打开附书光盘Chapter 5\Media\08.psd图像文件。此时在"图层"面板中可以看到,人物被放置在单独的"图层1"中,以便进行调整。

02 添加并调整图钉

单击选中"图层1",执行"编辑>操控变形"命令,此时在人物图像上覆盖了一层变形网格效果,在网格中的人物图像上单击,添加图钉,可创建多个图钉,以固定人物的动态。在图钉上单击并拖动,以调整图钉位置,此时图钉所在处的图像以液化的形态跟随图钉进行变化,变形人物动作。

03 继续调整并确认变形

使用相同的方法,在图像中继续调整人物手部和腿部的图钉的位置,以此来变形人物的动作,完成后单击属性栏中的"确认操控变形"按钮,确认变形操作。

专栏　操控变形属性栏

执行"编辑>操控变形"命令，即可在菜单栏下显示相应的属性栏，了解属性栏中各选项的功能，能够帮助用户更好地使用"操控变形"命令。

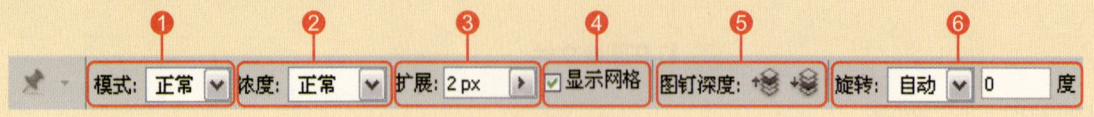

操控变形属性栏

❶ **"模式"下拉列表框**：包括"刚性"、"正常"和"扭曲"3种模式，选择"刚性"模式，拖动出的图像像素与像素之间的融合效果较生硬；选择"扭曲"模式，像素点之间的结合点会自动融合。

❷ **"浓度"下拉列表框**：包括"较少点"、"正常"和"较多点"3个选项，选择"较少点"时，网格间距较大，调整图像的效果较夸张；选择"较多点"时，网格比较密集，调整效果更精细。

"正常"浓度下的网格效果　　　"较少点"浓度下的网格效果　　　"较多点"浓度下的网格效果

❸ **"扩展"文本框**：单击右侧的按钮，在弹出的面板中拖动滑块即可调整参数，参数值越大，其变形的作用范围越大，反之则反。

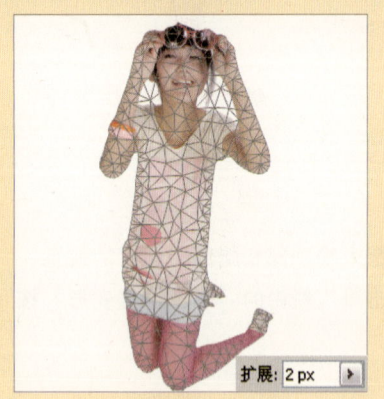  

不同扩展参数下的网格效果

❹ **"显示网格"复选框**：默认情况下勾选该复选框，若取消勾选，则将隐藏操作变形的网格。

❺ **图钉深度按钮**：通过单击"将图钉前移"按钮和"将图钉后移"按钮，将重叠在一起的图钉分开。

❻ **"旋转"下拉列表框**：包括"自动"和"固定"两个选项，默认选择"自动"选项，调整图钉时其他区域的图像会相应进行变化；选择"固定"选项时则固定其他未调整区域的网格。

调整照片中人物动态

要对照片图像中人物的动态进行调整,可使用操控变形命令来实现,此时首先应针对原有的照片进行人物图像的抠取,以便对人物动态的调整更真实细致。

01 打开图像文件
在Photoshop CS5中打开附书光盘Chapter 5\Media\09.jpg图像文件。

02 绘制路径
单击钢笔工具,在属性栏中单击"添加到路径"按钮,沿人物及方墩边缘绘制路径。

03 将路径转换为选区
按下快捷键Ctrl+Enter,将绘制的路径转换为选区。继续按下快捷键Ctrl+J,复制得到"图层1"。

04 新建并填充图层
按住Ctrl键的同时单击"创建新图层"按钮,在"图层1"的下方创建"图层2",在默认前/背景色的情况下按下快捷键Ctrl+Delete,填充图像为白色。

05 变形图像
执行"编辑>操控变形"命令,显示网格,单击添加图钉,并适当移动图钉,调整图像位置,以改变图像中人物的效果,使其腿部更修长。

06 确认变形
完成调整后单击属性栏中的"确认操控变形"按钮或按下Enter键,确认变形操作,从而让照片图像中的人物在动态上更具张力。完成人物动态的调整。

Section 06 保护照片图像

在对照片图像进行处理时，经常需要对照片进行放大、缩小等操作，如果不是等比例缩放，可能会对照片造成一定程度的拉伸或压缩，此时可使用 Photoshop CS5 软件中的内容识别比例功能来对照片图像进行保护。

知识点 内容识别比例命令

Photoshop CS5中的内容识别比例功能通过对照片图像进行分析，找出其中相对重要、能对图像整体进行定位的点，如照片图像的前景部分中的人物等重要内容将会被保护，而背景部分的内容将在变形或调整过程中进行一定的缩放。

专家技巧

使用"保护肤色"功能保护颜色

在Photoshop中，执行"编辑>内容识别比例"命令调整图像时，可在其属性栏中单击 按钮启用保护肤色功能。启用时图像中的背景色参与缩放；停用时图像中的前景色也可参与缩放。

原图

启用保护肤色功能

停用保护肤色功能

使用自由变换功能对图像进行调整将会在一定程度上拉伸或压缩照片效果，而使用内容识别比例功能则能在一定的比例范围内，通过选区对部分图像进行智能识别，并进行保护，从而达到在拉伸或压缩图像时，选区内的图像不变的效果。

需要注意的是，在执行"编辑>内容识别比例"命令调整图像时，还可结合其属性栏中的选项进行调整。

原图

使用自由变换的效果

使用内容识别比例的效果

如何做 存储选区并调整图像

为了让内容识别比例的效果更完善，还可结合存储选区的方法对照片图像进行调整，从而让调整后的照片效果更真实。

01 打开图像文件
在Photoshop CS5中打开附书光盘Chapter 5\Media\10.jpg图像文件。

02 复制图层
按下快捷键Ctrl+J，复制得到"图层1"，在"图层"面板中可以看到复制的图层。

03 创建选区
单击套索工具，在图像中人物周围单击并拖动鼠标，沿人物大致的范围绘制选区。

04 执行命令
在保持选区的情况下，执行"选择>存储选区"命令。

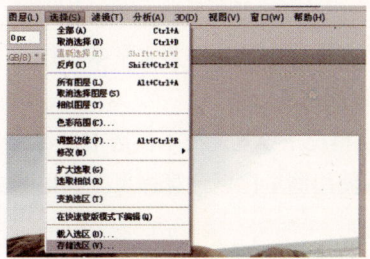

05 保存选区
打开"存储选区"对话框，在该对话框中设置选区名称，完成后单击"确定"按钮。

06 隐藏图层
取消选区后单击"背景"图层前的"指示图层可见性"图标，隐藏"背景"图层。

07 编辑图像
单击选择"图层1"，执行"编辑>内容识别比例"命令，显示调整框后拖动右侧的控制点，压缩图像的左右效果，此时可看到，图像中的人物跟随内容识别比例，未被压缩。

08 确认编辑
单击属性栏中的"确认内容识别比例"按钮或按下Enter键，确认编辑操作，从而让照片图像中的人物在整体画面中的效果保持不变。

09 裁剪图像
单击裁剪工具，在照片图像上单击并拖动裁剪控制框，调整其大小后按下Enter键确认裁剪，将图像中的透明区域裁剪掉，让照片效果更完整。

Section 07 校正倾斜照片

使用 Photoshop 校正倾斜的照片可使拍摄出的照片在构图上更加美观，让照片更贴近真实的视角效果。本小节将介绍使用标尺工具校正倾斜的照片的方法。

知识点　标尺工具

要使用Photoshop校正倾斜的照片，其操作方法有很多种，一般情况下，对于一些简单的物体、人物或风景的倾斜效果，可以使用Photoshop中的标尺工具来进行快速校正。

专家技巧

精确旋转图像

执行"图像>图像旋转>任意角度"命令，打开"旋转画布"对话框，在其中可通过输入相应的数值来精确调整图像的旋转角度。

原图

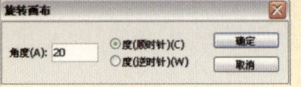
"旋转画布"对话框

应用设置后的效果

垂直翻转后的效果

Photoshop中的标尺工具被收录在吸管工具组中，单击吸管工具，在弹出的工具组中单击标尺工具，即可查看其工具属性栏。

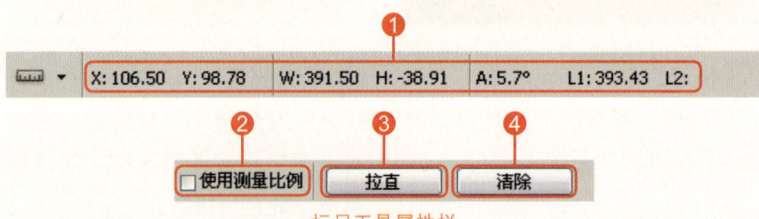
标尺工具属性栏

❶ **定位栏**：显示了使用标尺工具在图像中绘制作为水平参考线的位置，分别以X、Y、W、H显示数值以表示其定位。

❷ **"使用测量比例"复选框**：默认情况下该复选框未被选中，勾选"使用测量比例"复选框后，则表示使用测量比例计算标尺工具的相关数据。

❸ **"拉直"按钮**：只有在使用标尺工具在图像中绘制参考线时，方可激活"拉直"按钮。单击该按钮，软件自动以绘制的参考线为基线，对图像进行相应的旋转，从而使图像的水平线与参考线齐平，此时图像发生旋转，软件自动结合裁剪工具对图像进行裁剪，以使标尺水平的同时纠正图像的倾斜效果。

绘制参考线

自动拉直后的效果

❹ **"清除"按钮**：与"拉直"按钮类似，只有在使用标尺工具在图像中绘制参考线时，方可激活"清除"按钮，单击该按钮即可清除图像中绘制的参考线，使其恢复图像原有的效果。

如何做 调整倾斜照片

拍摄照片时难免会因为取景效果的不同而让照片中的主体图像产生倾斜，此时可使用Photoshop中的标尺工具将倾斜的图像校正到合适的角度。

01 打开图像文件
在Photoshop CS5中打开附书光盘Chapter 5\Media\11.jpg图像文件。

02 绘制参考线
单击标尺工具，在图像中的海平面上绘制一条与海平面平行的参考线。

03 旋转图像角度
执行"图像>图像旋转>任意角度"命令，在打开的对话框中设置参数，单击"确定"按钮旋转图像。

04 裁剪图像
单击裁剪工具，单击并拖动出裁剪控制框，调整控制框的大小，使保留的图像部分没有透明区域。

05 确认裁剪效果
完成对裁剪控制框的调整后，按下Enter键确认裁剪，从而将图像中的透明区域裁剪掉，使纠正倾斜后的照片效果更完整。

06 调整曲线
按下快捷键Ctrl+M，打开"曲线"对话框，在其中单击添加锚点，并拖动锚点调整曲线。

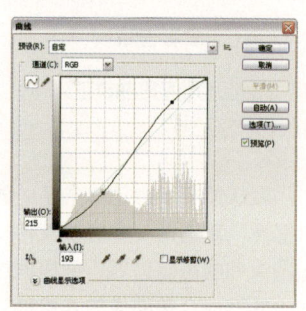

07 确认曲线调整效果
单击"确定"按钮，此时在图像中可以看到，经过"曲线"命令的调整，改善了图像的灰暗效果，同时也加强了明暗对比。

08 调整颜色
继续按下快捷键Ctrl+B，打开"色彩平衡"对话框，在该对话框中通过拖动"色彩平衡"选项组中的滑块设置参数。

09 确认颜色调整效果
单击"确定"按钮，此时在图像中可以看到，经过"色彩平衡"命令的调整，恢复了图像的色调，使图像效果更真实。

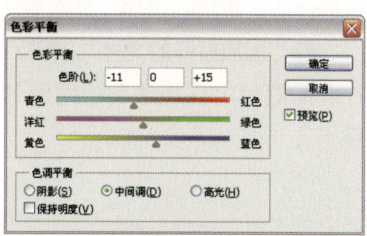

Section 08 拼贴数码照片

数码照片的拼贴是指通过软件对多张照片进行快速的自动合成，使其成为一幅较大的全景图，可结合 Photomerge 命令以及自动对齐图层与自动混合图层功能来实现。

知识点 Photomerge对话框

通过Photoshop中的Photomerge命令可以将在同一个角度下取景拍摄的多张照片进行合成，使其成为一个整体的、画幅相对较大的图像。

在Photoshop中，可在未打开图像的情况下执行"文件>自动>Photomerge"命令，将会打开Photomerge对话框，下面对该对话框中的选项进行介绍。

知识链接

充分掌握拼贴图像的选项及其原理

使用Photomerge命令合成全景图时，在Photomerge对话框的左下角有3个复选框，勾选不同的复选框可对拼贴的全景图像进行相应的调整。

不同的复选框

默认情况下自动勾选了"混合图像"复选框，此时软件将找出图像间的最佳边界，并根据这些边界形成合并图像的连接缝。若取消该复选框的勾选，则软件将执行简单的矩形混合，适用于手动修饰混合蒙版。

勾选"晕影去除"复选框，则将去除由于镜头瑕疵或镜头遮光处理不当而导致的边缘较暗的图像中的晕影，并执行曝光度补偿，让画面效果更完整。

勾选"几何扭曲校正"复选框，则将补偿图像中桶形、枕形或鱼眼失真效果。

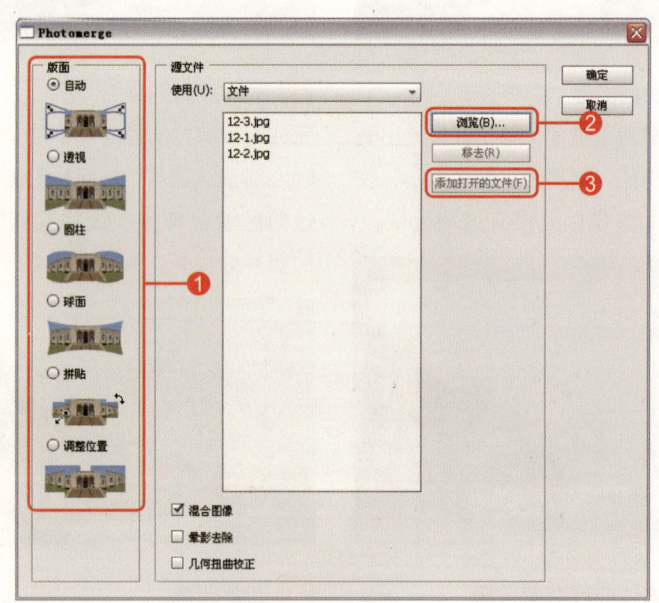

Photomerge对话框

❶ **"版面"选项组：** 包括"自动"、"透视"、"圆柱"、"球面"、"拼贴"和"调整位置"6种拼接版面，用户在实际使用中，可对相同照片图像应用不同拼接版面，查看各版面下的拼接效果。

❷ **"浏览"按钮：** 单击该按钮即可打开"打开"对话框，在其中可选择需要拼接的图像，完成后图像将自动添加到中间的列表框中。

❸ **"添加打开的文件"按钮：** 单击该按钮即可将在Photoshop中已经打开的图像文件添加到中间的列表框中，将使用这些图像进行拼接操作。

如何做 拼贴照片全景图

要快速将多张照片拼贴为全景图效果，可使用Photomerge命令来完成，此时需要注意的是，所选择的照片边缘应有20%以上的重合，才能进行拼贴。

01 打开图像文件

在Photoshop CS5中打开附书光盘Chapter 5\Media\12-1.jpg、12-2.jpg和12-3.jpg图像文件。

02 添加图像

执行"文件>自动>Photomerge"命令，在打开的对话框中单击"添加打开的文件"按钮，将打开的图像文件显示在白色的列表框中，表示对这些图像进行操作。

03 拼贴全景图像

完成后在Photomerge对话框中单击"确定"按钮，软件自动拼合图像，此时在"图层"面板中可以看到，不同的图像显示在不同的图层上，并以图层蒙版的形式对图像的整体效果进行了融合，但边缘存在一些透明像素。

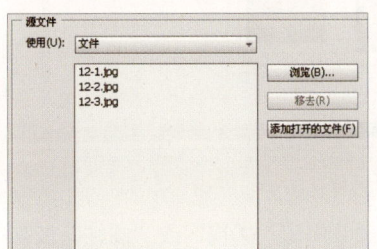

04 裁剪图像

单击裁剪工具，沿图像最边缘拖动裁剪控制框，使其保留的部分都没有透明区域，并按下Enter键确认裁剪，让拼合的图像效果更真实。

05 调整图像效果

按下快捷键Ctrl+Shift+Alt+E，盖印得到"图层1"，并在"图层"面板中设置"图层1"的混合模式为"滤色"，"不透明度"为50%，调整拼贴后的图像效果，使照片效果更自然。

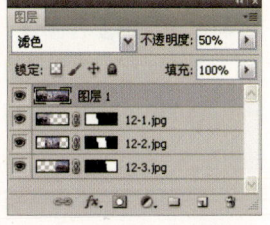

专栏 自动对齐图层与自动混合图层

在Photoshop中除了可以使用Photomerge命令拼合照片图像外，还可结合"自动对齐图层"命令与"自动混合图层"命令拼合图像，下面分别进行详细的介绍。

1."自动对齐图层"命令

使用"自动对齐图层"命令可以根据不同图层中的相似内容自动对齐图层。可以指定一个图层作为参考图层，也可以让Photoshop自动选择参考图层。其他图层将与参考图层对齐，以便匹配的内容能够自行叠加。执行"编辑>自动对齐图层"命令，即可打开"自定对齐图层"对话框。

2."自动混合图层"命令

使用"自动混合图层"命令可缝合或组合图像，从而在最终复合图像中获得平滑的过渡效果。"自动混合图层"将根据需要对每个图层应用图层蒙版，以遮盖过度曝光或曝光不足的区域或内容差异。执行"编辑>自动混合图层"命令即可打开"自动混合图层"对话框。

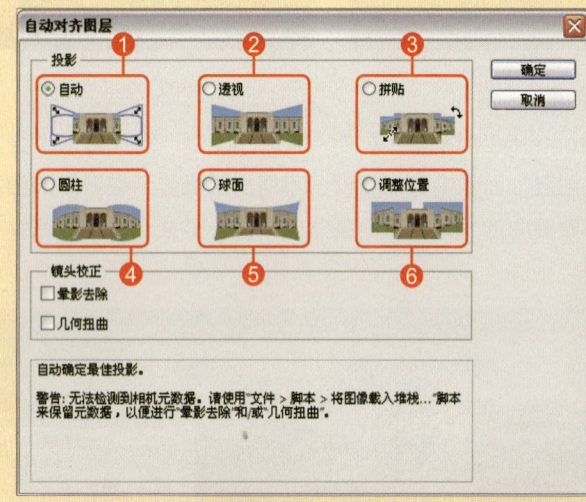

"自动对齐图层"对话框

"自动混合图层"对话框

❶"自动"单选按钮：选中该单选按钮，则表示Photoshop将分析源图像并应用"透视"或"圆柱"版面进行图像拼合，而选择使用哪种方式则取决于哪一种版面能够生成更好的复合图像。

❷"透视"单选按钮：选中该单选按钮，则表示默认情况下是通过将源图像中间的图像指定为参考图像来创建一致的复合图像，然后将变换其他图像以便匹配图层的重叠内容。

❸"拼贴"单选按钮：选中该单选按钮，则表示对齐图层并匹配重叠内容，不更改图像中对象的形状。

❹"圆柱"单选按钮：选中该单选按钮，则表示通过在展开的圆柱上显示各个图像来减少在"透视"版面中会出现的"领结"扭曲。图层的重叠内容仍匹配。将参考图像居中放置，适合于创建宽全景图。

❺"球面"单选按钮：选中该单选按钮，则表示将图像与宽视角垂直和水平对齐。指定某个源图像作为参考图像，并对其他图像执行球面变换，以便匹配重叠的内容。

❻"调整位置"单选按钮：选中该单选按钮，则表示对齐图层并匹配重叠内容，但不会伸展或斜切任何源图层。

❼"全景图"单选按钮：选中该单选按钮表示将重叠的图层混合成全景图。

❽"堆叠图像"单选按钮：选中该单选按钮表示混合每个相应区域中的最佳细节。该选项最适合已对齐的图层。

拼合风景照片

使用"自动对齐图层"命令和"自动混合图层"命令都可对图像进行拼合，前提都需要将照片图像移动到同一个图像文件中，以便进行操作。

01 打开图像文件

在Photoshop CS5中打开附书光盘Chapter 5\Media\13-1.jpg和13-2.jpg图像文件，单击移动工具，将13-2.jpg图像文件移动到13-1.jpg图像文件中，生成"图层1"。

  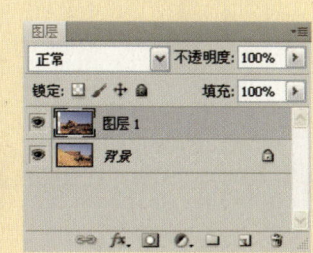

02 选择图层

按住Ctrl键的同时在"图层"面板中单击"图层1"和"背景"图层，同时选择这两个图层。

03 对齐图层

执行"编辑>自动对齐图层"命令，打开"自动对齐图层"对话框，默认选中"自动"单选按钮，勾选"晕影去除"复选框，并单击"确定"按钮。

 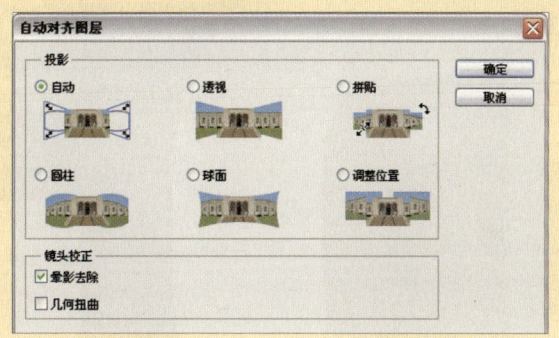

04 拼合照片

此时只须耐心等待几秒钟，软件自动对图层进行对齐，使其拼合为一幅完整的风景画。在"图层"面板中可以看到相应的图层效果。

 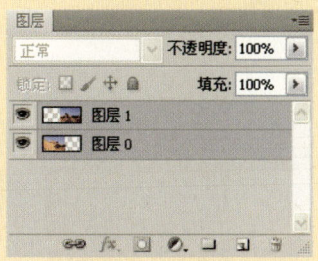

专家技巧　拼贴图像的必要因素

无论是使用Photomerge命令还是结合"自动对齐图层"命令或"自动混合图层"命令进行图像的拼合，都应该注意，应选择照片边缘具有较大重复区域的照片，在保证至少20%的重合率的情况下，才能对多张照片进行拼合。

Part 03

数码照片修复篇

Chapter 06 数码照片的修复与修饰
Chapter 07

CHAPTER

06

数码照片的修复与修饰

本章主要介绍在 Photoshop CS5 中对数码照片进行修复与修饰的方法。通过分别对修复与修饰工具以及各种修饰滤镜等功能的讲解，是用户掌握多种修复与修饰数码照片的技巧，从而以多元化的方式修缮或润饰照片。

Section 01 常用修复工具

在 Photoshop 中处理数码照片时，经常需要使用修复工具对照片中的缺陷、瑕疵等进行修复，从而得到精美的照片效果。本小节将对常用修复工具的功能进行简单介绍。

知识点 各种修复工具的特点

在数码照片处理过程中，可使用一些修复工具修复图像瑕疵，包括污点修复画笔工具、修复画笔工具、修补工具、红眼工具和仿制图章工具等。下面对这些工具的特点进行介绍。

（1）污点修复画笔工具：用于修复图像中的污点、瑕疵或不理想的区域。使用该工具不须取样样本像素，仅通过单击瑕疵部分，即可以所单击区域周围的样本像素修复单击的区域。

（2）修复画笔工具：用于修复图像中的瑕疵，该工具使用图案或取样的样本像素进行绘制，并以样本像素的纹理、光照、透明度和阴影与所修复区域进行匹配，使修复效果自然无痕。

（3）修补工具：通过创建选区并以指定的形式仿制或修补选区图像，并将样本像素中的纹理、光照和阴影等属性与源像素相匹配。

（4）红眼工具：用于去除由于闪光灯模式下拍摄而导致的人物或动物红眼现象。

（5）仿制图章工具：通过取样样本并绘制的方式复制一个图像至另一个图层、图像区域或打开的图像文件中，从而仿制图像效果，或修复图像中不理想的区域。

如何做 根据图像选择修复工具

使用修复工具修复照片时，可根据修复需求使用不同的修复工具。通过结合使用不同的修复工具进行修复，以使图像的修复效果更加自然。

01 打开图像文件
打开附书光盘Chapter 6\Media\01.jpg文件。

02 调亮画面
单击"创建新的填充或调整图层"按钮，应用"亮度/对比度"命令。

03 盖印图层
按下快捷键Shift+Ctrl+Alt+E盖印图层，生成"图层1"。

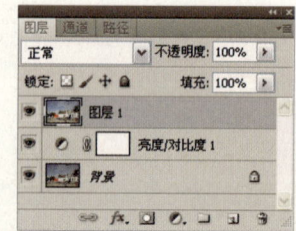

知 识 链 接

合并图层

在"图层"菜单中可对图层应用相关合并处理，"向下合并"命令将选定的图层与下方图层合并；"合并组"命令用于合并所选择的图层组；"合并图层"命令用于合并选定的图层；"合并可见图层"命令用于合并"图层"面板中所有可见图层；"拼合图像"命令将所有图层和组进行合并。

04 创建修补选区
单击修补工具，在画面顶端的树叶区域创建一个选区。

05 拖动选区
向左拖动选区至左侧的天空部分，以修补选区。

06 继续拖动选区
继续向右拖动选区至右侧的天空部分，以修补选区。

07 多次拖动选区
拖动选区至其他天空部分，修补图像，按下快捷键Ctrl+D取消选区。

08 继续创建修补选区
继续使用修补工具在画面中的钢架图像部分创建选区。

09 拖动选区
向左拖动选区至左侧的天空部分，以去除选区内的钢架图像。

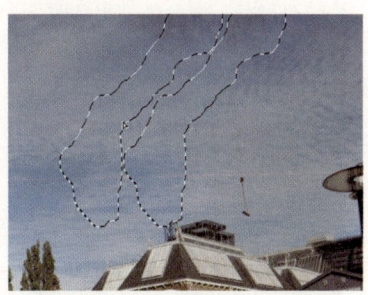

10 使用污点修复画笔工具
单击污点修复画笔工具，在未修补的区域涂抹，修复图像。

11 使用仿制图章工具取样样本
单击仿制图章工具，设置"不透明度"为40%，单击取样。

12 仿制以修复图像
释放Alt键后在未修复的多余图像区域多次涂抹，以去除这些图像。

知 识 链 接

使用其他工具创建修补选区

使用修补工具修复图像时，须创建一个选区，用于修复或仿制选区内的图像。除可以使用修补工具创建选区外，也可以使用其他工具创建选区。例如使用矩形选框工具、椭圆选框工具和套索工具等创建选区，然后再使用修补工具拖动选区以修复图像，从而使得图像的修补形式更加多元化。

使用椭圆选框工具创建选区　　　使用修补工具拖动选区

如何做　去除照片污渍

照片在存放过程中可能会受到一些不利因素的影响，从而导致照片图像污损等。去除照片中的污渍，可结合使用多种修复工具进行修复，以还原照片图像细节。

知 识 链 接

"滤色"混合模式

图层的混合模式用于查看通道颜色信息，并将基本色和混合色进行混合以产生丰富的色调效果。

"滤色"混合模式可查看通道颜色信息，同时将混合色的互补色与基色进行正片叠底处理，产生较亮颜色。混合色为黑色时，其结果色保持不变；混合色为白色时，结果色为白色。

原图

复制图层并应用图层混合模式

应用"滤色"混合模式后

01 打开图像文件

打开附书光盘Chapter 6\Media\02.jpg文件。

02 复制图层

复制"背景"图层生成"背景 副本"图层。

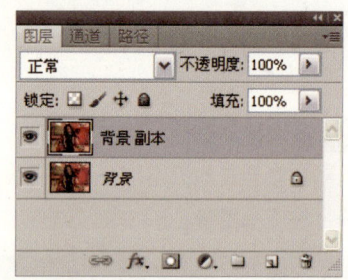

03 设置图层混合模式

设置图层混合模式为"滤色"、"不透明度"为70%，调亮画面。

04 盖印图层

按下快捷键Shift+Ctrl+Alt+E盖印图层，生成"图层1"。

05 放大视图并修复图像

按下快捷键Ctrl++，放大图像视图至画面右下角污点区域，然后单击污点修复画笔工具，并在画面中较小的污点处进行涂抹，以去除这些污点。

专家技巧　复制图层

要复制图层，可将需要复制的图层拖动至"图层"面板中的"创建新图层"按钮，复制后的图层名称显示为原图层名称的副本，如"图层 1"和"图层 1 副本"，若多次复制同一图层，则根据复制的次数命名副本图层，如"图层 1 副本"和"图层 1 副本 2"等。除直接在"图层"面板中应用按钮或扩展菜单命令复制图层外，还可应用"图层"菜单中的"新建"或"复制图层"命令复制图层。

知识链接

使用工具调整视图

调整画面的视图大小可使用缩放工具，而调整视图区域或视图角度则可使用抓手工具或旋转视图工具进行调整。

使用缩放工具调整视图大小时，可以直接使用该工具单击画面以调整视图，也可以通过其属性栏中的功能按钮进行调整，包括"实际像素"、"适合屏幕"、"填充屏幕"和"打印尺寸"按钮。

同样的，使用抓手工具也可应用这些功能按钮，以快速调整视图大小。抓手工具还可在放大视图后拖动视图以查看局部图像；旋转视图工具则可以指定的角度旋转画布，从而从多方位查看图像细节。

正常视图下的原图像

以实际像素缩放视图

旋转视图

06 使用仿制图章工具取样样本
单击仿制图章工具，按住Alt键单击桌面干净部分。

08 修复其他区域
使用仿制图章工具反复取样整洁区域并涂抹污渍，以修复图像。

10 修复图像
释放Alt键后在手偶污渍区域进行涂抹，以修复图像。

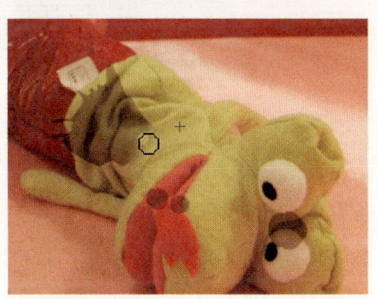

12 拖动至视图左侧
按住空格键拖动至左侧污渍区域。

07 仿制图像
释放Alt键后，在桌面污渍区域进行涂抹，以修复这些区域。

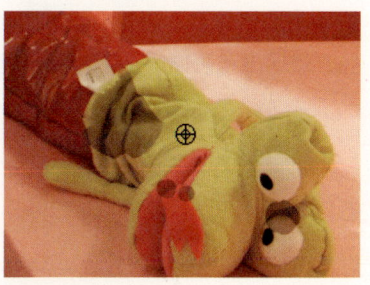

09 使用修复画笔工具
单击修复画笔工具，按住Alt键在黄色手偶的干净区域取样。

11 修复其他区域
使用修复画笔工具反复取样干净区域并涂抹污渍，以修复图像。

13 修复左侧污渍
去除画面左侧的污渍，修复图像。

Section 02 修复照片瑕疵

为了快速修复照片中的瑕疵，可使用修复工具组中的污点修复画笔工具和修复画笔工具进行修复。通过使用这两个工具可快速去除图像中的不理想部分，以修复图像效果。

知识点 污点修复画笔工具和修复画笔工具的基本操作

污点修复画笔工具 与修复画笔工具 的应用形式相似，但在使用方法和应用效果上有所不同。下面分别对这两个工具的属性栏进行介绍。

1. 污点修复画笔工具

污点修复画笔工具 用于修复图像中的污点、瑕疵或不理想的图像区域。使用该工具修复图像时，无须手动取样像素，通过自动取样所修复区域周围相似的像素样本以修复图像，并将样本图像中的纹理、光照、透明度或阴影等像素与所修复区域相匹配，以达到自然的修复效果。

2. 修复画笔工具

修复画笔工具 用于修复图像中的瑕疵，使用该工具可运用图案或取样的样本像素进行绘制，并将这些像素样本与所修复区域的纹理、光照、透明度和阴影相匹配，以修复图像。

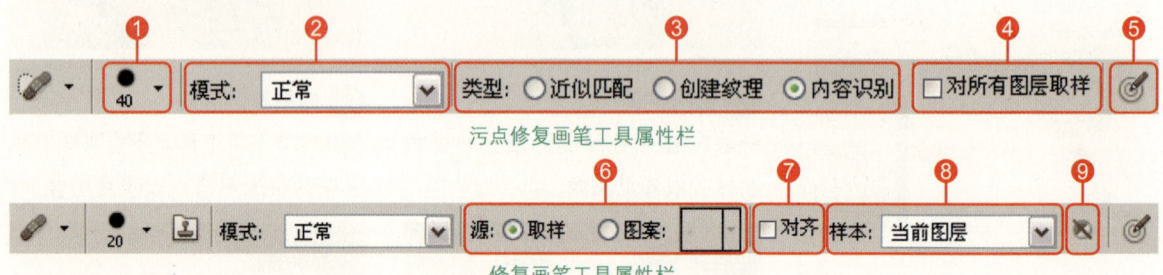

污点修复画笔工具属性栏

修复画笔工具属性栏

❶ "画笔预设"选项：单击快捷箭头可弹出"画笔预设"选取器，可设置笔尖大小、硬度和角度等属性。

❷ "模式"选项：用于设置所修复区域以自动取样后的颜色与原始图像颜色的混合模式效果。

❸ "类型"选项组：选中"近似匹配"单选按钮，使用选区边缘的相似像素修复所选区域；创建选区后选中"创建纹理"单选按钮，使用选区中的像素创建纹理；选中"内容识别"单选按钮，则将比较图像周围的样本像素，查找并应用最适合的样本像素，以保留图像边缘细节的同时更加自然地修复指定区域图像。

❹ "对所有图层取样"复选框：勾选该复选框后，可对所有可见图层中的像素进行取样。

❺ "绘图板压力控制大小"按钮：单击该按钮可使用光笔压力覆盖"画笔"面板中设置的大小。

❻ "源"选项组：指定修复图像的源像素。选中"取样"单选按钮以当前取样的像素修复图像；选中"图案"单选按钮，将激活右侧的图案缩览选项，从中选择图案后可使用图案像素进行修复。

❼ "对齐"复选框：勾选该复选框后，将连续对图像进行取样并修复图像；取消勾选该复选框后，将在每次停止并重新涂抹图像时以最初取样点为样本。

❽ "样本"选项：设置从指定图层中取样样本。包括"当前图层"、"当前和下方图层"和"所有图层"。

❾ "打开以在仿制时忽略调整图层"按钮：选择"样本"选项中的"当前图层和下方图层"或"所有图层"样本图层后，将激活该按钮。单击该按钮可忽略样本图层中的调整图层。

如何做　去除照片中的日期

数码相机具有开启拍摄日期的功能，并将拍摄日期显示在数码照片中。但有时候数码照片中的拍摄日期可能会影响图像效果，可通过后期处理去除这些瑕疵。

知识链接

设置修复画笔的混合模式

使用修复画笔工具修复图像时，可在其属性栏中设置修复图像时应用的混合模式以及图案效果。

设置修复画笔工具混合模式后进行修复，可得到特殊的色调效果。包括"正片叠底"、"滤色"和"颜色"等混合模式以及完全替换修复区域的"替换"模式。

选择混合模式中的"替换"选项后，将以指定的样本像素复制到涂抹的区域，这与仿制图章工具的应用如出一辙。

原图像

以"替换"模式修复图像

以"颜色"模式修复图像

01 打开图像文件
打开附书光盘Chapter 6\Media\03.jpg文件，复制"背景"图层生成"背景 副本"图层。

03 取样样本
单击修复画笔工具，按住Alt键单击数字图像区域外的干净部分，以取样像素。

05 继续取样样本
使用同样的方法，继续按住Alt键单击左侧数字图像区域外的干净部分，以取样像素。

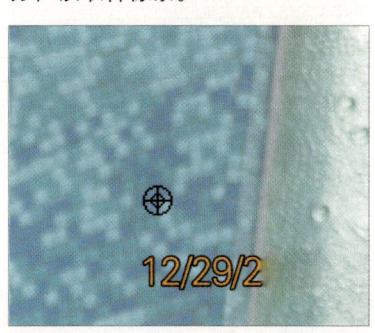

02 放大视图
按下快捷键Ctrl++，放大视图至画面右下角的日期数字区域。

04 去除数字
释放Alt键后，拖动鼠标涂抹画面中的数字区域，以去除画面中的数字日期部分。

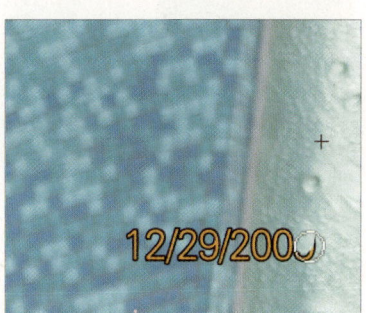

06 修复图像
释放Alt键后涂抹数字区域，以去除数字日期部分。多次涂抹以使修复效果更自然。

07 继续修复图像

继续使用同样的方法取样并修复其他日期图像区域。

08 调整色调

按下快捷键Ctrl+J复制图层为"背景 副本 2"。设置图层混合模式为"柔光","不透明度"为50%,以增强画面色调。

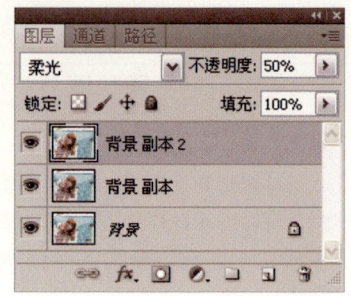

如何做 **去除人物面部雀斑**

拍摄人物照片时,人物面部状态的表现较为重要。人物面部的瑕疵如雀斑等影响了人物精神状态,可通过后期处理去除这些瑕疵,以增强人物精神状态。

01 打开图像文件并复制图层

打开附书光盘Chapter 6\Media\04.jpg文件,复制"背景"图层生成"背景 副本"图层。

02 放大视图

按下快捷键Ctrl++,放大视图至人物面部区域,可看到人物面部的雀斑瑕疵。

03 去除瑕疵

单击污点修复画笔工具,调整画笔至合适的大小后,单击人物面部的雀斑,以去除雀斑。

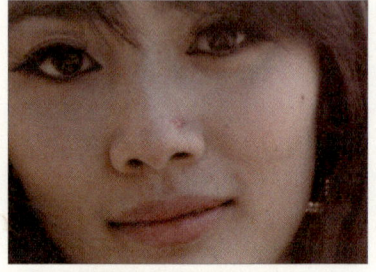

04 去除其他瑕疵

继续调整画笔至合适的大小后单击其他雀斑瑕疵部分,以修复人物面部皮肤。

05 复制图层并调亮画面

按下快捷键Ctrl+J,复制图层为"背景 副本 2"。设置其混合模式为"滤色","不透明度"为60%,稍微调亮画面色调。

06 盖印图层并调整色调

按下快捷键Shift+Ctrl+Alt+E盖印图层,生成"图层 1",设置其混合模式为"柔光","不透明度"为70%,以增强画面色调。

Section 03 去除照片多余部分

修复工具组中的修补工具可用于修复照片中的瑕疵和多余部分，其使用方法与其他修复工具有所不同，但其修复效果却同样自然无痕。本小节将介绍修补工具的使用。

知识链接

使用图案修补图像

使用修补工具修复图像时，可使用指定的图案像素填充选区。

在画面中创建选区后，修补工具属性栏中的图案相关选项被激活，选择图案并应用其功能按钮，将以指定的图案像素填充选区，并匹配各相关属性。

在原图中创建选区

选择图案并应用图案

勾选"透明"复选框后应用图案

知识点 修补工具的基本操作

修补工具 通过在指定图像区域创建选区后移动选区至其他区域而进行修补。在修补时可使用指定图像区域的像素或图案进行仿制或修复，并同时将样本像素中的纹理、光照和阴影等属性与源像素相匹配，以使图像修复效果更加自然。

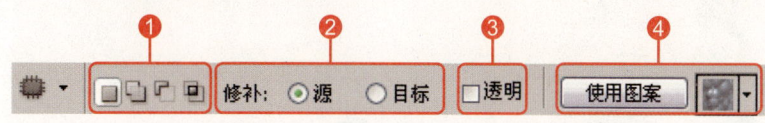
修补工具属性栏

❶ **设置选区创建方式**：单击"新选区"按钮 后创建选区，可创建独立的新选区；单击"添加到选区"按钮 后创建选区，可在已有的选区上添加新的选区；单击"从选区减去"按钮 后创建选区，将从已有选区上减去相应选区；单击"与选区交叉"按钮 后创建选区，只应用所选择区域的选区。

❷ **"修补"选项组**：选中"源"单选按钮以指定样本覆盖选区内像素；选中"目标"选项将以选区内样本像素覆盖其他图像区域。

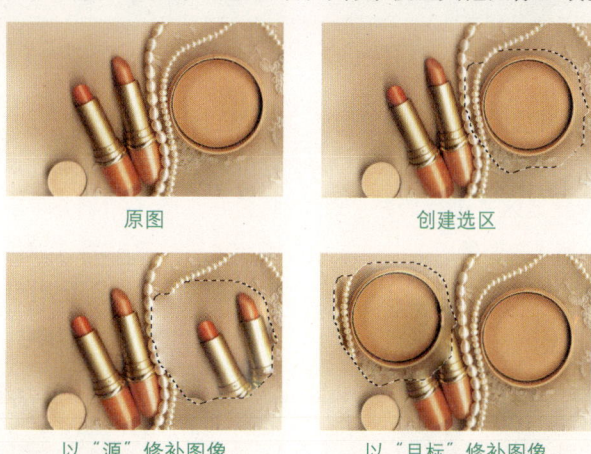

| 原图 | 创建选区 |

| 以"源"修补图像 | 以"目标"修补图像 |

❸ **"透明"复选框**：勾选该复选框适用于修复具有清晰纹理的纯色或渐变背景。

❹ **"使用图案"按钮及选项**：创建选区后激活该按钮及选项。可单击右侧的图案选项以选择指定的图案，然后单击"使用图案"按钮，可填充选区为指定的图案像素样本，并进行匹配。

如何做　去除照片中的局部图像

去除照片局部区域的图像，可使用修补工具在该区域创建选区并进行修补处理。修补后的图像在色调上可能有所差异，因此可结合使用其他修复工具进行修复。

01 打开图像文件
打开附书光盘Chapter 6\Media\05.jpg文件。

02 复制图层
复制"背景"图层生成"背景 副本"图层。

03 创建修补选区
单击修补工具，在画面左侧的人物区域创建选区。

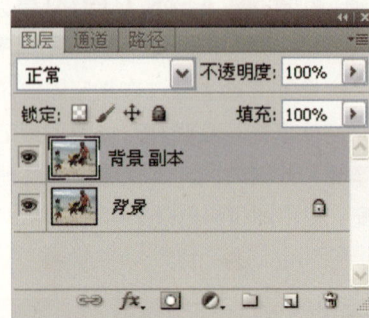

04 拖动选区
向右拖动选区，以去除该区域的人物图像。

05 修补其他区域
在左侧的人物图像部分创建选区并拖动选区至画面右侧。

06 修补人物上半身区域
继续在人物上半身区域创建选区并进行相应调整，以去除图像。

07 多次修补图像
继续按照同样的方法在左侧的人物区域创建选区并进行调整，以去除该区域人物图像。

08 仿制以修复图像
单击仿制图章工具，设置其透明度后，按住Alt键并单击整洁区域，然后释放Alt键并涂抹左侧修补后的区域，修复图像色调。

09 调整色调
单击"创建新的填充或调整图层"按钮，应用"亮度/对比度"命令并设置参数，以增强画面色调。

专家技巧　设置工具不透明度

画笔不透明状态可在属性栏中设置，还可按下Enter键进行设置，以快速调整画笔不透明度效果。

摄影师训练营　去除照片中多余的杂物

去除照片中多余的杂物图像，可使用各种修复工具去除，然后对局部区域进行修整，以修复照片局部细节。完成后对照片色调进行调整，以使修复效果更佳。

01 打开图像文件
打开附书光盘Chapter 6\Media\ 06.jpg文件。

02 复制图层
复制"背景"图层生成"背景 副本"图层。

03 创建修补选区
单击修补工具，在画面中的钢架区域创建选区。

04 拖动选区
向左拖动选区至天空区域，以去除选区内的钢架图像。

05 继续修补钢架其他区域
在钢架上端区域创建选区，并将其拖动至天空区域，去除图像。

06 多次修补图像
将选区多次拖动至天空部分，反复修复该区域，完成后取消选区。

07 创建磁性套索选区
单击磁性套索工具，沿人物背部轮廓创建钢架图像的选区。

08 继续修补图像
单击修补工具，并将选区拖动至天空区域。

09 取样仿制样本
单击仿制图章工具，按住Alt键单击天空部分，以取样像素。

知识链接

创建修补选区

创建修补选区时，可结合使用属性栏中的选区创建方式按钮以调整选区状态。也可执行"选择>载入选区"命令，创建指定区域的选区，以便在修补图像时使得选区的创建更加快捷。

知识链接

勾选"对齐"复选框

使用修复画笔工具等修复图像时,可勾选或取消勾选其属性栏中的"对齐"复选框,以便在修复图像时,多次涂抹以指定的区域进行修复。

勾选"对齐"复选框后取样并修复图像时,每次涂抹将连续取样并进行修复;而未勾选该复选框并修复图像时,将在每次涂抹图像时以原始取样点为起点修复图像。

原图

取样右下角区域像素

勾选"对齐"复选框并涂抹

未勾选"对齐"复选框并涂抹

10 仿制图像

释放Alt键后涂抹选区内的图像,以仿制该区域图像为天空图像。

12 使用修复画笔取样像素

单击修复画笔工具,按住Alt键单击天空整洁部分以取样。

14 修复其他区域

继续按照同样的方法取样其他天空区域并修复画面其他部分。

16 涂抹蒙版

单击画笔工具,设置其透明度参数后涂抹建筑和人物区域,以稍微恢复该区域色调。

11 取消选区

涂抹以仿制图像后,按下快捷键Ctrl+D取消选区。

13 修复边缘生硬部分

释放Alt键后涂抹取消选区后边缘的生硬部分,使其过渡更自然。

15 调整色阶

单击"创建新的填充或调整图层"按钮,应用"色阶"命令并设置其参数,以增强画面色调。

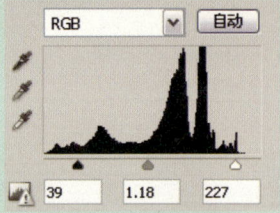

17 盖印图层并调整色调

盖印一个图层并设置其混合模式为"柔光","不透明度"为60%,以增强画面色调。

Section 04 修复受损照片

修复照片中受损的局部像素，如由于闪光灯开启而导致照片中的人物或动物红眼及电眼现象，可使用修复工具组中的红眼工具对照片进行快速修复，以恢复其本来的效果。

知识点 红眼工具的基本操作

红眼工具可用于去除由于闪光灯模式下拍摄所导致的人物或动物红眼及电眼现象，以恢复图像本来的自然效果。红眼工具属性栏中的"瞳孔大小"选项用于设置使用该工具移去红眼时增大或减少其修复范围；"变暗量"选项则设置移去红眼时的应用暗度。

红眼工具属性栏

如何做 修复人物红眼效果

由于在较暗环境下拍摄，可能会因为闪光灯开启而导致人物红眼现象，同时对人物皮肤和背景色调表现欠佳，使用红眼工具修复人物眼睛后，可通过调整其色调的方式增强画面色调层次。

01 打开图像文件
在Photoshop CS5中执行"文件>打开"命令，打开附书光盘Chapter 6\ Media\07.jpg文件。

02 复制图层并放大视图
复制"背景"图层生成"背景 副本"图层，然后按下快捷键Ctrl++放大视图至人物面部。

03 移去红眼
单击红眼工具，在属性栏中设置其参数后，单击人物眼珠部分，以去除红眼现象。

04 修复其他红眼
继续在人物其他眼珠部分分别单击，以移去红眼现象，从而修复人物眼睛效果。

05 载入通道选区
在"通道"面板中按住Ctrl键单击色调层次较清晰的"红"通道，将其载入选区。

06 调整色调
单击"创建新的填充或调整图层"按钮，应用"亮度/对比度"命令并稍微调亮画面色调。

Section 05 修复与复制图像

除了使用修复工具组中的工具修复图像外，还可使用仿制图章工具等对图像进行修复处理。使用这些工具不仅可完全仿制指定区域的图像，也可用于对照片细节进行修复调整。

知识链接

设置仿制图像混合模式

使用仿制图章工具仿制图像时，可通过在其属性栏中设置混合模式的方式应用不同的仿制色调，以增强图像仿制效果。

在原图中指定区域取样

应用"正片叠底"模式仿制图像

应用"点光"模式仿制图像

应用"明度"模式仿制图像

知识点 仿制图章工具与图案图章工具的基本操作

图章工具组中的仿制图章工具和图案图章工具可用于仿制图像，或使用图案填充指定的区域。

1. 仿制图章工具

仿制图章工具用于复制一个图像至另一个图层、图像区域或打开的图像文件中。该工具与修复画笔工具一样，在仿制图像时需要通过手动取样样本的方式仿制图像。

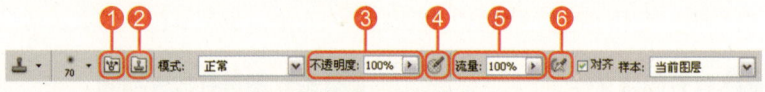
仿制图章工具属性栏

❶ **"切换画笔面板"按钮**：单击该按钮可弹出"画笔"面板，在该面板中可设置仿制画笔的笔尖形态属性。

❷ **"切换仿制源面板"按钮**：单击该按钮可弹出"仿制源"面板，在该面板中可创建多个不同的仿制源样本并进行调整。

❸ **"不透明度"选项**：可设置画笔笔尖仿制颜色的透明度。

❹ **"绘图板压力控制不透明度"按钮**：单击该按钮后，使用光笔压力覆盖"画笔"面板中的不透明度。

❺ **"流量"选项**：用于设置画笔移动至图像上方并仿制图像时的应用速率，仿制图像时在同一区域一直按住鼠标左键，仿制图像的应用量将根据流动的速率而增加，直至不透明。

❻ **"启用喷枪模式"按钮**：单击该按钮可使用喷枪模拟绘画，根据画笔的硬度、不透明度和流量属性而应用该模式。

2. 图案图章工具

图案图章工具是以指定的图案为样本应用到绘画图像中。利用该工具绘制图像无须对指定图像进行取样，可直接通过选择的图案图像进行绘制。

图案图章工具属性栏

❶ **"点按可打开'图案'拾色器"按钮**：单击该选项可弹出图案选取器，从中可选择指定的图案并将其应用到图章效果。

知识链接

载入图案

使用与图案相关的工具或命令时，在默认状态下的图案选取器中仅包含了两种图案，可载入预设的图案，从而在之后的编辑中更加便捷地进行操作。

可在图案选取器中单击右上角的扩展按钮，在弹出的扩展菜单中选择"艺术表面"、"彩色纸"和"岩石图案"等选项，在弹出的对话框中单击相应的按钮，以载入图案。

若在弹出的对话框中单击"确定"按钮，将替换当前选取器中的图案；若单击"追加"按钮则添加载入的图案至当前图案选取器中。

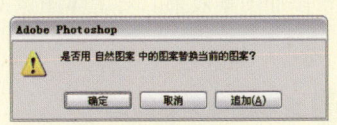
询问对话框

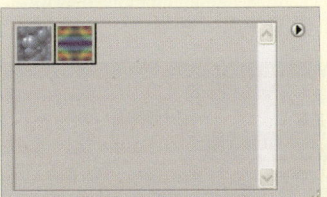
默认的图案选取器

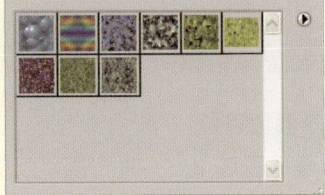
追加图案

载入多种预设图案后

❷ **"对齐"复选框：** 勾选"对齐"复选框后绘制时，将记住图案应用起点及绘制终止点的状态，可在重新开始绘制图案时，保证图案的连续应用；取消勾选该复选框后绘制图像，则每次停止并重新绘制图案时，以新的起始点绘制图案。

❸ **"印象派效果"复选框：** 勾选该复选框后绘制图像，可将图案转换为印象画风格的效果。

原图　　　　　　　直接绘制图案　　　　　使用印象派绘制效果

如何做　去除人物眼袋

人物照中人物的眼袋可能会影响到人物的精神状态，通过后期处理去除眼袋，可恢复其精神状态。

01 打开图像文件

打开附书光盘Chapter 6\Media\08.jpg文件，并复制图层。

02 取样样本

单击仿制图章工具，设置其透明度参数后，按住Alt键单击人物面部整洁区域。

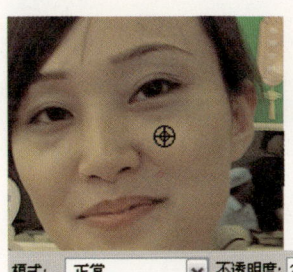

03 仿制图像

释放Alt键后涂抹右侧的眼袋，以消褪眼袋效果。

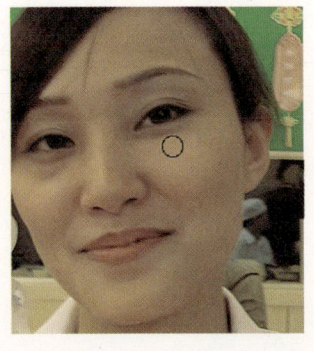

04 微调仿制图像

设置工具"不透明度"为50%，继续仿制人物皮肤至眼袋部分。

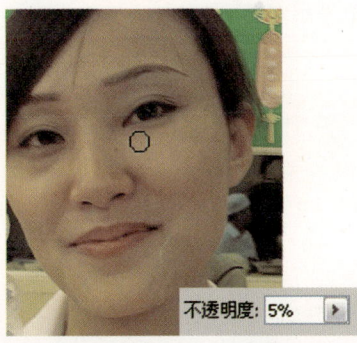

05 取样样本
设置不透明度后按住Alt键单击左侧的人物眼袋下方皮肤，继续取样样本。

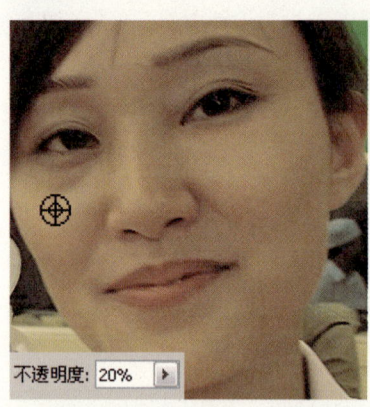

06 仿制图像
释放Alt键后涂抹左侧的人物眼袋，以消褪眼袋效果。

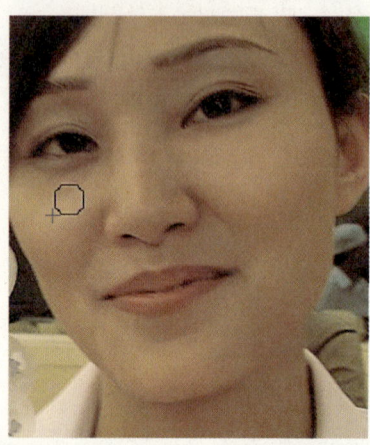

07 修复细节
按照同样的方法消褪左侧的眼袋，以使其更加自然。

如何做　为照片添加图案背景

为照片添加图案背景，可通过使用相关工具抠取主体图像后，为其背景添加图案效果。对主体图像的阴影区域稍作调整，以增强其层次感。

01 打开图像文件
打开附书光盘Chapter 6\Media\ 09.jpg文件。

02 创建选区
单击磁性套索工具，设置其属性后沿小狗轮廓创建选区。

03 复制图像为新图层
按下快捷键Ctrl+J，复制选区内的小狗图像为"图层1"。

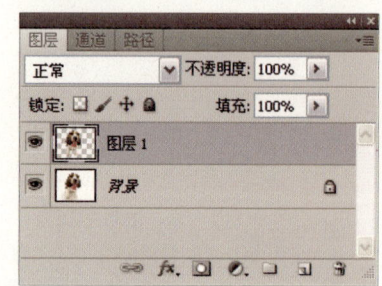

04 新建图层并绘制图案
新建"图层2"并放置在"图层1"下方。单击图案图章工具，选择彩色纸图案，涂抹整个画面。

05 多次涂抹颜色
多次在画面中部及底部区域进行涂抹，以使其形成渐变状态的图案效果。

06 添加阴影
新建"图层3"，单击画笔工具，在小狗底部轮廓周围涂抹黑色，以添加阴影效果。

专栏　了解"仿制源"面板

在对图像进行修复处理时，若需要确定多个仿制源，可通过"仿制源"面板进行设置，以便在多个仿制源中进行切换。

"仿制源"面板与修复画笔工具和仿制图章工具有关。可通过这些工具的属性栏打开该面板，也可执行"窗口>仿制源"命令打开该面板。

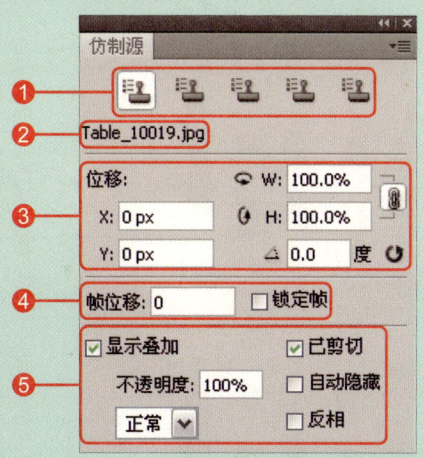

"仿制源"面板

❶ **仿制源按钮组**：各仿制源按钮分别代表不同的仿制源。单击任一按钮后可添加该按钮仿制源，并切换仿制源属性。

❷ **文件名**：显示指定仿制源按钮下的仿制源图像文件名称。

❸ **"位移"选项组**：用于设置取样并添加到其他图像位置的源X轴、Y轴、长、宽和角度等参数。

原图	默认仿制效果	设置仿制角度为70°	设置仿制比例为50%

❹ **"帧位移"选项组**：主要用于在Photoshop中制作视频帧或动画帧仿制内容。

❺ **"仿制源效果"选项组**：可对仿制源对象的显示效果进行设置，包括显示叠加效果、不透明度、反相和自动隐藏等。

> **专家技巧　仿制图像至其他图像文件**
>
> 使用与仿制源相关的工具仿制图像时，可将一个图像文件中的图像仿制到另一个图像文件中。若在"仿制源"面板中创建了多个仿制源，可切换至另一图像文件后，将这些仿制源仿制到新的图像文件中。

摄影师训练营　复制各个主体图像

使用仿制图章工具不仅可修复图像,也可用于合成不同场景中的图像。通过在"仿制源"面板中创建多个仿制源的方式可仿制多个图像至同一图像文件中。

01 打开图像文件
打开附书光盘Chapter 6\Media\10.jpg、11.jpg、12.jpg和13.jpg图像文件。

02 创建一个仿制源
在11.jpg图像文件中,单击仿制图章工具,按住Alt键单击蓝绿色衣服人物,以创建仿制源。

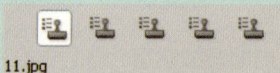

03 创建第二个仿制源
单击"仿制源"面板第二个"仿制源"按钮,并在12.jpg图像文件中继续取样指定人物样本。

04 创建第三个仿制源
单击"仿制源"面板第3个"仿制源"按钮,并在13.jpg图像文件中继续取样指定人物样本。

05 应用第一个仿制源
切换至10.jpg图像文件中,新建"图层 1"。单击第一个"仿制源"按钮,在指定区域涂抹。

知识链接
在指定图层应用仿制源

在仿制图章工具属性栏中可设置仿制样本的取样和应用图层。如选择"当前图层"选项,仅取样当前图层中的样本,或是在取样其他图层样本后,取样的样本不能应用于当前图层;若选择"所有图层"选项,则可在所有可见图层中任意取样或应用仿制源。

06 应用第二个仿制源
单击第二个"仿制源"按钮,在指定区域涂抹,应用仿制源图像。

07 新建图层并应用其他仿制源
新建"图层 2",单击第3个"仿制源"按钮,在指定区域涂抹。

专家技巧

调整仿制源位置

创建仿制源后,"仿制源"面板中的仿制源位置和角度等属性为0px,且要应用的仿制图像大小为原始大小。将该仿制源应用到新图像之前,移动光标可始终看到仿制的初始点,此时单击图像可将该仿制源应用到所单击的点,从而确定仿制源的应用坐标位置。

在应用一次仿制源后,默认状态下将定位该坐标位置,若要更改其应用位置,可设置"仿制源"面板中的"位移"选项坐标参数,以便更改仿制源应用区域。

更改"位移"选项坐标参数时,可直接输入参数以调整仿制源应用位置,也可左右拖动X或Y数字选项,调整其参数的同时,可看到仿制源图像文件的偏移效果。

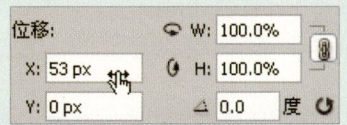
拖动选项参数以调整坐标位置

移动光标以显示仿制源图像

拖动坐标参数以调整仿制源位置

08 解锁"背景"图层

双击"背景"图层,在弹出的对话框中单击"确定"按钮,解锁图层为"图层0"。

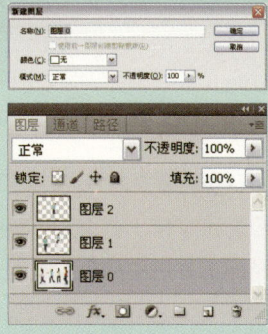

10 拖动"图层1"人物

选择"图层1",并继续向右拖动该图层中的人物图像,以调整其位置。

12 新建图层并涂抹背景色

新建"图层3"并调整其位置在"图层0"上方,然后使用画笔工具在多余人物和透明区域涂抹亮灰色(R236、G237、B242)。

09 移动"图层0"图层

单击移动工具,向右拖动"图层0"图像,以调整该图层中的主体人物至中右端。

11 拖动"图层2"人物

选择"图层2",向左拖动该图层中的人物图像,以调整其位置于画面左上角。

13 擦除人物边缘

分别选择"图层1"和"图层2",并使用较透明的橡皮擦工具对人物边缘稍作涂抹,擦除边缘多余区域,以使其过渡更自然。

Section 06 常用修饰工具

Photoshop 中的修饰工具组用于快速修饰照片中的局部图像。利用这些工具可快速对照片细节进行模糊、锐化或涂抹，以增强照片细节效果。本小节将对修饰工具组中的各种工具使用方法进行介绍。

知识点 认识修饰工具组

修饰工具组中包括模糊工具、锐化工具和涂抹工具，分别用于模糊、锐化和涂抹图像局部像素，以便快速调整照片细节效果。下面分别对修饰工具组中的工具进行介绍。

1. 模糊工具

模糊工具用于快速对图像的边缘部分进行柔化处理，并减少图像中的细节像素。使用模糊工具在图像中涂抹的次数越多，图像边缘效果越模糊。在使用该工具涂抹图像之前可通过在属性栏中设置混合模式调整模糊区域的色调，也可调整涂抹时应用模糊效果的程度。

2. 锐化工具

锐化工具用于锐化图像中的边缘或细节，以增强该区域像素的对比度。使用该工具在图像中涂抹的次数越多，该区域图像的细节对比就越强。在属性栏中设置指定参数后进行涂抹时，每涂抹一次图像后的锐化程度由图像文件的像素尺寸决定。在锐化图像前可指定混合模式以调整所锐化区域的色调。

3. 涂抹工具

涂抹工具用于涂抹并变形图像中的细节像素，该工具模拟手指从湿油漆中涂抹抽拉出来的效果，通过拾取起始点颜色并向所拖动的方向展开颜色，从而对图像细节进行涂抹变形的处理。在该工具属性栏中设置涂抹强度，可调整涂抹图像时的变形程度。

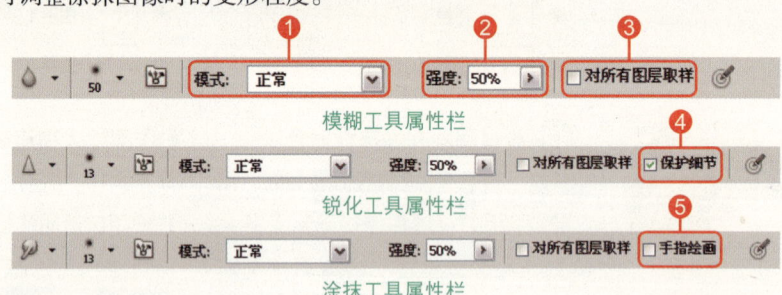

❶ "模式"选项：用于设置混合模式，并将模糊、锐化或涂抹后的图像颜色以指定的模式混合到原图像中。

❷ "强度"选项：用于设置在模糊、锐化或涂抹图像的过程中应用一次调整效果的强度。

❸ "对所有图层取样"复选框：勾选该复选框后，将对所有可见图层的图像进行调整；取消勾选该复选框后，则仅调整当前所选择的图层图像。

❹ "保护细节"复选框：勾选该复选框后，将在锐化图像时最小化图像不自然感；取消勾选该复选框后，可夸张图像边缘的锐化效果。

❺ "手指绘画"复选框：勾选该复选框后，将使用前景色在图像中每个描边起点处进行涂抹；取消勾选该复选框后，则以每个描边起始点的颜色涂抹图像。

如何做：利用工具快速模糊和锐化照片图像

使用模糊工具或锐化工具调整图像，可根据需要对照片局部区域进行调整，以便对需要模糊的区域进行模糊处理，对需要锐化的区域进行锐化处理，以达到最佳效果。

专家技巧

依图像像素调整模糊强度

使用模糊工具模糊图像时，按照指定模糊强度值一次性涂抹图像后，所涂抹区域的图像模糊程度由该图像文件的像素大小决定。图像像素越大，按照指定强度涂抹一次的模糊强度看似会越小；而图像像素越小，按照指定强度涂抹一次的模糊强度看似会越大。因此在使用模糊工具模糊图像时，可根据图像像素大小设置属性栏中的"强度"参数。

知识链接

应用混合模式模糊图像

使用模糊工具模糊图像时，可同时设置所模糊区域的图像与原图像之间的混合模式，以调整该区域的色调效果，如"变暗"、"变亮"、"色相"和"饱和度"。

原图

应用"变暗"模式模糊图像

应用"变亮"模式模糊图像

01 打开图像文件

打开附书光盘Chapter 6\Media\14.jpg文件，复制"背景"图层生成"背景 副本"图层。

03 创建选区

单击磁性套索工具，设置其羽化值后沿画面主体物轮廓创建选区，将其选取。

05 模糊背景

单击模糊工具，在属性栏中设置其"强度"为100%，并在背景图像区域多次涂抹，以模糊该区域图像。

02 设置混合模式

设置图层混合模式为"滤色"，"不透明度"为30%，以稍微调亮画面色调。

04 反选选区

执行"选择>反向"命令反选选区，按下快捷键Shift+Ctrl+Alt+E盖印图层，生成"图层1"。

06 反选选区并拷贝图层

按下快捷键Shift+Ctrl+I反选选区，以再次选取画面主体物，然后按下快捷键Ctrl+J复制选区图像为"图层2"。

知识链接

通过混合选项设置图层

设置图层混合模式和不透明度等属性时，可直接在"图层"面板中进行设置，也可在该图层的"混合选项"中进行设置。双击指定图层的空白处，在弹出的对话框中即可设置该图层的"混合选项"，其中包括对图层常规混合属性、高级混合属性以及混合颜色带的设置，以设置图层图像丰富的效果。

07 锐化主体

单击锐化工具，设置其属性后对主体物稍作涂抹，以锐化主体。

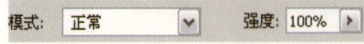

08 盖印图层并调整色调

盖印"图层 3"，并设置其混合模式为"柔光"，"不透明度"为80%，以增强画面色调。

如何做　利用涂抹工具修饰照片

通过拖动涂抹工具可变形图像细节，以获取特殊质感效果。使用涂抹工具调整图像时，可对照片中的指定细节区域进行拖动，以增强照片整体特效质感。

01 打开图像文件并复制图层

打开附书光盘Chapter 6\Media\15.jpg文件，复制"背景"图层生成"背景 副本"图层。

02 调亮画面色调

设置图层混合模式为"滤色"，"不透明度"为70%，以稍微调亮画面色调。

03 添加蒙版并恢复局部色调

单击"添加图层蒙版"按钮，再使用较透明的画笔工具涂抹礁石部分，以恢复其色调。

04 盖印图层并涂抹礁石部分

单击涂抹工具，设置其"强度"参数为50%，在礁石部分仔细涂抹，以调整该区域细节质感。

05 涂抹其他礁石部分

继续在礁石其他区域仔细涂抹，以调整该区域的细节质感，增强画面效果。

06 创建礁石选区

单击套索工具，在属性栏中设置其羽化值后，在画面右下角礁石部分创建选区。

知 识 链 接

应用涂抹强度和手指画

　　使用涂抹工具涂抹图像时，可根据涂抹需求调整其涂抹强度的参数，以应用不同强度的涂抹效果。设置较小的"强度"参数时涂抹图像，将以较短距离、较轻压力的方式进行涂抹；而设置较大参数时，则以较长距离、较大压力的方式进行涂抹。

原图

涂抹强度为50%

涂抹强度为100%

　　勾选涂抹工具属性栏中的"手指绘画"复选框后，将以当前前景色为起始点涂抹图像，以应用其手指绘画效果。

设置黄色并应用手指绘画效果

07 应用"最小值"滤镜

执行"滤镜>其他>最小值"命令，在弹出的对话框中设置其参数并单击"确定"按钮。

09 涂抹调整后的礁石

单击涂抹工具，继续在调整后的礁石部分沿光照方向涂抹礁石，以调整其质感。

11 涂抹海水部分

在属性栏中更改涂抹强度的参数后，继续在海水部分进行拖动涂抹，以调整该区域质感。

08 取消选区

调整完礁石效果后，按下快捷键Ctrl+D取消选区。

10 涂抹其他礁石

在属性栏中设置"强度"参数为30%，并在其他较小的礁石部分进行涂抹，以调整其质感。

12 涂抹天空部分

继续使用涂抹工具在天空部分进行拖动涂抹，以调整该区域质感，增强画面效果。

Section 07 利用滤镜修复模糊照片

"锐化"滤镜组通过增加相邻像素的对比度来聚焦模糊的图像,以使模糊的图像变得更清晰。在 Photoshop 中对数码照片进行处理时经常使用"USM 锐化"滤镜来调整图像的细节和颜色。

知识点 认识锐化滤镜组

"锐化"滤镜组中包括"USM锐化"滤镜、"进一步锐化"滤镜、"锐化"滤镜、"锐化边缘"滤镜和"智能锐化"滤镜。执行"滤镜>锐化"命令,可在弹出的级联菜单中选择相关锐化滤镜,并分别以不同的形式锐化图像。

知识链接

高反差保留锐化图像

除了应用"锐化"滤镜组中的各相关锐化滤镜锐化图像外,还可使用其他滤镜锐化图像,如"高反差保留"滤镜。

"高反差保留"滤镜位于"其他"滤镜组中,该滤镜在有强烈颜色转变发生的地方按指定的半径保留边缘细节,而图像的其余部分则显示为中灰色。该滤镜可移去图像中的低频细节,通过对图像应用该滤镜并结合混合模式进行调整,可锐化图像细节。

原图

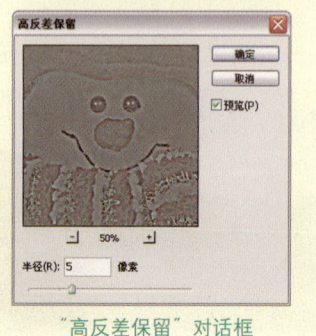
"高反差保留"对话框

1."USM锐化"滤镜

"USM锐化"滤镜可以查找图像中衍生发生显著变化的区域并对其进行锐化。该滤镜通过调整边缘细节的对比度,并在边缘的每侧生成一条亮线和暗线,从而突出边缘以产生图像锐化的错觉。

原图像　　　　　　　　"USM锐化"对话框

❶ **预览窗口**:通过勾选"预览"复选框,可在该窗口中预览锐化效果,并能够放大和缩小预览图像。
❷ **"数量"选项**:用于设置增加像素对比度的数量。
❸ **"半径"选项**:用于设置边缘像素周围影响锐化的像素数目。
❹ **"阈值"选项**:用于设置锐化的像素与周围区域的差值,并在此基础上对图像边缘像素进行锐化。

2."锐化"、"进一步锐化"和"锐化边缘"滤镜

这几个滤镜都是直接对图像进行锐化,不需要设置属性参数。其中"锐化"滤镜和"进一步锐化"滤镜通过聚焦图像提高图像清晰度,"进一步锐化"滤镜比"锐化"滤镜的锐化程度更强;"锐化边缘"滤镜只锐化图像边缘,同时保留图像平滑度。

3."智能锐化"滤镜

该滤镜通过增加阴影和高光的锐化量或设置锐化算法进行锐化。

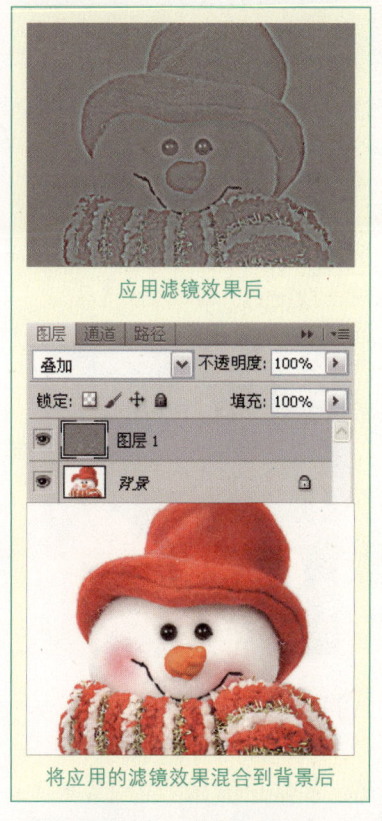

应用滤镜效果后

将应用的滤镜效果混合到背景后

"智能锐化"对话框

❶ "基本"和"高级"单选按钮：默认选中"基本"单选按钮；选中"高级"单选按钮后，将切换至更多设置选项。

❷ "数量"选项：用于设置调整边缘锐化度的锐化量。

❸ "半径"选项：设置边缘像素周围影响锐化的像素数目。

❹ "移去"选项：设置用于锐化图像的锐化算法。

❺ "角度"选项：设置"移去"选项中动感模糊的运动方向。

❻ "更加准确"复选框：勾选该复选框后，用更慢的速度处理文件，从而使图像更清晰。

如何做　快速修复照片模糊效果

快速修复照片模糊效果，可直接对照片图像应用相关滤镜，例如应用"USM锐化"滤镜对图像细节的锐化效果进行精细设置，以使图像细节更加清晰。

01 打开图像文件并复制图层

打开附书光盘Chapter 6\Media\16.jpg文件，复制"背景"图层生成"背景 副本"图层。

02 设置"USM锐化"滤镜

执行"滤镜>锐化>USM锐化"命令，在弹出的对话框中设置其参数，以锐化图像。

03 应用锐化效果

完成设置后单击"确定"按钮，对模糊的照片图像应用锐化效果，锐化图像细节。

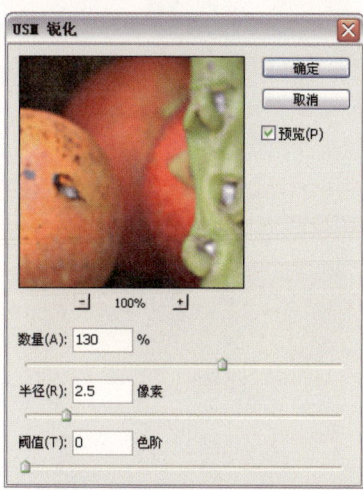

摄影师训练营　还原照片清晰效果

在拍摄时可能由于对焦不准确或相机抖动等因素干扰而导致照片中被摄体模糊。可通过对局部图像进行锐化调整的方式还原照片清晰效果，以恢复被摄体清晰的外观。

01 打开图像文件
打开附书光盘Chapter 6\Media\ 17.jpg文件。

02 以快速蒙版涂抹人物皮肤
单击画笔工具，再单击"以快速蒙版模式编辑"按钮，在人物皮肤部分涂抹黑色。

03 载入皮肤选区
完成涂抹后单击"以标准模式编辑"按钮，载入皮肤选区。

04 调整曲线
单击"创建新的填充或调整图层"按钮，应用"曲线"命令并设置曲线，以调亮人物皮肤部分。

05 盖印图层并载入皮肤选区
盖印"图层 1"并按住Ctrl键单击"曲线 1"图层的蒙版，将其载入选区。

06 锐化皮肤部分
执行"滤镜>锐化>USM锐化"命令，在弹出的对话框中设置参数并单击"确定"按钮以锐化图像。

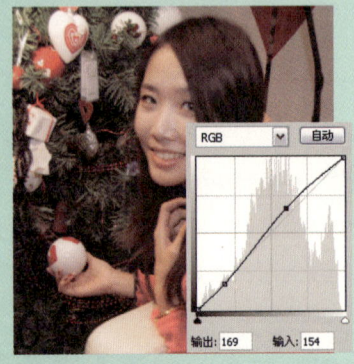

07 设置"高反差保留"滤镜
复制图层为"图层 1 副本"并执行"滤镜>其他>高反差保留"命令，在其对话框中设置参数。

08 应用滤镜效果
完成设置后单击"确定"按钮，以查找图像边缘细节。

09 设置图层混合模式
设置图层混合模式为"柔光"，以增强图像锐化效果。

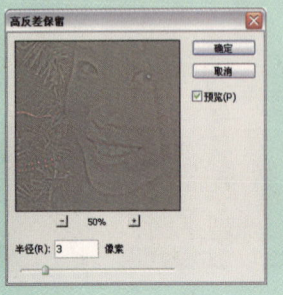

Section 08 利用填充修复照片

Photoshop CS5 中可通过填充指定区域图像的方式修复照片。利用"填充"命令对话框中的"内容识别"选项可快速修补或移去照片中的局部图像。本小节将介绍利用"内容识别"填充修复图像的方法。

知识点 "内容识别"填充命令

"内容识别"填充选项位于"填充"命令对话框中，该选项命令用于修补图像中的局部区域，也可移去图像中不需要的部分，并使修复后的图像边缘自然过渡，从而让图像修复效果更加自然。

知识链接

设置填充内容及其颜色

在图像中创建选区后打开"填充"对话框，其默认的填充内容为"内容识别"选项内容。可通过选择其他填充选项填充指定像素内容，如当前前景色或背景色以及历史记录等。

在设置填充内容的同时可调整所填充内容的颜色，也可通过设置其混合模式调整图像颜色。

在原图中创建选区

填充选区为图案

填充同一图案同时应用混合模式

在指定的区域创建选区后，执行"编辑>填充"命令，可在弹出的对话框中设置"内容"选项组中的填充类型为"内容识别"，然后设置或保持其他选项并应用这些设置，即可将选区周围的像素作为样本填充选区，使填充效果自然过渡。

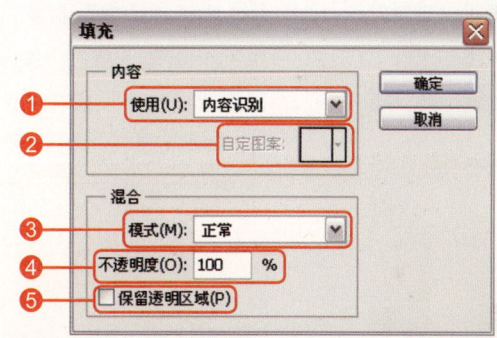
"填充"对话框

❶ **"使用"选项：** 用于设置填充指定区域的像素类型，包括前景色、背景色、图案和内容识别等。

❷ **"自定图案"选项：** 选择"图案"填充内容后可激活该选项，用于设置指定的填充图案。

❸ **"模式"选项：** 用于设置填充内容与背景图像之间的混合模式，以调整其混合颜色。

❹ **"不透明度"选项：** 设置填充内容应用到背景图像中的颜色量。

❺ **"保留透明区域"复选框：** 勾选该复选框后应用填充内容，图像或选区中的透明像素区域将不会被改变。

原图像

修补图像后

如何做 修复不完整照片

修复不完整的照片时，可在照片中不完整图像取样创建选区后应用"内容识别"填充命令，以便修补照片中不完整的区域。

专家技巧

应用内容识别修复污点

"内容识别"命令可填充图像选区，也可通过相关工具直接应用该功能修复图像。使用污点修复画笔工具时，其属性栏中的"内容识别"选项即是通过自动取样指定区域周围像素的方式修复图像。

在应用"填充"命令中的"内容识别"选项修复图像后，图像边缘可能出现一些裂痕，可使用污点修复画笔工具进行修复处理，以使图像修复效果更加自然。

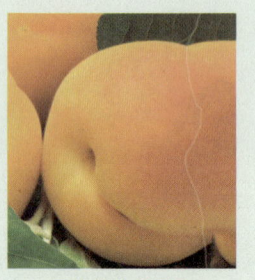

图像的修补裂痕

01 打开图像文件并复制图层

打开附书光盘Chapter 6\Media\18.jpg文件，复制"背景"图层生成"背景 副本"图层。

02 创建指定区域的选区

在工具箱中单击选择魔棒工具，然后单击画面白色区域，将该区域创建为选区。

03 执行"填充"命令

执行"编辑>填充"命令，在弹出的对话框中设置相关选项。

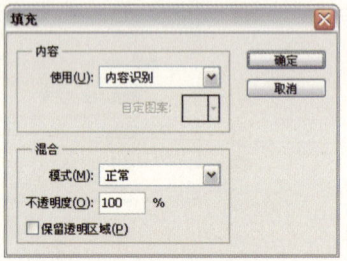

04 应用填充以修补图像

完成设置后单击"确定"按钮，修补照片边缘的不完整区域。

05 使用污点修复画笔工具

单击污点修复画笔工具，在画面右端的裂缝区域进行涂抹，以修补该区域。

06 修补海面和沙滩裂痕

继续在海面和沙滩区域的裂痕处进行涂抹，以修补该区域，使其过渡更自然。

07 修补山丘和沙滩裂痕

继续在画面左侧的山丘和沙滩等区域进行涂抹，以修补裂痕。

摄影师训练营　去除照片中不需要的部分

照片在拍摄时可能会因为取景不当而导致画面中的被摄体较杂乱,主体不突出。通过应用"内容识别"填充命令填充图像指定区域可快速修复图像效果,在修复的图像区域可结合使用其他修复工具进行修复,快速修复照片的同时也使修复效果更自然。

01 打开图像文件并复制图层

打开附书光盘Chapter 6\Media\19.jpg文件,复制"背景"图层生成"背景 副本"图层。

02 创建指定选区

放大视图后单击套索工具，在画面左侧沙滩上的人物区域创建相应的选区。

03 应用智能填充

执行"编辑>填充"命令,在弹出的对话框中单击"确定"按钮,以去除选区内的人物。

04 创建其他人物选区

继续在画面中间沙滩上的人物区域创建相应的选区,然后按照同样的方法应用"填充"命令,以去除选区内的人物。

05 应用智能填充

单击修补工具，在修复调整后的相关区域创建选区,然后将选区拖动至对应的海水区域,以修复图像。

06 修复画面其他区域

继续按照同样的方法对画面中其他人物区域创建选区并应用"内容识别"填充命令,结合使用修补工具修复图像,以使其修复效果更自然。

Section 09 修复照片噪点

照片的噪点由相机的性能和拍摄环境等因素所导致，这些噪点对照片的像质影响是致命的。通过后期处理去除照片中的噪点，可以在最大程度上改善照片像质。本小节将介绍照片噪点的修复方法。

知识点 "减少杂色"与"蒙尘与划痕"滤镜

"减少杂色"滤镜和"蒙尘与划痕"滤镜位于"杂色"滤镜组中，分别用于减少图像中的杂色并去除照片噪点现象，以恢复照片像质。

知识链接

减少杂色高级选项

在"减少杂色"滤镜对话框中，默认状态下可对照片图像进行基本的减少杂色操作，要应用更多的选项则可切换至高级选项面板中。在高级选项面板中可分别对照片中各通道噪点进行调整，以便在最大程度上改善图像质量。

"减少杂色"高级选项对话框

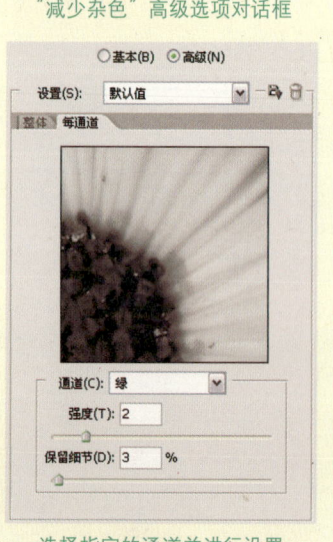

选择指定的通道并进行设置

1．"减少杂色"滤镜

"减少杂色"滤镜可减少图像中的杂色，并同时保留图像的边缘。执行"滤镜>杂色>减少杂色"命令，可弹出其对话框。

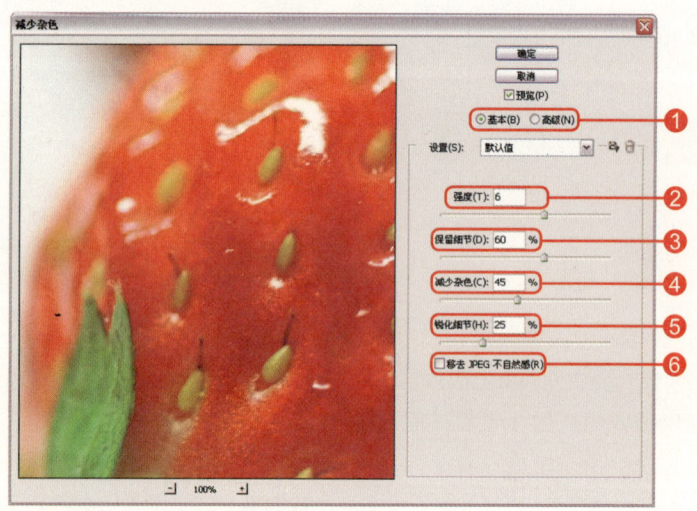

"减少杂色"对话框

❶ **"基本"和"高级"单选按钮**：默认状态为选中"基本"单选按钮，选中"高级"单选按钮后，将切换到该选项面板中。其中可设置"每通道"选项卡中明亮度杂色较明显的某一通道，该选项可在应用该滤镜之前通过查看图像各通道的杂色情况来进行调整。

❷ **"强度"选项**：设置应用于所有图像通道的明亮度杂色的减少量。

❸ **"保留细节"选项**：设置保留图像边缘或细节的量。

❹ **"减少杂色"选项**：设置移去随机颜色像素的量。

❺ **"锐化细节"选项**：设置对图像进行锐化的量。

❻ **"移去JPEG不自然感"复选框**：勾选该复选框以移去由于低品质JPEG设置存储图像而导致的图像伪像和光晕。

2．"蒙尘与划痕"滤镜

"蒙尘与划痕"滤镜是通过更改像素来减少图像中的杂色。

执行"滤镜>杂色>蒙尘与划痕"命令，可弹出其对话框。其中"半径"值控制在图像中搜索不同像素的区域大小；"阈值"决定像素在多大差异的情况下消除瑕疵。

原图

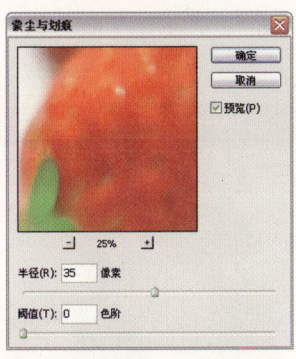
"蒙尘与划痕"对话框

应用"蒙尘与划痕"滤镜后

如何做　去除照片噪点

照片中的噪点对被摄主体外观的表现有着极大的干扰，通过后期处理去除其噪点现象，可避免噪点对画面主体的影响。

知识链接

设置蒙尘与划痕数值

应用"蒙尘与划痕"滤镜时，可通过设置其不同的参数值以在不同程度上移去照片中的噪点。设置"半径"值时，数值越大，移去的噪点越多，但同时图像细节越少。

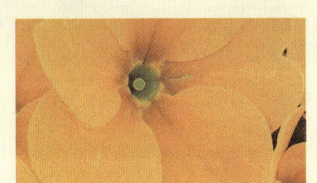
原图

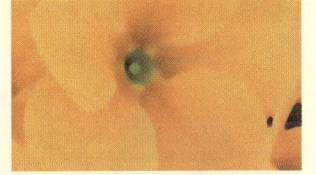
"半径"值为12

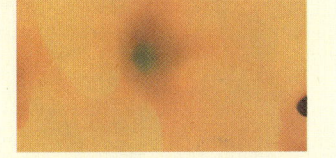
"半径"值为40

01 打开图像文件并放大视图

打开附书光盘Chapter 6\Media\20.jpg文件，复制"背景"图层生成"背景 副本"图层。按下快捷键Ctrl++，放大视图至人物面部，可看到噪点现象。

02 以快速蒙版涂抹人物皮肤

单击"以快速蒙版模式编辑"按钮，并使用画笔工具在人物皮肤部分涂抹黑色，单击"以标准模式编辑"按钮，将其载入选区。

03 调整曲线

单击"创建新的填充或调整图层"按钮 ，应用曲线并设置曲线，调亮人物皮肤。

04 盖印图层并载入皮肤选区

盖印"图层 1"并按住Ctrl键单击"曲线 1"图层的蒙版，载入人物皮肤选区。

05 设置"减少杂色"滤镜

执行"滤镜>杂色>减少杂色"命令，在弹出的对话框中设置其参数，以减少照片杂色。

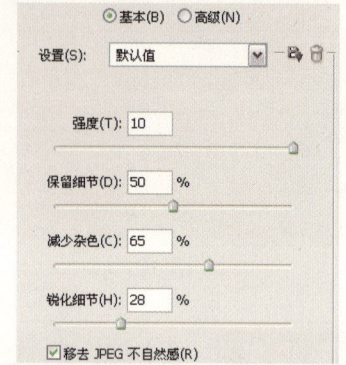

06 设置通道杂色

选中"高级"单选按钮，并在"每通道"选项卡中选择"蓝"通道以设置其参数，完成后单击"确定"按钮。

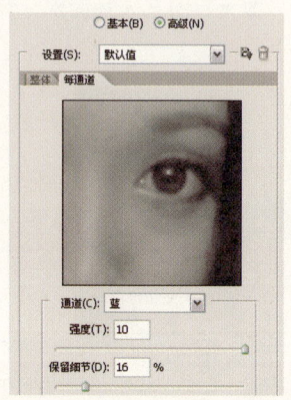

07 设置"蒙尘与划痕"滤镜

复制图层并执行"滤镜>杂色>蒙尘与划痕"命令，在弹出的对话框中设置其参数。

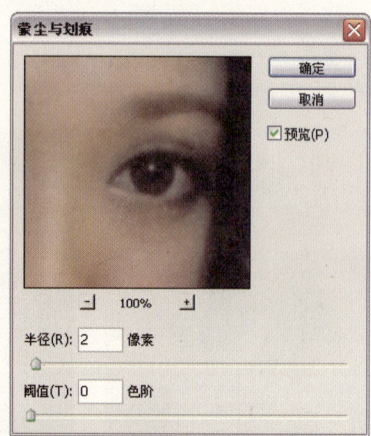

08 应用滤镜

完成设置后单击"确定"按钮，以应用滤镜，从而进一步去除照片中的噪点。

09 设置"智能锐化"滤镜

执行"滤镜>锐化>智能锐化"命令，在弹出的对话框中设置各项参数，以锐化图像。

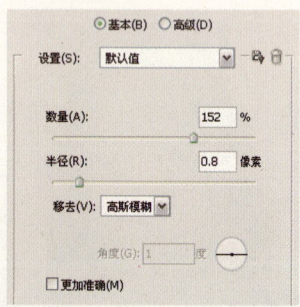

10 应用锐化效果

完成设置后单击"确定"按钮，以锐化照片细节。

11 模糊局部皮肤

单击模糊工具 ，在人物皮肤部分涂抹，使皮肤更加光滑。

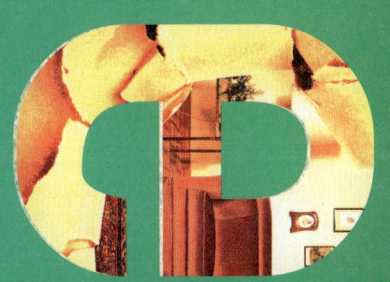

CHAPTER
07

数码照片色彩与光影修复

本章主要针对数码照片处理中照片的色彩与光影的修复进行讲解，涉及知识包括用于局部调整图像颜色的工具、"镜头校正"滤镜、"可选颜色"调整命令、"替换颜色"命令以及"曝光度"命令等功能应用。通过对这些应用功能的了解以及应用到照片处理中的调整操作，帮助读者深入认识相关光影修复功能以及在数码照片处理中的技巧。

Section 01 利用工具修复照片颜色

在 Photoshop 中修复照片颜色时，可使用颜色调整工具进行调整，如使用颜色替换工具调整照片颜色可对其局部图像应用不同的颜色或混合模式，以增强照片颜色效果，使照片整体效果更完美。

专家技巧

应用颜色替换工具或"图层"面板中的混合模式

使用颜色替换工具替换照片中局部图像的颜色时，可直接在该工具属性栏中设置其颜色替换的混合模式，以应用不同的颜色效果；也可将指定图像选区填充为相应的颜色，然后设置该颜色图层的混合模式，以调整图像的色调效果。

原图

使用颜色替换工具混合颜色

设置图层混合模式以替换颜色

知识点 认识颜色替换工具

颜色替换工具用于替换照片中局部图像的颜色，通过设置当前前景色以及该工具属性栏等相关属性，并对指定图像进行涂抹，将以不同的颜色样式更改图像颜色效果。

颜色替换工具属性栏

❶ **"画笔预设"选项**：可选择替换应用颜色时的笔刷并可设置笔尖的大小和硬度属性。

❷ **"模式"选项**：可设置替换并应用颜色时所应用颜色与下方背景图像颜色的混合颜色效果。将不同的指定颜色以不同的混合模式替换到原图像中，以获取丰富的色调效果。

原图

应用"颜色"模式替换颜色

应用"色相"模式替换颜色

应用"饱和度"模式替换颜色

❸ **"取样"按钮**：用于设置以不同方式取样颜色。单击"取样：连续"按钮，可连续对颜色进行取样；单击"取样：一次"按钮，只替换一次取样颜色中的目标颜色；单击"取样：背景色板"按钮，只替换当前背景色区域的颜色。

❹ **"限制"选项**：设置该选项以不同的替换方式替换颜色。选择"连续"选项，替换与光标所在区域颜色相似的颜色；选择"不连续"

专家技巧

将当前图像中的颜色替换到指定区域

在选择颜色替换工具等绘画工具时，若按住Alt键可临时切换至吸管工具显示状态。此时单击画面指定区域即可取样所单击点的颜色为当前前景色，释放Alt键可恢复到颜色替换工具光标状态，以便快速将图像中指定的颜色应用到要替换颜色的图像区域。

原图

按住Alt键取样红色图像

将颜色应用到其他区域

知识链接

颜色替换工具的应用颜色模式

颜色替换工具适用于RGB和CMYK等颜色模式环境，但不适用于"位图"模式、"索引"模式和"多通道"等颜色模式环境。

选项，替换图像中任意位置的样本颜色；选择"查找边缘"选项，则用于替换包含样本颜色的连接区域，并保留图像锐化清晰的边缘。

❺ **"容差"选项：** 用于设置在替换颜色时图像中能够被替换的范围，数值越大，被替换的颜色范围越广。

❻ **"消除锯齿"复选框：** 勾选该复选框，可对替换颜色区域的边缘进行更为平滑的处理。

如何做 替换照片局部颜色

使用颜色替换工具替换照片中局部图像的颜色，可在设置当前前景色后使用该工具直接涂抹图像，以默认属性设置替换颜色。

01 打开图像文件并复制图层

打开附书光盘Chapter 7\Media\01.jpg文件，复制"背景"图层生成"背景 副本"图层。

02 替换指定颜色

单击颜色替换工具，设置前景色为蓝色（R62、G235、B255），并在人物衣服上仔细涂抹。

03 放大视图

按下快捷键Ctrl++，放大画面视图至衣服细节部分。

04 替换细节部分颜色

继续在衣服和头发交界处涂抹，以替换该区域颜色。

Section 02 校正颜色失真的照片

数码照片在拍摄时由于受到环境和相机设置等因素的干扰而导致照片颜色失真。应用 Photoshop 中的"镜头校正"滤镜能够在一定程度上校正数码照片的颜色失真效果。

专家技巧

校正照片颜色的方法

"镜头校正"滤镜可用于校正照片的颜色，尤其对照片暗角晕影的校正非常有用，但其主要作用用于校正照片的透视扭曲效果。要校正照片颜色，可通过多种方式实现，例如"曲线"和"色阶"命令中的"自动"应用功能、"色彩平衡"调整命令、"图像"菜单中的自动调色功能以及Photoshop CS5的插件Camera Raw等。使用这些调整命令或插件可快速校正照片颜色。

知识点 应用"镜头校正"滤镜校正照片颜色

"镜头校正"滤镜用于校正图像的透视扭曲和色差及晕影等失真现象。应用该滤镜中的"色差"和"晕影"选项设置，可校正照片图像边缘的色差以及照片暗角晕影效果。

原图

校正暗角晕影后

如何做 校正失真照片颜色

应用"镜头校正"滤镜校正照片失真颜色，是通过调整照片中失真的图像边缘颜色的方式进行调整的。应用该滤镜中的"色差"调整选项对照片图像边缘的色差进行调整，以恢复图像颜色。

01 打开图像文件并复制图层
打开附书光盘Chapter 7\Media\ 02.jpg文件，复制"背景"图层生成"背景 副本"图层。

02 放大视图
按下快捷键Ctrl++，放大视图至相应区域，以查看图像边缘色差现象。

03 修复色差
执行"滤镜>镜头校正"命令，在弹出的对话框中设置参数，以校正图像边缘的色差效果。

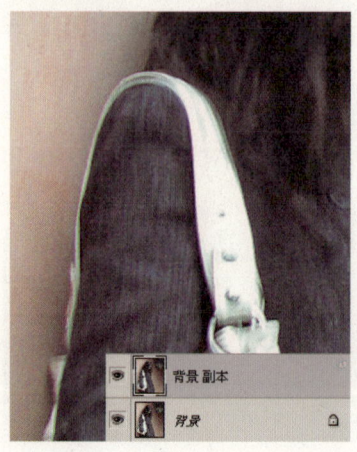

修复失真照片

修复颜色失真的照片，可结合应用多种调整命令调整照片色调，而对于照片中局部色差现象，则可应用"镜头校正"滤镜中的"色差"选项进行修复。

专家技巧

保持应用"色彩平衡"命令后的图像明度

"色彩平衡"命令可用于校正图像的偏色现象，也可用于调整图像的特殊色调。应用该命令调整照片色调时，可保持图像原有的明度效果，也可根据应用的色调参数而调整当前明度效果。

在"色彩平衡"命令选项中勾选了"保留明度"复选框，表示在调整照片局部色调范围的参数时保持图像明度不变；而取消勾选该复选框后设置参数时，则将同时对照片的明度进行更改。

原图

设置阴影色调范围时保留明度

设置阴影色调范围时不保留明度

01 打开图像文件并复制图层

打开附书光盘Chapter 7\Media\03.jpg文件，复制"背景"图层，生成"背景 副本"图层。

03 放大视图至边缘色差区域

按下快捷键Ctrl++，放大视图至人物头部图像边缘色差区域。

05 调整中间调范围色调

单击"创建新的填充或调整图层"按钮，应用"色彩平衡"命令，并设置"中间调"参数。

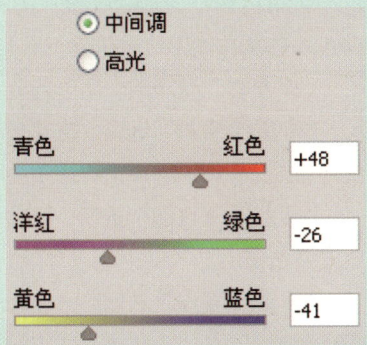

02 应用自动调色命令

保持"背景 副本"图层的选中状态，执行"图像>自动色调"命令，稍微校正照片色调。

04 校正边缘色差

执行"滤镜>镜头校正"命令，在弹出的对话框中设置参数并单击"确定"按钮，以校正色差。

06 调整高光范围色调

继续在"色彩平衡"调整面板中设置"高光"范围参数，以校正照片色调效果。

专栏　了解"镜头校正"对话框

在拍摄照片时,可能受到诸多因素的干扰而导致照片透视畸形,或出现暗角晕影等现象。而"镜头校正"滤镜则可校正这些失真现象。

1."镜头校正"对话框

Photoshop CS5中的"镜头校正"滤镜被分离为一个独立的滤镜,该滤镜用于校正图像的透视角度、透视扭曲和暗角晕影以及色差等失真效果。执行"滤镜>镜头校正"命令,可弹出"镜头校正"对话框。从中选择"自定"选项卡,可切换至该滤镜主要设置选项界面。

"镜头校正"对话框

知 识 链 接

"自动校正"选项卡

执行"滤镜>镜头校正"命令,可打开该滤镜对话框。在默认状态下显示"自动校正"选项卡中的选项,可快速而准确地校正图像透视和镜头缺陷。

对话框中的"自动校正"选项卡

❶ **工具箱中的调整工具:** 包括执行镜头校正的各种工具。

移去扭曲工具 通过向中心拖动或向外拖动以校正照片枕形失真或桶形失真效果;拉直工具 通过绘制一条直线,将图像移动到新的一条横轴或纵轴;移动网格工具 通过拖动以移动对齐网格。

❷ **"几何扭曲"选项:** 用于调整枕状和桶状变形的扭曲效果。向左拖动滑块可调整为桶状变形;向右拖动滑块可调整为枕状变形效果。设置该选项与使用移去扭曲工具的功能一致。

❸ **"色差"选项组:** 用于调整图像的局部偏色现象。

"修复红/青边"选项: 拖动滑块或输入数值可去除图像中的红色或青色色痕。

"修复绿/洋红边"选项: 拖动滑块或输入数值可去除图像中的绿色或洋红色痕。

"修复蓝/黄边"选项: 拖动滑块或输入数值可去除图像中的蓝色或黄色色痕。

知识链接

调整晕影的中心和亮度

应用"镜头校正"滤镜对话框中的"晕影"选项组调整照片的晕影效果,可调整晕影为亮角晕影或暗角晕影,也可对晕影的中心点进行设置,以调整晕影的应用范围。

原图

添加亮角晕影

添加暗角晕影

扩大晕影范围

❹ **"晕影"选项组**:用于添加或校正照片的暗角晕影效果。

"数量"选项:通过拖动滑块或输入数值,可校正因镜头缺陷或镜头遮光处理不当而导致边缘较暗的图像。

"中点"选项:通过拖动滑块或输入数值,可调整晕影范围。较小的数值可增加从中心到边角的暗角范围;较大的数值则减小从中心到边角的暗角范围。

❺ **"变换"选项组**:用于调整图像的透视效果。

"垂直透视"选项:拖动滑块或输入数值,可校正拍摄时相机没有放平而导致的图像倾斜,从而使照片中的垂直线平行。

"水平透视"选项:该选项与上一选项一致,用于调整照片中的水平线。

"角度"选项:拖动角度控制柄或输入数值,可调整照片的旋转角度。该选项与拉直工具的使用形式一致。

"比例"选项:拖动滑块或输入数值,可移去由于枕状变形、旋转或透视校正而产生的空白区域。该选项相当于裁剪工具。

2. 关于镜头扭曲

(1)在使用广角镜头拍摄时,可能会导致照片出现桶形扭曲现象,这种现象使照片中的水平线和垂直线向外弯曲膨胀,呈现向外凸出的桶形效果。

桶状变形图像

修复后的图像1

(2)枕状变形与桶状变形的图像效果相反,该变形现象使照片中的水平线和垂直线向内弯曲挤压,呈现向内凹进的挤压效果。

枕状变形图像

修复后的图像2

专家技巧

调整比例

应用"镜头校正"滤镜对话框中的"变换"选项组调整照片的变换效果时，会在图像的边缘扩展区域应用透明像素，但在默认情况下将自动以有像素区域显示在图像预览框中。要显示这些透明像素，可设置该选项组中的"比例"选项，数值小于100%时将显示这些透明像素，数值大于100%则对照片边缘进行裁剪。

原图

旋转照片

缩小百分比以查看透明像素

放大百分比以裁剪照片

（3）透视扭曲现象使照片的水平线或垂直线呈倾斜状态，从而导致照片透视失真效果。

水平透视扭曲图像

修复后的图像3

垂直透视扭曲图像

修复后的图像4

（4）色差现象是由于镜头对不同颜色的光进行对焦而产生的，这一现象会在照片中图像的边缘部分生成色边。

（5）晕影现象是指图像边缘四角呈现的暗角状态，这一效果使照片边缘四角较暗，而中心较亮。但这种暗角晕影效果有时可用于表现特殊的色调氛围。

暗角晕影图像

修复后的图像5

（6）拍摄照片时可能由于手持相机的水平角度倾斜而使照片成像效果也倾斜了，从而导致照片缺陷。

图像旋转的照片

变换图像角度后

Section 03 应用"可选颜色"命令修复偏色照片

"可选颜色"调整命令用于更改图像中每个主要原色成分中印刷色的数量，通过更改图像中指定原色成分的印刷色数量而不影响其他主要原色，从而修复照片的偏色效果。

知识链接

存储可选颜色为预设

要将当前设置的可选颜色存储为预设值，可在"可选颜色"对话框中设置各项参数后单击"预设选项"按钮，并在弹出的菜单中选择"存储预设"命令，在弹出的对话框中设置预设名称和存储位置并将其存储。

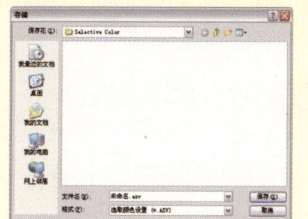

"可选颜色"存储预设对话框

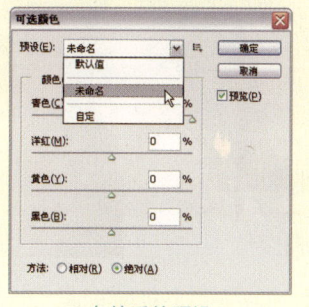

存储后的预设

专家技巧

应用相对或绝对调整效果

应用"可选颜色"调整命令时，可选择一种调整方法调整图像颜色，即"相对"或"绝对"方法。

选择"相对"方法将按照总量的百分比更改现有的青色、洋红、黄色或黑色的量。例如从50%

知识点 认识"可选颜色"对话框

"可选颜色"命令使用CMYK颜色来调整图像颜色，在RGB颜色模式下同样适用。执行"图像>调整>可选颜色"命令，可弹出其对话框。

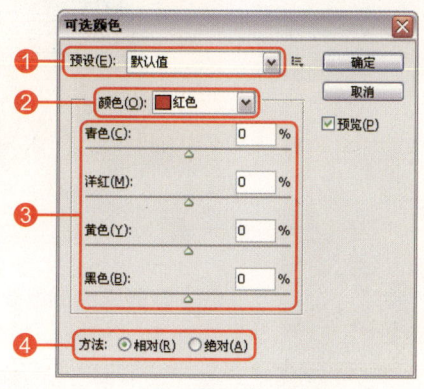

"可选颜色"对话框

❶ **"预设"选项**：可使用预设选项设置效果以快速调整图像色调。

❷ **"颜色"选项**：包括"红色"、"黄色"、"绿色"、"青色"、"蓝色"、"洋红"以及黑白灰颜色原色。选择指定的原色后可对该原色中的印刷色成分进行调整，而不会影响到其他原色中的印刷色成分。

❸ **各颜色参数**：选择指定的原色选项后，拖动其颜色滑块或输入数值可调整该原色中的印刷色。

原图

减少原色中性色中的各印刷色

❹ **"方法"选项组**：选中"相对"单选按钮后调整颜色，将按照总量的百分比更改当前原色中的颜色成分；选中"绝对"单选按钮后调整颜色，则按照增加或减少的绝对值更改当前原色中的颜色。

青色的像素开始添加10%，则5%将添加到青色，结果为55%。该选项不能调整纯白反光，因为其中不包含颜色成分。

选择"绝对"方法将按照绝对值调整颜色。例如从50%青色的像素开始添加10%，则将10%添加到青色，其结果为60%。

原图

以相对值调整原色红色

以绝对值调整原色红色

如何做　修复人物偏黄皮肤

修复照片中人物偏黄的皮肤，可针对图像中指定的原色范围调整其颜色成分，应用"可选颜色"命令调整指定的原色范围的颜色成分，以便减少局部图像中的颜色成分，从而恢复其色调。

01 打开图像并添加调整图层
打开附书光盘Chapter 7\Media\04.jpg文件。单击"创建新的填充或调整图层"按钮，应用"可选颜色"命令。

02 设置原色红色参数
在"调整"面板中设置原色红色的参数，以调整画面色调。

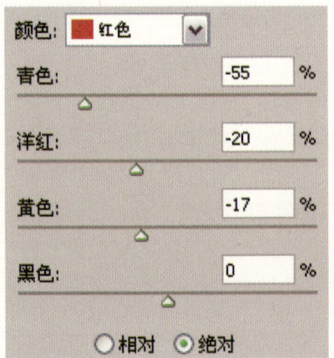

03 设置原色黄色参数
继续在"调整"面板中设置原色黄色的参数，以调整画面色调，稍微恢复人物皮肤色调。

04 涂抹背景以恢复色调
单击画笔工具，在画面背景墙面部分进行涂抹，以恢复该区域的色调。

05 设置原色红色参数
继续按照同样的方法添加"选取颜色2"调整图层，并设置其原色红色的参数。

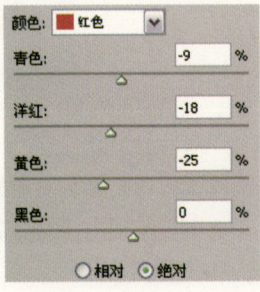

06 设置原色黄色参数
继续在"调整"面板中设置原色黄色的参数，调整画面的色调以恢复人物皮肤色调。

07 涂抹背景以恢复色调
恢复皮肤颜色后继续使用画笔工具涂抹背景和头发等区域，以恢复该区域色调。

专栏　了解"调整"面板

"调整"面板用于设置相关调整命令的参数属性,在默认状态下显示相关调整命令的功能按钮以及预设命令等。了解"调整"面板相关属性后,对之后的调整操作将更加得心应手。

知识链接

应用"默认情况下添加蒙版"命令

在"调整"面板默认状态下单击其扩展菜单按钮,可在弹出的扩展菜单中看到勾选的"默认情况下添加蒙版"命令选项,这表示在默认状态下添加相关调整图层时,将自动为该调整图层添加蒙版。若要在添加调整图层时取消添加蒙版,可取消勾选该命令。

若在添加了未添加蒙版的调整图层后,需要再次添加该调整图层的蒙版,则可单击"图层"面板中的"添加图层蒙版"按钮,以重新应用蒙版进行调整。

同样的,也可在添加了蒙版的调整图层上单击鼠标右键,在弹出的快捷菜单中执行"删除图层蒙版"命令。

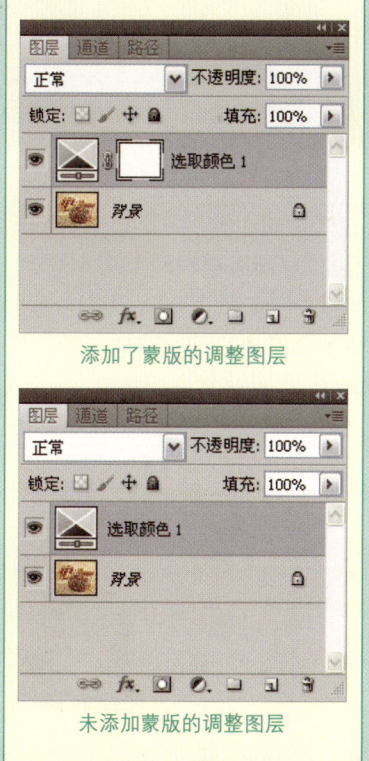

添加了蒙版的调整图层

未添加蒙版的调整图层

在添加调整图层后可在"调整"面板中对相应的调整命令参数属性进行设置。在未选择任何调整图层或未添加调整图层时,可单击该面板中的相关功能按钮添加调整图层,或执行相关的调整命令等方式添加调整图层。在添加调整图层后,"调整"面板将自动切换至对应的调整命令面板,以便对其属性进行设置。

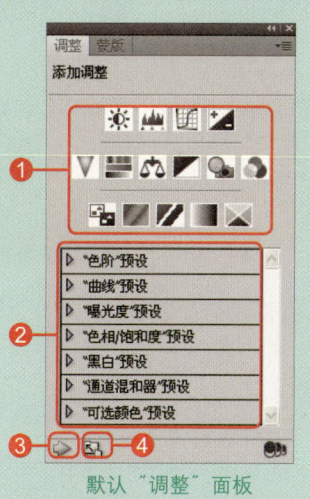

默认"调整"面板

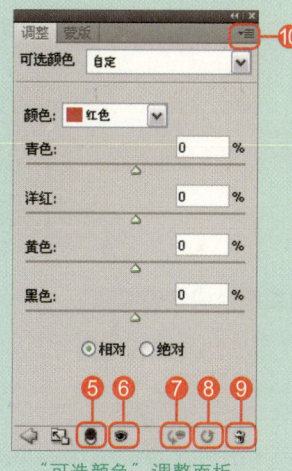

"可选颜色"调整面板

❶ **调整命令功能按钮**:在"调整"面板默认状态下显示这些功能按钮,单击任一按钮可添加对应的调整图层。

❷ **"预设"列表**:在面板默认状态下显示这些预设命令,单击预设命令选项组的扩展箭头,可在弹出的列表中选择预设命令。

❸ **"返回到调整列表"按钮**:在添加了调整图层或选中调整图层时显示该按钮,单击该按钮可切换至面板默认列表状态。而再次单击"返回当前调整图层的控制"按钮,则返回对应"调整"面板中。

❹ **"将面板切换到展开的视图"按钮**:单击该按钮以扩展"调整"面板的视图。

❺ **"此调整影响下面的所有图层"按钮**:单击该按钮后将调整效果以剪切蒙版的形式应用到指定的图层图像。

❻ **"切换图层可见性"按钮**:单击该按钮可隐藏当前调整效果。

❼ **"按此按钮可查看上一状态"按钮**:单击该按钮将显示创建调整图层之前的状态。

❽ **"复位到调整默认值"**:单击以恢复默认设置效果。

❾ **"删除此调整图层"按钮**:可删除当前调整图层。

❿ **扩展菜单按钮**:在默认状态下单击该按钮可在弹出的扩展菜单中选择调整命令等选项;在相关调整命令的面板中单击该按钮则可选择用于设置该调整命令属性的选项。

摄影师训练营　增强照片光影色调

调整照片光影效果，不仅可使用常用的"曲线"或"色阶"等调整命令进行调整，"可选颜色"命令同样适用。设置该调整命令中的黑白灰等原色参数，可在较大程度上调整照片光影色调。

01 打开图像并添加调整图层
打开附书光盘Chapter 7\Media\05.jpg文件。单击"创建新的填充或调整图层"按钮，应用"可选颜色"命令。

02 设置原色中性色参数
在"调整"面板中设置原色中性色中的各项参数，以调整画面色调效果。

03 设置原色白色参数
继续按照同样的方法添加"选取颜色 2"调整图层并设置原色白色的参数，以调整画面色调。

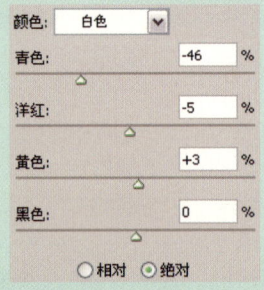

04 设置原色中性色参数
继续设置原色中性色中的各项参数，以调整画面色调效果。

05 应用自动曲线
按照同样的方法应用"曲线"命令并单击面板中的"自动"按钮，以调整画面自动颜色。

06 设置红通道曲线
按照同样的方法添加"曲线 2"调整图层并设置"红"通道参数，以调整画面色调。

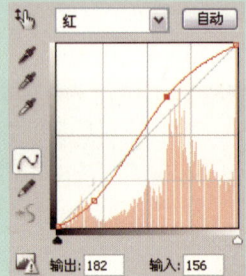

07 设置绿通道曲线
继续在"调整"面板中设置"绿"通道曲线，以调整画面色调效果。

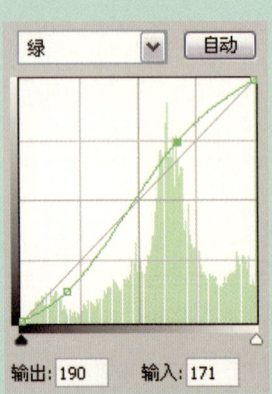

08 盖印图层并设置图层属性
盖印为"图层 1"，并设置其混合模式为"柔光"，"不透明度"为70%，以增强画面色调。

Section 04 替换照片颜色

替换照片颜色可对照片中的局部图像颜色进行快速替换。通过应用"替换颜色"命令替换指定区域的颜色，将以临时蒙版的方式选取指定图像颜色并更改这些颜色。

知识点 认识"替换颜色"对话框

"替换颜色"命令是将图像中指定部分的颜色替换为其他颜色。应用该命令替换颜色时，可使用取样工具取样指定部分的颜色，然后通过设置指定的其他颜色或设置相关参数，以替换颜色效果。在替换颜色时可直接设置所要替换的结果色的色相、饱和度和明度。

专家技巧

快速取样颜色

应用"替换颜色"命令取样图像颜色时，可在对话框中使用取样工具按住Shift键或Alt键快速添加或减去指定的颜色区域，以便快速取样指定部分的颜色。

添加和减去取样

执行"图像>调整>替换颜色"命令，可弹出该命令对话框。在该对话框中可取样指定图像的颜色。

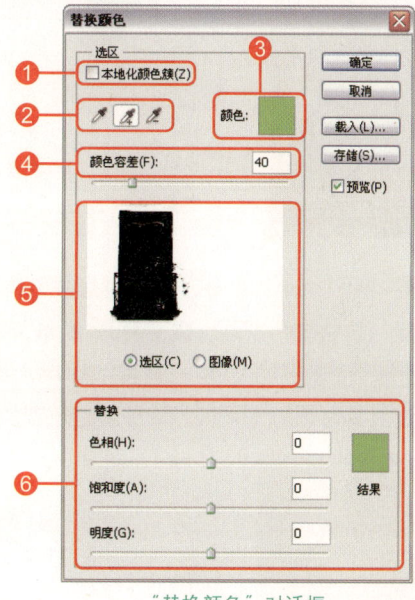

"替换颜色"对话框

❶ **"本地化颜色簇"复选框**：勾选该复选框后，在选择了多个色彩范围时，使构建的蒙版更精确。

❷ **取样工具**：用于取样图像中的颜色。使用吸管工具 取样颜色时，每次单击图像时仅取样该点的颜色；使用添加到取样工具 可添加新的取样区域；使用从取样中减去工具 可从当前取样临时蒙版中减去指定的区域。

❸ **取样颜色色块**：在图像中取样指定的颜色区域后，将直接更改颜色色块的状态。也可单击该色块并在弹出的拾色器中设置指定的颜色。

❹ **"颜色容差"选项**：拖动滑块或输入数值可调整蒙版的容差，以控制选取的颜色范围。

❺ **预览窗口**：显示当前图像或临时蒙版。选中"选区"单选按钮将以蒙版形式预览选取效果；选中"图像"单选按钮直接查看当前图像。

❻ **"替换"选项组**：通过调整该选项组中的参数调整要应用的结果色，也可单击右侧的色块设置指定的结果色。

| 如何做 | **替换照片局部图像颜色** |

替换照片局部图像的颜色，可通过应用"替换颜色"命令的方式取样指定颜色区域，然后将指定的其他颜色替换该区域颜色，以便增强照片颜色效果。

01 打开图像文件
打开附书光盘Chapter 7\Media\06.jpg文件。

02 复制图层并设置替换的颜色
复制图层并执行"图像>调整>替换颜色"命令，在其对话框中取样红色沙发并设置替换颜色。完成设置后单击"确定"按钮，应用替换的颜色效果，以更改红色沙发为黄色效果。

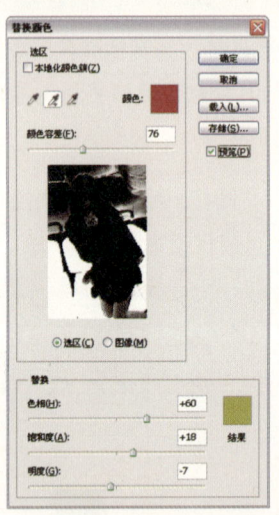

03 添加蒙版并调整
单击"添加图层蒙版"按钮，再使用画笔工具涂抹所替换颜色区域外的部分，以恢复其色调。

04 复制图层并取样橙色沙发
隐藏"背景 副本"图层并再次复制"背景"图层，然后按照同样的方法替换橙色沙发的颜色。

05 添加蒙版并调整
添加图层蒙版并涂抹除所替换颜色区域外的部分，以恢复该区域色调。显示所有图层，以查看效果。

Section 05 利用工具修复照片光影

对照片的光影色调修复不仅可以通过应用相关调整命令进行调整，也可以使用一些润饰工具进行调整。利用润饰工具可快速修复照片的局部色调，以增强照片光影效果。

知识点 认识光影修复工具

使用光影工具可快速对照片中的局部图像颜色进行调整，以改善该区域的光影色调效果，包括加深工具、减淡工具和海绵工具。

加深工具用于加深图像中指定色调范围的颜色像素以使其变暗。使用该工具涂抹指定色调范围的图像时，以指定的曝光度加深图像颜色，所涂抹的次数越多，则图像颜色加深的程度越强。

减淡工具用于减淡图像中指定色调范围的颜色像素以使其变亮。使用该工具涂抹指定色调范围的图像时，以指定的曝光度减淡图像颜色，所涂抹的次数越多，则图像颜色减淡的程度越强。

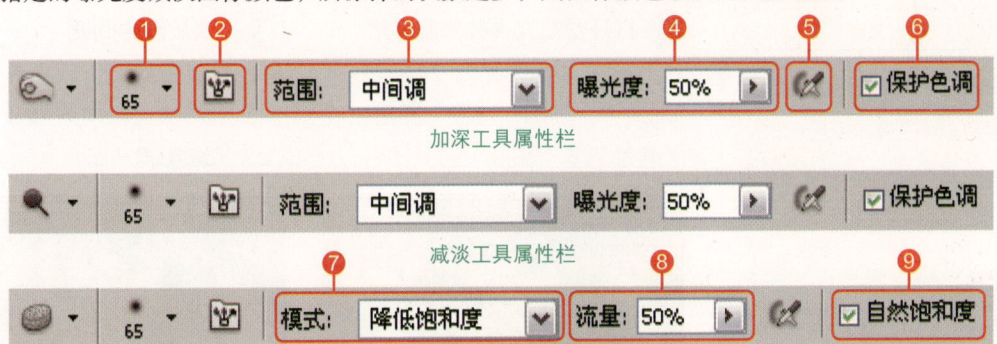

❶ "画笔预设"选项：单击该选项可在弹出的"画笔预设"选取器中选择指定的画笔，并可设置画笔的大小和硬度。

❷ "切换画笔面板"按钮：单击该按钮可弹出"画笔"面板，从中可对画笔笔触进行设置。

❸ "范围"选项：包括"阴影"、"中间调"和"高光"选项，选择相应选项可对该色调范围的像素进行加深或减淡处理。例如选择"阴影"选项并涂抹图像时仅对图像中的阴影像素进行加深或减淡调整。

❹ "曝光度"选项：取值范围为1%～100%，用于设置加深或减淡图像过程中一次涂抹所加深或减淡的程度。

❺ "启用喷枪模式"按钮：单击该按钮后启用喷枪进行绘制调整。启用喷枪后在图像中涂抹某一区域的时间越长，则加深或减淡的程度越强。

❻ "保护色调"复选框：勾选该复选框后加深或减淡图像，可在最大程度上防止颜色出现色相偏移的现象，并最小化阴影和高光区域的颜色修剪。

❼ "模式"选项：包括"降低饱和度"和"饱和"选项，选择不同模式可对图像应用不同的色调处理方式。选择"降低饱和度"选项后涂抹图像时将降低图像的颜色饱和度；而选择"饱和"选项则增强图像的颜色饱和度。

❽ "流量"选项：设置该选项参数，以确定一次涂抹图像时所调整的颜色饱和度强度。

❾ "自然饱和度"复选框：勾选该复选框后调整颜色饱和度，可最小化完全饱和与不饱和颜色的修剪。

原图

加深图像

减淡图像

如何做 利用减淡工具提高照片亮度

针对照片中局部较暗的色调区域，可使用减淡工具快速调亮该区域，以便有针对性地调整照片局部色调，以增强照片层次感。

知 识 链 接

设置减淡图像的色调范围和曝光度

使用减淡工具减淡图像时，可指定需要减淡的图像色调范围，并以指定的曝光度调整减淡的程度。

设置减淡工具属性栏中的"范围"选项可指定要减淡的色调范围，设置该选项后减淡图像，可在一定程度上避免对其他色调范围图像的影响。

原图

减淡阴影

01 打开图像文件并复制图层

打开附书光盘Chapter 7\Media\07.jpg文件，复制"背景"图层生成"背景 副本"图层。

03 减淡高光皮肤部分

在属性栏中更改其"范围"为"高光"区域，"曝光度"为1%，并涂抹皮肤部分，稍微减淡其颜色。

02 减淡皮肤中间调

单击减淡工具，设置其属性和参数后涂抹人物皮肤部分，以减淡该区域色调。

04 减淡其他区域

继续按照同样的方法减淡画面中其他区域，如玩偶和人物头部区域，以增强其色调层次。

减淡中间调

减淡高光

在减淡工具属性栏中设置"曝光度"选项后,将确定一次涂抹图像时其颜色的减淡强度。

原图

设置10%曝光度减淡高光范围

设置100%曝光度减淡高光范围

05 以快速蒙版涂抹皮肤部分

单击"以快速蒙版模式编辑"按钮,再使用画笔工具在人物皮肤部分涂抹黑色。

06 创建皮肤选区

涂抹完成后单击"以标准模式编辑"按钮,将人物皮肤部分载入选区。

07 设置可选颜色

单击"创建新的填充或调整图层"按钮,在弹出的菜单中选择"可选颜色"命令,然后在"调整"面板中分别设置原色红色和黄色范围的参数,以调整人物皮肤部分的颜色。

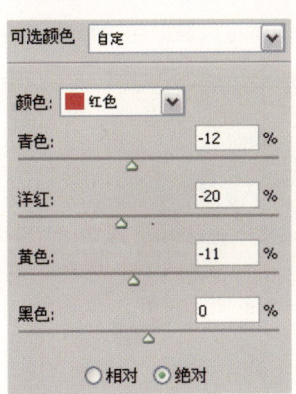

08 设置曲线

单击"创建新的填充或调整图层"按钮,在弹出的菜单中选择"曲线"命令,然后在"调整"面板中设置曲线,以调整画面色调,增强其层次感。

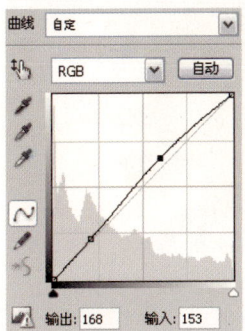

如何做 利用海绵工具调整照片局部颜色

海绵工具可用于增强或降低照片中局部图像颜色的饱和度，在利用该工具调整照片颜色时，可根据所需增强或降低饱和度的区域而设置其属性，以便快速调整照片色调。

专家技巧

应用"自然饱和度"

使用海绵工具调整照片颜色时，若要使调整的颜色更加自然，可勾选其属性栏中的"自然饱和度"复选框；若要对照片局部快速调整为特殊色调，则可取消勾选该复选框，以便调整该区域为夸张或独特的效果。

原图

应用自然饱和度

取消应用自然饱和度

01 打开图像文件并复制图层

打开附书光盘Chapter 7\Media\08.jpg文件，复制"背景"图层生成"背景 副本"图层。

03 降低左侧背景饱和度

继续在画面左侧的背景区域进行涂抹，降低该区域颜色饱和度。

05 增强局部颜色饱和度

单击海绵工具，设置属性后涂抹衣服红色区域，增强其饱和度。

02 降低右侧背景饱和度

单击海绵工具，设置其属性后涂抹画面右侧的背景部分，以降低该区域颜色饱和度。

04 减淡地面背景

单击减淡工具，设置参数后涂抹地面背景区域，以稍微调亮该区域。

06 加深画面边角部分

单击加深工具，设置属性后涂抹背景边角部分，增强画面色调。

修复照片光影层次

使用润饰工具组中的工具修复照片色调，可结合使用该工具组中各工具的相关功能修复照片艳丽的色彩和对比度。

专家技巧

保护加深减淡区域色调

使用加深工具或减淡工具调整图像颜色时，可确定是否保护所调整区域的色调效果。在工具属性栏中勾选"保护色调"复选框后调整图像，可在最大程度上避免该区域颜色被修剪；而取消勾选该复选框后调整图像，则可能修剪图像颜色，以调整图像夸张的色调效果。

原图

应用"保护色调"减淡高光

取消应用"保护色调"减淡高光

01 打开图像文件并复制图层
打开附书光盘Chapter 7\Media\09.jpg文件，并复制图层。

03 减淡亮部
单击减淡工具，设置其属性后在画面亮部区域进行涂抹，以减淡该区域颜色。

05 调整其他区域
继续按照同样的方法使用加深工具和减淡工具在画面中其他区域进行涂抹调整，以增强画面层次感。完成后复制"背景 副本"图层生成"背景 副本2"图层。

02 加深暗部
单击加深工具，设置其属性后涂抹画面暗部区域，以稍微加深该区域色调。

04 增强颜色饱和度
单击海绵工具，设置其属性后涂抹画面建筑和天空等区域，以增强该区域颜色饱和度。

06 设置图层属性
设置"背景 副本2"图层的混合模式为"柔光"，"不透明度"为80%，以增强画面色调。

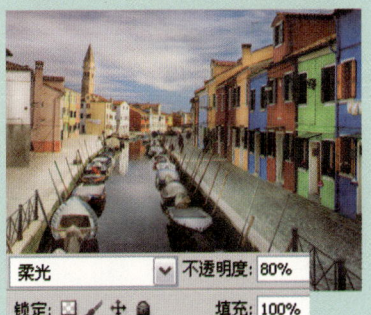

Section 06 修复曝光照片

照片的曝光效果直接影响其图像的表现，因此照片的曝光设置或后期曝光处理至关重要。在 Photoshop 中应用"曝光度"调整命令可快速校正照片曝光效果，以恢复其色调层次。

专家技巧

借用"曝光度"取样颜色

在应用"曝光度"等调整命令时，可快速取样图像中的颜色至"信息"面板中，以便快速查看指定图像颜色信息。

在应用相关命令时选择了其中的取样工具后，可按住 Shift 键，此时光标转换为颜色取样器工具光标状态，单击画面图像即可创建取样点，并在弹出的"信息"面板中查看颜色信息。

使用调整命令取样工具

切换至颜色取样器工具

取样的颜色

知识点 认识"曝光度"对话框

"曝光度"命令主要用于调整 HDR 图像的色调，同时也可用于 8 位和 16 位通道图像。执行"图像>调整>曝光度"命令，即可打开"曝光度"对话框。

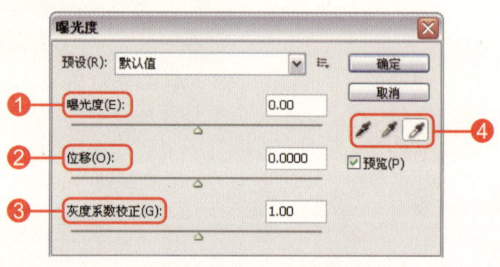

"曝光度"对话框

❶ **"曝光度"选项**：通过拖动滑块或设置参数的方式调整色调范围的高光端，对极限阴影的影响较小。

❷ **"位移"选项**：通过拖动滑块或设置参数的方式调暗阴影和中间调，对高光的影响较小。

❸ **"灰度系数校正"选项**：通过拖动滑块或设置参数以使用简单的乘方函数调整图像灰度系数。

❹ **黑白灰场按钮**：单击"在图像中取样以设置黑场"按钮再单击画面图像可设置"位移"选项，同时将所单击点的像素更改为零；单击"在图像中取样以设置灰场"按钮再单击画面图像可设置"曝光度"选项，同时将所单击点像素更改为中灰色；单击"在图像中取样以设置白场"按钮再单击画面图像可设置"曝光度"选项，同时将所单击点的像素更改为白色。

原图

设置黑场

设置白场

如何做 修复曝光过度的照片

照片在拍摄过程中所导致的曝光过度效果将影响照片图像的表现。曝光过度的照片在色调上整体偏亮，且可能丢失图像细节像素。在后期处理中通过调整照片色调以尽量修复照片细节。

01 打开图像并添加调整图层
打开附书光盘Chapter 7\Media\ 10.jpg文件。单击"创建新的填充或调整图层"按钮，添加"曝光度1"调整图层。

02 设置曝光度
在"调整"面板中设置各项参数，以调整照片色调，从而稍微恢复局部过亮的细节。

03 涂抹蒙版
单击画笔工具，并设置其"不透明度"参数，涂抹画面过暗的区域，以恢复该区域色调。

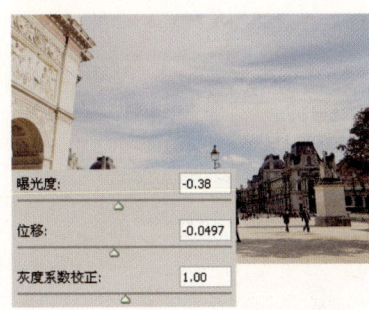

04 添加新曝光度调整图层
按照同样的方法添加"曝光度2"调整图层并设置参数，以继续调暗画面，增强局部细节效果。

05 涂抹蒙版
继续使用画笔工具涂抹建筑部分过暗的图像区域，以恢复该区域细节效果。

06 添加新曝光度调整图层
按照同样的方法添加"曝光度3"调整图层并设置参数，以继续调暗画面，增强局部细节效果。

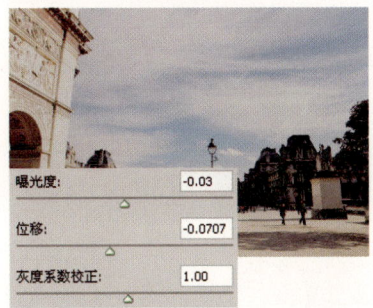

07 涂抹蒙版
继续使用画笔工具涂抹建筑部分过暗的图像区域，以恢复该区域细节效果。

08 盖印图层并调整自动色调
按下快捷键Shift+Ctrl+Alt+E，盖印为"图层1"。执行"图像>自动色调"命令，增强画面色调。

09 减淡白云部分
单击减淡工具，设置其属性和参数后稍微涂抹白云亮部，以稍微调亮该区域颜色。

如何做　修复曝光不足的照片

拍摄照片时若曝光不足会导致整个画面偏暗，且容易丢失图像细节像素。有时候曝光不足比曝光过度更容易修复，因此在拍摄时宁可"欠曝"也别"过曝"。

01 打开图像文件并复制图层
打开附书光盘Chapter 7\Media\11.jpg文件，复制"背景"图层生成"背景 副本"图层。

02 设置图层属性
设置图层混合模式为"滤色"，"不透明度"为60%，以稍微调亮画面色调。

03 添加曝光度调整图层
单击"创建新的填充或调整图层"按钮，应用"曝光度"命令并设置参数，以调亮画面。

04 设置曲线
单击"创建新的填充或调整图层"按钮，在弹出的菜单中选择"曲线"命令，并在"调整"面板中设置曲线，以调亮画面整体色调。

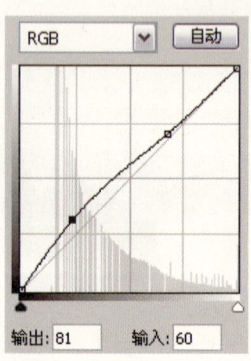

05 盖印图层并设置图层属性
盖印一个图层并设置其混合模式为"柔光"，"不透明度"为50%，以增强画面色调。

06 盖印图层并均化图像色调
继续盖印一个图层生成"图层2"。执行"图像 > 调整 > 色调均化"命令，以调亮画面整体色调。

07 设置图层透明度
设置"图层2"的"不透明度"为30%，减淡调整效果以恢复图像细节。

08 设置对比度
按照同样的方法添加"亮度/对比度1"调整图层并设置参数，以增强画面对比度。

摄影师训练营　修复逆光的人物照

在逆光环境下进行拍摄时，容易使画面中被摄主体受光不足而形成正面过暗的效果，从而影响画面整体色调的表现。通过后期调整被摄主体的受光效果，以恢复照片微妙的光影效果。

01 打开图像并添加调整图层

打开附书光盘Chapter 7\Media\12.jpg文件。单击"创建新的填充或调整图层"按钮，在弹出的菜单中选择"曝光度"命令，添加"曝光度1"调整图层。

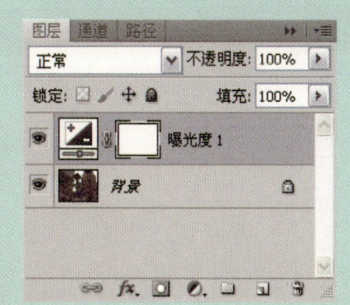

02 设置曝光度

在"调整"面板中设置各项参数，以调整画面色调，调亮由于逆光拍摄而过暗的画面主体。

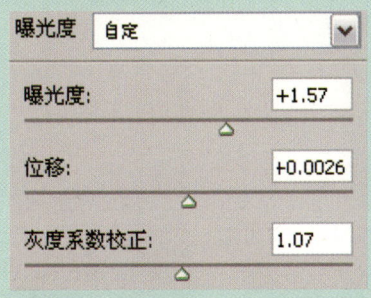

03 创建皮肤选区

单击磁性套索工具，设置其羽化值后沿人物皮肤部分创建选区，将其选取。

04 添加新的曝光度调整图层

单击"创建新的填充或调整图层"按钮，添加"曝光度2"调整图层，在"调整"面板中设置各项参数，以调亮人物皮肤部分色调。

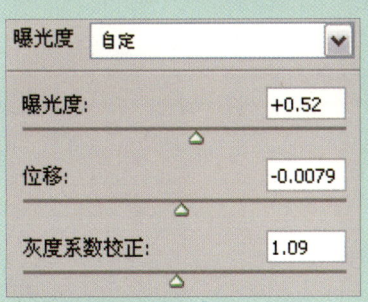

05 调整亮度和对比度

按照同样的方法应用"亮度/对比度"并增强画面色调效果。

专家技巧　添加调整图层的方法

在添加调整图层之前，可根据个人喜好或操作的便捷性而应用不同的添加方法。若要通过"调整"面板添加调整图层，可通过单击该面板中默认状态下显示的功能按钮或预设选项，以及单击面板右上角扩展菜单按钮并应用相关命令的方式添加调整图层；若要在"图层"面板中添加调整图层，可单击"创建新的填充或调整图层"按钮，并在弹出的菜单中选择相关命令并添加；若要执行菜单栏命令的方式添加调整图层，可执行"图层>新建调整图层"命令并在弹出的级联菜单中选择相关命令，同时也可根据对应的快捷键进行添加，例如要添加"曝光度"调整图层时，可按下快捷键Alt+L+J+E，并在弹出的对话框设置相关属性并应用设置，以添加该调整图层。

Part 04

数码照片调色篇

| Chapter 08 | 调整照片艺术影调 |
| Chapter 09 | 调整照片艺术色调 |

CHAPTER

08

调整照片艺术影调

本章主要针对在 Photoshop CS5 中对数码照片的光影色调进行调整。通过应用相关的影调调整命令调整照片光效质感，以增强画面层次效果或制作照片特殊的影调效果。如调整照片的色调对比、转换照片黑白效果和制作照片的矢量效果等。

Section 01 自动调整照片色调与明暗对比

应用 Photoshop 中的自动调色命令对数码照片的色调进行调整，可快速且有效地调整照片的色调状态，从而增强或恢复照片整体亮度、对比度和颜色色调。本小节将对自动调整命令的应用进行讲解。

专家技巧

应用自动调整命令快捷键

应用"图像"菜单中的自动调整命令调整数码照片时，可通过应用对应的快捷键快速进行调整。"自动色调"命令的快捷键为Shift+Ctrl+L；"自动对比度"命令的快捷键为Alt+Shift+Ctrl+L；"自动颜色"命令的快捷键为Shift+Ctrl+B。

自动色调(N)	Shift+Ctrl+L
自动对比度(U)	Alt+Shift+Ctrl+L
自动颜色(O)	Shift+Ctrl+B

自动调整命令及其快捷键

知识点 认识自动调整命令

在 Photoshop 中应用"自动色调"、"自动对比度"和"自动颜色"命令调整数码照片，可快速恢复或增强照片的色调效果。

1. "自动色调"命令

该命令可快速调整照片的整体色调，从而增强画面整体效果。

2. "自动对比度"命令

该命令自动调整照片的对比度，不会单独调整通道，因而不会引入或消除色痕。通过剪切图像中的阴影和高光值，并将剩余部分的最亮和最暗像素映射到纯白和纯黑，使高光更亮，阴影更暗。

3. "自动颜色"命令

该命令可快速移去照片的偏色现象，通过搜索图像标识阴影、中间调和高光，调整图像的对比度和颜色。默认情况下使用RGB 128灰色这一目标颜色来中和中间调，并分别剪切阴影和高光像素的0.5%。

专家技巧

应用自动颜色校正色偏

"自动颜色"命令可用于快速校正照片的偏色现象，校正图像失真的色调从而恢复照片图像原来的颜色。

原图

应用"自动颜色"命令后

如何做 调整照片色调

照片的色调在拍摄时可能会因为光线环境或相机设置等因素干扰而呈现不同的色调，应用"自动色调"命令可快速进行调整。

01 打开图像文件

打开附书光盘Chapter 8\Media\01.jpg图像文件。

02 复制图层并调整色调

复制图层并执行"图像>自动色调"命令，以快速调整照片色调。

Section 02 调整照片亮度

调整照片亮度可恢复照片的色调质感,并增强照片整体色调效果。应用"亮度/对比度"命令可在调整照片亮度和对比度时,以较精确的数据进行调整,以便根据自定的效果进行调整。

知识点 "亮度/对比度"调整命令

应用"亮度/对比度"调整命令调整图像,可对图像的色调范围进行简单的调整,利用该命令调整图像色调时,通过更改图像的亮度色调值和对比度,以增强图像色调对比。

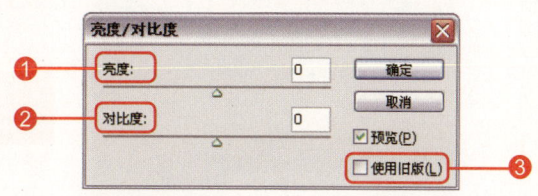

"亮度/对比度"对话框

❶ "亮度"选项:用于设置应用于图像的亮度和暗度。向左拖动滑块或输入负值,可减少色调值并扩展阴影;向右拖动滑块或输入正值,则将增加色调值并扩展高光。

❷ "对比度"选项:设置正值时将收缩图像中的色调值总体范围;设置为负值时则扩展图像中色调值的总体范围。

❸ "使用旧版"复选框:勾选该复选框后,可使用旧版"亮度/对比度"调整命令调整照片色调。使用旧版命令时,只会简单地增加或减少图像中所有像素值,且易造成图像中阴影区域或高光区域的颜色修剪,从而丢失图像细节部分,该命令对蒙版的编辑或科学影像的调整较有用。

如何做 调整暗沉照片的亮度

因为拍摄照片时所导致的照片色调较暗沉,在后期处理中可恢复局部颜色亮度,而对于过度修剪的阴影区域将无法恢复。通过应用"亮度/对比度"命令可稍微恢复局部色调。

01 打开图像文件
打开附书光盘Chapter 8\Media\02.jpg图像文件。

02 调整亮度和对比度
单击"创建新的填充或调整图层"按钮,在弹出的菜单中应用"亮度/对比度"命令,并设置参数,以稍微调整画面亮度。

03 继续调整亮度
继续按照同样的方法应用"亮度/对比度"命令,添加"亮度/对比度 2"调整图层,再设置参数以调整画面亮度和对比度。

摄影师训练营　调整照片色调对比

照片的色调对画面的细节表现和整体感的表现都有极为重要的影响。照片色调可能在拍摄时就形成了明暗对比不强的状态，从而使其呈现层次不清，整体感不强的效果。通过后期处理可增强照片的色调对比，从而增强其层次感。

知 识 链 接

应用旧版亮度/对比度

"亮度/对比度"命令在默认的状态下为新版的调整样式，在该命令对话框或"调整"面板中，可通过勾选"使用旧版"复选框的方法以旧版样式调整照片色调。应用旧版样式调整照片时将对照片中的细节造成损坏，但对于蒙版编辑或特殊色调的表现较为有用。

原图

使用新版增强图像亮度和对比度

使用旧版增强图像亮度和对比度

01 打开图像并添加调整图层

打开附书光盘Chapter 8\Media\03.jpg图像文件。单击"创建新的填充或调整图层"按钮，添加"亮度/对比度1"调整图层。

03 以快速蒙版涂抹局部

单击"以快速蒙版模式编辑"按钮，再使用较透明的画笔工具在水面和云彩亮部涂抹黑色。

05 添加新的调整图层

单击"创建新的填充或调整图层"按钮，继续添加"亮度/对比度"调整图层并设置参数，以调亮画面色调。

02 调亮画面

在"调整"面板中设置亮度和对比度参数，以调整画面亮度，增强其对比效果。

04 载入选区

完成涂抹后单击"以标准模式编辑"按钮，将所涂抹的区域载入选区。

06 盖印图层并添加蒙版

盖印图层并设置其混合模式为"柔光"，"不透明度"为70%。单击"添加图层蒙版"按钮，使用较透明的画笔工具涂抹画面暗部，以恢复该区域色调。

Section 03 调整照片明暗对比

应用"色阶"和"曲线"调整命令调整照片色调,可通过调整图像的阴影、中间调和高光区域的像素或图像中各通道颜色的方式调整照片丰富的色调,并同时增强照片清晰的层次感。

知识点 "色阶"与"曲线"调整命令

"色阶"和"曲线"调整命令类似,都可用于调整照片的亮度、对比度和颜色色调,两者在应用方法上也很相似。

知识链接

存储预设色阶

在"色阶"选项对话框中自定义各项参数属性后,单击"预设选项"按钮,可在弹出的菜单中选择"存储预设"命令,并在弹出的对话框中将其存储至指定的位置。

存储预设后,可在"预设"选项下拉列表中看到所存储的预设色阶。要删除自定义的色阶预设,可在此单击该按钮并应用"删除当前预设"命令,以便删除该预设。

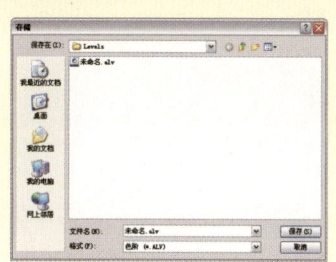

存储色阶预设

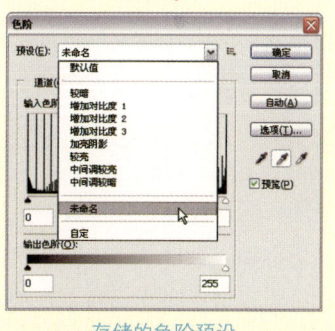

存储的色阶预设

1."色阶"命令

该命令调整图像的阴影、中间调和高光区域的强度,从而校正图像的色彩范围和色彩平衡。在该命令的直方图中可查看图像的色调信息,还可通过设置指定通道或设置图像黑场、灰场及白场的方式进行调整,从而调整图像的色调层次和偏色效果。

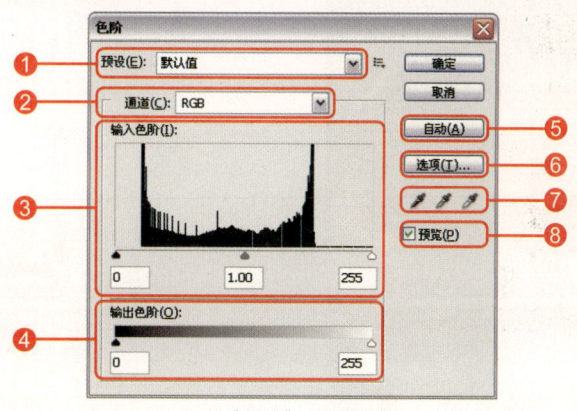

"色阶"对话框

❶ **"预设"选项:** 通过在下拉列表中选择预设的色阶样式,可对图像快速应用色阶调整效果。

❷ **"通道"选项:** 可设置当前图像文件对应颜色模式下的各通道色阶值。如RGB颜色模式下的色阶通道为RGB复合通道、"红"通道、"绿"通道和"蓝"通道。

❸ **"输入色阶"选项:** 该选项中的参数设置将映射到"输出色阶"的参数设置。直方图左侧的滑块代表图像的阴影区域;右侧的滑块代表高光区域;而位于中间的滑块代表中间调区域。

❹ **"输出色阶"选项:** 该选项可使图像中较暗的像素变亮,使较亮的像素变暗。

❺ **"自动"按钮:** 单击该按钮可自动调整图像色调对比效果。

❻ **"选项"按钮:** 单击该按钮,将弹出"自动颜色校正选项"对话框,在该对话框中可设置图像整体色调范围的应用选项。

专家技巧

应用预设曲线

应用"曲线"命令时可自定义曲线状态,也可应用预设的曲线参数调整照片色调。在"预设"选项下拉列表中可快速应用这些预设值,包括"彩色负片"、"反冲"、"线性对比度"和"负片"等预设曲线。

原图

"彩色负片"预设效果

"反冲"预设效果

"负片"预设效果

❼ **取样按钮**:单击"在图像中取样以设置黑场"按钮并单击图像,所有比单击点颜色暗的取样将变得更暗;单击"在图像中取样以设置灰场"按钮并单击图像,将以所单击点颜色的补色色调调整画面色调;单击"在图像中取样以设置白场"按钮,所有比单击点颜色亮的区域将变得更亮。

❽ **"预览"复选框**:勾选"预览"复选框后可在图像中预览当前设置效果。

2. "曲线"命令

"曲线"命令可对图像中整个色调范围内从阴影到高光的点进行调整,应用该命令可调整图像的明暗度和颜色。该命令与"色阶"调整命令有所不同,它能够在更大程度上避免对图像阴影和高光区域颜色的修剪。调整该命令对话框或"调整"面板中的直方图曲线即可调整图像色调。也可应用黑白灰场调整工具调整图像色调,还可在图像对应颜色模式下对各颜色通道进行调整。

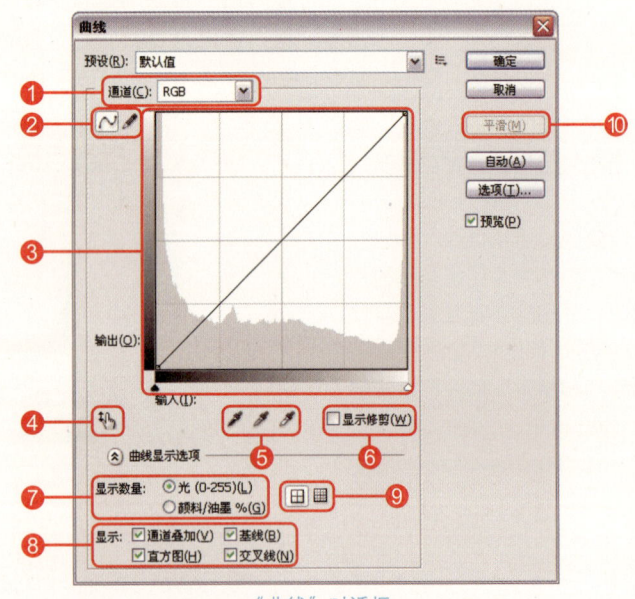
"曲线"对话框

❶ **"通道"选项**:可设置当前图像文件对应颜色模式下的各通道曲线。例如RGB颜色模式下的RGB复合通道和各颜色通道。可分别对指定颜色通道的曲线进行调整以更改其颜色效果。

❷ **绘制方式按钮**:单击"编辑点以修改曲线"按钮,可通过移动曲线锚点的方式调整色调;单击"通过绘制来修改曲线"按钮,可在直方图中以铅笔绘画的方式调整色调。

❸ **"输入"和"输出"选项**:移动曲线锚点可调整图像色调,右上角锚点表示高光区域,左下角锚点表示阴影区域,而中间段的锚点则表示中间调区域。将上方锚点向右或向下移动,会以"输入"值映射到较小的"输出"值,同时调暗图像;将下方锚点向左或向上移动,则将较小的"输入"值映射到较大的"输出"值,同时调亮图像。

知 识 链 接

应用调整点调整曲线

通过直接拖动曲线锚点的方式可调整曲线状态，而应用该调整命令中的曲线调整点也同样可以。

在"曲线"对话框或"调整"面板中单击"调整点"按钮后，将光标移动至画面中可看到光标转换为取样工具状态，同时也可看到曲线直方图中虚拟锚点随光标移动而跳动位置。此时单击指定区域的图像并拖动，即可调整图像色调。

当光标指向图像较暗区域，曲线直方图中的虚拟锚点将移动至曲线阴影区域；当光标移动至图像较亮区域，直方图中的虚拟锚点将移动至曲线高光区域。

原图

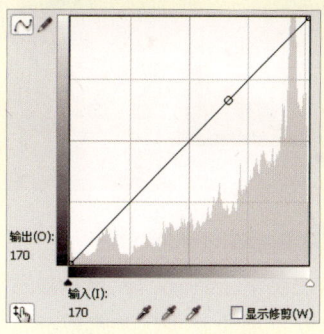
曲线直方图中的虚拟锚点

应用调整点在画面中拖动

❹ **"调整点"按钮**：单击该按钮后，可在图像中按住鼠标左键并拖动以调整曲线。

❺ **取样按钮**：单击"在图像中取样以设置黑场"按钮 ，并单击图像，所有比单击点颜色暗的取样将变得更暗；单击"在图像中取样以设置灰场"按钮 ，并单击图像，将以所单击点颜色的补色色调调整画面色调；单击"在图像中取样以设置白场"按钮 ，所有比单击点颜色亮的区域将变得更亮。

原图　　　　　　　　　　　设置黑场

设置灰场　　　　　　　　　设置白场

❻ **"显示修剪"复选框**：勾选该复选框可显示图像中的颜色修剪区域，并忽略显示其他正常色调区域。

❼ **"显示数量"选项组**：该选项中的"光（0-255）"选项表示"显示光亮（加色）"和"显示颜料量（减色）"。选择其中任一项可切换加色混合法则或减法混合法则曲线设置。

❽ **"显示"选项组**：勾选该选项组中的各复选框，可控制曲线调整窗口的显示效果和显示项目。

❾ **网格显示按钮**：包括"以四分之一色调增量显示简单网格"按钮 和"以10%增量显示详细网格"按钮 ，单击各按钮可切换曲线直方图网格状态。

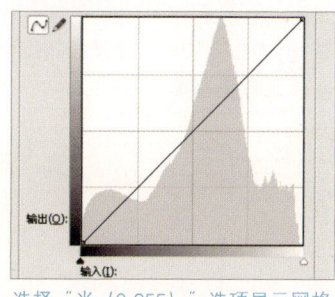
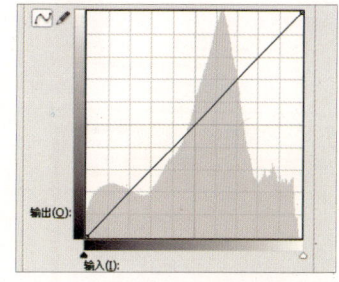

选择"光（0-255）"选项显示网格　　　选择"颜料/油墨%"选项显示网格

❿ **"平滑"按钮**：单击"通过绘制来修改曲线"按钮 后可激活该按钮。使用铅笔在直方图上绘制曲线，单击该按钮可使曲线更加平滑。

如何做 增强照片颜色对比效果

数码照片的拍摄效果在颜色色调表现上可能会不尽如人意，并因此影响了照片整体色调和层次。结合应用"曲线"和"色阶"调整命令可快速调整照片整体色调，并增强图像局部细微的质感效果，从而使照片表现状态更佳。

知 识 链 接

调整命令与调整图层

应用调整命令或调整图层如"曲线"或"色阶"等，可通过不同的方式实现。

应用调整命令，可执行"图像>调整"命令，并在弹出的级联菜单中选择相关的调整命令。在应用一些调整命令后，可弹出对应的对话框，以便设置调整图像的效果参数。通过该方法调整图像时，将直接应用调整效果至图像中，以覆盖图像原始信息。

要添加调整图层，可执行"图层>新建调整图层"命令，在弹出的级联菜单中选择相关调整图层命令即可，也可在"图层"面板中单击"创建新的填充或调整图层"按钮，在弹出的菜单中应用相关命令。添加调整图层后，可在"调整"面板中设置命令参数，且可以随时进行更改，因此不会损坏图像的原始颜色信息。

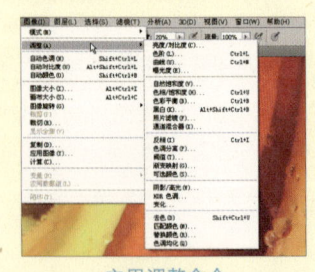
应用调整命令

添加调整图层

01 打开图像并添加调整图层
打开附书光盘Chapter 8\Media\04.jpg图像文件，添加"曲线 1"调整图层。

03 应用渐变
单击渐变工具，设置属性栏参数后从花絮上向外拖动，应用黑白渐变颜色，以恢复其色调。

05 调整亮度/对比度
单击"创建新的填充或调整图层"按钮，应用"亮度/对比度"命令并稍微调亮画面。

02 调整曲线
在"图层"面板中保持"曲线1"调整图层的选中状态，在"调整"面板中向右下方向拖动曲线，以调暗画面色调。

04 调整色阶
单击"创建新的填充或调整图层"按钮，应用"色阶"命令并设置参数，以增强画面色调。

06 恢复花絮色调
单击画笔工具，设置其较透明的状态后涂抹主体花絮部分，以稍微恢复其细节。

修复风景照光影层次

数码照片的拍摄效果在光影层次表现上可能会不尽如人意，并因此影响了照片整体色调和层次。结合应用"曲线"和"色阶"调整命令可快速调整照片整体光影效果，并增强图像局部细微的质感效果，从而使照片表现状态更佳。

01 打开图像文件
在Photoshop中执行"文件>打开"命令，在弹出的对话框中打开附书光盘Chapter 8\Media\05.jpg图像文件。

02 调整自动曲线
单击"创建新的填充或调整图层"按钮，添加"曲线1"调整图层。在曲线"调整"面板中单击"自动"按钮，调整画面色调。

03 调整图层透明度和蒙版
设置"曲线1"调整图层的"不透明度"为60%。使用较透明的画笔工具稍微涂抹暗部，以恢复其色调。

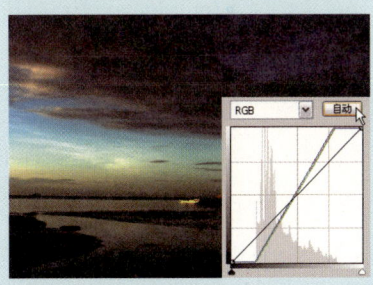

04 设置色阶
单击"创建新的填充或调整图层"按钮，应用"色阶"命令并设置参数，以增强画面对比度。

05 设置曲线
单击"创建新的填充或调整图层"按钮，添加"曲线2"调整图层并稍微调亮画面。

06 调整曲线蒙版
随时更改画笔工具的不透明度并在照片水面、地平线和天空暗部等区域进行涂抹，以恢复其色调。

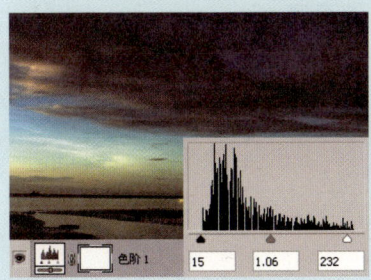

07 调整曲线颜色通道
单击"创建新的填充或调整图层"按钮，添加"曲线3"调整图层。在"调整"面板中分别设置"红"和"蓝"通道的曲线，以调整画面色调。完成后按住Ctrl键单击"曲线2"图层的蒙版，将其载入选区。

08 填充蒙版
按下快捷键Alt+Delete填充"曲线3"蒙版选区区域为黑色，以恢复选区内的图像色调。

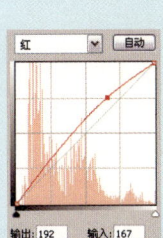
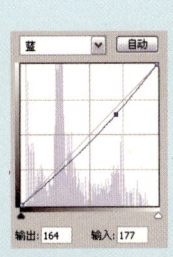

Section 04 调整照片黑白效果

调整照片黑白效果，可通过多种方式实现。除了转换照片颜色模式为灰度模式的方法外，还可应用一些调整命令，并通过具体的参数设置更加准确地调整照片黑白色调。

专家技巧

应用预设黑白效果

应用"黑白"命令时可自定义照片黑白状态，也可应用预设的黑白样式调整照片色调。在"预设"选项下拉列表中可快速应用这些预设值，包括"蓝色滤镜"、"红外线"、"中灰密度"和"红色滤镜"等预设样式。应用这些预设样式的效果由照片中各颜色成分决定。

原图

应用"蓝色滤镜"预设样式

应用"绿色滤镜"预设样式

应用"红外线"预设样式

知识点 "去色"与"黑白"调整命令

调整照片黑白色调效果，可应用"去色"或"黑白"等调整命令。通过应用这些命令可快速或精确地调整照片黑白色调。

1. "去色"命令

"去色"命令将彩色图像转换为灰度图像，但并不会改变图像的颜色模式。可按下其快捷键Shift+Ctrl+U快速为照片去色。

2. "黑白"命令

"黑白"命令将彩色图像转换为灰度图像，并控制图像中各颜色的转换方式，允许对颜色通道进行输入设置。应用该命令可对灰度图像进行着色处理，以调整图像的双色调效果。执行"图像>调整>黑白"命令，打开"黑白"对话框。

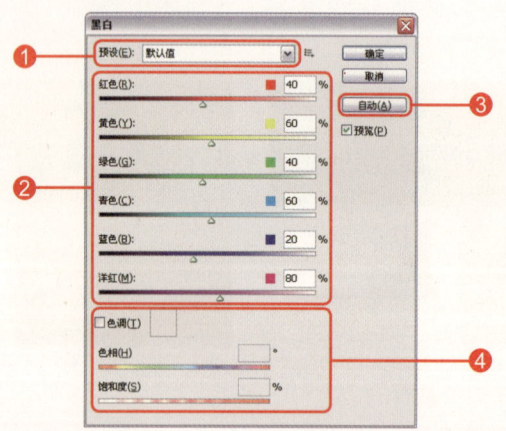
"黑白"对话框

❶ **"预设"选项**：在预设下拉列表中可选择多种预设黑白样式。

❷ **颜色滑块**：用于控制图像中各颜色的灰色调。向左拖动滑块可变暗原图像中相应颜色的灰色调，向右拖动滑块则可变亮原图像中相应颜色的灰色调。

❸ **"自动"按钮**：单击该按钮可根据图像的颜色值设置灰度混合，并最大化灰度值的分布。

❹ **"色调"复选框及选项组**：勾选"色调"复选框后激活该选项组。可通过拖动"色相"和"饱和度"选项滑块或单击色块以弹出拾色器的方式对色调进行微调。

如何做 将彩色照片调整为黑白效果

将彩色照片转换为黑白效果时，尽管原彩色照片中的颜色对比较强，但在转换为灰度状态后也可能呈现色调层次不清或画面色调表现不佳的状态。因此可应用"黑白"调整命令转换照片为黑白效果，以便在转换照片后通过调整其中各颜色成分的色调以增强照片层次感。

专家技巧

从"调整"面板添加调整

添加调整图层不仅可以通过"图层"菜单或"图层"面板中的相关功能命令实现，也可从"调整"面板中添加。

"调整"面板在默认状态下显示调整命令功能图标和相关命令预设选项。通过单击指定的功能图标可快速添加对应的调整图层，并切换至该命令选项栏。而要应用相关命令的预设选项，则可单击对应的预设选项扩展箭头，并在其中选择预设选项。

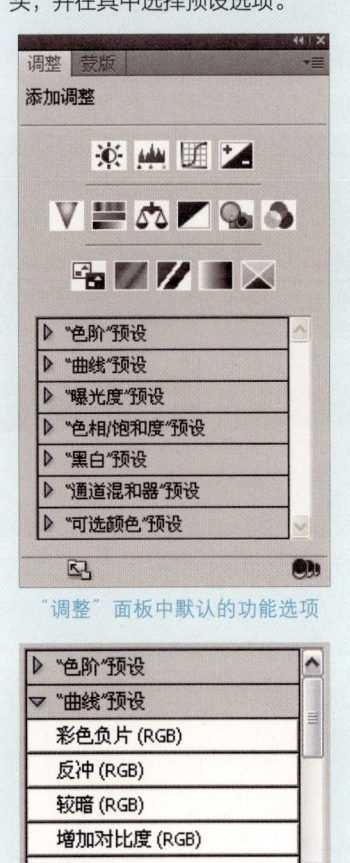

"调整"面板中默认的功能选项

相关调整命令的预设选项

01 打开图像文件

在Photoshop中执行"文件＞打开"命令，打开附书光盘Chapter 8\Media\06.jpg图像文件。

02 应用"黑白"命令

单击"创建新的填充或调整图层"按钮，在弹出的菜单中选择"黑白"命令，转换为灰度效果。

03 调整黄色色调

在"调整"面板中设置"黄色"范围的参数，以便调亮画面中黄色成分的色调。

黄色：96

04 调整青色色调

在"调整"面板中设置"青色"范围的参数，以便调亮画面中天空区域的色调。

青色：119

05 调整蓝色色调

继续设置"蓝色"范围的参数，以继续调亮画面中天空部分的色调，使其更加清爽。

蓝色：33

06 调整色阶

单击"创建新的填充或调整图层"按钮，应用"色阶"命令并设置参数，以增强画面对比度。

23　1.00　244

如何做　将彩色照片调整为双色调效果

转换照片为双色调效果，可直接转换灰度模式照片为双色调颜色模式。也可通过应用"黑白"调整命令等方式进行调整，以便在调整的同时调整图像亮度和对比度。

专家技巧

转换双色调颜色模式

调整照片双色调效果，可直接将灰度模式下的照片转换为"双色调"颜色模式，并在其对话框中设置相关颜色。在"双色调选项"对话框中指定两种油墨颜色并为其命名后即可应用照片指定色调的双色调效果。其中"油墨2"的颜色可通过颜色库选择预设的颜色。

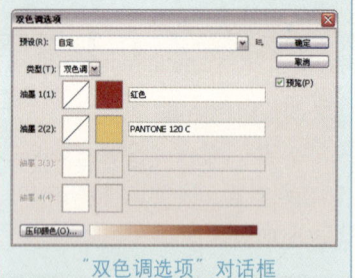

"双色调选项"对话框

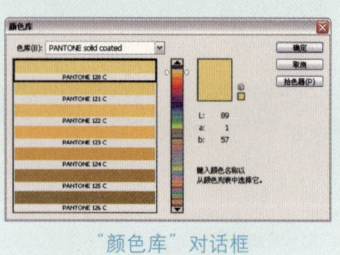

"颜色库"对话框

01 打开图像文件

执行"文件>打开"命令，打开附书光盘Chapter 8\Media\07.jpg图像文件。

02 应用"黑白"命令

单击"创建新的填充或调整图层"按钮，在弹出的菜单中选择"黑白"命令，转换为灰度效果。

03 应用色调

在"调整"面板中勾选"色调"复选框，并设置色块颜色为深褐色（R70、G51、B6），调整色调。

04 调整色调对比

继续在"调整"面板中设置各项参数，以增强画面中各颜色的对比度。

05 调整曲线颜色通道

单击"创建新的填充或调整图层"按钮，在弹出的菜单中选择"曲线"命令，并在"调整"面板中分别设置"红"和"绿"通道的曲线，以调整照片色调效果。

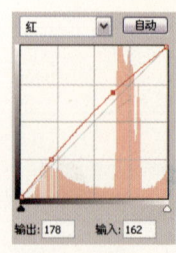 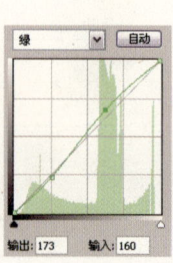

06 应用自动曲线

继续按照同样的方法添加"曲线2"调整图层，并在"调整"面板中单击"自动"按钮，自动调整画面色调以增强其层次感。

Section 05 调整照片为矢量效果

调整照片为矢量效果可应用多种调整命令实现,其中"阈值"调整命令在转换照片矢量效果的同时可去除照片彩色数据,并增强照片的二维对比效果。本小节将介绍"阈值"命令的应用。

知识链接

应用混合模式减少色阶

应用"阈值"调整命令可减少图像中的颜色色阶。通过应用混合模式中的"实色混合"模式同样可减少图像色阶,但会保留图像的彩色效果。

原图

应用"实色混合"模式后

知识点 "阈值"调整命令

"阈值"命令可将彩色图像或灰度图像转换为强对比的黑白图像。执行"图像>调整>阈值"命令,可弹出"阈值"对话框。

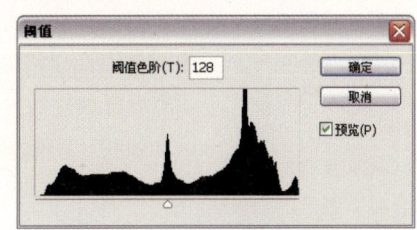
"阈值"对话框

在"阈值"对话框中输入色阶数值或拖动滑块,可指定某一色阶为阈值,而所有比该阈值亮的区域像素被转换为白色,所有比该阈值暗的区域像素则被转换为黑色。向左拖动滑块或输入数值1可转换图像为白色;向右拖动滑块或输入数值255可转换图像为黑色。应用"阈值"命令可制作图像处理版画或漫画风格的效果。

如何做 将照片调整为黑白矢量图效果

转换照片为黑白矢量画效果,可直接对照片应用"阈值"命令,在应用该命令的同时通过设置参数以调整图像细节效果。

01 打开图像文件并复制图层

打开附书光盘Chapter 8\Media\08.jpg图像文件,复制"背景"图层生成"背景 副本"图层。

02 应用阈值

执行"图像>调整>阈值"命令,在弹出的对话框中设置参数值并单击"确定"按钮。

03 模糊图像

转换图像色调后,执行"滤镜>模糊>模糊"命令,并按下快捷键Ctrl+F,两次模糊图像细节。

Section 06 使用"阴影/高光"命令调整照片

"阴影/高光"调整命令可用于调整照片的色调效果,也可用于校正照片生硬的色调对比效果,从而恢复照片自然的光效质感。本小节将介绍"阴影/高光"对话框中各选项的功能。

专家技巧

关于修剪黑色和修剪白色

应用"阴影/高光"命令,在需要修剪黑色或修剪白色时,指定在图像中会将多少阴影或高光剪切到新的极端阴影或高光颜色。所设置的数值越大,则生成的图像对比度就越大。

在设置剪切值时不要将数值设置过大,这样会减少图像阴影或高光部分的细节。

原图

修剪黑色为50%,修剪白色为0%

修剪黑色为0%,修剪白色为50%

知识点 "阴影/高光"调整命令

"阴影/高光"调整命令用于校正由于在较强的光线环境或逆光下拍摄而导致的图像剪影效果,以及由于太接近闪光灯而导致的焦点发白的效果。该调整命令基于阴影或高光的周围像素增亮或变暗,不是简单地将图像变暗或变亮,因此在该命令选项中的可分别对图像的阴影和高光区域进行设置。

执行"图像>调整>阴影/高光"命令,打开"阴影/高光"对话框。勾选其中的"显示更多选项"复选框可显示更多其他设置选项。

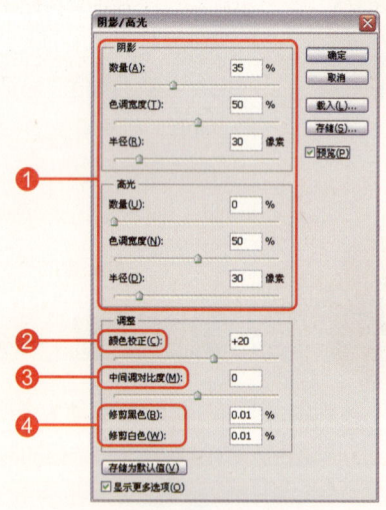
"阴影/高光"对话框

❶ **"阴影"和"高光"选项组**:"数量"选项控制应用于图像阴影或高光区域的校正量;"色调宽度"选项控制阴影或高光中色调的修改范围,设置较小的值将只调整较暗区域,且只对较亮的区域进行高光校正,而设置较大的值则可增加中间调的色调范围;"半径"选项控制每个像素周围局部像素的大小。

❷ **"颜色校正"选项**:可对图像的已更改区域的颜色进行微调。

❸ **"中间调对比度"选项**:可调整图像中间调的对比度。

❹ **"修剪黑色"和"修剪白色"选项**:设置"修剪黑色"或"修剪白色"参数,可指定在图像中将多少阴影或高光剪切到新的极端阴影和高光颜色。该选项数值越大,图像的对比度越大,但若设置的修剪颜色值太大,则会减少阴影或高光中的细节。

CHAPTER 09

调整照片艺术色调

　　本章主要针对数码照片处理中艺术色调的调整进行讲解，设置知识主要包括一些色调调整命令如"自然饱和度"、"色相/饱和度"、"照片滤镜"、"通道混合器"、"HDR色调"和"应用图像"等命令。通过对这些功能命令的认识，帮助读者了解在数码照片处理中艺术色调的调整方法和技巧。

Section 01 调整照片颜色

调整照片颜色使其更鲜艳，且在最大程度上保留细节微妙的颜色效果，可应用"自然饱和度"调整命令进行调整，以使照片颜色调整效果更加自然。本小节将介绍"自然饱和度"命令的应用。

知识点 "自然饱和度"调整命令

"自然饱和度"调整命令调整与饱和颜色相比不饱和的颜色。应用该命令增加颜色饱和度时，可在接近最大颜色饱和度时最大限度地减少颜色的修剪，从而使得颜色的最终调整效果更加自然。

执行"图像 > 调整 > 自然饱和度"命令可弹出该命令对话框。其中"自然饱和度"选项在增强不饱和颜色的饱和度时可最大程度上避免颜色修剪；"饱和度"选项则将相同的饱和度调整量应用于所有图像，某些时候设置该选项在降低所有图像颜色饱和度时，可能比"色相/饱和度"调整命令中的该选项应用产生更少的带宽。

专家技巧

调整自然饱和度与色相/饱和度

调整照片颜色时，若要使图像颜色的调整效果更加自然，可应用"自然饱和度"命令，该命令与"色相/饱和度"调整命令的部分功能相似，但能在最大程度上避免颜色的修剪，以使颜色自然鲜艳。

原图

应用"自然饱和度"命令增强饱和度

应用"色相/饱和度"命令增强饱和度

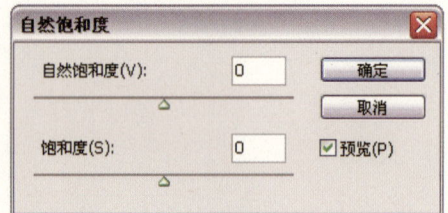
"自然饱和度"对话框

如何做 调整照片颜色使其更鲜亮

调整照片颜色使其图像更加鲜艳亮丽而又不会因为饱和度过度导致颜色不自然的效果，可应用"自然饱和度"命令进行调整。应用该命令增强照片颜色效果后可稍微调亮画面以增强画面色调层次。

01 打开图像文件并设置自然饱和度

打开附书光盘Chapter 9\Media\01.jpg图像文件。单击"创建新的填充或调整图层"按钮，在弹出的菜单中选择"自然饱和度"命令，并在"调整"面板中设置参数，以增强照片颜色饱和度。

设置"自然饱和度"命令中的"自然饱和度"选项参数为-100时，不会完全转换图像为灰色调，而将保留部分颜色效果。

02 设置曲线以调亮画面

单击"创建新的填充或调整图层"按钮，在弹出的菜单中选择"曲线"命令，并在"调整"面板中设置曲线，以稍微调亮画面，增强画面亮丽色感。

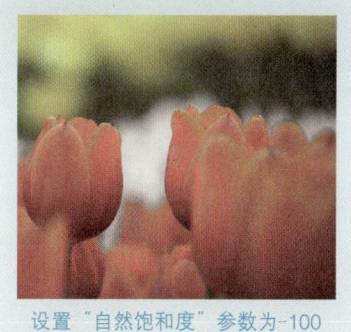

设置"自然饱和度"参数为-100

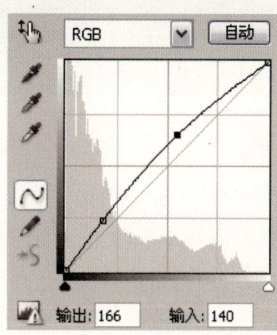

如何做　调整图像颜色饱和度

应用"自然饱和度"命令调整图像色调时，在一定程度上会根据图像颜色的明度进行调整，因而调整后的颜色明度更加自然，层次也不会有太大变化。

01 打开图像并设置自然饱和度

打开附书光盘Chapter 9\Media\02.jpg图像文件。

02 应用自然饱和度

单击"创建新的填充或调整图层"按钮，在弹出的菜单中选择"自然饱和度"命令，并在"调整"面板中设置参数，以稍微调整画面局部颜色饱和度。

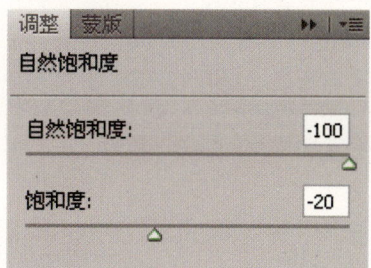

03 添加新自然饱和度调整图层

添加"自然饱和度 2"调整图层并设置参数，调整画面色调。

04 锐化图像

按下快捷键Shift+Ctrl+Alt+E盖印图层，生成"图层 1"。执行"滤镜>锐化>USM锐化"命令，在弹出的对话框中设置参数并单击"确定"按钮，以增强图像效果。

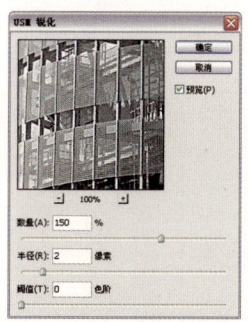

Section 02 调整照片色调

调整照片色调效果,可应用"色相/饱和度"命令进行调整。应用该命令调整照片色调时,可分别对照片中颜色的色相、饱和度和明度进行调整,以调整照片整体或局部颜色色调。

知识点 "色相/饱和度"调整命令

"色相/饱和度"命令用于调整图像整体颜色或特定颜色范围的色相、饱和度和明度。对指定颜色范围的色相、饱和度和明度进行调整,可更改照片颜色的色相倾向、颜色饱和度和明暗度。应用"色相/饱和度"命令时,还可对指定的图像区域应用着色效果以创建单色调图像。

原图

更改照片色相

更改照片饱和度

如何做 增强照片颜色饱和度

应用"色相/饱和度"命令可用于调整照片的颜色饱和度,与"自然饱和度"命令不同,该命令可对照片中指定的颜色范围进行调整,以更改照片局部颜色而不影响其他颜色范围的效果。

01 打开图像文件
打开附书光盘Chapter 9\Media\03.jpg图像文件。

02 增强天空颜色饱和度
单击"创建新的填充或调整图层"按钮,应用"色相/饱和度"命令并设置"蓝色"范围的参数,以增强天空部分的颜色饱和度。

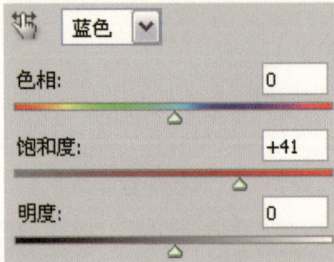

03 设置红色范围
继续在"调整"面板中设置"红色"范围的参数值,以增强照片中红色等图像的颜色饱和度,从而使得整个画面的颜色更加鲜艳。

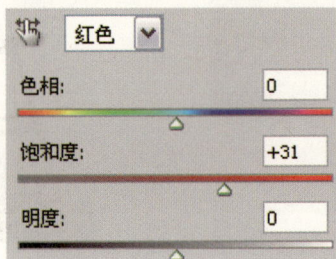

专家技巧

设置黑白场以增强对比

应用"色阶"命令增强照片对比度时可通过取样指定颜色区域的方式进行调整,以便快速应用色调对比效果。使用其中的黑白场取样工具可快速调整照片对比度。

使用用于设置黑场的工具单击画面阴影区域或使用用于设置白场的工具单击画面高光区域即可快速调整照片对比度。

原图

设置黑场

设置白场

在设置黑白场以后还可继续对其阴影、中间调和高光的参数进行设置,以进一步调整照片色调。

设置黑白场后继续设置参数

04 设置色阶

单击"创建新的填充或调整图层"按钮,应用"色阶"命令设置参数,以增强画面的对比度,从而使得照片画面色调更加亮丽。

如何做 更改照片局部色调效果

应用"色相/饱和度"命令调整照片局部颜色时,可通过指定相关颜色范围并设置参数的方式进行调整。应用该方法调整指定颜色范围色调时,不会对其他颜色范围有太大的改动,但对于相邻色的改变较大。

01 打开图像文件

打开附书光盘Chapter 9\Media\04.jpg图像文件。

02 设置红色范围

单击"创建新的填充或调整图层"按钮,应用"色相/饱和度"命令并设置"红色"参数,以调整指定颜色范围色调。

03 设置洋红范围

继续在"调整"面板中设置"洋红"范围的参数,以调整修改颜色后的衣服边缘颜色。

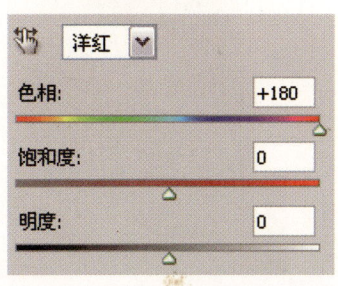

专家技巧

使用颜色填充蒙版

蒙版中的黑色区域表示图像的显示区域，可显示该图层下方的图像；白色区域表示蒙版遮罩区域，以遮盖该图层下方的图像，从而显示该图层中的调整效果；蒙版灰色调区域则是图像不同程度的不透明效果，灰色越深，表示该图层中的颜色越透明。

蒙版的显示状态为灰度状态，若在选择蒙版的状态下设置当前前景色将直接显示该前景色的灰度状态，且将该颜色应用到蒙版时，蒙版中的颜色会呈现灰色状态，灰色的深浅取决于该彩色的明度。

在调整蒙版的颜色时，可使用画笔工具涂抹蒙版图像的方式调整其颜色状态；也可通过直接填充整个蒙版或选区蒙版的方式进行调整。

使用画笔工具或填充工具调整蒙版图像时，其不透明度决定着所涂抹的蒙版灰度状态；而按下快捷键Alt+Delete，则可直接填充当前前景色灰度状态效果。

黑白状态的蒙版

填充蒙版指定选区图像为灰色

04 涂抹蒙版

单击画笔工具，在人物皮肤和白色衣服等区域进行涂抹，以恢复该区域颜色效果。

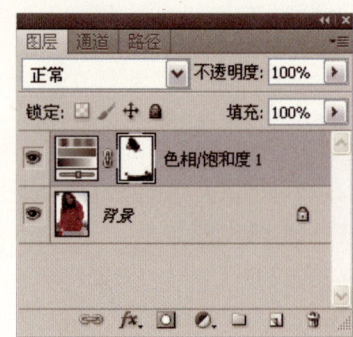

05 设置曲线

单击"创建新的填充或调整图层"按钮，在弹出的菜单中选择"曲线"命令，并在"调整"面板中设置曲线，以调整画面色调效果。

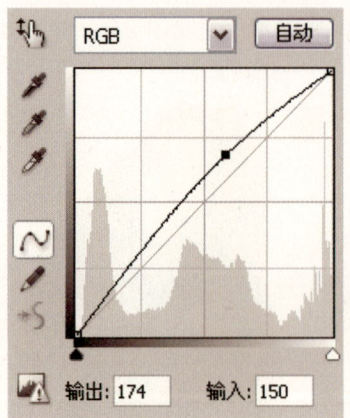

06 涂抹背景部分

继续使用画笔工具涂抹画面背景部分，以恢复该区域色调，仅调亮人物区域的色调。

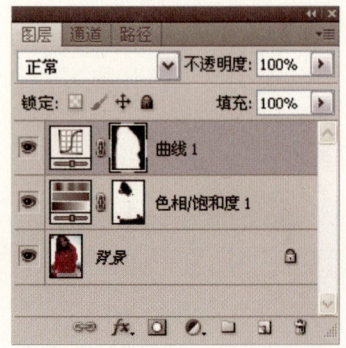

专栏　了解"色相/饱和度"对话框

"色相/饱和度"命令用于调整照片中颜色的色相、饱和度和明度，并可针对照片中指定的颜色范围调整局部色调。执行"图像>调整>色相/饱和度"命令或按下快捷键Ctrl+U，可弹出其对话框。

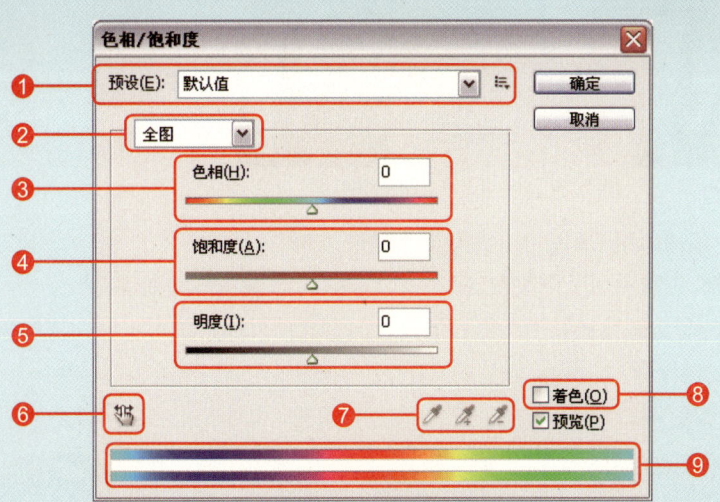

"色相/饱和度"对话框

❶ **"预设"选项**：通过在下拉列表中选择预设的选项，可快速调整照片的特殊色调效果。包括"氰版照相"、"旧样式"、"红色提升"、"深褐"和"强饱和度"等预设选项。

原图1

"氰版照相"预设效果

"旧样式"预设效果

"深褐"预设效果

❷ **选取颜色区域**：用于指定要设置参数以调整色调的范围。默认状态下为"全图"选项，表示对整个图像范围的颜色进行调整；可指定图像中局部颜色范围并对其进行设置，而不影响其他颜色范围效果，如

红色、黄色、青色和洋红等颜色范围。

原图2

设置红色范围

设置蓝色范围

❸ **"色相"选项**：该选项用于调整指定颜色范围的颜色倾向。

❹ **"饱和度"选项**：该选项用于调整指定颜色范围的颜色浓度。向左拖动滑块或输入负值，可降低颜色饱和度，当数值为–100时，图像被转换为黑白效果；向右拖动滑块或输入正值，则增强颜色饱和度，当数值较大时可能导致颜色的修剪。

原图3

降低饱和度

增强饱和度

❺ **"明度"选项**：该选项用于调整指定颜色范围的颜色亮度。向左拖动滑块或输入负值，可降低颜色亮度，当数值为–100时，图像被转换为黑色；向右拖动滑块或输入正值，则增强颜色亮度，当数值为100时则图像被转换为白色。

❻ **颜色调整按钮**：单击该按钮后可直接在图像中取样颜色，然后按住鼠标左键并左右拖动可调整该取样点颜色的饱和度，若按住Ctrl键进行拖动则可调整该取样点的色相。

❼ **取样工具**：用于取样图像中的颜色，包括吸管工具 、添加到取样工具 和从取样中减去工具 ，单击颜色调整按钮后取样工具被激活，可使用这些工具单击图像以取样颜色。

❽ **"着色"复选框**：勾选该复选框则可转换为单色调，其色调由当前前景色决定。前景色为黑色或白色时应用着色可转换图像为土红色调；当前景色为其他颜色时，则转换为该颜色色调效果。

原图4

应用着色效果

设置单色调效果

❾ **色相条调整滑块**：在图像中取样颜色后将激活该选项，通过拖动色相条中的滑块可调整所要调整色相和饱和度的颜色范围。

调整照片复古绿色调

调整照片艺术色调可结合使用多种调整命令实现。在调整其艺术色调时注意画面的整体层次，并尽量保留一些必要的细节像素。

01 打开图像文件
执行"文件>打开"命令，打开附书光盘Chapter 9\Media\05.jpg图像文件。

02 着色图像
设置前景色为深绿色（R3、G80、B48），添加"色相/饱和度"调整图层，勾选其中的"着色"复选框，以着色图像色调。

03 设置图层透明度
设置添加的"色相/饱和度 1"调整图层的"不透明度"为70%，以减淡着色效果，稍微恢复局部颜色。

04 添加黑白调整图层
按照同样的方法添加"黑白 1"调整图层，并设置其混合模式为"明度"，以便在设置参数时将色调明度应用到画面。

05 设置色调参数
在"调整"面板中设置各项参数，以调整画面中各颜色成分的色调，从而调整画面整体色调效果。

06 应用着色并调整色调
设置前景色为黄色（R240、G237、B20），单击"创建新的填充或调整图层"按钮，添加"色相/饱和度 2"调整图层，并勾选其中的"着色"复选框，以着色图像色调。设置图层混合模式为"叠加"，"不透明度"为40%，以增强画面色调。

07 盖印图层并锐化图像
按下快捷键Shift+Ctrl+Alt+E盖印图层，执行"滤镜>锐化>USM锐化"命令，并应用相关参数设置，以锐化图像细节。

Section 03 调整照片色彩倾向

调整照片整体色调倾向，可应用"照片滤镜"调整命令进行调整。应用该命令进行调整时可使用预设的照片滤镜效果，也可自定义滤镜颜色，以调整照片不同的色调氛围。

专家技巧

变暗照片滤镜效果

应用"照片滤镜"命令时，指定相关滤镜后，默认情况下将保留照片的色调明度，以使其应用的色调效果更自然。若要在应用这些滤镜时同时变暗图像，可取消勾选其中的"保留明度"复选框。

取消勾选"保留明度"复选框后，图像的明暗度由滤镜颜色浓度决定。颜色浓度参数越大，则图像变暗的程度越强。

原图

应用照片滤镜后

取消勾选"保留明度"复选框后

知识点 "照片滤镜"调整命令

"照片滤镜"命令模拟在相机镜头添加彩色镜头的方式调整图像的色彩平衡或曝光效果。该命令可调整图像不同颜色倾向的色调氛围。

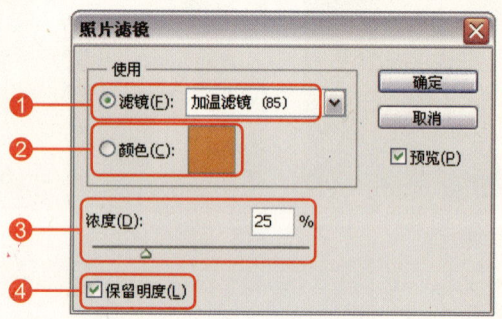
"照片滤镜"对话框

❶"滤镜"选项： 选择该选项可在右侧的下拉列表中选择预设的彩色滤镜，包括各种加温滤镜、冷却滤镜以及颜色滤镜。

加温滤镜（85）、加温滤镜（LBA）、冷却滤镜（80）和冷却滤镜（LBB）用于调整图像中白平衡的颜色转换。若图像使用了色温较低的光（微黄色）拍摄，则冷却滤镜（80）使图像颜色更蓝，以补偿色温较低的环境光。若照片使用了较高色温的光（微蓝色）进行拍摄，则加温滤镜（85）可使图像颜色更暖，以补偿色温较高的环境光。

加温滤镜（81）和冷却滤镜（82）使用光平衡滤镜对图像颜色品质进行细微调整。前者使图像变暖，而后者使图像变冷。

其他颜色滤镜根据所选颜色预设应用图像色相调整。若照片中有色痕，可选择一种补色滤镜来中和色痕。

原图

加温滤镜（85）

知识链接

设置滤镜颜色浓度

应用"照片滤镜"命令调整照片色调时，可设置不同颜色滤镜的浓度，以调整应用到照片中的滤镜颜色浓度。浓度值越大，则应用的颜色量越多，因此照片的色调氛围越浓。

原图

应用较小浓度值的冷却滤镜

应用最大浓度值的冷却滤镜

冷却滤镜

紫色滤镜

❷ **"颜色"选项**：在选择了指定的预设滤镜后，该选项中的颜色将切换至该滤镜颜色；也可单击该选项颜色色块并在弹出的拾色器中自定义滤镜颜色。

❸ **"浓度"选项**：用于设置指定的颜色滤镜的颜色数量。数值越大，颜色越浓。

❹ **"保留明度"复选框**：勾选该复选框时，添加颜色滤镜后可保持图像的明暗色调。

如何做　增强照片浓郁色调

"照片滤镜"调整命令模拟相机滤镜效果，因此可用于增强照片色调以使其更加浓郁，让照片氛围更具感染力。

01 打开图像文件

执行"文件>打开"命令，打开附书光盘Chapter 9\Media\06.jpg图像文件。

02 设置曲线

单击"创建新的填充或调整图层"按钮，在弹出的菜单中选择"曲线"命令，并在"调整"面板中设置曲线，以稍微调亮画面色调。

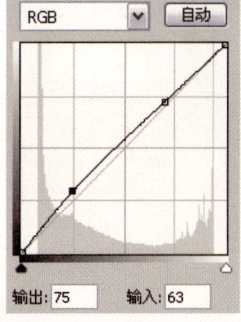

03 设置黄色滤镜

单击"创建新的填充或调整图层"按钮 ，在弹出的菜单中选择"照片滤镜"命令，添加"照片滤镜 1"调整图层，并在"调整"面板中设置相关属性和参数，以调整画面色调效果。

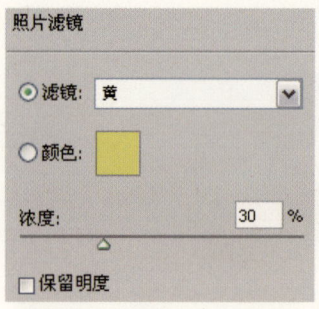

04 添加新滤镜

单击"创建新的填充或调整图层"按钮 ，在弹出的菜单中选择"照片滤镜"命令，添加"照片滤镜 2"调整图层，并在"调整"面板中设置相关属性和参数，以继续调整画面色调效果。

05 设置加温滤镜

单击"创建新的填充或调整图层"按钮 ，在弹出的菜单中选择"照片滤镜"命令，添加"照片滤镜 3"调整图层，并在"调整"面板中设置相关属性和参数，以调整画面色调效果。

06 涂抹蒙版

单击画笔工具 ，并随时更改其不透明度，涂抹天空部分，以恢复该区域颜色。

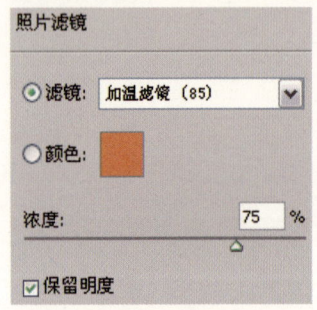

07 设置橙色滤镜

单击"创建新的填充或调整图层"按钮 ，在弹出的菜单中选择"照片滤镜"命令，添加"照片滤镜 4"调整图层，并在"调整"面板中设置相关属性和参数，以调整画面色调效果。

08 设置图层图像属性

设置"照片滤镜 4"调整图层的混合模式为"强光"，"不透明度"为25%，调整画面颜色的同时增强其对比度。

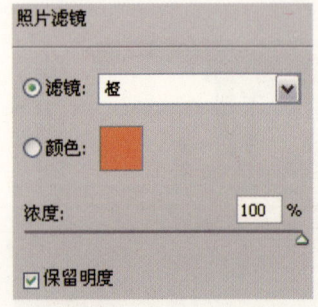

09 设置色阶

单击"创建新的填充或调整图层"按钮 ，在弹出的菜单中选择"色阶"命令，添加"色阶 1"调整图层，并在"调整"面板中设置各项参数，以增强画面对比色调效果。

10 涂抹蒙版

使用画笔工具 涂抹画面暗部，以稍微恢复该区域的颜色，使其不会太暗。

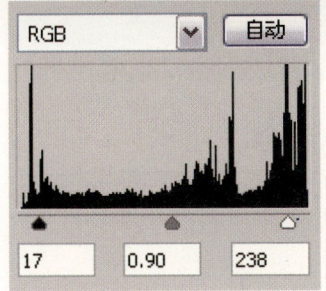

11 盖印图层

按下快捷键Shift+Ctrl+Alt+E，盖印一个图层，生成"图层1"。

12 锐化图像

执行"滤镜>锐化>USM锐化"命令，在弹出的对话框中设置各参数，完成后单击"确定"按钮，以锐化图像细节，增强照片整体效果。

知 识 链 接

"强光"混合模式

　　"强光"混合模式属于对比型混合模式，对比型混合模式可用于调整照片的色调对比效果，包括"叠加"、"柔光"、"强光"、"亮光"和"线性光"等混合模式。

　　"强光"混合模式对颜色进行正片叠底或过滤，这取决于混合色色调。该混合模式调整效果类似于耀眼的聚光灯照射在图像上。若混合色（光源）比50%灰色亮，则图像变亮，如同过滤后的效果，适用于向图像添加高光效果；若混合色比50%灰色暗则变暗图像，如同正片叠底色调效果，适用于向图像添加阴影效果。使用纯黑色或纯白色为混合色时，混合后的效果为纯黑色或纯白色。

原图　　　　　　　　　　　与原图像混合　　　　　　　　　与指定的颜色进行混合

Section 04 调整照片个性色调

调整照片独特而具有较强个性的色调效果，可结合应用"通道混合器"命令进行调整。在调整时可通过应用"通道混合器"中的单色调整效果调整照片个性艺术色调。

专家技巧

转换图像灰色调后再调色

在"通道混合器"命令对话框中勾选"单色"复选框后可转换图像为灰色调。此时若直接设置灰度参数可调整图像指定颜色区域的明暗对比；若取消勾选该复选框并设置参数，则可调整图像不同风格的单色调效果。

原图

转换为灰色调

调整灰色调明暗对比

取消勾选"单色"复选框并设置色调

知识点 "通道混合器"调整命令

"通道混合器"调整命令用于创建高品质的灰度图像或其他色调图像，该命令通过设置图像各通道的颜色百分比来调整图像的色调。"通道混合器"命令可将图像转换为灰度色调效果，并可对其通道百分比进行调整，以创建个性单色色调。

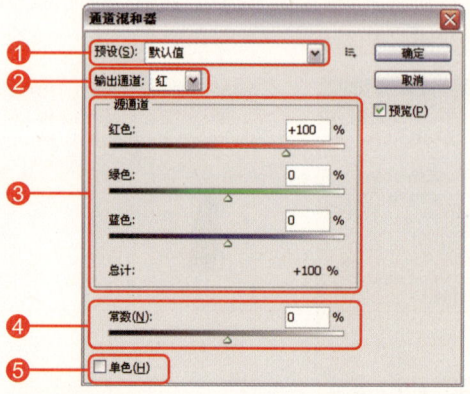
"通道混合器"对话框

❶ **"预设"选项：** 通过在下拉列表中选择预设调整选项，可快速应用图像相应的色调效果。

原图1

"红外线的黑白"预设效果

"使用蓝色滤镜的黑白"预设效果

"使用红色滤镜的黑白"预设效果

知识链接

不同输出通道的设置色调

在"通道混合器"命令对话框中，设置指定输出通道的正负值参数时，将根据该输出通道的颜色决定正负值时的主色调。例如在"红"输出通道中设置各源通道参数时，数值为正则调整图像为淡粉红色调、数值为负值则调整图像为青绿色调。

原图

"红"输出通道中设置正值

"红"输出通道中设置负值

"蓝"输出通道中设置正值

"蓝"输出通道中设置负值

❷ **"输出通道"选项**：通过在其下拉列表中选择相应的通道可对指定通道颜色进行调整。

❸ **"源通道"选项组**：选择指定的输出通道后可对该通道的这些源通道进行设置，通过拖动滑块或输入数值以设置颜色。向左拖动滑块以减少相应输出通道中的该颜色通道的比重；向右拖动滑块则增加相应输出通道的该颜色通道比重；在设置这些参数后，将在"总计"选项中显示源通道的总计值，若合并后的颜色通道值高于100%，会在数值左侧显示警告图标。

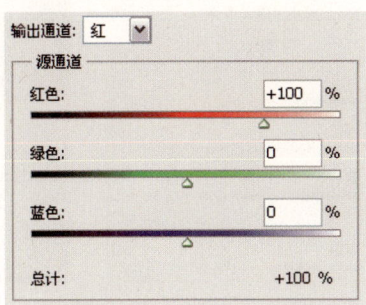

默认情况下的"总计"值　　　　设置参数后出现警告图标

❹ **"常数"选项**：拖动滑块或输入数值可调整输出通道的灰度值。当数值为正值时可增加更多的白色，当数值为负值时则增加更多的黑色。在应用该命令转换图像为灰色调效果后设置数值为200%或-200%，则输出通道的颜色变为白色或黑色。

原图2　　　　红通道常数值为+200%　　　　红通道常数值为-200%

❺ **"单色"复选框**：勾选该复选框后，可转换图像色调为灰度图像色调，而取消勾选该复选框后不会恢复照片的彩色效果。

原图3　　　　　　　　　　　　转换为灰度色调

如何做 利用"通道混合器"命令调整照片

"通道混合器"命令可用于调整照片的单色调或双色调效果，因此可应用该命令调整照片富有情调的色调氛围，如怀旧或复古等风格的色调。

01 打开图像文件
执行"文件>打开"命令，打开附书光盘Chapter 9\Media\07.jpg图像文件。

02 转换图像为单色
单击"创建新的填充或调整图层"按钮，应用"通道混合器"命令，并勾选"调整"面板中的"单色"复选框，转换图像为灰色调效果。

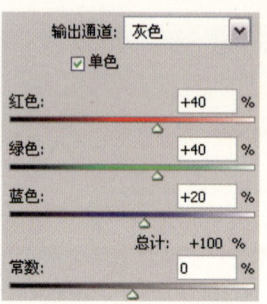

03 取消勾选"单色"复选框并设置参数
取消勾选"调整"面板中的"单色"复选框，并分别设置"红"、"绿"和"蓝"输出通道的参数，以调整画面偏黄的色调效果。

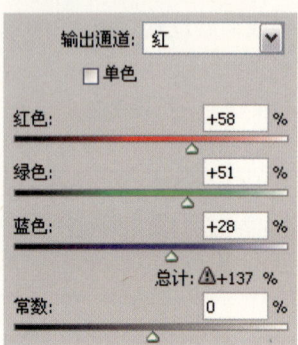
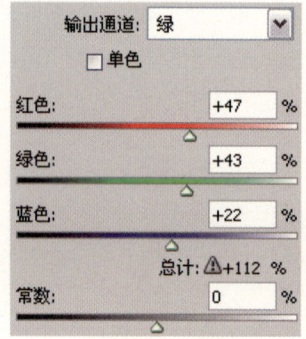

04 降低饱和度
单击"创建新的填充或调整图层"按钮，应用"自然饱和度"命令，并设置参数，以降低画面颜色饱和度。

05 盖印图层并应用纹理滤镜
按下快捷键Shift+Ctrl+Alt+E盖印图层，生成"图层1"。执行"滤镜>纹理>马赛克拼贴"命令，在弹出的对话框中设置参数并单击"确定"按钮，添加画面纹理的同时调整其色调，以增强照片怀旧色调。

摄影师训练营　调整照片波西中性色调

调整照片中性色调是通过对照片整体色调增加棕黄色成分效果，并对其局部色调进行细微处理，然后通过调整照片整体色调对比和饱和度等效果以增强照片中性特质。

01 打开图像文件
打开附书光盘Chapter 9\Media\08.jpg图像文件。

02 设置通道混合器
单击"创建新的填充或调整图层"按钮，在弹出的菜单中选择"通道混合器"命令，并在"调整"面板中分别设置各通道的参数，以调整画面色调效果。

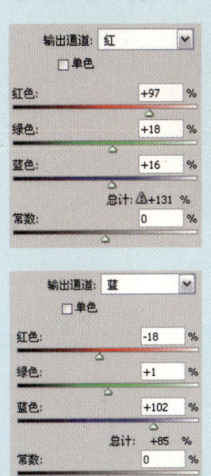

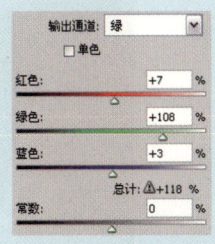

03 应用色相/饱和度着色效果
设置前景色为灰棕色（R126、G106、B60），然后单击"创建新的填充或调整图层"按钮，应用"色相/饱和度"命令并勾选其"着色"复选框，完成后设置该图层混合模式为"变暗"，"不透明度"为30%。

04 应用黑白命令并设置图层
单击"创建新的填充或调整图层"按钮，应用"黑白"命令并设置其混合模式为"明度"。

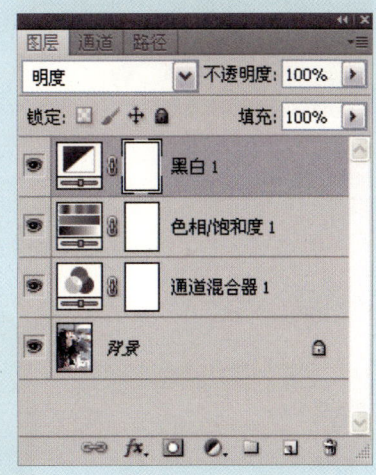

> **专家技巧　设置图层混合模式后设置黑白命令**
>
> 应用"黑白"命令调整照片色调对比时，可将设置后的图像效果以"明度"混合模式应用到背景图像中。但提前设置黑白调整图层的"明度"混合模式后再设置参数，将使图像的色调调整效果更加便捷直观。设置黑白图像图层混合模式后再设置参数，将直接应用色调对比调整效果到背景图像以查看调整效果。

05 设置黑白命令参数

在"调整"面板中分别设置各项参数，以调整画面色调，同时增强人物面部轮廓效果。

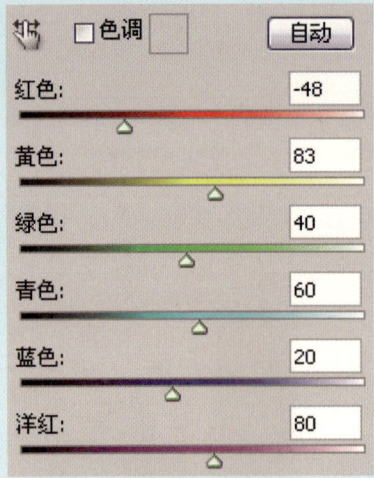

06 以快速蒙版涂抹皮肤部分

单击"以快速蒙版模式编辑"按钮，再使用画笔工具在人物皮肤部分涂抹黑色，创建快速蒙版。

07 创建皮肤选区

完成涂抹后单击"以标准模式编辑"按钮，创建皮肤部分选区。

08 设置可选颜色

单击"创建新的填充或调整图层"按钮，应用"可选颜色"命令并设置其原色黄色的参数，以调整人物面部色调。

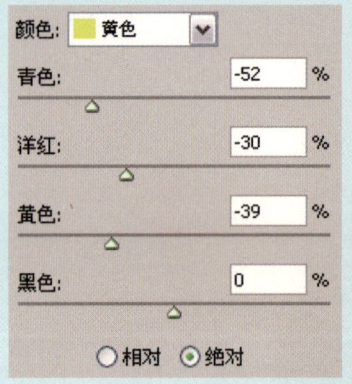

09 设置曝光度

单击"创建新的填充或调整图层"按钮，在弹出的菜单中选择"黑白"命令，并在"调整"面板中设置参数，以稍微调亮暗部的色调。

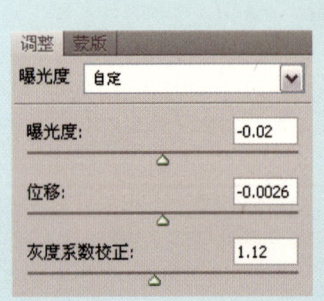

10 添加曲线调整图层

单击"创建新的填充或调整图层"按钮，添加"曲线1"调整图层。

专　家　技　巧

直接绘制曲线

应用"曲线"调整命令时，默认状态下可直接在其曲线直方图中拖动曲线锚点，以调整图像色调。

通过单击曲线直方图中"通过绘制来修改曲线"按钮，并使用该工具在曲线直方图中绘制曲线，同样可以调整图像色调，而单击"平滑曲线值"按钮则可对绘制的曲线进行平滑处理。

在编辑锚点以调整曲线后单击"通过绘制来修改曲线"按钮，将转换曲线为铅笔绘制的状态。

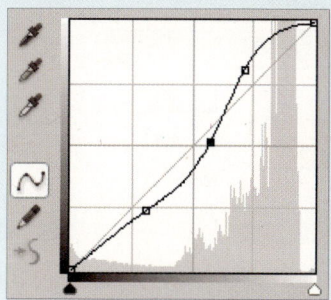
编辑锚点以调整曲线

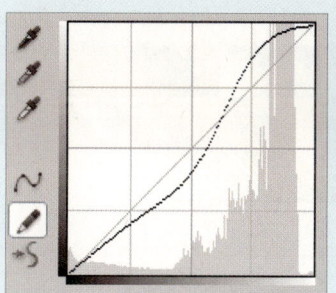
转换曲线为铅笔绘制状态的曲线

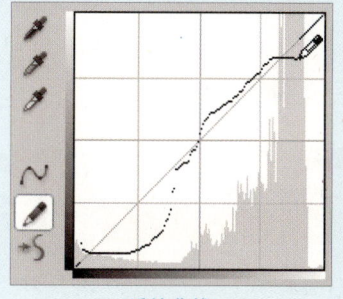
手绘曲线

11 设置曲线

在"调整"面板中设置曲线以调暗画面，然后使用画笔工具涂抹除边角以外的区域，仅对边角部分进行加深处理。

12 设置自然饱和度

单击"创建新的填充或调整图层"按钮，应用"自然饱和度"命令并设置参数，以降低饱和度。

13 盖印图层并锐化图像

盖印"图层1"并执行"滤镜>锐化>USM锐化"命令，在弹出的对话框中设置参数并单击"确定"按钮，以锐化图像。

14 复制图层并设置其属性

复制"图层1"生成"图层1副本"，并设置图层混合模式为"柔光"，"不透明度"为40%，以稍微增强画面色调。

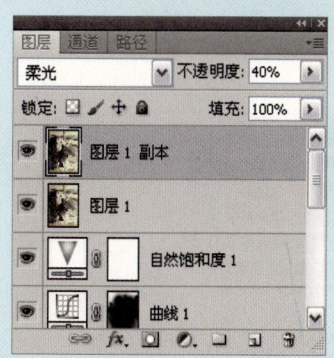

Section 05 为照片添加渐变叠加效果

为照片添加渐变叠加效果，可使用一些与渐变设置相关的工具或命令进行调整。应用"渐变映射"命令即可以指定的渐变颜色映射到照片图像中，以调整照片特殊色调。

知 识 链 接

设置选取器中的颜色预览

在"渐变映射"对话框中可选择预设的渐变颜色，也可对这些渐变颜色的相关属性进行设置，例如对该选取器中的颜色预览状态进行设置，以便在编辑时快速查看其相关属性，或更加直观地查看颜色效果。

单击对话框中渐变色相条右侧的快捷箭头，可弹出渐变颜色选取器，单击其右上角的扩展菜单按钮，即可在弹出的菜单中选择"仅文本"、"小缩览图"、"大缩览图"、"小列表"和"大列表"命令选项，以切换渐变颜色的显示状态。

选取器默认"小缩览图"预览

"大缩览图"预览

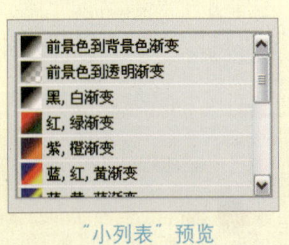
"小列表"预览

知 识 点 "渐变映射"调整命令

"渐变颜色"命令将相等的图像灰度范围映射到指定的渐变颜色，以调整图像的特殊色调。在"渐变映射"命令中可设置指定的渐变颜色，也可将当前前景色和背景色应用到该渐变颜色。在渐变色相条中，图像的阴影将映射到其中一个点的颜色，图像的高光映射到另一个点，而图像的中间调则映射到两点间的渐变颜色。

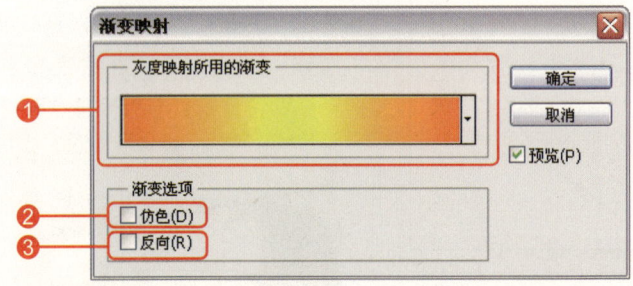
"渐变映射"对话框

❶**"点按可编辑渐变"选项色相条：**单击该渐变色相条以弹出"渐变编辑器"对话框，可从中自定义渐变颜色；单击该色相条右侧的快捷箭头，则可在弹出的渐变颜色选取器中选择预设颜色。

渐变选取器

❷**"仿色"复选框：**勾选该复选框后将在映射时添加随机的颜色，同时对渐变填充进行平滑处理以减少带宽。

❸**"反向"复选框：**勾选该复选框可切换渐变颜色的方向，可以反方向映射颜色。

设置的渐变颜色

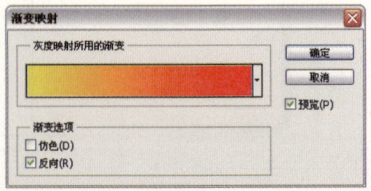
反向渐变颜色

知识链接

载入渐变颜色

　　Photoshop中附有多种类型的预设渐变颜色，可将其载入并排列在渐变颜色选取器中，以便编辑照片。

　　要载入预设渐变颜色，可在渐变选取器右上角单击扩展菜单按钮，在弹出的菜单中选择协调色系列、金属样式、蜡笔盒色谱样式等预设渐变颜色。应用相应的命令后，将弹出一个对话框，单击其中的"确定"按钮将载入的颜色替换当前选取器中的所有颜色；单击"追加"按钮则在当前选取器颜色基础上添加载入的颜色。

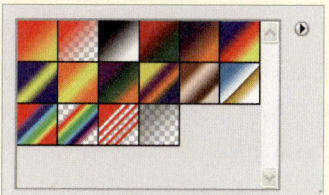

默认渐变颜色

载入"协调色2"预设渐变颜色

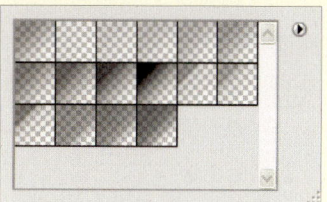

载入"中灰密度"预设渐变颜色

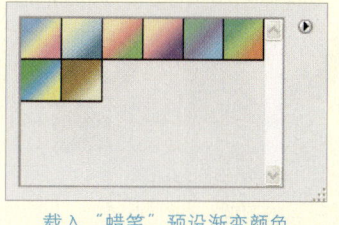

载入"蜡笔"预设渐变颜色

原图　　　　　应用渐变映射效果　　　　　反向渐变颜色

如何做　使用"渐变映射"命令调整照片

　　应用"渐变映射"命令调整照片色调时，可指定所要映射到照片中的颜色以及映射到照片的色调范围。设置指定的渐变颜色映射到照片后，将调整照片的色调倾向，以营造照片的不同的氛围。通过结合使用混合模式则可增强照片的色调层次。

01 打开图像文件并应用渐变映射

打开附书光盘Chapter 9\Media\09.jpg图像文件。设置前景色为红色（R255、G0、B19），背景色为黄色（R255、G232、B0），然后单击"创建新的填充或调整图层"按钮，在弹出的菜单中选择"渐变映射"命令，以调整照片色调。

02 设置图层图像属性

设置"渐变映射1"调整图层的混合模式为"柔光"，"不透明度"为80%，以增强照片浓郁色调效果。

摄影师训练营　调整照片复古蓝色调

应用"渐变映射"命令为照片不同的色调区域映射不同的颜色，并通过对局部颜色进行细微调整的方式增强照片细节颜色以制作照片复古色调，然后通过锐化细节图像以增强复古色调的质感。

01 打开图像文件并应用渐隐映射

打开附书光盘Chapter 9\Media\10.jpg图像文件。设置前景色为深蓝色（R0、G25、B154），背景色为淡黄色（R255、G250、B230），然后单击"创建新的填充或调整图层"按钮，在弹出的菜单中选择"渐变映射"命令，以调整照片色调。

  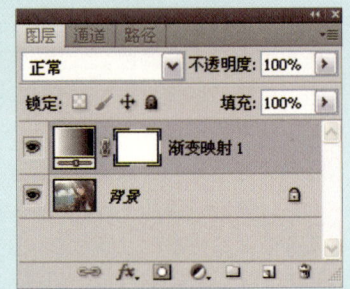

02 设置色阶

单击"创建新的填充或调整图层"按钮，在弹出的菜单中选择"色阶"命令并设置参数，以增强照片色调对比。

03 设置可选颜色

单击"创建新的填充或调整图层"按钮，在弹出的菜单中选择"可选颜色"命令并设置原色白色的参数，以调整照片中亮部的颜色。

04 盖印图层并设置图层图像属性

按下快捷键Shift+Ctrl+Alt+E盖印图层，生成"图层1"。设置该图层的混合模式为"强光"，"不透明度"为50%，增强画面色调效果。

05 盖印图层并锐化图像

再次盖印一个图层，生成"图层 2"。执行"滤镜>锐化>USM锐化"命令，在弹出的对话框中设置参数并单击"确定"按钮，以增强图像细节。

| 专 栏 | **关于前景色和背景色** |

设置前景色和背景色,可用于绘制图像或编辑蒙版以及一些特殊滤镜应用等处理,以便调整图像色调和细节效果,因此对前景色和背景色设置的了解至关重要。默认状态下的前景色与背景色为黑色和白色。通过单击工具箱底部的前景色或背景色缩览图色块,可在弹出的"拾色器"对话框中设置颜色。

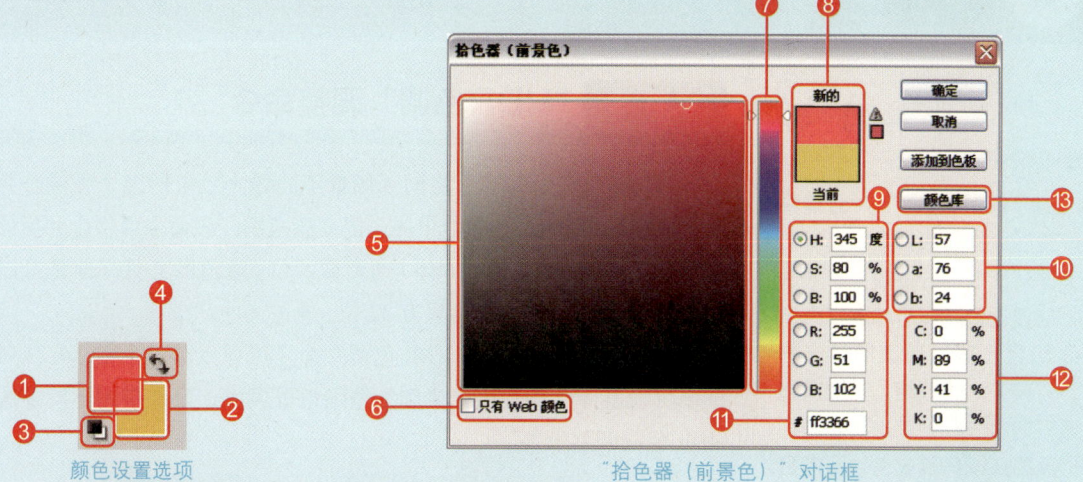

❶ **"设置前景色"色块**:用于设置当前前景色,单击该色块可在弹出的"拾色器(前景色)"对话框中设置指定的前景色。

❷ **"设置背景色"色块**:用于设置当前背景色,单击该色块可在弹出的"拾色器(背景色)"对话框中设置指定的背景色。

❸ **"默认前景色和背景色"按钮**:单击该按钮可恢复前景色和背景色的默认设置,即黑色和白色。也可按下D键恢复默认值。

❹ **"切换前景色和背景色"按钮**:单击该按钮可互换当前前景色和背景色的颜色。

❺ **颜色选择窗口**:单击此窗口中任意区域点或通过拖动的方式可选取指定的颜色。

❻ **"只有Web颜色"复选框**:勾选该复选框后在对话框中只显示Web颜色。

❼ **颜色选择滑块**:通过拖动滑块可选择指定的色相色调并将其显示在颜色选择窗口中。

❽ **颜色预览色块**:可预览当前选择的颜色与之前选择的颜色对比状态。位于上端的色块为新选择的颜色,位于下端的色块为之前选择的颜色即当前已确认的颜色。

❾ **HSB颜色模式值**:在选择了指定的颜色后将显示该颜色模式下对应的颜色值,也可通过在各数值框中输入HSB颜色模式数值来设置不同的颜色。

❿ **Lab颜色模式值**:在选择了指定的颜色后将显示该颜色模式下对应的颜色值,也可通过在各数值框中输入Lab颜色模式数值来设置不同的颜色。

⓫ **RGB颜色模式值**:在选择了指定的颜色后将显示该颜色模式下对应的颜色值,也可通过在各数值框中输入RGB颜色模式数值来设置不同的颜色。

⓬ **CMYK颜色模式值**:在选择了指定的颜色后将显示该颜色模式下对应的颜色值,也可通过在各数值框中输入CMYK颜色模式数值来设置不同的颜色。

⓭ **"颜色库"按钮**:单击该按钮可在弹出的"颜色库"对话框中针对特殊颜色进行设置。

若要在选择画笔工具的情况下快速选取图像中指定区域的颜色,可按住Alt键,光标显示为吸管工具状态时单击图像颜色以快速取样为前景色。

Section 06 调整照片颜色对比

调整照片颜色对比可通过多种方式实现，但在调整照片色调的同时又能制作照片的特殊影调效果并增强图像细节像素对比，可应用"HDR色调"命令。应用该命令可制作照片特殊光影色调，以增强照片纪实色调或颜色鲜艳度等效果。

知识链接

设置HDR曲线

在"HDR色调"对话框中可设置图像的曲线效果。通常情况下该对话框中的选项为参数选项，若要设置曲线可单击"色调曲线和直方图"选项的扩展箭头，以展开该选项组；若要调整对话框的状态，则单击其他选项的扩展箭头以将其收缩，从而更方便对曲线的设置。

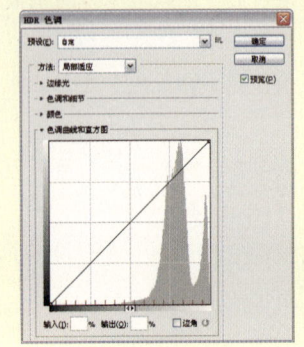

设置图像曲线效果

在"HDR色调"对话框中通过拖动曲线可调整图像的色调，也可勾选该选项组中的"边角"复选框，以尖角形式调整曲线。

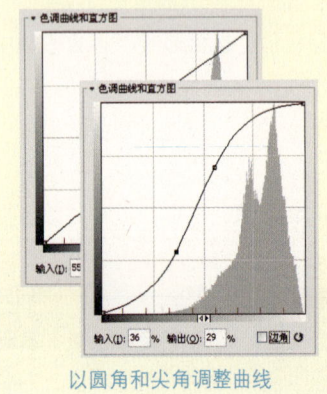

以圆角和尖角调整曲线

知识点 "HDR色调"调整命令

"HDR色调"命令可将同一场景不同曝光效果的多个图像合并起来，以获取单个HDR图像中的全部动态范围。该命令可将合并后的图像存储为32位/通道、16位/通道或8位/通道的文件，但是可以将HDR图像数据全部存储到只有32位/通道文件。

执行"图像 > 调整 > HDR色调"命令可弹出其对话框，在该对话框中可设置照片中的边缘光和细节颜色等属性，以及应用不同方法的HDR色调调整效果。

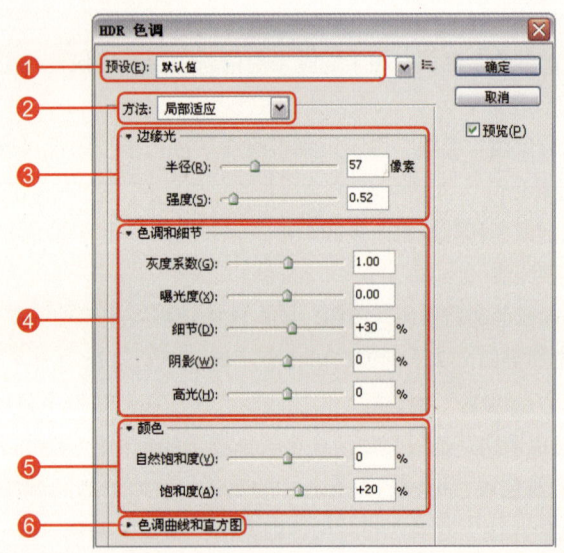

"HDR色调"对话框

❶ **"预设"选项：** 通过在下拉列表中选择预设的调整命令，可快速应用照片的特殊色调。

❷ **"方法"选项：** 用于指定色调的映射方法，包括"曝光度和灰度系数"、"高光压缩"、"色调均化直方图"和"局部适应"色调映射方法。默认为"局部适应"映射方法。

❸ **"边缘光"选项组：** "半径"选项用于设置局部亮度区域的大小，"强度"选项决定两个像素的色调值相差多大时所属不同亮度区域。

❹ **"色调和细节"选项组：** "灰度系数"选项系数为1.0时，其动态范围最大，低数值会加重中间调，而高数值则会加重阴影和高光；"曝光度"选项用于调整图像的曝光色调；"细节"选项用于调整图像的锐

专 家 技 巧

使用预设HDR色调

应用"HDR色调"命令时，可使用其预设调整命令，以调整照片特殊色调。在该命令对话框中选择"预设"选项中的相关选项即可快速调整图像色调，包括"单色艺术处理"、"逼真照片高对比度"和"超现实"等预设选项。

原图

"单色"预设效果

"逼真照片高对比度"预设效果

"超现实"预设效果

化或模糊图像的细节像素；调整"阴影"或"高光"选项可调暗或调亮图像。

❺ **"颜色"选项组：** 设置"自然饱和度"选项，在调整细节颜色强度的同时，尽量不剪切高度饱和的颜色。

❻ **"色调曲线和直方图"选项：** 单击该选项快捷箭头可弹出该选项中图像的曲线和直方图，通过添加曲线节点并调整曲线状态，可调整图像的色调。

如何做　使用"HDR色调"命令调整照片颜色

应用"HDR 色调"命令不仅可用于调整照片的亮度和颜色，还可对照片中的细节像素进行处理，以增强照片的色调和质感。

01 打开图像文件

执行"文件>打开"命令，打开附书光盘Chapter 9\Media\11.jpg图像文件。

02 设置HDR参数

执行"图像>调整>HDR色调"命令，在弹出的对话框中分别设置各选项的参数，以增强画面色调效果，使照片颜色更加鲜艳，细节像素更加突出。

知识链接

应用其他HDR调整方法

"HDR 色调"命令可使用多种映射方法调整色调,包括"曝光度和灰度系数"、"高光压缩"、"色调均化直方图"和"局部适应"色调映射方法。其中一些映射方法可直接调整图像而不用设置相关选项,以快速调整照片色调。

原图

应用"曝光度和灰度系数"方法

应用"高光压缩"方法

应用"色调均化直方图"方法

03 设置HDR曲线

分别单击对话框中相关选项的扩展箭头,将其收缩,然后单击"色调曲线和直方图"选项的扩展箭头,将其展开,并在其中设置曲线,以调整画面色调,完成后单击"确定"按钮。

04 设置色阶以调整天空部分

单击"创建新的填充或调整图层"按钮 ,在弹出的菜单中选择"色阶"命令,并在"调整"面板中设置其参数,以增强画面对比。单击画笔工具 ,涂抹除天空以外的区域,恢复该区域色调,仅调整天空部分对比度。

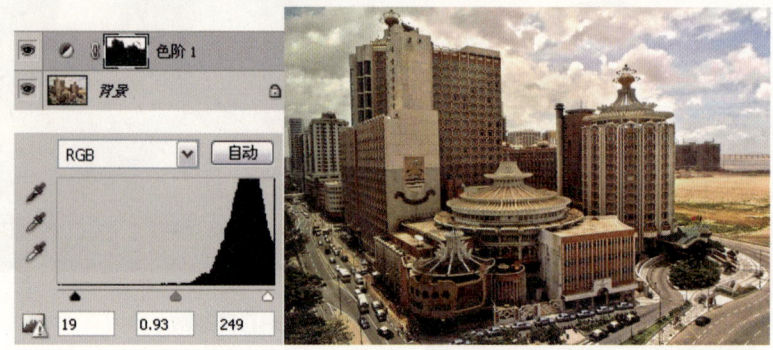

05 调整亮度/对比度以调整建筑部分

按照同样的方法应用"亮度/对比度"命令并设置参数,以调整画面色调。按住 Ctrl 键单击"色阶 1"调整图层的蒙版,将天空部分载入选区,再按下快捷键 Alt+Delete 填充天空部分为黑色,以恢复该区域颜色,仅调整建筑部分的颜色。

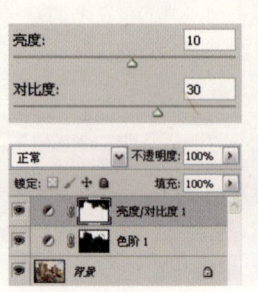
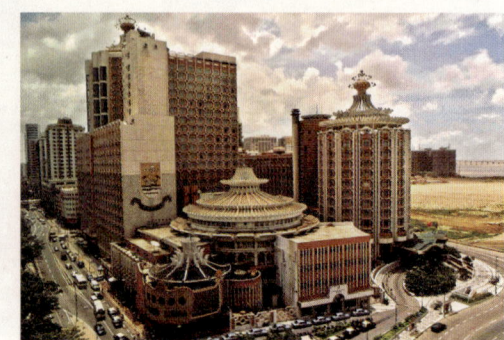

专栏 "合并到HDR Pro"命令

"合并到 HDR Pro"命令从一组曝光中选择两个或两个以上的文件以合并和创建高动态范围图像。执行"文件 > 自动 >HDR Pro"命令，可在对话框中单击"浏览"按钮并打开多个图像文件，再单击"确定"按钮以便将这些图像合并为 HDR 色调效果。此时可在弹出的对话框中手动设置各照片文件的曝光效果。

照片1

照片2

照片3

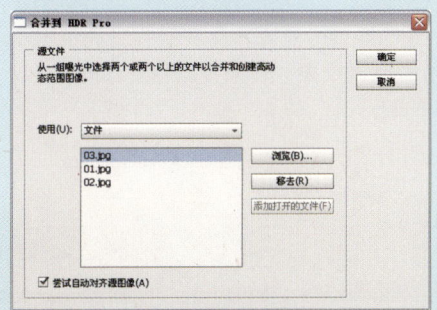
浏览指定文件

手动设置曝光值

完成手动设置曝光值后单击"确定"按钮，即可在弹出的"合并到HDR Pro"对话框中设置各项参数，以调整合并HDR色调的照片效果。

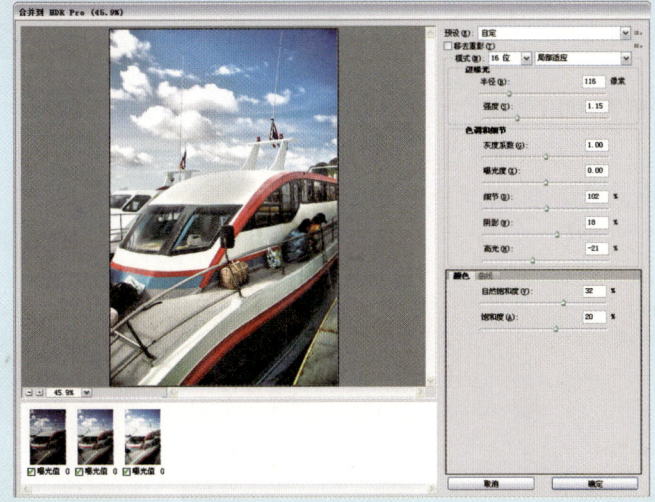
设置合并到HDR色调的参数

合并到HDR色调效果

摄影师训练营　调整照片诱人色调

应用HDR色调增强照片的颜色效果，可应用"HDR色调"命令或"合并到HDR Pro"命令，以便通过不同的方式调整照片色调效果。

专家技巧

合并不同照片HDR质感

要调整照片HDR色调，以制作其特殊质感效果，可将多个不同的照片图像合并为HDR色调效果。

在菜单栏中执行"文件 > 自动 > HDR Pro"命令，在弹出的对话框中选择需要合并的多个不同照片文件，然后根据提示进行合并处理，调整照片特殊质感。

原图1

原图2

原图3

合并图像HDR色调质感

01 打开图像文件

执行"文件 > 打开"命令，打开附书光盘 Chapter 9\Media\12.jpg 图像文件。

02 设置HDR参数

执行"图像 > 调整 > HDR色调"命令，在弹出的对话框中分别设置各选项的参数，以增强画面色调效果，使照片颜色更加鲜艳。

03 设置HDR曲线

展开"色调曲线和直方图"选项组，并在其中设置曲线，以调整画面色调，完成后单击"确定"按钮。

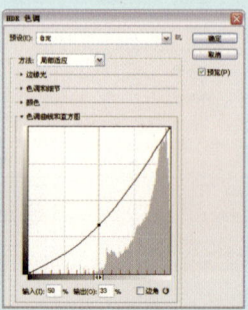

Section 07 应用图像特殊色调

应用图像特殊色调，可通过应用"图像"菜单中的"应用图像"调整命令进行调整。该命令通过对图像图层和通道进行计算，并调整不同的混合模式以调整照片特殊色调。

知识链接

直接对颜色通道应用"应用图像"命令

对照片的颜色通道应用"应用图像"命令和在该命令对话框中设置指定通道的调整效果会有所不同。

由于照片文件的各颜色通道构成了照片整体颜色效果，因此通过"通道"面板中选择颜色通道并进行调整时不仅会改变整个照片的明度，也可改变其颜色。而在"应用图像"命令对话框中设置指定的通道并应用调整，将只改变图像的明度而不会改变图像颜色。

原图

对指定的颜色通道应用调整

通过命令对话框选择指定的通道

知识点 "应用图像"调整命令

"应用图像"命令可指定单个源，并将该源的图层和通道进行计算以获取结果再应用结果到当前图像，从而调整图像特殊色调。"应用图像"命令指定单个源的图层和通道混合方式，也可对该源添加一个蒙版计算方式。应用该命令可在"通道"面板中选择指定的通道并进行调整，也可直接在其对话框中设置指定的通道以调整图像，但这两种方法即使是在设置了同样的属性也会得到不同的色调调整效果。

打开一个图像文件后，可在"通道"面板中选择一个颜色通道，或直接对其复合通道执行"图像 > 应用图像"命令，并在弹出的对话框中根据需求设置混合模式等属性，完成后应用这些设置即可调整该通道的明度，并同时更改该图像复合通道的颜色。在设置混合模式时可尝试多种混合模式以获取不同的色调效果。

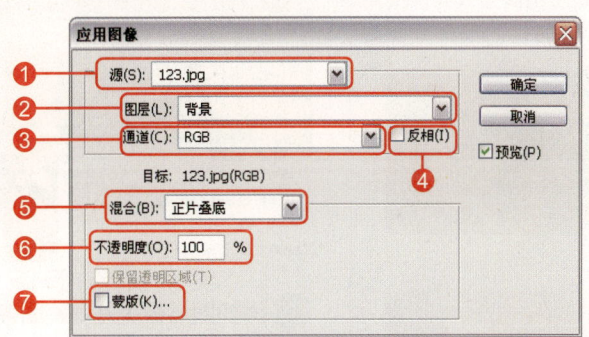
"应用图像"对话框

❶ **"源"选项**：用于设置需要计算并合并应用图像的源。

❷ **"图层"选项**：用于设置需要进行计算的源的图层。

❸ **"通道"选项**：用于设置需要进行计算的源的通道。

❹ **"反相"复选框**：勾选该复选框后将对混合后图像的色调进行反相处理。

❺ **"混合"选项**：用于设置计算图像时所要应用的混合模式，以获取丰富的色调效果。

❻ **"不透明度"选项**：该选项用于设置所应用混合模式的不透明度效果。

❼ **"蒙版"复选框**：勾选该复选框将弹出其选项组，用于设置将图像应用于蒙版后的图像显示区域。

如何做 使用"应用图像"命令调整照片

使用"应用图像"命令可调出照片丰富的色调效果,因此在应用该命令时,可在其对话框中通过设置不同的通道混合模式和不透明度以调整照片不同风格的色调。

专家技巧
复制图层以调整色调

在对图像使用"应用图像"命令调色时,将对图像的复合通道进行调色,并覆盖其原始颜色信息。因此在使用该命令调整照片色调时,可复制一个图层再进行调整,以便保留图像原始颜色信息。

01 打开图像文件并复制图层
打开附书光盘Chapter 9\Media\13.jpg图像文件,并复制图层。

02 选择"红"通道
在"通道"面板中选择"红"通道,对该通道颜色进行调整。

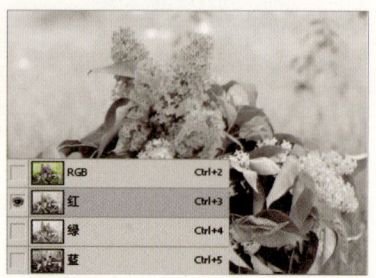

专家技巧
应用反相调整效果

勾选"应用图像"命令对话框中的"反相"复选框后,将更改当前计算通道图像并应用混合模式后的颜色效果,以反相指定通道的方式应用调整效果,从而得到不同的色调。

原图

对指定通道应用调整效果

勾选"反相"复选框以调整图像

03 设置"应用图像"命令
执行"图像>应用图像"命令,在弹出的对话框中设置各项参数并单击"确定"按钮,然后选择面板中的RGB通道以查看效果。

04 应用"绿"通道调整效果
再次复制一个图层并选择"绿"通道,执行同样的命令并设置相应参数以调整画面色调。完成后选择 RGB 通道以查看调整效果。

05 添加图层蒙版并调整图像
单击"添加图层蒙版"按钮,再单击画笔工具,涂抹画面中的花朵部分,以恢复该区域的颜色。

| 摄影师训练营 | 调整照片反转片负冲色调 |

使用"应用图像"命令调整照片反转片负冲色调，可结合使用其他调整命令如"通道混合器"和"可选颜色"等命令调整照片整体或局部色调，以使照片整体和细节都呈现较好的状态。

01 打开图像文件并复制图层

打开附书光盘Chapter 9\Media\14.jpg图像文件，然后复制"背景"图层生成"背景 副本"图层。

02 以快速蒙版涂抹皮肤

单击"以快速蒙版模式编辑"按钮，再单击画笔工具，在人物面部皮肤处进行涂抹。

03 创建面部皮肤选区

完成涂抹后单击"以标准模式编辑"按钮，创建皮肤部分选区。

04 设置曲线

单击"创建新的填充或调整图层"按钮，在弹出的菜单中选择"曲线"命令，并在"调整"面板中设置曲线，以调亮人物面部皮肤颜色。

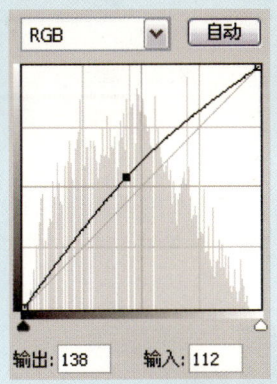

05 盖印图层并选择通道

按下快捷键Shift+Ctrl+Alt+E盖印图层，生成"图层1"。切换至"通道"面板中选择"红"通道，选择该通道并显示该通道图像灰度色调状态。

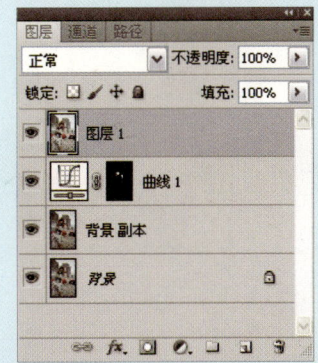

06 设置应用图像

执行"图像>应用图像"命令，在弹出的对话框中设置参数并单击"确定"按钮，然后选择RGB通道以查看调整效果。

07 添加通道混合器调整图层

单击"创建新的填充或调整图层"按钮，在弹出的菜单中选择"通道混合器"命令，以添加该调整图层。

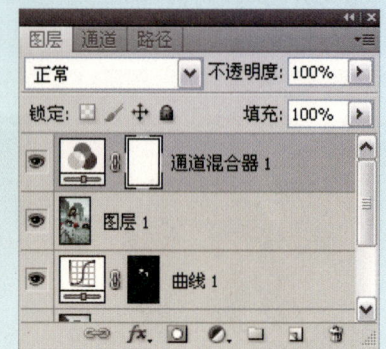

08 设置通道混合器

在"调整"面板中分别设置"红"、"绿"和"蓝"输出通道的颜色参数，以调整照片颜色，调整照片整体色调为偏黄绿效果。

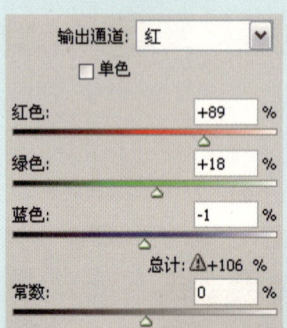

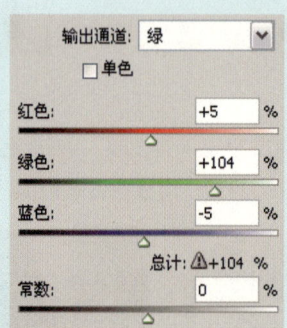

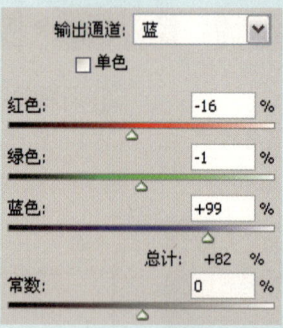

09 设置可选颜色

单击"创建新的填充或调整图层"按钮，在弹出的菜单中选择"可选颜色"命令，然后在"调整"面板中设置原色黄色的参数，以增强画面中局部区域的暖色效果。

10 涂抹蒙版

使用画笔工具在人物面部和头发部分进行涂抹，以恢复该区域的色调。

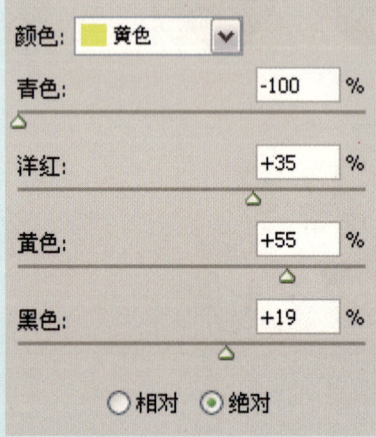

11 载入背景选区并设置曲线

按住 Ctrl 键单击"选取颜色 1"调整图层的蒙版以载入除人物头部以外的选区。按照同样的方法应用"曲线"命令，添加"曲线 2"调整图层并设置曲线，以调暗画面背景部分。

12 载入头部选区

按照同样的方法载入人物头部选区后，按下快捷键 Shift+Ctrl+I，反选选区。

 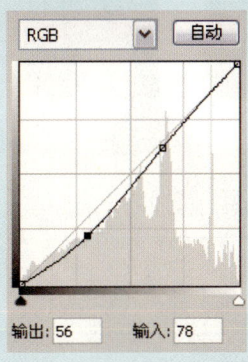  

13 设置可选颜色

单击"创建新的填充或调整图层"按钮，在弹出的菜单中选择"可选颜色"命令，然后在"调整"面板中设置原色黄色的参数，以调整人物头部的色调效果。

14 盖印图层

按下快捷键 Shift+Ctrl+Alt+E 盖印图层，生成"图层 2"。

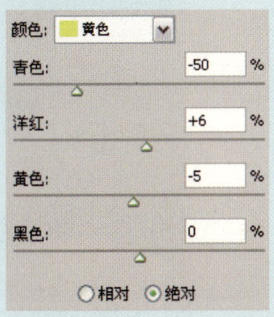  

15 添加晕影

执行"滤镜 > 镜头校正"命令，在弹出的对话框中设置参数并单击"确定"按钮，添加画面晕影。

16 设置色阶

单击"创建新的填充或调整图层"按钮，在弹出的菜单中选择"色阶"命令，然后在"调整"面板中设置参数，以增强画面对比色调效果。

 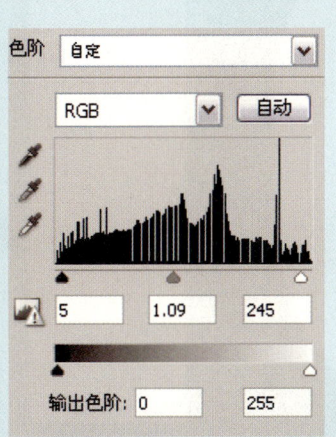 

Part 05

数码照片艺术特效篇

Chapter 10	人物照片美容秘笈
Chapter 11	风景照片艺术调整
Chapter 12	主题照片修饰

CHAPTER
10

人物照片美容秘笈

本章主要针对数码照片处理中人物照片美容修饰的方法与技巧进行讲解。包括对人物照中人物眼部、嘴部、耳部、脸部轮廓和身体轮廓等部位进行修饰处理，涉及知识包括画笔工具、"画笔"面板、"液化"滤镜、外挂滤镜和定义图案等功能应用。通过本章中对人物照美容修饰秘笈的讲解，帮助读者了解人物修饰的功能技巧。

Section 01 为人物眼部美容

对人物眼部进行美容处理，包括对数码照片中人物的眼睛区域绘制眼睛或睫毛等，以增强眼部的神采。通过使用画笔工具绘制图像或添加颜色，以调整人物眼部效果。

知识点 画笔工具

画笔工具模拟真实画笔绘制颜色，不同的是Photoshop中的画笔具备更多的功能，且非常强大和灵活。通过设置画笔的大小、硬度、角度和其他笔尖动态等属性以任意调整画笔的状态，绘制丰富的图像效果。

画笔工具属性栏

知识链接

设置画笔显示状态

设置"画笔预设"选取器中画笔的显示状态以便使用这些画笔进行编辑，可在该选取器右上角单击其扩展菜单按钮，并在弹出的菜单中选择如以文本、缩览图或列表为显示样式的命令，以更改当前画笔显示状态。

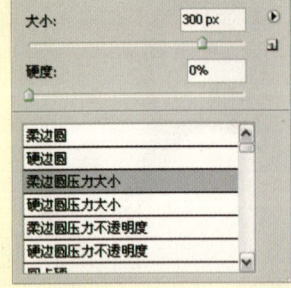

"仅文本"显示状态

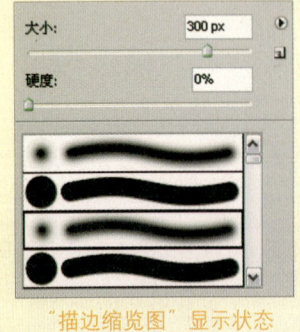

"描边缩览图"显示状态

❶ **"画笔预设"选项：** 单击该选项可在弹出的"画笔预设"选取器中选择指定的画笔，并可设置画笔的笔尖大小和硬度等属性。

❷ **"切换画笔面板"按钮：** 单击该按钮可弹出"画笔"面板，从中可设置画笔笔尖各种形态属性，包括画笔笔尖形状、形状动态、散布和纹理等属性。

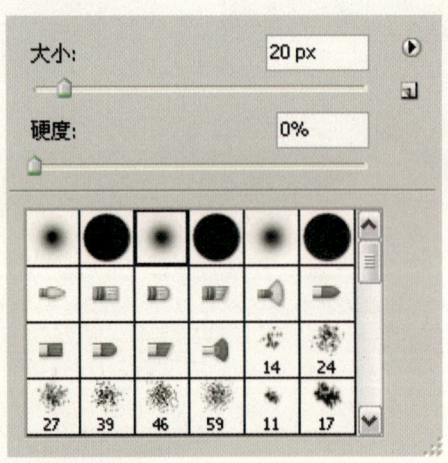

"画笔预设"选取器

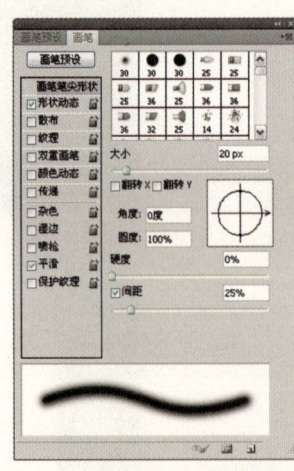

"画笔"面板

❸ **"模式"选项：** 用于设置画笔所涂抹的颜色与所涂抹区域颜色的混合效果，从而获取特殊的色调效果。

原图

直接涂抹颜色

设置混合模式后涂抹颜色

| 知 识 链 接 |

设置画笔不透明度

使用画笔工具涂抹颜色时，通过设置其"不透明度"参数可指定应用到图像中的颜色的多少，以便在编辑图像时以不同的颜色量调整指定区域。

原图

画笔"不透明度"为100%

画笔"不透明度"为40%

02 设置图层图像属性

设置复制的"背景 副本"图层的混合模式为"滤色"，"不透明度"为60%，以调亮画面色调效果，使人物皮肤更加通透。

❹ **"不透明度"选项**：用于设置画笔在涂抹一次所应用颜色的量。设置其不透明度后涂抹颜色时，将以指定的颜色不透明度应用到所涂抹区域的图像中。设置较透明的属性后在同一图像区域多次涂抹颜色后可将该区域颜色涂抹为不透明状态。

❺ **"绘图板压力控制不透明度"按钮**：单击该按钮，将使用光笔压力覆盖"画笔"面板中的不透明度。

❻ **"流量"选项**：可设置画笔移动至图像上方并涂抹颜色时的应用速率，在同一图像区域一直按住鼠标左键并应用颜色时，将根据指定的流动速率增加颜色量，直至不透明。

❼ **"启用喷枪模式"按钮**：单击该按钮将使用喷枪模拟绘画。根据指定的属性设置而启用喷枪，移动光标至图像中时一直按住左键会增加颜色的应用量。

❽ **"绘图板压力控制大小"按钮**：单击该按钮将使用光笔压力覆盖"画笔"面板中设置的大小。

| 如 何 做 | **添加浓密睫毛** |

为照片中的人物添加浓密的睫毛，可在选择指定的画笔笔刷并设置其笔尖动态属性后使用画笔工具绘制眼部睫毛。在绘制睫毛的过程中须根据睫毛所在的角度调整画笔笔刷的角度。

01 打开图像文件并复制图层

打开附书光盘Chapter 10\Media\01.jpg图像文件。将"背景"图层拖动至"创建新图层"按钮 上，生成"背景 副本"图层。

 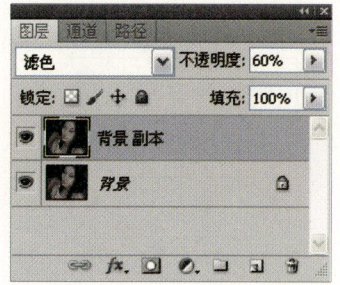

知 识 链 接

切换至"画笔预设"面板

选择画笔笔刷,可通过在"画笔"面板或"画笔预设"选取器中进行选择,也可在"画笔预设"面板中更加直观地查看或选择画笔。

打开"画笔"面板后,可单击其中的"画笔预设"按钮,以切换至"画笔预设"面板。在该面板中可更加直观地查看指定的笔刷,以便快速选择画笔。

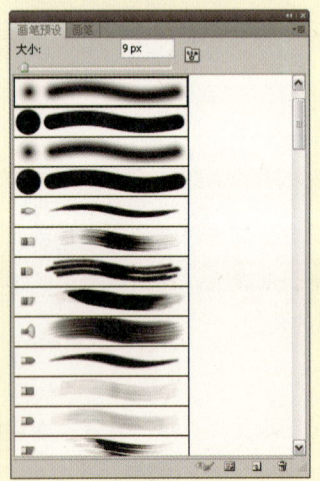

"画笔预设"面板

同样的,在"画笔预设"面板中也可对画笔笔刷的预览方式进行设置,以不同的模式显示画笔状态。

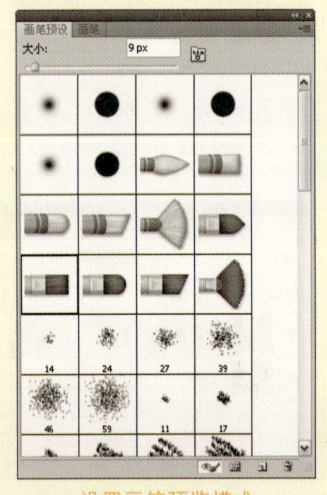

设置画笔预览模式

03 放大视图并新建图层

按下快捷键Ctrl++放大视图至人物右眼部分,然后单击"创建新图层"按钮 ,新建"图层1"。

04 设置画笔并绘制睫毛

单击画笔工具 ,再单击属性栏中的"切换画笔面板"按钮 ,在面板中选择"沙丘草"画笔并设置其属性,然后在人物右眼的眼角处绘制黑色的睫毛。

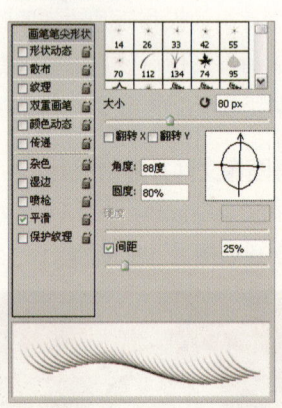

05 调整画笔并绘制新的睫毛

继续在"画笔"面板中设置沙丘草画笔笔尖状态,调整其角度和圆度后继续沿上眼线绘制睫毛。

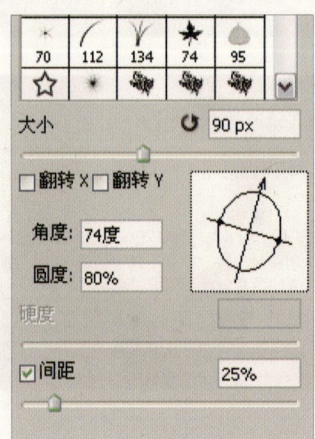

06 继续调整画笔并绘制新的睫毛

继续在"画笔"面板中设置沙丘草画笔笔尖状态，调整其角度和圆度后继续沿上眼线相应角度绘制睫毛。

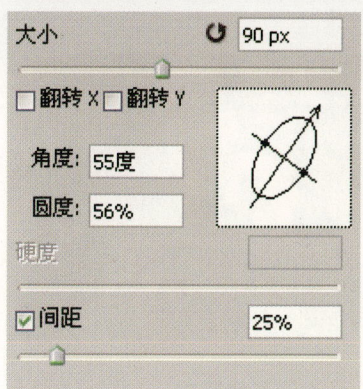

07 绘制其他角度的睫毛

按照同样的方法绘制更多的睫毛，在绘制时注意睫毛沿眼线角度的转折变化效果。

08 复制图层以增强睫毛

按下快捷键 Ctrl+J 两次，以复制"图层1"为"图层1副本"和"图层1副本2"，从而增强睫毛的颜色效果。

09 新建图层并绘制眼线

新建"图层2"，设置前景色为与眼线图像颜色相近的黑色。选择一个柔角画笔，并随时更改其不透明度，在眼线处涂抹颜色。

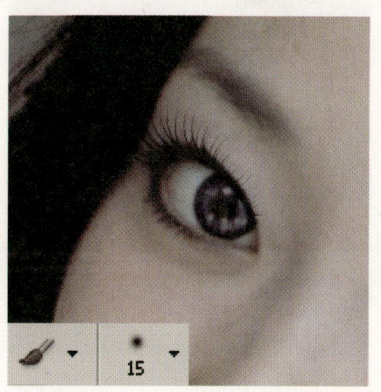

10 绘制另一只眼睛的睫毛

继续按照同样的方法为另一只眼睛绘制睫毛效果，以增强人物眼部神采。

如何做　添加人物炫彩美瞳

为人物眼睛制作炫彩美瞳效果，可直接通过在眼珠部分绘制指定的颜色并应用其混合模式的方式调整眼珠的颜色，以增强眼睛美瞳神采。

01 打开图像文件并复制图层

打开附书光盘 Chapter 10\Media\02.jpg 图像文件。将"背景"图层拖动至"创建新图层"按钮上，以复制该图层，生成"背景副本"图层。

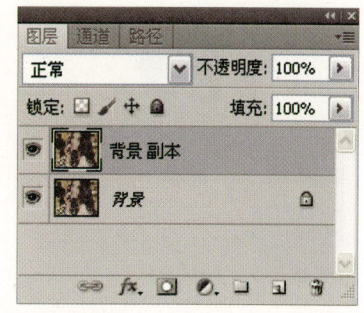

专家技巧

应用混合模式涂抹颜色

　　为新图层绘制颜色并设置该图层混合模式后,将该图层中的颜色混合到下方图层的颜色中,以增强指定区域的色调效果。同样的,也可通过直接使用设置了混合模式的画笔工具在图像中涂抹颜色,以调整所涂抹区域的色调。

　　画笔工具属性栏中的混合模式设置与"图层"面板中的混合模式一致,包括"正片叠底"、"叠加"、"柔光"和"色相"等混合模式,以便在不创建新图层的前提下快速调整图像的色调,但使用该方法将覆盖原始图像的颜色信息。

原图

设置混合模式后使用画笔工具

新建图层以绘制颜色并设置模式

02 应用自动色调

执行"图像>自动色调"命令,以自动调整画面的色调,增强照片色调对比。

04 新建图层并涂抹眼珠颜色

新建"图层1",并单击画笔工具,沿人物眼珠部分涂抹赭石色(R171、G84、B13)。

03 减淡调整效果

设置"背景 副本"图层的"不透明度"为80%,以稍微减淡调整效果。

05 设置混合模式

设置"图层1"的混合模式为"柔光",将涂抹的颜色应用到眼珠图像,以调整眼珠的颜色。

06 增强眼珠对比度

按住Ctrl键单击"图层1"的缩览图,将眼珠部分载入选区,然后单击"创建新的填充或调整图层"按钮,在弹出的菜单中选择"色阶"命令并设置参数,以增强眼珠部分的对比度。

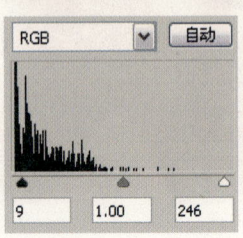

| 专 栏 | 了解"画笔"面板 |

"画笔"面板用于设置绘画工具的各种状态属性,可从中设置画笔的笔尖形状、形状动态、颜色动态、散布与纹理以及杂色和湿边等画笔属性,设置后的画笔将被调整为不同的动态和颜色应用效果,以绘制出丰富的笔触和颜色样式。

单击绘画工具属性栏中的"切换画笔面板"按钮,或执行"窗口>画笔"命令,以打开"画笔"面板。在该面板中包括多种画笔属性,勾选各属性的选项复选框可应用画笔该属性,并可切换至该属性选项面板中设置该属性参数,以调整画笔笔尖或颜色效果,而设置后的效果可在面板底端的画笔预览框中显示,可以查看画笔调整的状态。

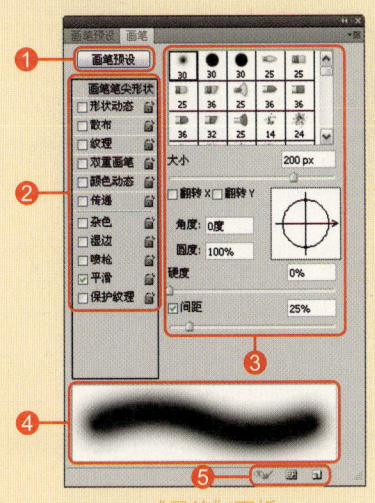
"画笔"面板

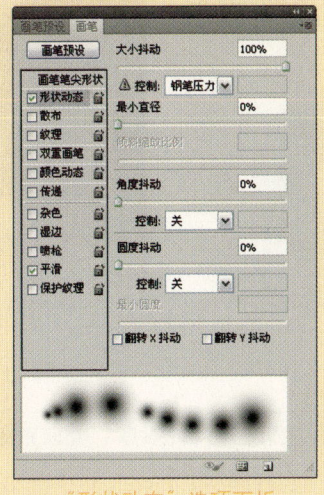
"形状动态"选项面板

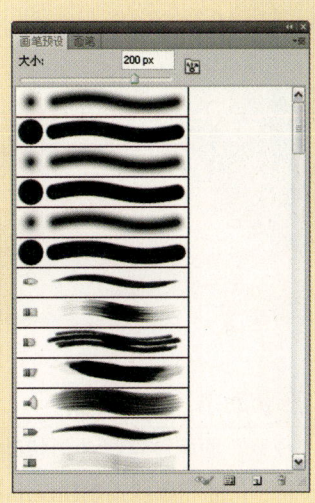
切换至"画笔预设"面板

❶ **"画笔预设"按钮**:单击"画笔预设"按钮可切换至"画笔预设"面板,也可单击顶端的"画笔预设"标签以切换至该面板。该面板用于显示画笔笔刷,并可载入画笔和设置画笔显示状态等。

❷ **"画笔属性选项"列表框**:包括"画笔笔尖形状"、"形状动态"、"散布"、"颜色动态"、"杂色"和"湿边"等画笔属性的相关选项。勾选任一选项的复选框,即可添加画笔的该属性,而单击选项则可切换至该属性选项面板,并在其中设置画笔的该属性效果。

❸ **画笔属性选项**:在"画笔"面板左侧的列表框中选择任一画笔属性选项后,将切换至相应选项面板,可设置该属性参数,以调整画笔的动态效果。

❹ **画笔预览框**:用于预览当前画笔的设置效果,在设置画笔的各项属性后可在该区域查看设置后的画笔状态,以便进一步对画笔进行精细的调整。

❺ **基本按钮**:选择了硬毛刷画笔后单击"切换硬毛刷画笔预览"按钮,可在工作界面左上角显示或隐藏该硬毛刷的预览状态;单击"打开预设管理器"按钮可弹出"预设管理器"对话框,在该对话框中可载入或复位画笔;单击"创建新画笔"按钮,可在弹出的"画笔名称"对话框中设置要存储的画笔名称,单击"确定"按钮即可将当前所选或设置的画笔存储为新笔刷。

 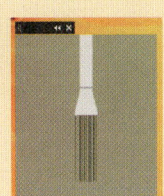   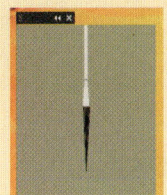 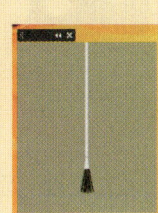

显示各种毛刷画笔

1. "画笔笔尖形状"选项面板

在该选项面板中可设置画笔的基本属性,包括旋转指定的画笔、设置画笔的大小、坐标翻转、角度和圆度、硬度以及间距等属性。

默认画笔效果

设置画笔间距

原图

应用画笔间距调整效果

2. "形状动态"选项面板

在"画笔"面板中选择"形状动态"选项并设置参数,可设置画笔笔触的形状和动态效果,例如画笔的大小抖动、角度和圆度抖动以及钢笔压力等属性。

3. "散布"选项面板

该选项可控制画笔颜色的数量和分布位置,以获取笔触随机散射的效果。该属性设置可用于制作雪花、星光等画笔效果。

设置画笔形状动态

设置画笔散布效果

应用画笔形状动态效果

应用画笔散布效果

4. "纹理"选项面板

该选项主要用于调整画笔的纹理效果,可通过在"图案选取器"中选择指定的纹理图案,并对图案进行反相、缩放和模式等属性的设置,以调整画笔纹理状态。该选项可为每个笔尖设置纹理,使笔触效果看起来像是在带纹理的画布上绘制的一样。

5."双重画笔"选项面板

该选项可在面板中选择两个画笔并将其应用为同一画笔效果。在"画笔笔尖形状"选项面板中选择一个画笔后,再在"双重画笔"选项面板中选择另一个画笔,并对其属性进行设置,即可对该双重画笔的模式和形状等属性进行设置。

设置画笔纹理效果

设置双重画笔效果

6."颜色动态"选项面板

该选项主要用于对两种颜色或图案进行不同程度的混合。该选项与当前前景色和背景色的设置有关,通过设置其背景/前景抖动、色相抖动、饱和度抖动等颜色属性,可随机调整所设置的画笔在图像中应用颜色的抖动效果。

设置前景色和背景色抖动效果

设置色相抖动效果

设置饱和度抖动效果

继续设置亮度抖动和颜色纯度效果

7."传递"选项面板

该选项确定油彩在描边路线中的改变方式,选择混合器画笔工具后,将在该选项面板中显示更多的设置选项。

PART 05 数码照片艺术特效篇 233

摄影师训练营 — 为人物添加个性眼影

为人物添加个性眼影效果，可首先调整人物面部色调，以便在之后调整眼影色调时使其更加融合。通过设置画笔笔尖形态属性并绘制指定颜色，再应用其混合模式以混合图像的方式可添加眼影。

专家技巧

手动取样曲线调整点

应用"曲线"命令调整照片色调时，可通过在其曲线直方图中单击曲线任意点的方式指定需要调整色调的区域。曲线锚点越靠左下方，则调整阴影区域；锚点越靠右上方，则可调整高光区域。

通过应用曲线命令中相关选项，可手动在图像中指定一个主要调整的色调区域。单击其"在图像上单击并拖动可修改曲线"按钮后，在图像中单击指定区域并进行拖动，调整该区域曲线。

原图

调亮亮部

调亮暗部

01 打开图像文件并添加调整图层

打开附书光盘 Chapter 10\Media\03.jpg 图像文件。单击"创建新的填充或调整图层"按钮，在弹出的菜单中选择"曲线"命令以添加调整图层。

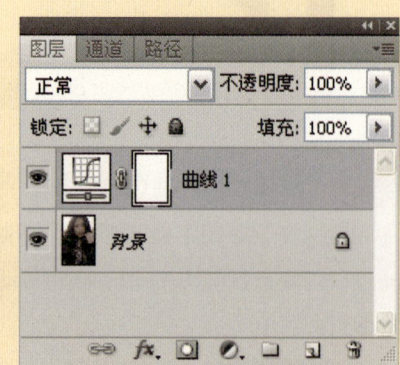

02 设置曲线

在"调整"面板中向左上方拖动曲线锚点，以稍微调亮画面色调，突出人物面部效果。

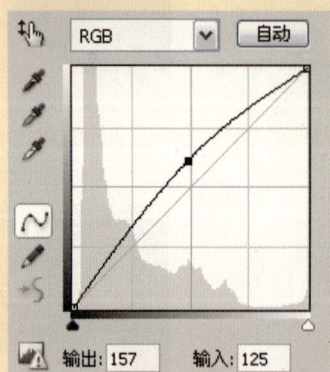

03 创建人物皮肤部分的选区

单击"以快速蒙版模式编辑"按钮，再单击画笔工具，涂抹人物皮肤部分，完成涂抹后单击"以标准模式编辑"按钮，以创建人物皮肤部分的选区。

04 设置可选颜色

单击"创建新的填充或调整图层"按钮，在弹出的菜单中选择"可选颜色"命令，并设置其原色红色的参数，以调整人物面部色调。

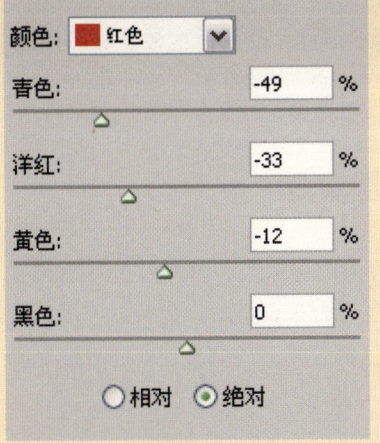

05 设置画笔纹理属性

选择画笔工具后，在"画笔"面板中的"纹理"选项面板中选择一个图案并设置各项参数。

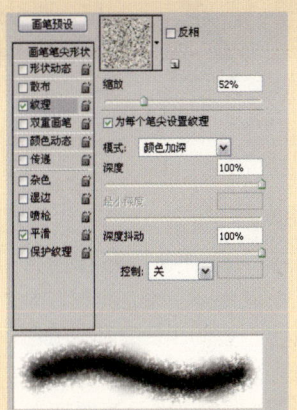

06 涂抹眼影颜色

设置画笔工具透明度后，新建"图层1"并在人物右眼眼皮上涂抹土红色（R160、G71、B28）。

07 设置眼影图层混合模式

设置"图层1"混合模式为"减去"，"不透明度"为50%，将涂抹的颜色混合到眼皮上，以添加眼影效果。

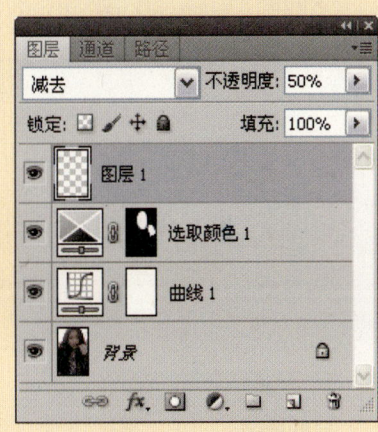

08 绘制另一只眼睛的眼影

新建一个图层并按照同样的方法添加人物左眼的眼影效果。

09 制作其他颜色的眼影

新建图层并使用较透明的画笔在人物眼皮较上方位置涂抹黄色（R246、G240、B83），设置混合模式为"线性加深"，增强眼影色调效果。

Section 02 为人物嘴巴美容

对人物嘴巴部分进行美容处理，可对人物的牙齿和嘴唇等区域进行颜色调整。通过使用"色彩平衡"命令调整牙齿或嘴唇的颜色，以美化或校正其颜色，增强视觉美感。

知识链接

保持明度

应用"色彩平衡"命令调整色调时，"保持明度"复选框默认为勾选状态，以防止调整时亮部色调随颜色的更改而变化。取消勾选该复选框后，则可在调整图像色调的同时调整亮部颜色。

原图

保持明度以调整色调

不保持明度以调整色调

知识链接

调整颜色滑块为同一数值

在应用"色彩平衡"命令调整色调时，若同时设置其中3个滑块数值为同样的数值，将不会改变图像的色调效果，若此时取消勾选其中的"保持明度"复选框，则会改变其色调。

知识点 "色彩平衡"调整命令

"色彩平衡"命令可校正图像的偏色现象或调整照片特殊色调效果。该命令通过更改图像的整体颜色混合来调整图像色调。应用该命令调整照片时，可分别对图像中各色调区域进行调整，有针对性地调整照片色调。

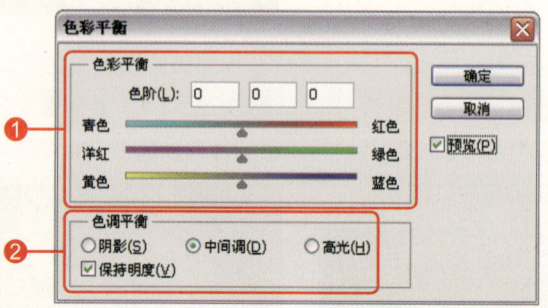
"色彩平衡"对话框

❶ **"色彩平衡"选项组：**通过输入色阶值或拖动下方的颜色滑块以调整图像色调。"色阶"数值框对应下方的颜色滑块，可以设置-100~100之间的值。将滑块拖向某一颜色则增加该颜色值。

原图

增加青色

增加黄色

增加蓝色

❷ **"色调平衡"选项组：**包括"阴影"、"中间调"和"高光"色调范围选项，选择任一选项即可对图像中的该色调范围进行调整，例

如选中"阴影"单选按钮后可对图像中的阴影区域单独进行调整；勾选"保持明度"复选框后调整图像，可防止图像的亮度值随颜色的更改而变化，从而保持图像的色调平衡。

原图

调整中间调范围

调整高光范围

如何做　校正人物唇色

"色彩平衡"命令可用于校正图像的偏色现象，因此对于照片中人物嘴唇的偏色也具有较好的调整效果。通过调整人物嘴唇颜色以恢复其美观性。

01 打开图像文件
执行"文件>打开"命令，打开附书光盘Chapter 10\Media\04.jpg图像文件。

02 设置曲线
单击"创建新的填充或调整图层"按钮，在弹出的菜单中选择"曲线"命令，并在"调整"面板中设置曲线，以稍微调亮画面。

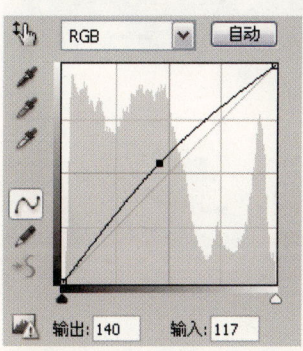

03 以快速蒙版涂抹嘴唇
单击"以快速蒙版模式编辑"按钮，单击画笔工具，在人物嘴唇部分涂抹黑色。

04 创建嘴唇选区
完成涂抹后单击"以标准模式编辑"按钮，将人物嘴唇部分载入选区。

05 设置色彩平衡
单击"创建新的填充或调整图层"按钮，应用"色彩平衡"命令并设置"中间调"参数。

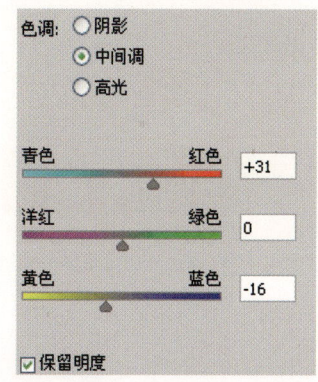

专家技巧

分别调整不同色调范围

应用"色彩平衡"命令调整图像色调可以非常便捷地对图像中指定色调范围的区域进行调整。通过对图像中指定色调范围的调整,以使图像色调更加自然。

当设置"阴影"参数时,将调整图像暗部图像的色彩平衡;设置"中间调"参数时,将调整图像中间调范围图像的色彩平衡;设置"高光"参数时,则可调整图像高光范围图像的色彩平衡。可通过分别调整不同色调范围参数的方式,调整照片特殊色调效果。

原图

调整阴影色调范围特殊色调

调整中间调和高光范围特殊色调

06 设置其他色调范围的色彩平衡

继续在"调整"面板中设置"阴影"和"高光"色调范围的参数,以调整人物嘴唇的颜色。

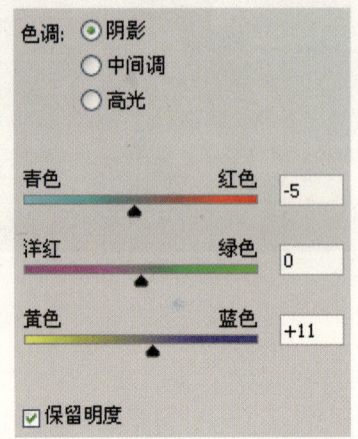
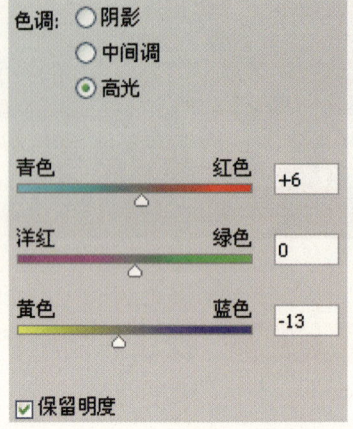

07 载入嘴唇选区

完成对人物嘴唇颜色的调整后,按住 Ctrl 键单击"色彩平衡 1"调整图层的蒙版,再次将嘴唇部分载入选区。

08 调整嘴唇饱和度

单击"创建新的填充或调整图层"按钮,在弹出的菜单中选择"自然饱和度"命令并设置参数,调整嘴唇饱和度以使其颜色更自然。

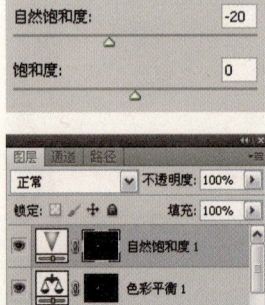

如何做 美白人物牙齿

人物照片中人物的微笑是表现画面氛围和拉近与观者距离的有利因素，因此可通过对其中人物牙齿颜色的调整增强笑容的感染力。通过校正人物牙齿的颜色以使其更加亮白，使笑容更加灿烂。

01 打开图像文件
打开附书光盘Chapter 10\Media\05.jpg图像文件。

02 放大视图
按下快捷键Ctrl++，放大画面视图至人物面部区域。

03 以快速蒙版涂抹牙齿
单击"以快速蒙版模式编辑"按钮，使用画笔工具涂抹牙齿。

04 创建牙齿选区
完成涂抹后单击"以标准模式编辑"按钮，创建牙齿选区。

05 设置色彩平衡
单击"创建新的填充或调整图层"按钮，在弹出的菜单中选择"色彩平衡"命令，并设置其"高光"参数，以校正牙齿颜色。

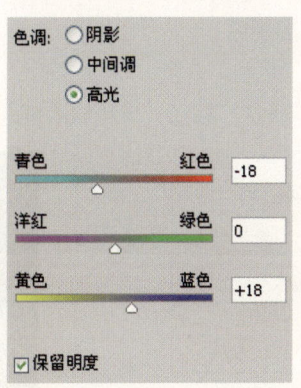

06 载入牙齿选区
按住Ctrl键单击"色彩平衡1"调整图层的蒙版，再次将牙齿部分载入选区。

07 设置亮度和对比度
单击"创建新的填充或调整图层"按钮，在弹出的菜单中选择"亮度/对比度"命令，并设置参数，以稍微调整牙齿部分的色调。

摄影师训练营　添加炫彩唇膏

为照片中的人物添加炫彩唇膏效果，可通过调整人物嘴唇颜色的方式增强其颜色和层次感，并通过添加杂色的方式制作唇彩晶莹质感，从而使人物嘴唇更具诱惑力。

知 识 链 接

添加不同杂色

应用"添加杂色"滤镜可添加不同样式的杂色效果。应用该滤镜可为图像添加平均分布或高斯分布的彩色杂色或黑白杂色，以便为图像制作特殊的质感效果。

原图

平均分布单色杂色

高斯分布单色杂色

01 打开图像文件并涂抹嘴唇颜色

打开附书光盘 Chapter 10\Media\06.jpg 图像文件。新建"图层 1"并使用画笔工具 ✎ 在人物嘴唇部分涂抹红色（R255、G73、B73）。

02 添加杂色

执行"滤镜 > 杂色 > 添加杂色"命令，在弹出的对话框中设置参数并单击"确定"按钮，为绘制的颜色添加杂色效果。

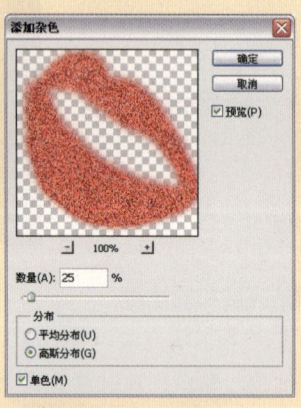

03 调整杂色混合效果

设置图层混合模式为"颜色减淡"，"不透明度"为 50%，将杂色图像混合到人物嘴唇上，添加嘴唇部分的唇膏质感。单击橡皮擦工具 ✎，并随时更改其不透明度，稍微擦除嘴唇上的暗部区域，以恢复该区域颜色。

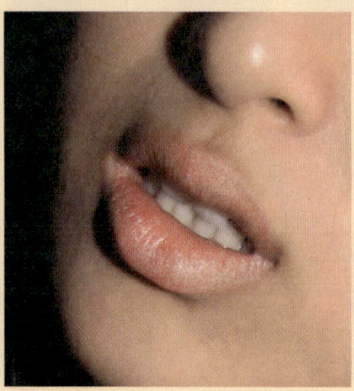

专家技巧

调整原色中的黑色成分

应用"可选颜色"调整命令时,可通过设置指定原色中的黑色成分参数,以调整图像中该原色区域的亮度。对指定原色中的黑色成分进行设置,数值为100时将该原色调整为黑色;数值为-100时则将该原色调整为白色;其他数值则将原色调整为不同色调层次的中间调效果。通过对不同原色的黑色成分进行设置,可调整图像整体色调效果。

04 以快速蒙版涂抹唇部

单击"以快速蒙版模式编辑"按钮，使用画笔工具 涂抹嘴唇。

05 创建嘴唇选区

完成涂抹后单击"以标准模式编辑"按钮，创建嘴唇选区。

06 设置色彩平衡

单击"创建新的填充或调整图层"按钮，在弹出的菜单中选择"色彩平衡"命令，并在"调整"面板中分别设置各色调范围的参数，以调整人物嘴唇部分的颜色，使其更加鲜艳。

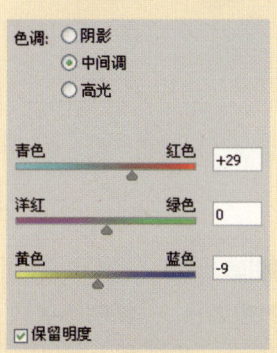
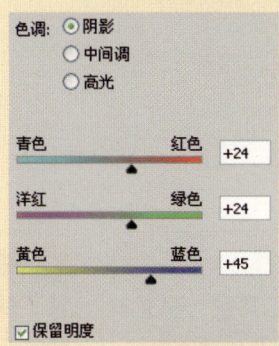
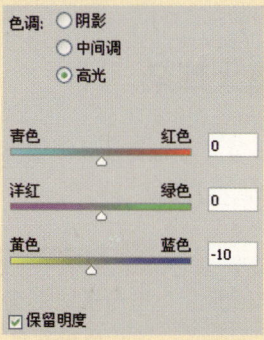

07 载入嘴唇选区

按住Ctrl键单击"色彩平衡1"图层的蒙版,再次将嘴唇部分载入选区。

08 设置可选颜色

单击"创建新的填充或调整图层"按钮，应用"可选颜色"命令，并在"调整"面板中设置原色白色中的相应参数,以调亮嘴唇高光部分。使用画笔工具 涂抹除高光以外的区域,仅调整高光部分。

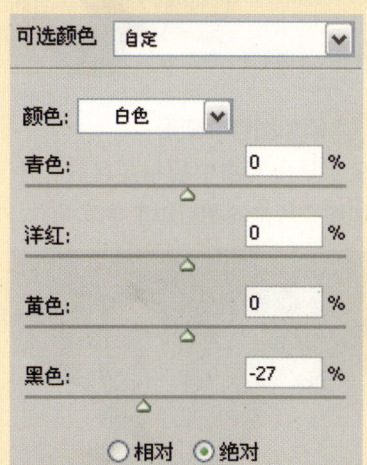

Section 03 为人物耳朵美容

为人物照中的人物耳朵进行美容处理，可对人物耳朵的大小和形状进行调整，以使其外观更加美观。这里主要通过使用"操控变形"命令对人物耳朵的形态进行调整，以美化其效果。

知识点 "操控变形"命令

操控变形命令对图像变换的样式和效果都更加趋于自由化，使用该命令对照片局部区域进行美化。

如何做 修复难看大耳朵

修复照片中人物的大耳朵，可先将耳朵图像部分载入选区，并将其拷贝为一个单独的图层。完成后对其应用"操控变形"命令以调整其形态。

01 打开图像文件
打开附书光盘Chapter 10\Media\07.jpg图像文件。

02 创建耳朵选区
单击多边形套索工具，设置其羽化值后在耳朵部分创建选区。

03 复制图层
按下快捷键Ctrl+J，复制选区内的耳朵图像为"图层1"。

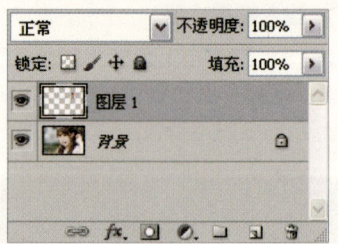

04 创建操控变形网格
执行"编辑>操控变形"命令，添加耳朵部分的操控变形网格。

05 添加图钉并变形
多次单击网格中的相应区域，添加图钉后拖动图钉以变换耳朵。

06 应用调整效果
完成调整后按下Enter键确定对耳朵部分的调整效果。

Section 04 为人物脸型美容

在人物摄影中为了避免人物缺陷的暴露，可转换拍照的角度，以使人物的相貌更加美观。而在拍摄好的照片中，较宽的面部轮廓则影响了人物相貌的表现，通过后期处理可对人物进行瘦脸调整。

知识链接

重建液化调整效果

应用"液化"滤镜变形图像时，若要取消最近几步的调整效果，可返回操作。通过按下快捷键Alt+Ctrl+Z的方式可快速返回至最近调整步骤之前的状态。

若调整的步骤较多而无法返回原始效果，则可使用其中的重建工具涂抹已调整的区域，以恢复其效果。

原图

使用"液化"滤镜变形图像

使用重建工具恢复图像

知识点 向前变形工具

向前变形工具是"液化"滤镜中的一种变形调整工具。使用该工具对图像进行变形时，可通过推动局部区域的方式以扭曲图像。例如使用该工具向左推动图像时，可向左推动扭曲图像。

原图

从右向左推动图像

从左向右推动图像

如何做 快速甩掉大饼脸

拥有一张瘦削纤巧的脸蛋是众多爱美女性的一大愿望，通过在电脑中使用Photoshop可快速为人物进行瘦脸处理，不仅增强照片画面的美观性，同时也在处理过程中体验了神奇的功能。

01 打开图像文件并添加调整图层

打开附书光盘Chapter 10\Media\08.jpg图像文件。单击"创建新的填充或调整图层"按钮，在弹出的菜单中选择"曲线"命令，以添加该调整图层。

02 设置曲线

在"调整"面板中添加一个曲线锚点并向左上方拖动,以稍微调亮画面色调。

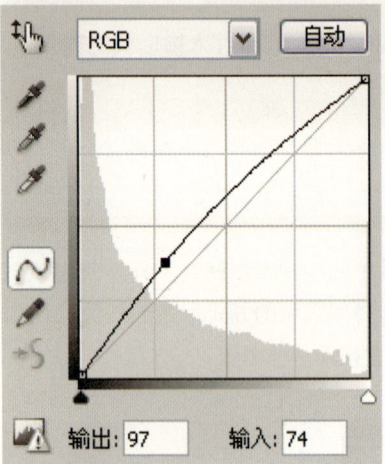

03 涂抹蒙版

单击画笔工具,设置较透明的效果后在右侧的人物皮肤处稍作涂抹,以恢复其色调。

04 盖印图层

按下快捷键Shift+Ctrl+Alt+E盖印图层,生成"图层1"。

05 应用液化冻结蒙版

执行"滤镜>液化"命令,在弹出的对话框中单击冻结蒙版工具,并在人物面部相应区域进行涂抹,冻结该区域。

06 向右瘦脸

单击向前变形工具,调整适当的画笔大小后,在右侧人物颧骨处向右推动,进行瘦削处理。

07 向右上方进行瘦脸处理

继续使用向前变形工具在右侧人物左下巴处向右上方推动,进行瘦削处理。

08 瘦削右侧脸颊

继续使用向前变形工具在该人物的右侧脸颊处向左上方推动,进行瘦削处理。

09 应用调整效果

多次调整脸部轮廓后单击"确定"按钮,完成对人物的瘦脸处理。

Section 05 为人物头发美容

对人物头发进行美容处理，可通过使用相应功能快速对人物头发的形态进行调整。通过使用"液化"滤镜中的顺时针旋转扭曲工具扭曲头发形态，扭曲普通效果的头发为卷发效果，以增强头发特效。

专家技巧

液化工具画笔大小的设置

在"液化"滤镜对话框中可应用相关快捷键调整画笔大小，也可通过设置对话框中的画笔选项调整画笔大小。

按下[键可缩小画笔，按下]键可增大画笔。通过在对话框右侧的选项面板中直接设置指定大小的画笔参数，可快速调整画笔大小。

知识点 顺时针旋转扭曲工具

顺时针旋转扭曲工具是"液化"滤镜对话框中的一种变形扭曲工具，用于对图像进行顺时针旋转扭曲，以制作图像特殊效果。

原图

旋转扭曲图像后

01 打开图像文件并复制图层

打开附书光盘Chapter 10\Media\09.jpg图像文件，并复制图层。

如何做 将直发变卷发

对照片中的人物头发进行扭曲变形处理，应用液化工具中的顺时针旋转扭曲工具可快速扭曲局部头发图像，而不影响其他图像。

02 旋转扭曲局部头发

在"液化"对话框中使用顺时针旋转扭曲工具卷曲局部图像。

03 继续扭曲头发

继续对上方相应区域的头发进行扭曲处理。

04 扭曲其他头发细节

继续使用适当画笔大小的顺时针旋转扭曲工具对其他头发部分进行旋转扭曲处理，包括头发的末梢和衣服等区域的头发。完成对头发的扭曲处理后单击"确定"按钮，应用头发卷曲效果。

Section 06 人物身体的修饰

对照片中人物身体部位进行修饰处理,可增强人物完美 S 曲线的展现效果。通过结合使用"液化"滤镜中的褶皱工具和向前变形工具等对局部图像进行处理,以修饰人物身体曲线。

知识链接

收缩与膨胀图像

褶皱工具可用于褶皱挤压局部图像,而与之相反的膨胀工具则可用于对图像进行膨胀处理,以制作图像特殊效果。

原图

褶皱图像

膨胀图像

需要注意的是,在使用褶皱工具或膨胀工具时应调整好画笔的大小,以便快速准确地褶皱或膨胀指定的区域。

知识点 褶皱工具

褶皱工具是"液化"滤镜中的一种液化工具,主要用于对图像进行褶皱收缩处理,以挤压局部图像,从而变形扭曲图像。

原图

褶皱图像后

如何做 打造细长美腿

使用褶皱工具可快速打造细长美腿,以美化照片中的人物形象。

01 打开图像文件并复制图层

打开附书光盘Chapter 10\Media\10.jpg图像文件,并复制"背景"图层生成"背景副本"图层。

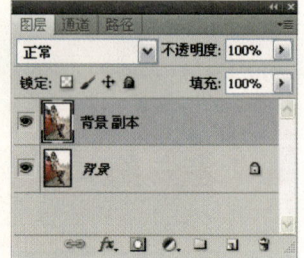

02 打开"液化"滤镜对话框

执行"滤镜>液化"命令,弹出"液化"滤镜对话框。按下快捷键Ctrl++,放大图像视图至人物腿部区域,对该区域进行变形调整。

专家技巧

设置适当的画笔大小

在应用"液化"滤镜中的液化工具变形图像时,工具的画笔大小决定着所覆盖区域的变形效果。因此在调整图像变形效果时,须设置适当的大小。例如使用顺时针旋转扭曲工具旋转扭曲图像时,在指定图像区域按住左键,该区域即被扭曲,而画笔所覆盖范围外的区域则不被影响。

原图

设置较小的画笔扭曲中心部分

设置较大的画笔扭曲中心部分

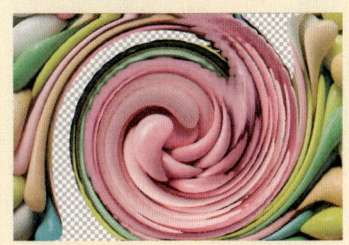
设置更大的画笔扭曲图像

03 调整腿部形态并应用液化效果

单击"液化"滤镜对话框中的褶皱工具,设置画笔大小后多次在人物腿部轻轻单击,对腿部进行挤压瘦削处理,打造细长美腿效果。

如何做 打造人物纤细手臂

人物照片中手臂上的赘肉总是让众多爱美的美眉烦恼不已,可使用液化工具快速进行调整,打造纤细的手臂。

01 打开图像文件并复制图层

打开附书光盘Chapter 10\Media\11.jpg图像文件,复制"背景"图层生成"背景 副本"图层。

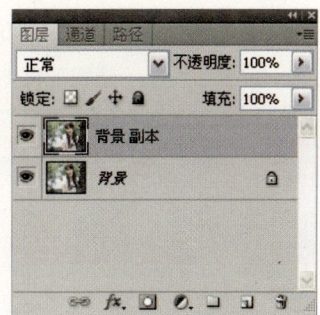

02 液化变形以瘦削手臂

执行"滤镜>液化"命令,弹出"液化"对话框,在该滤镜对话框中单击褶皱工具,设置适当的画笔大小后多次在人物手臂部分轻轻单击,对手臂部分进行瘦削处理,以打造纤细的手臂效果。

专栏 了解"液化"对话框

"液化"滤镜主要用于对图像中的局部区域进行变形扭曲或修复与美化处理。通过该滤镜中的液化工具可对照片中的人物进行瘦脸、瘦身等修饰美化操作。执行"滤镜>液化"命令,可弹出该滤镜对话框。

"液化"对话框

❶ **工具箱:** 包括用于液化变形的各种工具。包括向前变形工具 、重建工具 、顺时针旋转扭曲工具 、褶皱工具 、膨胀工具 、左推工具 、镜像工具 、湍流工具 、冻结蒙版工具 、解冻蒙版工具 、抓手工具 和缩放工具 。

顺时针旋转扭曲效果

褶皱效果

镜像工具调整效果

湍流效果

❷ **"工具选项"选项组:** 用于设置工具的画笔属性,可使用不同的画笔样式变形图像。

"画笔大小"选项: 用于设置所选工具画笔的宽度大小,可设置1~1500之间的数值。可通过输入数值或拖动其滑块的方式进行设置。

"画笔密度"选项: 用于设置画笔边缘的软硬程度,使其产生羽化效果。可设置0~100之间的数值,其数值越小,羽化效果越明显。

"**画笔压力**"**选项**：可设置画笔在图像中拖动时的扭曲速度，数值在1~100之间。低数值表示扭曲速度越慢，能够更加容易地控制扭曲效果。

"**画笔速率**"**选项**：在选择了顺时针旋转扭曲工具 、褶皱工具 、膨胀工具 和湍流工具 的情况下激活该选项。用于设置这些工具在预览图像中按住左键并保持静止状态时扭曲的速度，可设置0~100之间的数值。数值越大则扭曲的速度越快。

"**湍流抖动**"**选项**：在选择了湍流工具 的情况下可激活该选项，用于设置图像中像素混杂的紧密程度，设置数值在1~100之间。

"**重建模式**"**选项**：在选择了重建工具 的情况下可激活该选项，选择其下拉列表中的指定选项，将以不同模式确定如何重建预览图像中被涂抹的区域，包括"恢复"、"刚性"、"生硬"、"平滑"和"扩张"等模式选项。

❸"**重建选项**"**选项组**：可设置重建液化的方式，单击"重建"按钮可将未冻结的区域逐步恢复为初始状态；单击"恢复全部"按钮可恢复全部扭曲后的图像。

❹"**蒙版选项**"**选项组**：用于设置蒙版的创建方式，包括"替换选区"按钮 、"添加到选区"按钮 、"从选区中减去"按钮 、"与选区交叉"按钮 和"反相选区"按钮 等，可使用不同蒙版形式调整指定区域的图像效果。

"**替换选区**"**按钮**：单击此按钮以显示原图像中的选区、蒙版或透明度效果。

"**添加到选区**"**按钮**：单击此按钮以显示原图像中的蒙版。可使用冻结蒙版工具 添加到选区，在当前冻结蒙版区域中添加通道中选定的像素。

"**从选区中减去**"**按钮**：单击该按钮，将通道中的像素从当前冻结区域中减去。

"**与选区交叉**"**按钮**：单击该按钮以智能形式使用当前处于冻结状态的像素。

"**反相选区**"**按钮**：单击此按钮以使用当前选定的蒙版状态反相冻结选区。

"**无**"**按钮**：单击此按钮可移去当前所有冻结蒙版。

"**全部蒙住**"**按钮**：单击此按钮可使全部图像处于冻结状态。

"**全部反相**"**按钮**：单击此按钮可全部反相冻结蒙版。

❺"**视图选项**"**选项组**：用于设置当前图像应用蒙版以及背景图像的显示方式。

"**显示图像**"**复选框**：勾选该复选框可显示图像的预览效果。

"**显示网格**"**复选框**：勾选该复选框可激活"网格大小"和"网格颜色"选项，在预览窗口中显示网格。

显示小网格

显示中网格

显示大网格

"**显示蒙版**"**复选框**：勾选该复选框可激活"蒙版颜色"选项，用于设置相应的颜色在图像中显示冻结蒙版区域。

"**显示背景**"**复选框**：勾选该复选框可激活"使用"、"模式"和"不透明度"选项。用于设置图像预览窗口中以不同透明度效果显示当前图像外的其他图层图像。

摄影师训练营　打造人物完美S曲线

为照片中的人物打造完美S曲线效果，可结合使用"液化"滤镜中的各液化变形工具进行调整。通过对人物指定部位进行变形调整，使其身形更加完美。

01 打开图像文件并复制图层
打开附书光盘 Chapter 10\Media\12.jpg 图像文件，并复制图层。

02 设置图层属性
设置图层混合模式为"柔光"，"不透明度"为60%，增强画面色调。

03 添加调整图层
单击"创建新的填充或调整图层"按钮，在菜单中选择"曲线"命令，以添加该调整图层。

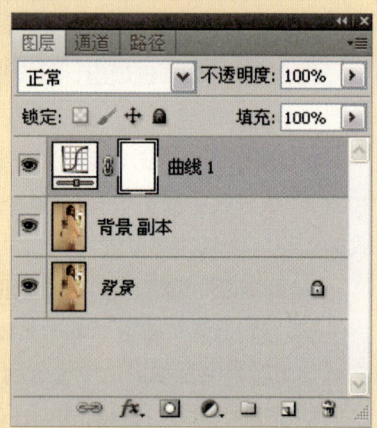

04 设置曲线
在"调整"面板中设置曲线锚点，调整画面色调，从而增强画面对比效果。

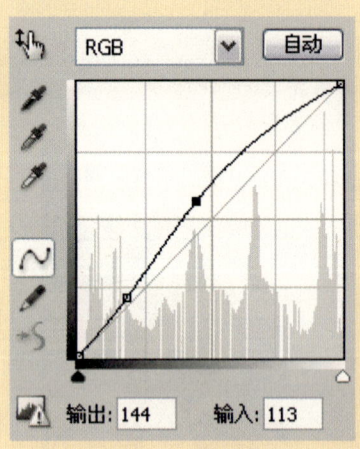

05 涂抹蒙版
单击画笔工具，涂抹除人物以外的区域，仅调整人物色调。

专家技巧　结合使用柔角画笔和尖角画笔

柔角画笔是边缘呈羽化状而较柔和的画笔；而尖角画笔则是边缘相对较为生硬的画笔。柔角画笔适用于绘制柔和的图像或调整蒙版边缘较为柔和的效果；而尖角画笔则可用于更加精细地调整蒙版边缘图像。在使用这两种画笔笔触时，可通过随时切换的方式调整图像，结合两者进行调整以更加快捷地调整图像边缘效果。

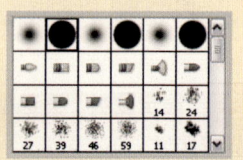

选取器中的柔角画笔和尖角画笔

06 盖印图层并冻结手臂

盖印图层为"图层 1"。执行"滤镜 > 液化"命令，使用冻结蒙版工具冻结手臂相应区域。

07 膨胀胸部

单击膨胀工具，在人物胸部区域多次单击，膨胀该区域图像，以获取丰胸效果。

08 膨胀臀部

继续使用膨胀工具在人物臀部区域多次单击，膨胀该区域图像，以达到提臀的目的。

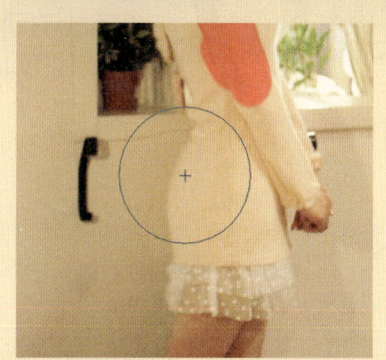

09 恢复窗台部分

单击重建工具，在变形后的窗台部分进行涂抹，以恢复该区域的图像效果。

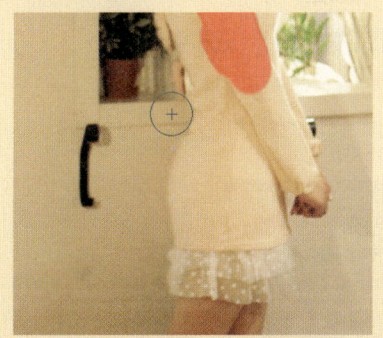

10 调整其他区域

单击向前变形工具，调整其适当的大小后分别在其他部位进行调整，以调整细节效果。

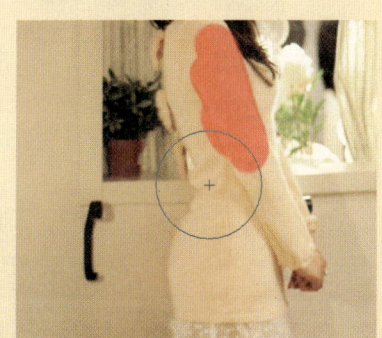

11 锐化图像

执行"滤镜 > 锐化 > USM 锐化"命令，在弹出的对话框中设置相应参数并应用，以锐化图像。

12 设置可选颜色

单击"创建新的填充或调整图层"按钮，在弹出的菜单中选择"可选颜色"命令，并在"调整"面板中设置原色红色的参数，以调整画面色调效果。

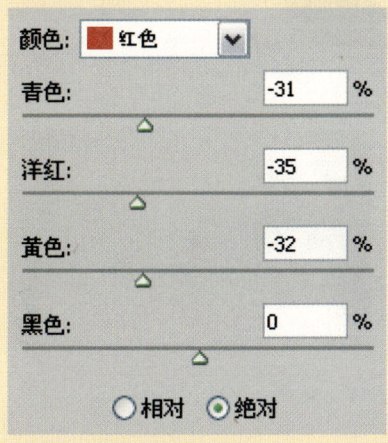

13 涂抹蒙版

继续使用画笔工具涂抹除人物以外的区域，仅调整人物的色调。

Section 07 美化人物皮肤

对人物皮肤进行美化处理，可通过多种调整方法实现。利用外挂滤镜对人物皮肤进行磨皮处理，则是一种快捷方便的处理方式。在使用外挂滤镜前须将其安装至 Photoshop 指定的目录下。

知识链接

安装外挂滤镜

外挂滤镜对于软件功能有着补充的作用，可将不同的外挂滤镜安装于 Photoshop 中，以便作为增效功能使用，丰富图像的制作效果。因此外挂滤镜是非常受欢迎的一种应用形式。

要将外挂滤镜安装于 Photoshop 中，须将外挂滤镜的应用程序放置在 Photoshop 安装目录的指定文件夹中，完成后重新启动软件，即可使用这些滤镜。安装外挂滤镜并重启软件后，单击"滤镜"菜单即可在该菜单的底端显示相应的滤镜命令及其级联菜单。例如执行"滤镜>Imagenomic"命令，在弹出的级联菜单中选择指定的滤镜命令即可。

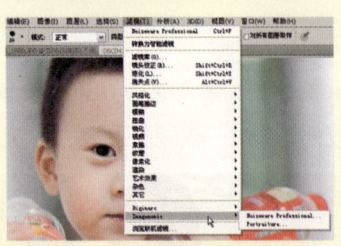
查看外挂滤镜

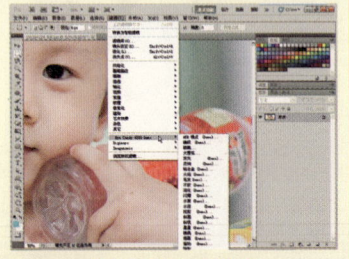
外挂滤镜级联菜单

知识点 认识外挂滤镜

外挂滤镜不是 Photoshop 自带的滤镜，又称增效滤镜，主要用于细节处理，以增强图像的细节效果。

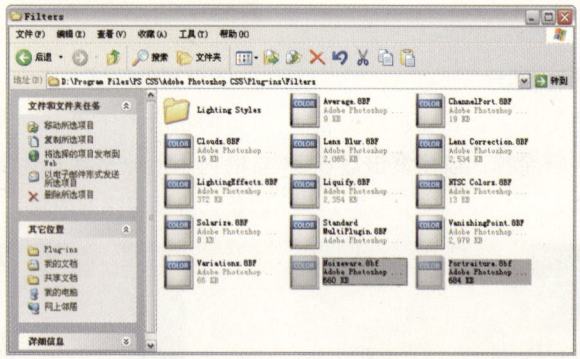
Photoshop 滤镜文件夹

外挂滤镜对话框

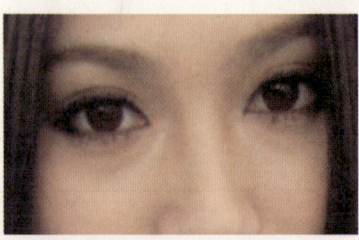
原图

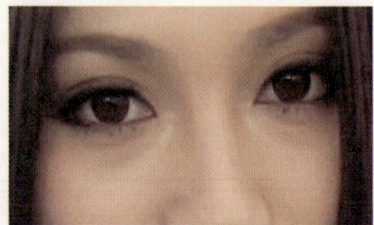
应用外挂滤镜处理皮肤后

摄影师训练营　应用外挂滤镜修复人物照片

用于对人物皮肤进行磨皮处理的外挂滤镜不仅可以修复照片色调层次，还可对其细节进行锐化处理，以保留更多细节。这里通过使用外挂滤镜的方式修复照片色调并对人物皮肤进行完善处理。

知 识 链 接

应用磨皮滤镜调整色调

在这里所使用的磨皮滤镜不仅可用于对皮肤进行光滑调整并保留其细节，也可用于调整画面色调效果。通过设置其相关参数以调整照片的亮度和对比度以及颜色冷暖等，以修复图像整体效果。

原图

磨皮并调整亮度

继续调整颜色冷暖

01 打开图像文件并复制图层

打开附书光盘 Chapter 10\Media\14.jpg 图像文件，复制"背景"图层生成"背景 副本"图层。

02 修复人物皮肤

执行"滤镜 >Imagenomic>Portraiture"命令，在弹出的对话框设置各项参数并单击"确定"按钮，进行磨皮处理并稍微调亮画面。

03 复制图层并去除面部油光

复制"背景 副本"图层生成"背景 副本2"图层。按下快捷键Ctrl++，放大视图至人物面部区域。单击修复画笔工具，按住Alt键单击面部整洁区域，以取样像素，完成后释放Alt键并在取样像素旁边的油光部分进行仔细涂抹，以去除该区域的油光现象。

04 修复其他区域

继续按照同样的方法取样其他油光周围的样本像素并修复这些皮肤，以使人物皮肤更加美观。单击污点修复画笔工具，调整适当的画笔大小，并在皮肤明显的瑕疵区域单击，以去除这些瑕疵。

05 继续调整皮肤细节

执行"滤镜>Imagenomic>Noiseware Professional"命令，在弹出的对话框中设置参数并单击"确定"按钮，以进一步调整皮肤细节效果。

06 复制图层并设置图层属性

再次复制一个图层并设置其混合模式为"滤色"，"不透明度"为40%，稍微调亮画面。

07 设置曲线

单击"创建新的填充或调整图层"按钮，在弹出的菜单中选择"曲线"命令，并在"调整"面板中设置曲线，以增强画面色调对比效果。

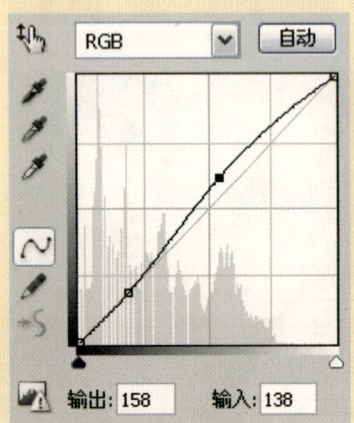

08 涂抹蒙版

单击画笔工具，设置其较透明的状态后涂抹人物区域，以稍微恢复人物区域的色调。

Section 08 调整人物服饰

对人物服饰进行修饰处理，可增强画面中的视觉亮点。在 Photoshop 中可以使用预设图案，也可自定义图案为照片中的人物衣服添加特殊图案，使照片更具视觉吸引力。

专家技巧

设置图案像素大小

自定义图案时，需要确认当前图像文件的像素大小，以便在之后应用该图案时确保其效果。若当前要定义为图案的图像像素较大，则定义后的图案也较大，从而影响使用该图案至新图像中的应用效果。

要定义的图案图像

定义为较大像素的图案

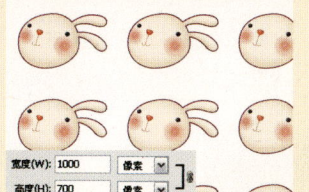
将图案填充至相应像素大小的文件

定义为较小像素的图案并填充

知识点 定义图案

定义图案是自定义一个图像元素，并将其存储为自定的图案。在确定一个图像元素后，执行"编辑>定义图案"命令，在弹出的对话框中设置图案名称并应用设置即可。完成自定义图案后打开"图案预设"选取器可以看到新存储的图案。若要填充图像为自定义图案效果，可执行"编辑>图案"命令，在弹出的对话框中选择指定的图案并进行填充，以填充自定义图案。

定义图像为图案

定义的图案

填充图案

如何做 添加衣服图案

为人物衣服添加图案效果，以增强画面中的视觉亮点，可通过自定义图案并填充图案的方式进行添加制作。

01 打开图像文件并创建选区

打开附书光盘Chapter 10\Media\15.jpg文件。单击磁性套索工具，并单击属性栏中的"添加到选区"按钮，在画面左侧的人物白色衣服部分创建选区。

02 复制选区图像为新图层

按下快捷键Ctrl+J复制选区图像为"图层1"。单击该图层"指示图层可见性"按钮，将其隐藏，然后选择"背景"图层。

03 打开图像文件并定义图案

打开附书光盘Chapter 10\Media\矢量人物.png文件。执行"编辑>定义图案"命令，在弹出的对话框中单击"确定"按钮，将该图像定义为图案。

04 新建图层并填充图案

新建"图层2"并执行"编辑>填充"命令，在弹出的对话框中设置填充内容为"图案"，并选择刚才定义的矢量人物图案，完成后单击"确定"按钮，填充图层为图案。

05 变换图像并创建衣服选区

按下快捷键Ctrl+T，对填充的图案进行旋转，完成后按下Enter键确定。按住Ctrl键单击"图层1"，以载入衣服选区。

06 添加蒙版并设置图层属性

单击"添加图层蒙版"按钮，仅保留衣服轮廓内的图案。设置该图层混合模式为"正片叠底"、"不透明度"为80%，使图像色调融合。

07 复制图层并设置混合属性

复制"图层2"生成"图层2副本"，并更改该图层混合模式为"柔光"，以调整图案色调。

CHAPTER

11

风景照片艺术调整

本章主要针对数码照片处理中风景照的艺术调整进行讲解，包括转换风景照的季节、调整风景照梦幻色调、增强黄昏色调和调整照片各种艺术效果等处理。涉及知识包括 Lab 颜色模式、"模糊"滤镜组中的相关滤镜、"计算"命令和"色调均化"命令等，帮助读者了解风景照艺术调整中的方法和技巧。

Section 01 转换风景照季节

转换风景照的季节，可通过调整照片局部颜色，如树木和草地等区域颜色的方式实现。结合相应的颜色模式下对通道的调整，以及一些调整命令，对照片进行调色，在转换风景照季节效果的同时增强画面色调效果。

知识链接

调整Lab颜色通道显示

在不同的颜色模式下，"通道"面板中显示不同的通道。而在某一颜色模式下，单击某一通道可切换至该通道图像状态。若在不显示该颜色模式复合通道的情况下显示一种以上通道，即隐藏某些颜色通道，则可调整当前图像的颜色显示状态。

例如在 Lab 颜色模式下选择所有通道，表示所有通道可见，以显示图像原始颜色效果；在隐藏了其中一种通道后，将取消显示图像中该隐藏通道的颜色，从而显示出不同的色调效果。

原图

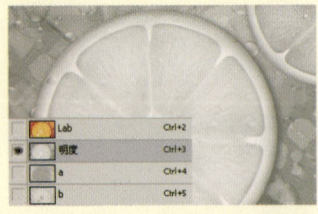
仅显示"明度"通道

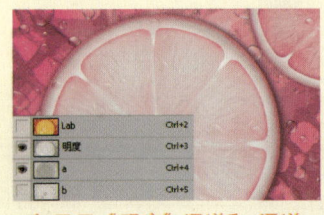
仅显示"明度"通道和a通道

知识点：Lab颜色模式

Lab颜色模式是一种理论上包括了人眼能够看见的所有颜色的颜色模式，而不依赖于光线和颜料，该颜色模式弥补了RGB和CMYK两种颜色模式的不足，因此在该颜色模式下调整照片色调可以调出丰富的颜色效果。

Lab颜色模式包括了一个明度通道和两个颜色通道，其中L代表明度，a代表从深绿色到中灰再到亮粉红色的颜色，b代表从亮蓝色到中灰再到黄色的颜色。

RGB颜色模式下的通道

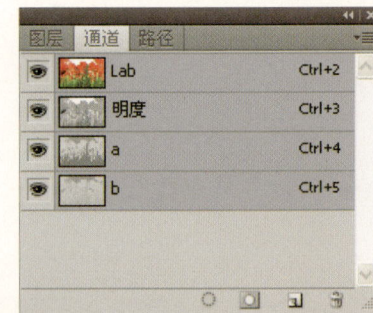
Lab颜色模式下的通道

原图

"明度"通道

a通道

b通道

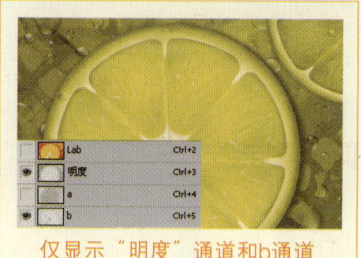

仅显示"明度"通道和b通道

知 识 链 接

显示彩色通道

　　Photoshop 中图像的颜色通道在默认状态下显示为灰度状态，可通过设置将其显示为彩色状态。执行"编辑＞首选项＞界面"命令，在弹出的对话框中勾选其中的"用彩色显示通道"复选框并应用设置后，"通道"面板中的颜色通道即可显示为彩色状态。

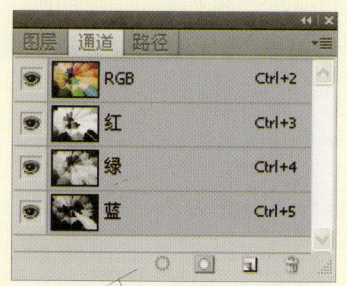

默认状态下显示RGB通道

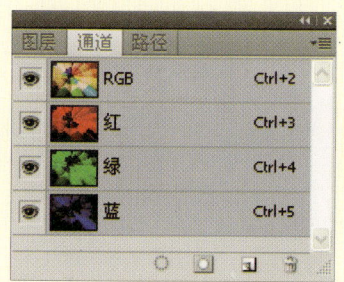

勾选"用彩色显示通道"复选框

以彩色状态显示RGB通道

如何做　丰富照片颜色效果

　　调整照片丰富的颜色效果，可在指定的颜色模式下对通道进行调整。通过调整指定的通道并应用到整个图像中，或复制指定通道图像至其他通道的方式调整照片丰富的色调效果。

01 打开图像文件并转换颜色模式

打开附书光盘Chapter 11\Media\01.jpg图像文件。执行"图像＞模式＞Lab颜色"命令，将照片转换为Lab颜色模式。

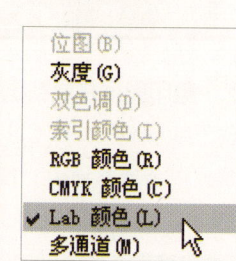

02 复制并粘贴"明度"通道

在"通道"面板中选择"明度"通道，按下快捷键Ctrl+A全选通道图像，再按下快捷键Ctrl+C复制通道图像，完成后切换至"图层"面板并按下快捷键Ctrl+V粘贴图像为"图层1"。

03 设置图层混合属性

设置"图层1"混合模式为"滤色"，"不透明度"为50%，以稍微调亮画面色调。

04 盖印图层再复制并粘贴通道图像

按下快捷键 Shift+Ctrl+Alt+E 盖印图层，生成"图层 2"。按照同样的方法复制"明度"通道图像并粘贴为"图层 3"。

05 设置图层混合属性

设置图层混合模式为"明度"，"不透明度"为 80%，以调亮画面。

06 盖印图层并复制 b 通道

按下快捷键 Shift+Ctrl+Alt+E 盖印图层，生成"图层 4"。在"通道"面板中选择 b 通道，按下快捷键 Ctrl+A 全选通道图像，再按下快捷键 Ctrl+C 复制通道图像。

07 粘贴通道图像

复制通道图像后选择"明度"通道，并按下快捷键 Ctrl+V 粘贴图像至该通道。

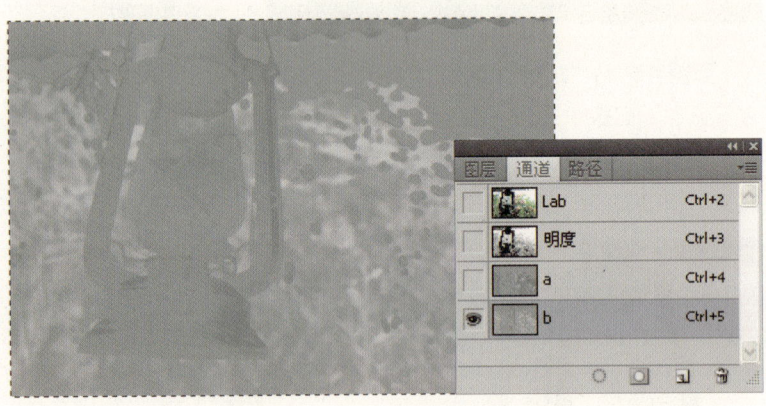

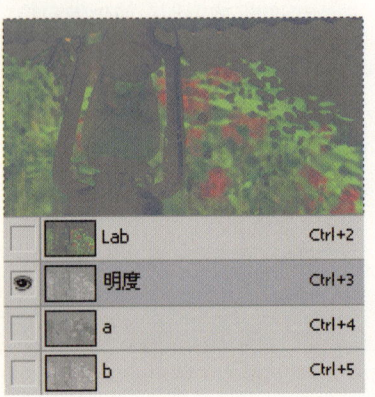

08 设置图层混合属性

设置"图层 4"的混合模式为"叠加"，"不透明度"为 60%，以增强画面颜色效果。

09 盖印图层并锐化图像

按下快捷键 Shift+Ctrl+Alt+E 盖印图层，生成"图层 5"。执行"滤镜 > 锐化 > USM 锐化"命令，在弹出的对话框中设置参数并单击"确定"按钮，以锐化图像。

摄影师训练营　调整风景照的季节

　　调整风景照的季节色调,可通过应用相关调整功能转换照片风景的季节效果,也可对照片整体色调进行增强性调整,以增强照片风景对应季节的色调效果。

01 打开图像并转换颜色模式
打开附书光盘 Chapter 11\Media\02.jpg 图像文件。执行"图像 > 模式 >Lab 颜色"命令,转换照片颜色模式,并复制图层。

02 复制 b 通道
在"通道"面板中选择 b 通道并分别按下快捷键 Ctrl+A 和 Ctrl+C,以复制该通道图像。

03 粘贴至"明度"通道
选择"明度"通道并按下快捷键 Ctrl+V,粘贴图像至该通道。选择 Lab 通道以查看效果。

04 设置图层混合属性
设置"背景 副本"图层的混合模式为"叠加","不透明度"为 60%,以增强画面色调效果。

05 盖印图层并转换颜色模式
盖印图层,生成"图层 1"。执行"图像 > 模式 >RGB 颜色"命令,并在弹出的对话框中单击"不拼合"按钮,以转换颜色模式。

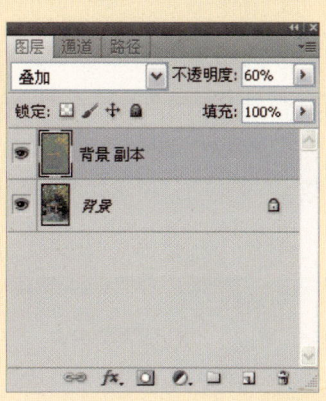
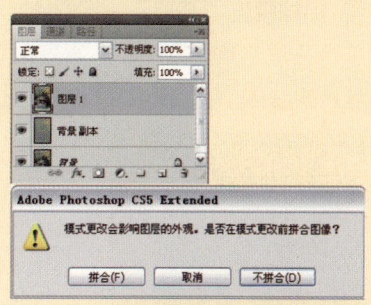

> **专家技巧　转换颜色模式注意事项**
> 　　转换颜色模式时,根据当前颜色模式和将要转换为的颜色模式情况,可能会弹出相应的对话框,以便在转换颜色模式时提醒用户注意事项。例如将RGB颜色模式转换为灰度模式时,将弹出丢失颜色信息的对话框;在Lab颜色模式与RGB颜色模式互相转换时,将弹出询问是否拼合图层的对话框。若在Lab颜色模式下添加了调整图层,再将图像转换为RGB颜色模式时,将弹出询问是否拼合图层或丢弃调整图层的对话框。

06 设置曲线

单击"创建新的填充或调整图层"按钮，在弹出的菜单中选择"曲线"命令并设置"红"通道曲线，以调整画面色调。

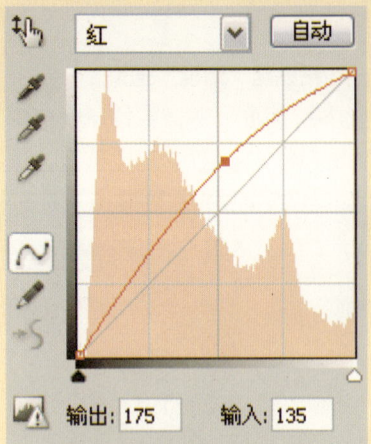

07 设置可选颜色

按照同样的方法应用"可选颜色"命令，添加"选取颜色 1"调整图层并设置参数，以调整色调。

08 设置新的选取颜色

单击"创建新的填充或调整图层"按钮，在弹出的菜单中选择"可选颜色"命令，添加"选取颜色 2"调整图层并分别设置原色红色和黄色的参数，以调整画面色调。

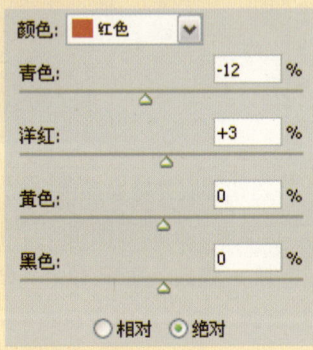
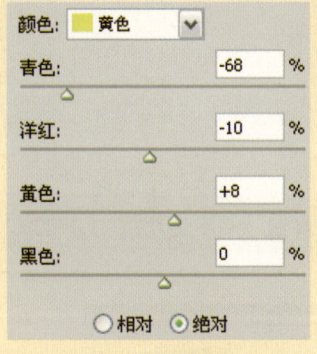

09 选择色彩范围

执行"选择 > 色彩范围"命令，在弹出的对话框中单击树叶区域并应用设置，仅调整该区域色调。

10 涂抹蒙版

单击画笔工具，在凉亭周围区域稍作涂抹，以恢复其色调。

11 盖印图层并设置混合属性

按下快捷键 Shift+Ctrl+Alt+E 盖印图层，生成"图层 2"。设置该图层混合模式为"柔光"，"不透明度"为 50%，以稍微增强画面色调。

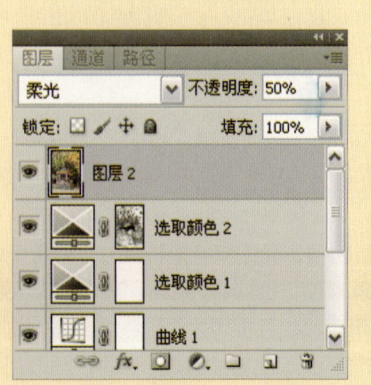

Section 02 调整梦幻色调

调整照片梦幻色调效果，可对照片进行模糊处理，然后通过混合颜色的方式增强其色调层次。在模糊图像后将丢失很多细节，因此需要设置图层的混合效果以强化其层次感，从而使得照片整体效果更加朦胧。

专家技巧

快速应用同样的高斯模糊

在打开Photoshop后未应用任何滤镜时，"滤镜"菜单中的第一项命令显示为灰色未激活的"上次滤镜操作"命令。若应用了"高斯模糊"滤镜则该命令选项显示为"高斯模糊"。因此在应用了设置相应参数后的"高斯模糊"滤镜后，若要再次应用同样模糊效果的该滤镜，则可应用"滤镜"菜单中的该命令，以快速模糊图像。

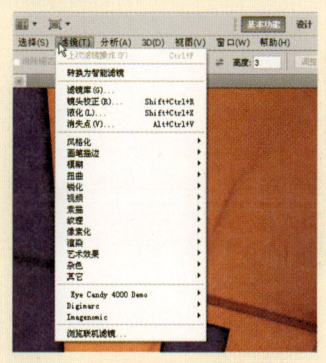
"上次滤镜操作"命令

应用滤镜后所显示的命令

知识点 认识"高斯模糊"滤镜

"高斯模糊"滤镜是最为常用的一种模糊滤镜，通过控制模糊半径来对图像进行模糊处理。该滤镜根据高斯曲线添加低频细节，以快速模糊选区或整个图像，从而获取朦胧的图像效果。

执行"滤镜>模糊>高斯模糊"命令，可弹出该滤镜对话框。其中设置较小的半径值可稍微模糊图像；而设置较大的模糊值则可较大程度地模糊整个图像的颜色。

"高斯模糊"对话框

原图

模糊值为20像素

如何做 调整照片梦幻清新色调

调整照片朦胧色调可增强其梦幻的效果。通过对图像应用"高斯模糊"滤镜并调整其整体色调的方式调整照片,让照片细节呈现朦胧效果,但细节又不会丢失得太多,使其整体色调更加梦幻。

专家技巧

渐隐"高斯模糊"滤镜效果

在应用了"高斯模糊"滤镜后可应用"渐隐高斯模糊"命令,以调整应用的高斯模糊透明度,从而获取朦胧的效果。类似于在应用了该滤镜后设置该图层的不透明度效果,同时也可在应用渐隐效果时设置混合模式。

原图

高斯模糊图像后

渐隐高斯模糊效果

01 打开图像文件并调整色调

打开附书光盘Chapter 11\Media\03.jpg图像文件。复制图层并执行"图像>自动色调"命令,以自动调整画面色调。完成后设置该图层的"不透明度"为50%,以减淡调整效果。

02 盖印图层并模糊图像

按下快捷键Shift+Ctrl+Alt+E,盖印为"图层1"。执行"滤镜>模糊>高斯模糊"命令,在弹出的对话框中设置参数并单击"确定"按钮。执行"编辑>渐隐高斯模糊"命令,设置适当的参数应用图像渐隐效果,调整朦胧效果。

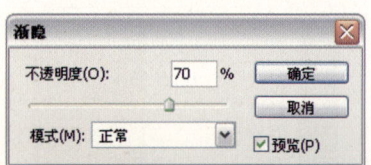

03 复制图层并设置混合属性

复制"图层1"生成"图层1副本",设置混合模式为"柔光","不透明度"为70%,增强画面色调。

04 盖印图层并设置混合属性

盖印图层,生成"图层2"。设置该图层混合模式为"滤色","不透明度"为40%,调整画面色调。

专栏　**了解"模糊"滤镜组**

"模糊"滤镜组中包括"表面模糊"、"动感模糊"、"方框模糊"、"高斯模糊"、"进一步模糊"、"径向模糊"、"镜头模糊"、"模糊"、"平均"、"特殊模糊"和"形状模糊"11种模糊滤镜。应用这些模糊滤镜可对图像进行柔化，以使其产生平滑过渡的效果，也可使用相关滤镜去除指定图像区域的杂色，以及为图像增加动感效果等。在前面已经学习了"高斯模糊"滤镜，下面对"模糊"滤镜组中的其他滤镜进行介绍。

1. "表面模糊"滤镜

"表面模糊"滤镜在添加图像模糊效果的同时保留边缘细节。该滤镜可用于创建特殊效果并消除杂色或颗粒度，以使图像细节更加平滑。

2. "方框模糊"滤镜

"方框模糊"滤镜基于相邻图像像素来平均颜色值的模糊效果。执行"滤镜>模糊>方框模糊"命令打开其对话框后，通过在图像画面中单击指定区域的图像以预览该区域视图。其数值越大，图像越模糊。

原图

表面模糊效果

方框模糊效果

3. "动感模糊"滤镜

"动感模糊"滤镜沿指定的方向角度以指定的强度模糊图像，可制作照片动感效果，类似于以固定的曝光时间给一个移动的对象拍照。其数值越大，模糊的幅度越大。

原图

0°动感模糊图像

-45°动感模糊图像

4. "模糊"和"进一步模糊"滤镜

"模糊"滤镜与"进一步模糊"滤镜均可在图像中颜色对比较强的地方消除杂色，以获取轻微的模糊效果。"模糊"滤镜通过平衡已定义的线条和遮蔽区域清晰边缘旁边的像素，使图像中的颜色变化显得更柔和；而应用"进一步模糊"滤镜所得到的效果则是应用3~4次"模糊"滤镜后的效果。

5. "径向模糊"滤镜

"径向模糊"滤镜模拟缩放或旋转的相机所产生的模糊。在该对话框的"模糊方法"选项组中可设置同心圆样式的模糊或放射样式的模糊；通过在"中心模糊"预览样式框中拖动可以调整图像模糊的中心点，并以该点为中心模糊周围图像。

原图

放射状模糊

旋转式模糊

6. "镜头模糊"滤镜

"镜头模糊"滤镜通过向图像中添加模糊以获取狭窄的景深范围。该滤镜适用于制作照片的景深效果，使图像中的一些对象在焦点内，并使另一区域变模糊，以便突出画面中的主体。在该滤镜选项中可设置光圈的形状、镜面高光和杂色等效果，以模拟真实的相机镜头模糊效果。

7. "平均"滤镜

"平均"滤镜可找出图像或选区的平均颜色，然后用该颜色填充图像或选区，以获取平滑的图像外观。

原图

应用局部镜头模糊

平均模糊

8. "特殊模糊"滤镜

"特殊模糊"滤镜可对图像进行精确的模糊处理，并保留图像的边缘像素。应用该模糊滤镜可应用图像不同的模糊效果，除了模糊图像颜色像素的方式外，还可对图像像素边缘的模式进行设置，包括"仅限边缘"和"叠加边缘"效果。

9. "形状模糊"滤镜

"形状模糊"滤镜使用指定的形状来创建模糊效果，通过在该滤镜对话框中选择指定的形状来创建图像的模糊效果。若要应用更多的形状，则可通过载入预设形状的方式添加更多形状至列表中。

原图

仅限边缘式特殊模糊

形状模糊

Section 03 调整照片黄昏效果

增强照片黄昏色调效果，可通过填充画面颜色并应用混合效果的方式增强画面浓郁色调效果。使用油漆桶工具填充图像颜色或图案将根据图像像素边缘决定填充的效果。

知识点 油漆桶工具

利用油漆桶工具可填充选区或指定图像区域的纯色或图案像素，并根据所设置的透明参数、容差值以及指定的图层设置决定填充的范围。

原图

直接填充指定区域的颜色

填充指定区域的图案像素

填充其他区域的图案像素

如何做 调出照片浓郁落日效果

通过填充图像指定的颜色并混合颜色的方式调整画面色调，以增强落日温馨动人的效果。

01 打开图像文件并新建图层

打开附书光盘Chapter 11\Media\04.jpg图像文件，在其中新建"图层1"。

02 填充图层颜色并设置混合模式

设置前景色为赭石色（R207、G103、B0），然后单击油漆桶工具，再单击画面，以填充画面颜色。完成后设置该图层混合模式为"叠加"，以增强画面浓郁色调。

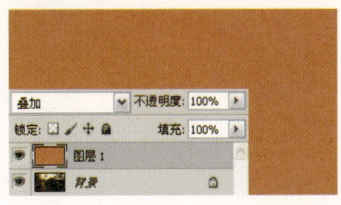

专家技巧

选择不同图层填充图像

在使用填充工具填充颜色时，填充的效果由属性栏中的设置决定，同时也可由所选择的图层所决定。在未勾选"所有图层"复选框时填充指定图层指定区域的颜色，将根据该图像中指定像素边缘填充内容，若该图层为完全透明像素内容，则将填充整个图层为指定的像素。

原图

直接填充图像

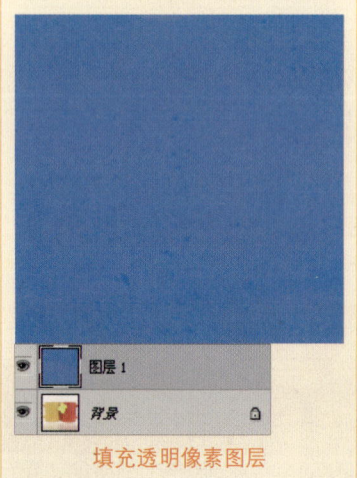
填充透明像素图层

03 设置曲线

单击"创建新的填充或调整图层"按钮，在弹出的菜单中选择"曲线"命令，并在"调整"面板中设置曲线，以稍微调亮画面色调。

04 设置曝光度

单击"创建新的填充或调整图层"按钮，在弹出的菜单中选择"曝光度"命令，并设置参数，以稍微调亮画面色调。

05 涂抹蒙版

单击画笔工具，并随时更改其不透明度，在画面中过亮的区域即夕阳图像区域进行涂抹，以恢复该区域色调。

专栏　油漆桶工具属性栏

油漆桶工具用于填充图像指定区域的颜色或图案像素。通过在其属性栏中设置相关属性和参数，可调整填充内容的效果。

油漆桶工具属性栏

❶ **"设置填充区域的源"选项组**：在下拉列表中的填充内容包括前景色和图案，选择"前景"选项可填充当前前景色，选择"图案"选项可激活右侧的选项，并可选择指定的图案进行填充。

❷ **"模式"选项**：可设置不同的混合模式，包括"正片叠底"、"颜色加深"、"滤色"、"叠加"、"柔光"、"差值"、"色相"、"饱和度"和"明度"等混合模式。设置混合模式后，将混合所填充内容与背景图像颜色。

原图1

应用"减去"混合模式填充颜色

应用"叠加"混合模式填充颜色

❸ **"不透明度"选项**：设置填充不透明度后，在填充颜色时使填充的颜色形成程度不同的半透明状态。

❹ **"容差"选项**：用于定义一个颜色的相似度，即一个颜色必须达到所单击颜色像素的某一相似度才可被填充，这决定了填充颜色像素时的范围。

❺ **"消除锯齿"复选框**：勾选"消除锯齿"复选框后填充像素，可使填充选区的边缘更平滑。

❻ **"连续的"复选框**：勾选"连续的"复选框将只填充与所单击像素临近的像素，不勾选则填充图像中所有相似像素。

原图2

勾选"连续的"复选框并填充图像

取消勾选并填充后

❼ **"所有图层"复选框**：勾选该复选框后，基于所有可见图层的合并图像颜色进行填充。

Section 04 调整风景照艺术效果

调整风景照艺术效果可通过多种调整方式实现，这里主要介绍使用"计算"命令对不同图像或通道进行混合计算调整图像效果，以制作照片特殊色调效果。

专家技巧

应用不同模式计算图像

应用"计算"命令混合图像可通过混合不同的通道颜色调整其明度，也可通过设置其中不同的混合模式调整不同效果。

原图

应用"颜色加深"模式计算图像

应用"划分"模式计算图像

知识点 "计算"命令

"计算"命令可将同一图像中两个不同的通道或两个尺寸相同的图像进行混合，并将混合的结果应用到新图像或新通道以及当前选区中。应用该命令可通过不同的混合模式增强图像的明度对比，但不能用于创建彩色的图像。执行"图像>计算"命令，可在弹出的"计算"对话框中设置指定的图像或通道，以便计算图像。

原图

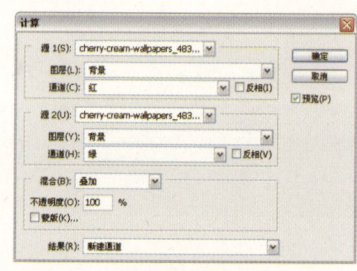

"计算"对话框

计算后的通道图像

生成的Alpha 1通道

如何做 模仿照片HDR纪实色调

HDR色调是高动态范围的图像色调，整体色调反映出一种纪实性。下面调整照片HDR色调效果。

01 打开图像文件并调整色调

打开附书光盘Chapter 11\Media\05.jpg图像文件，复制"背景"图层生成"背景 副本"图层。执行"图像>自动色调"命令，以自动调整画面色调。

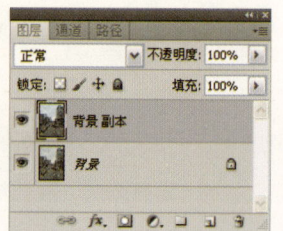

02 设置色阶

单击"创建新的填充或调整图层"按钮，应用"色阶"命令，并设置参数，以增强画面对比。

03 涂抹蒙版

单击画笔工具，在除天空以外的区域进行涂抹，仅增强天空部分的对比效果。

04 盖印图层并复制指定通道

按下快捷键 Shift+Ctrl+Alt+E 盖印图层，生成"图层 1"。在"通道"面板中复制对比较强的"红"通道，生成"红 副本"通道。

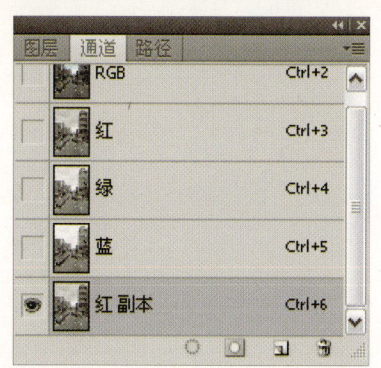

05 应用高反差保留

执行"滤镜 > 其他 > 高反差保留"命令，在弹出的对话框中设置参数并应用设置，调整通道细节。

06 计算通道

执行"图像 > 计算"命令，在弹出的对话框中设置各项参数，完成后单击"确定"按钮，调整通道图像的细节效果，从而获取类似 HDR 色调质感的 Alpha 1 通道。

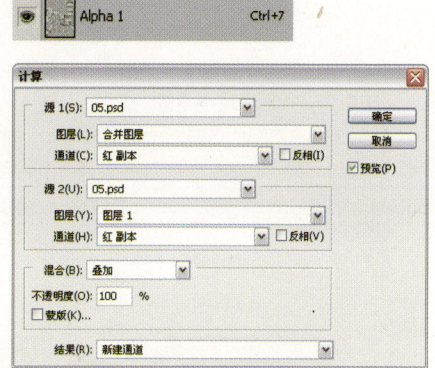

07 复制并粘贴通道图像以调色

选择计算通道后生成的 Alpha 1 通道，按下快捷键 Ctrl+A 全选通道图像，再按下快捷键 Ctrl+C 复制通道图像，完成后切换至"图层"面板并按下快捷键 Ctrl+V 粘贴图像为"图层 2"。设置该图层混合模式为"叠加"，在调整画面色调的同时也使其细节效果更接近于 HDR 色调质感。

专栏 了解"计算"对话框

打开图像文件或在选择图像通道时,可执行"图像>计算"命令,弹出"计算"对话框,并从中设置用于计算混合的图像及通道等属性。

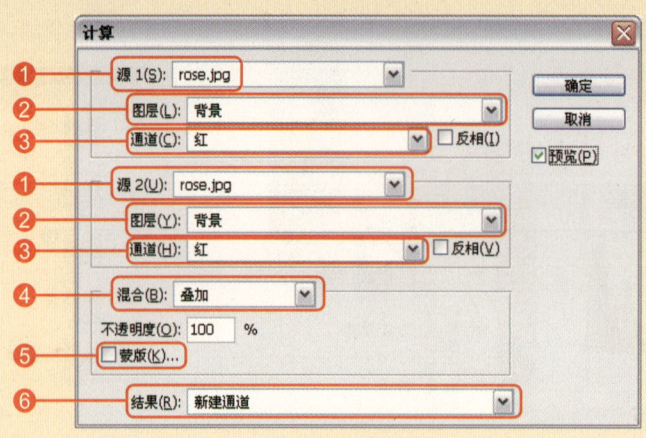

"计算"对话框

❶ **"源1"和"源2"选项:** "源1"和"源2"选项用于设置用于计算的源图像。

❷ **"图层"选项:** 该选项用于设置需要进行计算的源的图层。

❸ **"通道"选项:** 该选项用于设置需要进行计算的源的通道。

❹ **"混合"选项:** 该选项用于设置计算图像时应用的混合模式,可调整不同灰度效果的图像。

原图

应用"颜色加深"模式

应用"叠加"模式

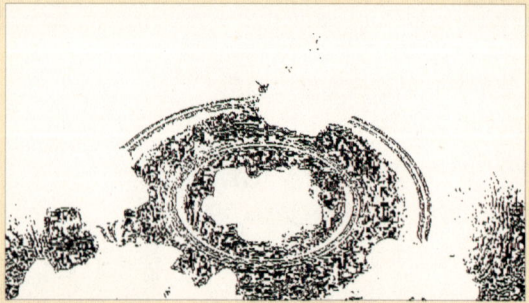

应用"划分"模式

❺ **"蒙版"复选框:** 勾选该复选框,将弹出与该选项对应的选项组。可设置该选项通过遮蔽应用混合效果,从而使图像中的部分区域不受计算影响。

❻ **"结果"选项:** 通过选择"新建文档"、"新建选区"或"新建通道"选项,将以不同的计算结果模式创建计算结果。

Section 05 增强照片整体色调

应用一些色调调整命令可调整图像的亮度和颜色，同时也可调出图像特殊色调。例如应用"色调均化"命令调整图像时，根据图像本身色调决定其最终调整效果，可能会调出色调自然柔和的效果，也可能调出特殊氛围和质感的效果。

专家技巧

对不同色调应用色调均化

应用"色调均化"命令调整图像色调时，由图像本身色调决定所调整的效果。例如对一个整体色调偏暗的图像应用该命令时，调整后的色调动态范围较大，整体区域明亮化；若图像整体色调偏亮，则应用该命令后的整体色调会变暗，以恢复图像细节效果。因此，应用"色调均化"命令还可用于修复照片色调。

原图1

应用色调均化效果1

原图2

应用色调均化效果2

知识点 "色调均化"命令

"色调均化"命令用于重新分布图像中像素的亮度值，以均匀地呈现图像中所有范围的亮度级。应用该命令将重新映射复合图像中的亮度值，调整后图像中最亮的值转换为白色，最暗的值转换为黑色，而中间值则均匀分布于整个灰度范围。

在未创建选区时应用"色调均化"命令，将直接调整整个图像范围；若创建选区并应用该命令时，将弹出"色调均化"对话框。选中"仅色调均化所选区域"单选按钮，将根据整个图像色调样式均匀分布选区中的像素；选中"基于所选区域色调均化整个图像"单选按钮，将基于当前选区中的色调均匀分布图层中的所有像素。

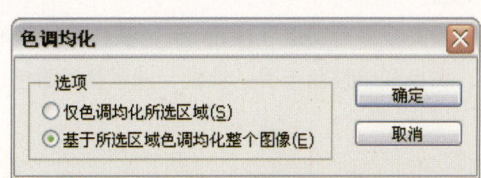
"色调均化"对话框

原图

应用全图色调均化效果

在原图中创建选区

仅对选区应用色调均化效果

如何做 应用色调均化增强照片色调

应用"色调均化"命令可对照片的整体色调进行均化处理，以使图像色调层次更清晰或颜色更亮丽。因此可通过对照片应用该调整命令的方式增强照片整体色调效果。

01 打开图像文件并复制图层
打开附书光盘Chapter 11\Media\06.jpg图像文件，复制"背景"图层生成"背景 副本"图层。

02 色调均化图像
执行"图像>调整>色调均化"命令，调整画面色调层次的同时增强其局部颜色效果。

03 添加并调整蒙版
单击"添加图层蒙版"按钮，再单击画笔工具，涂抹建筑部分，以恢复该区域色调。

04 设置可选颜色
单击"创建新的填充或调整图层"按钮，在弹出的菜单中选择"可选颜色"命令，并在"调整"面板中设置原色黄色、白色和中性色范围的参数，以调整画面色调。

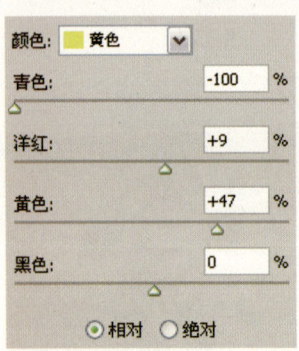
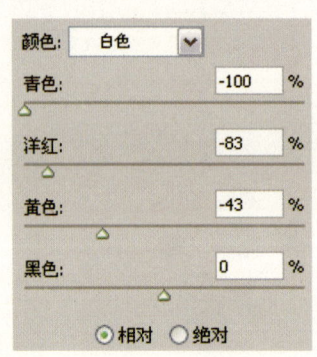

知识链接
应用命令载入选区和手动载入选区

可通过手动或执行命令的方式载入指定图层或通道的选区。

手动载入指定的选区，可按住 Ctrl 键单击指定图层的缩览图或蒙版以及通道，将其载入选区；若要添加新的选区，则可在按住 Ctrl 键的同时再按住 Shift 键单击其他图层的缩览图或蒙版以及通道，以添加新选区。

05 载入选区
按住Ctrl键单击"背景 副本"图层的蒙版，将天空部分载入选区。

06 反选选区并填充蒙版
在选中"选取颜色 1"调整图层的蒙版状态下，按下快捷键Alt+Delete，填充天空部分为黑色，以恢复该区域色调。

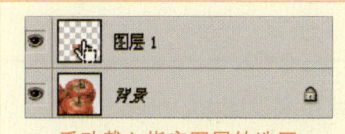

手动载入指定图层的选区

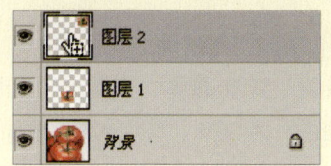

手动添加指定图层的选区

要通过执行命令的方式载入或添加指定的选区,可在创建一个选区后选择需要调整选区的图层,执行"选择>载入选区"命令,在弹出的对话框中选择指定的方式调整选区,包括添加到现有的选区、从现有选区中减去、与现有选区交叉等方式。

载入"图层1"选区

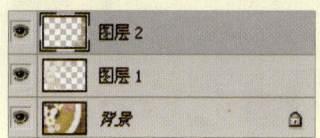

选择要添加选区的"图层2"

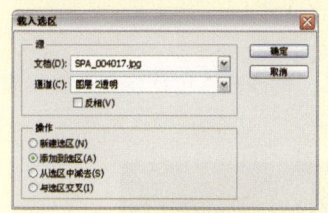

应用"载入选区"命令以添加选区

添加"图层2"选区后

07 调整建筑部分的曲线

按住Ctrl键单击"选取颜色1"调整图层的蒙版,载入建筑部分的选区,然后单击"创建新的填充或调整图层"按钮,在弹出的菜单中选择"曲线"命令,设置曲线以调亮建筑部分。

08 盖印图层并色调均化图像

按下快捷键Shift+Ctrl+Alt+E盖印图层,生成"图层1"。执行"图像>调整>色调均化"命令,以调整画面整体色调。

09 添加并调整蒙版

设置图层的"不透明度"为70%,再单击"添加图层蒙版"按钮。按住Ctrl键单击"曲线1"调整图层的蒙版,载入建筑部分的选区,完成后按下快捷键Alt+Delete,填充建筑部分为浅灰色(R160、G160、B160),以稍微恢复该区域色调。

制作水彩画效果

水彩画在整体色调上较为清新，且每个色调范围的颜色细节较多，因此可通过应用"色调均化"命令调亮画面中的暗部，以便在制作水彩画时表现出画面中更多的细节。

01 打开图像文件
打开附书光盘 Chapter 11\Media\07.jpg 文件，并复制图层。

02 色调均化图像
执行"图像 > 色调均化"命令，对画面色调进行均化处理。

03 减淡调整效果
设置"背景 副本"图层的"不透明度"为 80%，以减淡调整效果。

04 盖印图层并应用最小值滤镜
按下快捷键 Shift+Ctrl+Alt+E 盖印图层，执行"滤镜 > 其他 > 最小值"命令，设置适当的参数，以调整图像细节。

05 复制图层并应用水彩效果
复制图层为"图层 1 副本"，执行"滤镜 > 艺术效果 > 水彩"命令，设置适当的参数，以调整图像细节效果。

06 添加并调整蒙版
单击"添加图层蒙版"按钮，再使用画笔工具涂抹画面中过暗的区域，以恢复该区域色调效果。

07 盖印图层并色调均化图像
盖印图层，生成"图层 2"。执行"图像 > 调整 > 色调均化"命令，以调亮画面色调。

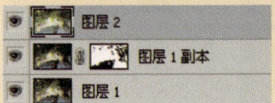

08 减淡调整效果
设置"图层 2"的"不透明度"为 80%，稍微减淡色调均化调整效果，恢复部分细节色调。

Section 06 调整照片层次

调整照片的色调可增强照片的色调层次感，而通过调整照片的景深则可直接对整个图像的层次进行改变。通过应用"镜头模糊"滤镜可对照片的景深层次进行调整。

专家技巧

确定深度映射的焦点

在应用"镜头模糊"滤镜时选择深度映射方法调整照片景深时，若选择了指定的通道或蒙版，可通过在"深度映射"选项组勾选"反相"复选框以确定需要模糊的焦点。除此方法外，还可手动在画面中指定区域进行单击，以确定需要模糊的焦点。

原图

单击房屋部分以确定焦点

单击背景部分以确定焦点

知识点 认识"镜头模糊"滤镜

"镜头模糊"滤镜通过模糊图像的方式获取狭窄的景深效果，在"镜头模糊"滤镜对话框中可定义光圈的形状和镜面高光以及添加杂色效果。该滤镜使用深度映射的方式确定像素在图像中的位置，在选择了深度映射的情况下，可使用十字线光标来设置给定模糊的起点。

"镜头模糊"对话框

❶ **"深度映射"选项组：** 通过在"源"下拉列表中选择指定的源，然后拖动"模糊焦距"滑块以设置位于焦点内的像素深度。勾选"反相"复选框后将反相用作深度映射的源的选区或Alpha通道。例如在选择了指定的Alpha通道作为深度映射的源后，该通道中的黑色区域被认为是离相机镜头近的区域，而通道的白色区域则被认为是离相机镜头远的区域，从而制作景深效果。

原图

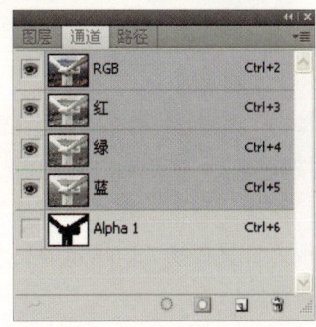
Alpha通道

专家技巧

添加镜头模糊的杂点

在照片未添加镜头模糊效果时，可适当添加一些杂点以增强镜头模糊的效果。在添加杂点时可应用单色杂点效果，以使画面色调整洁。

原图

添加单色杂点后

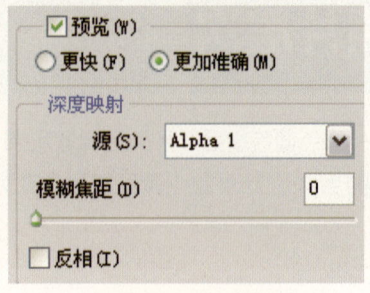

选择深度映射的源

模糊图像背景后

❷ "光圈"选项组：在"形状"下拉列表中可选择指定样式的光圈，包括"方形"、"五边形"和"六边形"等光圈样式；拖动"叶片弯度"滑块可对光圈边缘进行平滑处理；拖动"旋转"滑块可旋转光圈；拖动"半径"滑块则添加更多的模糊效果。

❸ "镜面高光"选项组：设置"阈值"选项参数可选择亮度截止点，比该截止点值亮的所有像素都会被视为镜面高光，设置"亮度"选项参数则可增加高光的亮度。

❹ "杂色"选项组：设置"数量"选项可增加或减少杂色，并以"平均"或"高斯分布"效果应用杂色。若要在不影响图像颜色的情况下添加杂色，可勾选"单色"复选框。

如何做　制作照片景深效果

制作照片的景深效果，首先需要确定一个画面主体，以便在制作景深效果时以该对象为焦点指定模糊的区域。可在制作景深效果前对画面主体色调进行调整，以突出其主体位置。

01　打开图像文件

打开附书光盘 Chapter 11\Media\08.jpg 图像文件。

02　绘制雕塑路径

单击钢笔工具，沿近处的大象雕塑绘制路径。

03　创建雕塑选区

按下快捷键 Ctrl+Enter，转换绘制的大象雕塑路径为选区。

04　设置曲线

单击"创建新的填充或调整图层"按钮，在弹出的菜单中选择"曲线"命令，并在"调整"面板中设置曲线，以稍微调亮大象雕塑的色调。

05 载入大象雕塑选区

按住Ctrl键单击"曲线 1"调整图层的蒙版，将其载入选区。

06 设置可选颜色

单击"创建新的填充或调整图层"按钮，在弹出的菜单中选择"可选颜色"命令，并在"调整"面板中分别设置原色红色和黄色的参数，以继续调亮大象雕塑的色调。

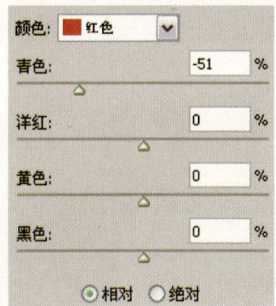

07 盖印图层并色调均化大象雕塑

按下快捷键Shift+Ctrl+Alt+E盖印图层，生成"图层 1"。按住Ctrl键单击"选取颜色 1"调整图层的蒙版，将其载入选区，执行"图像>调整>色调均化"命令，在弹出的对话框中选择相应选项并单击"确定"按钮，以调整大象雕塑的色调。

08 减淡调整效果

设置"图层 1"的"不透明度"为40%，以减淡调整效果。完成后按下快捷键Ctrl+D取消选区。

09 盖印图层

按下快捷键Shift+Ctrl+Alt+E盖印图层，生成"图层 2"。

10 载入大象选区

按住Ctrl键单击"选取颜色 1"调整图层的蒙版，载入选区。

11 添加图层蒙版

单击"添加图层蒙版"按钮，为"图层 2"添加图层蒙版。

知识链接

选择图层或蒙版模糊图像

在应用"镜头模糊"滤镜之前，若要对添加了图层蒙版的图像进行调整，须选择该图层的缩览图，以便模糊该图层中指定区域的图像。若选择了该图层的蒙版后应用"镜头模糊"滤镜，将对蒙版边缘进行模糊处理，而不会对图层图像进行模糊。

原图

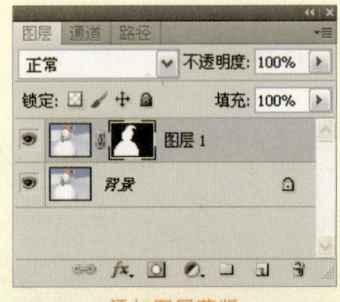
添加图层蒙版

选择缩览图后模糊图层图像

旋转蒙版后模糊蒙版选区边缘

12 应用"镜头模糊"滤镜

选择"图层2"的缩览图，执行"滤镜>模糊>镜头模糊"命令，在弹出的对话框中设置各项参数并单击"确定"按钮，以模糊背景。

13 调整渐变蒙版

选择"图层2"的蒙版，单击渐变工具，设置从白色到透明的线性渐变颜色，并在画面中从上至下进行拖动，以应用照片画面中远处的模糊效果，形成景深效果。

14 盖印图层并设置混合属性

按下按下快捷键Shift+Ctrl+Alt+E盖印图层，生成"图层3"。设置图层混合模式为"柔光"，"不透明度"为60%，以增强画面色调。

CHAPTER 12

主题照片修饰

本章主要针对数码照片处理中的一些主题照片进行修饰，包括宠物照片、静物照片以及其他特殊效果的风景照片等，涉及知识包括"变化"调整命令、"光照效果"滤镜、"消失点"滤镜和"动感模糊"滤镜等功能。帮助读者了解在对主题数码照片进行修饰处理时常用的一些调整方法和技巧。

Section 01 利用"变化"命令调整宠物照

"变化"命令通过显示替代物的缩览图调整图像指定色调范围色彩平衡、对比度和饱和度,适用于调整不需要进行颜色精确调整的平均色调图像。但该命令不能应用于索引颜色图像或16位通道图像。

专家技巧

显示修剪

应用"变化"命令调整图像色调时,可通过其中的"显示修剪"复选框查看调整效果中是否有颜色修剪的现象。

在"变化"对话框中勾选"显示修剪"复选框后,可查看图像中的颜色修剪效果,并将颜色修剪的区域显示为与图像颜色互补的颜色状态。在选择了不同的色调范围或饱和度颜色选项后,可查看图像中指定区域的颜色修剪状态。

原图

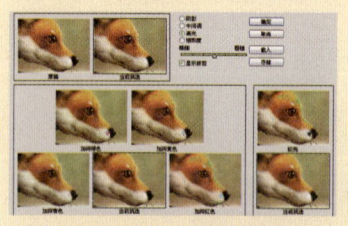
高光色调范围的颜色修剪

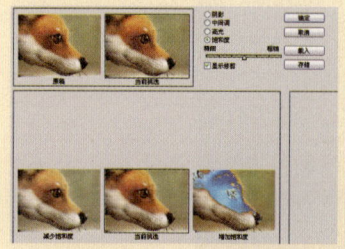
饱和度选项面板中的颜色修剪

知识点 认识"变化"对话框

打开图像文件后执行"图像>调整>变化"命令,可弹出"变化"对话框。

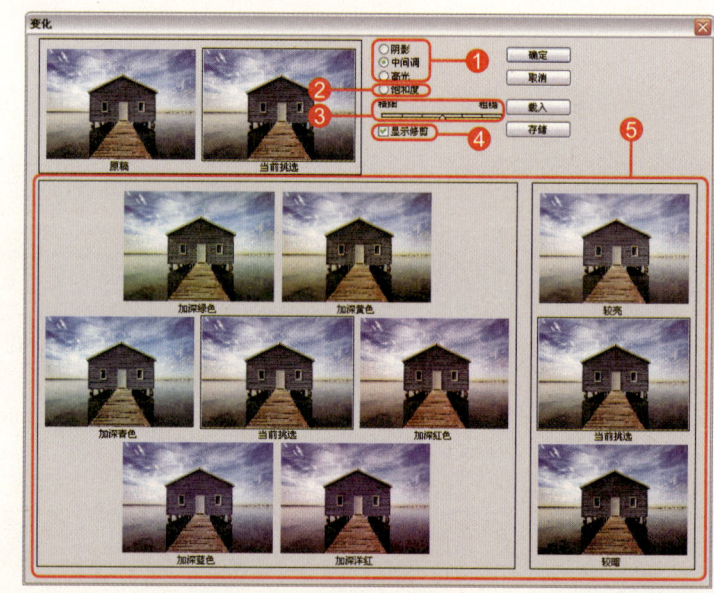
"变化"命令对话框

❶ **"阴影"、"中间调"和"高光"选项:** 选择指定的色调范围选项可设置该色调范围中的图像色彩平衡,即"阴影"色调范围、"中间调"色调范围和"高光"色调范围区域。

❷ **"饱和度"选项:** 选择该选项后可切换至其选项面板中,用于调整图像的颜色饱和度。

❸ **"精细/粗糙"滑块:** 通过拖动"精细/粗糙"选项的滑块以指定每一次调整的量。

❹ **"显示修剪"复选框:** 勾选"显示修剪"复选框后可显示图像中的溢色区域。

❺ **图像缩览图:** 包括用于预览调整效果的原图像和调整后的图像缩览图。位于对话框顶端的缩览图分别为"原稿"和调整效果之后的"当前挑选"缩览图。单击对话框中的任意缩览图,可根据该缩览图的名称加深对应的颜色,并表现在缩览图中;在对话框右侧的列表框中单击指定的缩览图可调整照片明暗效果。

原图

加深黄色

加深青色

加深红色

如何做 调出可爱宠物照效果

调整宠物照片的可爱色调效果，可结合使用多种调整方法对照片整体色调进行调整。例如在应用"变化"调整命令调整照片整体色调时，可对画面色彩平衡和亮度以及饱和度等进行更改，完成后结合应用其他调整命令增强照片的色调效果。

01 打开图像文件并复制图层

打开附书光盘Chapter 12\Media\01.jpg图像文件，复制"背景"图层生成"背景 副本"图层。

02 应用变化调整效果

执行"图像>调整>变化"命令，在弹出的对话框中分别单击两次"较亮"缩览图、单击一次"加深青色"、一次"加深红色"和一次"加深黄色"缩览图，以调整画面色调，完成后单击"确定"按钮。

专家技巧

复位变化效果

在应用"变化"命令后，再次打开该命令对话框时将显示上一次应用相关操作的效果。若要在再次打开该对话框时使用新的调整方法，可恢复其默认状态。在对话框中按住Alt键以切换"取消"按钮为"复位"按钮状态，然后单击该按钮即可复位所有默认设置，以便对照片应用新的变化调整效果。

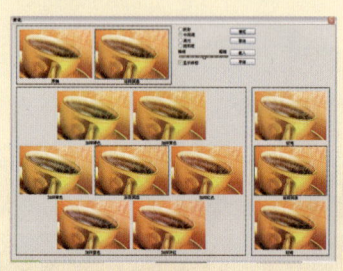
调整图像前

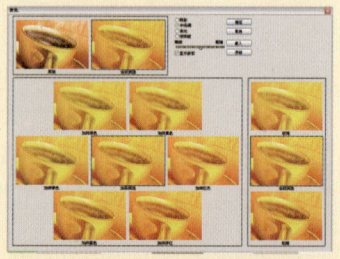
调整图像并应用设置

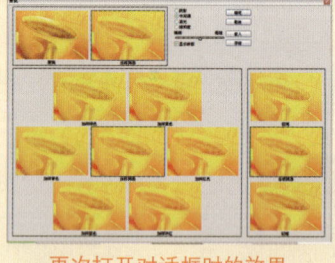
再次打开对话框时的效果

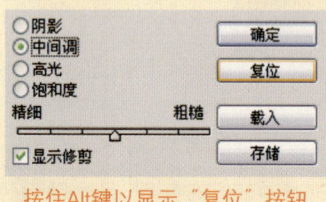
按住Alt键以显示"复位"按钮

03 复制图层并应用变化调整效果

复制图层为"背景 副本 2"，并执行"图像 > 调整 > 变化"命令，在弹出的对话框中分别单击两次"较亮"缩览图、单击一次"加深青色"和一次"加深红色"缩览图，以调整画面色调，完成后单击"确定"按钮。

04 减淡调整效果

设置"背景 副本 2"图层的"不透明度"为60%，以稍微减淡调整效果。

05 盖印图层并应用自动调色命令

按下快捷键Shift+Ctrl+Alt+E盖印为"图层 1"，然后执行"图像 > 自动色调"命令，以调整色调。

06 复制图层并设置混合属性

复制"图层 1"生成"图层 1 副本"，并设置其混合模式为"柔光"，"不透明度"为 40%，以增强画面色调。

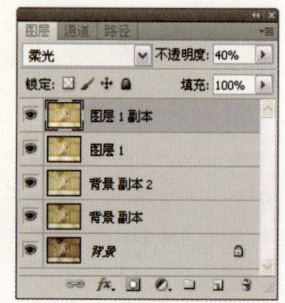

摄影师训练营　制作宠物信笺纸效果

制作宠物照片的信笺纸效果，首先可通过调整照片色调以减淡画面整体颜色的方式进行调整。减淡照片色调后，通过调整画面整体颜色的方式制作照片信笺纸效果。

专家技巧

加深不同色调范围的颜色

应用"变化"命令可对图像指定的色调范围进行调色处理。在该命令对话框中选择"阴影"、"中间调"或"高光"选项后，即可切换至相应色调范围的调整选项面板，从中分别单击指定的缩览图，可加深该色调范围内对应的颜色成分。

原图

加深中间调红色效果

加深阴影红色效果

加深高光红色效果

01 打开图像文件并复制图层

打开附书光盘 Chapter 12\Media\02.jpg 图像文件，复制"背景"图层生成"背景 副本"图层。

03 调整变化色调

继续在"变化"对话框中分别单击一次"加深蓝色"缩览图和一次"加深黄色"缩览图，以调整画面中间调色调效果，使照片色调更加淡雅。

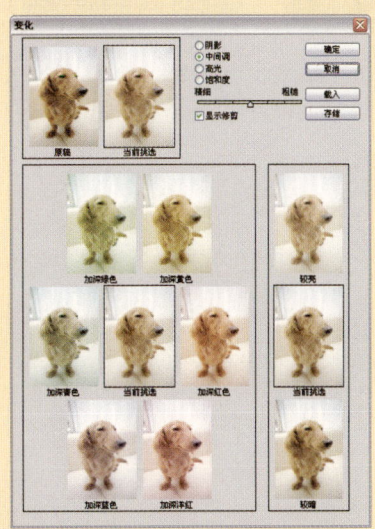

02 应用变化调整效果

执行"图像 > 调整 > 变化"命令，在对话框中单击两次"较亮"缩览图，以调亮画面整体色调。

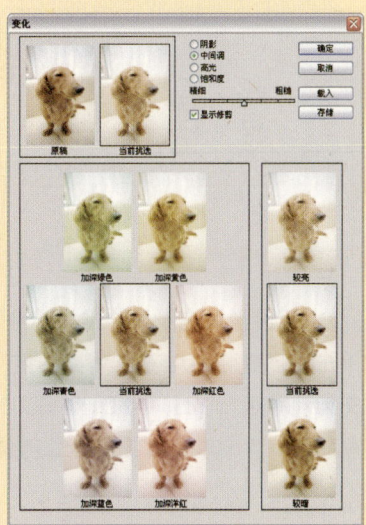

04 继续调整变化色调

在该对话框中选中"阴影"单选按钮，并在其选项面板中分别单击一次"加深青色"和一次"加深蓝色"缩览图，以稍微调整画面阴影色调范围的色调。

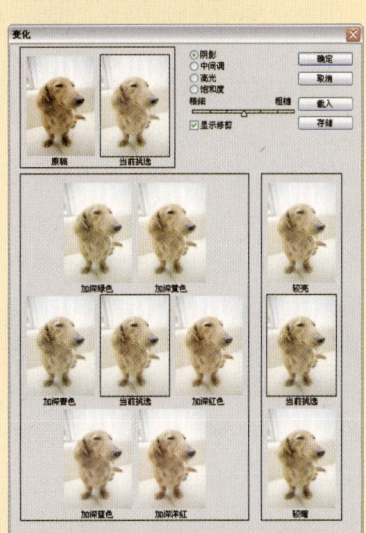

05 调整饱和度

继续在该对话框中选中"饱和度"单选按钮,并在其选项面板中单击一次"减少饱和度"缩览图,以稍微减淡画面颜色饱和度,使其色调更加淡雅。完成后单击"确定"按钮,以应用变化调整效果。

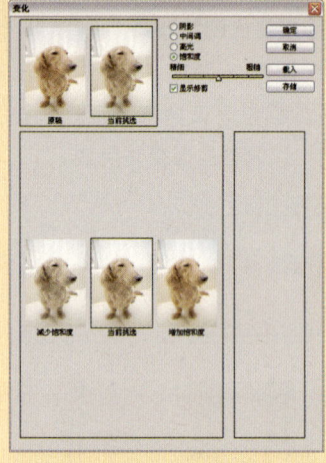

06 增强对比度

单击"创建新的填充或调整图层"按钮 ,应用"亮度/对比度"命令并设置参数,以增强对比度。

07 应用纯色填充图层并设置混合属性

单击"创建新的填充或调整图层"按钮 ,应用"纯色"命令并填充为淡黄色(R255、G247、B206)。设置其混合模式为"变暗","不透明度"为50%,以调整画面色调。

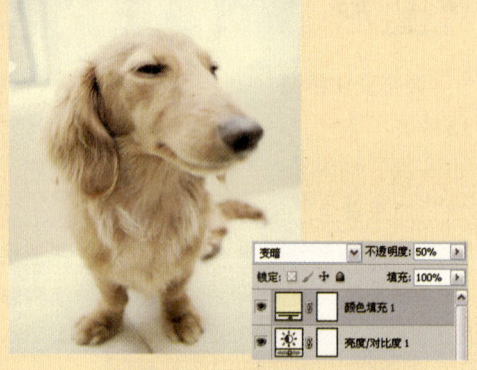

08 复制图层并设置混合模式

复制"颜色填充1"图层并更改其副本图层的混合模式为"柔光",以减淡画面色调。

09 填充新图层并调整边缘

单击"创建新的填充或调整图层"按钮 ,应用"纯色"命令并填充为浅棕色(R218、G197、B163)。选择该颜色填充图层的蒙版并单击矩形选框工具 ,在画面边缘创建一个相应的矩形选区。按下快捷键Alt+Delete,填充该选区内的蒙版颜色为黑色,恢复该区域图像,以添加边框效果。

Section 02 利用"光照效果"滤镜调整静物照片

应用"光照效果"滤镜为照片调整特殊的光照效果，可在调整画面色调的同时渲染照片特殊的氛围效果，以调出照片不同风格的色调。本小节将介绍使用"光照效果"滤镜调整静物照片的操作方法。

知识链接

调整光照控制柄

应用"光照效果"滤镜时，可以看到通过选择不同的预设光照样式后，对话框中的图像预览窗口中显示了不同的光照控制柄。可通过手动调整控制柄的方式调整光照的渲染效果。

在调整控制柄时，拖动中心的控制点，可调整光照的中心点；而拖动控制柄弧线上的锚点则可调整光照的宽度和角度。

两点钟方向点光的默认控制柄

调整控制柄中心点

调整控制柄宽度

知识点 认识"光照效果"滤镜

"光照效果"滤镜提供多种不同的光照样式、光照类型和光照属性，可为RGB图像增添不同样式的光照处理，还可对灰度格式图像创建类似于3D效果的纹理。执行"滤镜>渲染>光照效果"命令，可在弹出的对话框中选择预设的光照样式，也可自定义光照效果，以渲染图像丰富的光照色调。

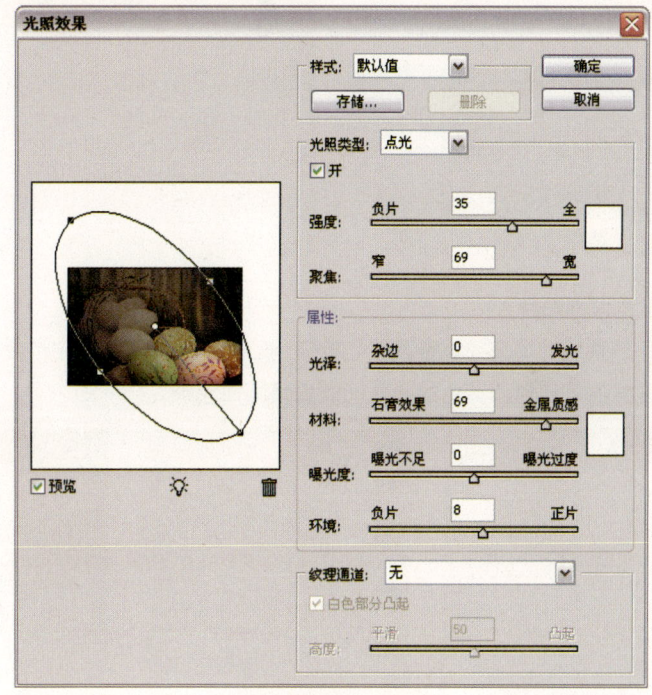

"光照效果"对话框

原图

两点钟方向点光

三处点光

如何做　调整静物照片艺术色调

调整静物照片艺术色调，可直接应用"光照效果"滤镜的方式渲染画面特殊色调，然后再通过应用其他调整方式改善画面整体色调，以增强照片的艺术气息。

01 打开图像文件并复制图层

打开附书光盘Chapter 12\Media\03.jpg图像文件，复制"背景"图层生成"背景 副本"图层。

02 设置光照效果

执行"滤镜>渲染>光照效果"命令，在弹出的对话框中选择"两点钟方向点光"预设样式，并在预览窗口中调整光照控制柄，以调整画面光照效果，完成后单击"确定"按钮。

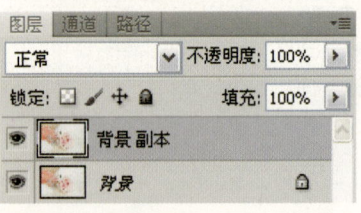

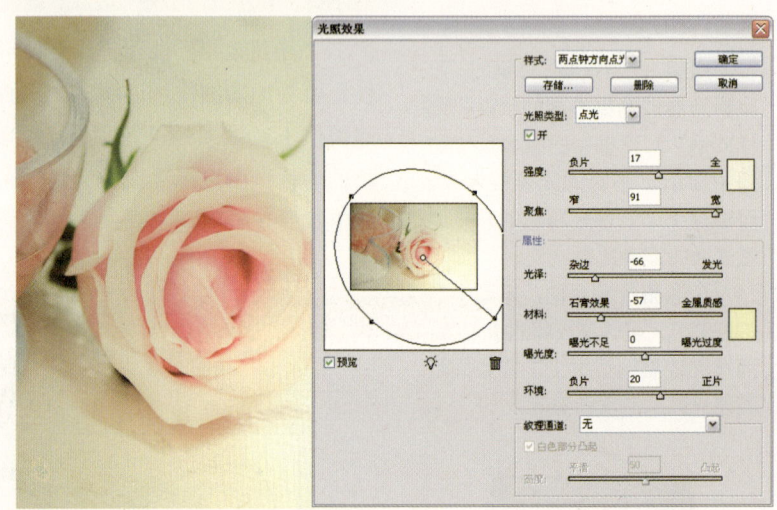

03 设置可选颜色

单击"创建新的填充或调整图层"按钮，在弹出的菜单中选择"可选颜色"命令，并在"调整"面板中分别设置原色红色和黄色的参数，以调整画面色调。

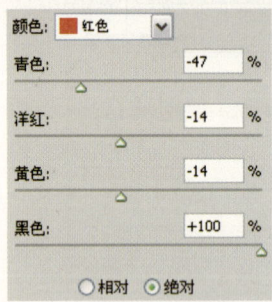

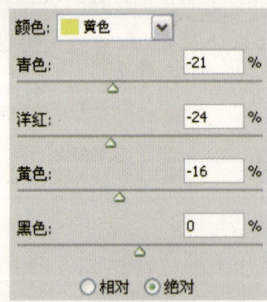

04 盖印图层并应用自动调色

按下快捷键Shift+Ctrl+Alt+E盖印图层，生成"图层 1"。执行"图像>自动色调"命令，以自动调整画面色调，从而增强画面的层次感和艺术效果。

调整静物照片怀旧色调

调整静物照片的怀旧色调效果，应用"光照效果"滤镜渲染画面整体色调氛围后，通过其他调整命令增强画面色调层次，然后添加照片杂色效果以增强照片怀旧质感。

01 打开图像文件并复制图层

打开附书光盘 Chapter 12\Media\04.jpg 图像文件，复制"背景"图层生成"背景 副本"图层。

02 设置光照效果

执行"滤镜 > 渲染 > 光照效果"命令，在弹出的对话框中选择"两点钟方向点光"预设样式，并在预览窗口中调整光照控制柄，以调整画面光照效果，完成后单击"确定"按钮。

专家技巧

调整光照颜色

应用"光照效果"命令渲染照片特殊光照效果时，可对光效的光源颜色进行调整，以应用不同色调氛围的光照效果。

在"光照效果"滤镜中选择预设的光照样式时，可看到其对应选项面板中的颜色设置状态。这些颜色是该预设光照样式的默认光照颜色，可更改这些颜色，以调整其不同的光照氛围。

在选择了指定的光照样式后，在对话框的"光照类型"选项组以及"属性"选项组中单击其光源色块，即可在弹出的对话框中设置指定的颜色。

原图

03 添加单色调

单击"创建新的填充或调整图层"按钮，应用"黑白"命令并在"调整"面板中勾选"色调"复选框，设置其色调颜色为棕色（R174、G130、B31），完成后设置其他颜色参数，以调整画面单色调效果。

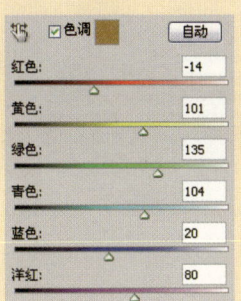

04 减淡调整效果并涂抹蒙版

设置"黑白 1"调整图层的"不透明度"为 70%，以减淡调整效果。使用较透明的画笔工具涂抹右上角区域，以恢复其颜色。

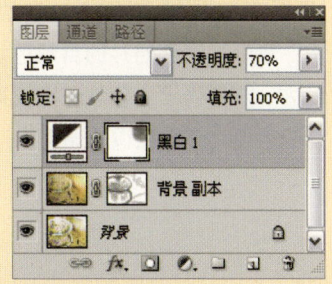

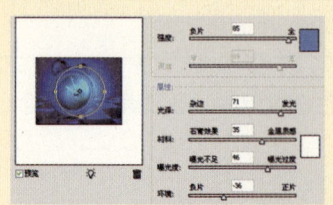

对话框中的默认颜色状态

应用"蓝色全光源"默认光照颜色

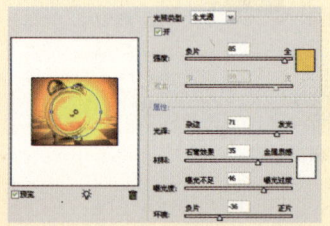

更改光照颜色

更改光照颜色后的效果

07 复制图层并调整色调

复制"图层1"生成"图层1副本"。设置该图层的混合模式为"柔光","不透明度"为50%,以增强画面的色调层次效果。按下快捷键Shift+Ctrl+Alt+E盖印图层,生成"图层2",再执行"图像>自动色调"命令,调整照片的自动色调,以进一步增强画面色调对比效果,完成对照片怀旧色调的调整。

05 调整颜色饱和度

单击"创建新的填充或调整图层"按钮,在弹出的菜单中选择"自然饱和度"命令,调整画面颜色的饱和度,使其氛围更加怀旧。

06 盖印图层并添加杂色

按下快捷键Shift+Ctrl+Alt+E盖印图层,生成"图层1"。执行"滤镜>杂色>添加杂色"命令,在弹出的对话框中设置参数和属性并单击"确定"按钮,为画面添加杂色质感。

专栏　了解"光照效果"对话框

"光照效果"滤镜中提供 17 种光照样式、3 种光照类型和 4 组光照属性,以便为照片渲染不同风格的光照效果。应用该滤镜可对 RGB 图像应用光照效果,或为灰度文件的纹理创建出类似于 3D 的效果,以及存储自定义的光照样式以便应用于其他图像。执行"滤镜 > 渲染 > 光照效果"命令,可弹出其对话框。

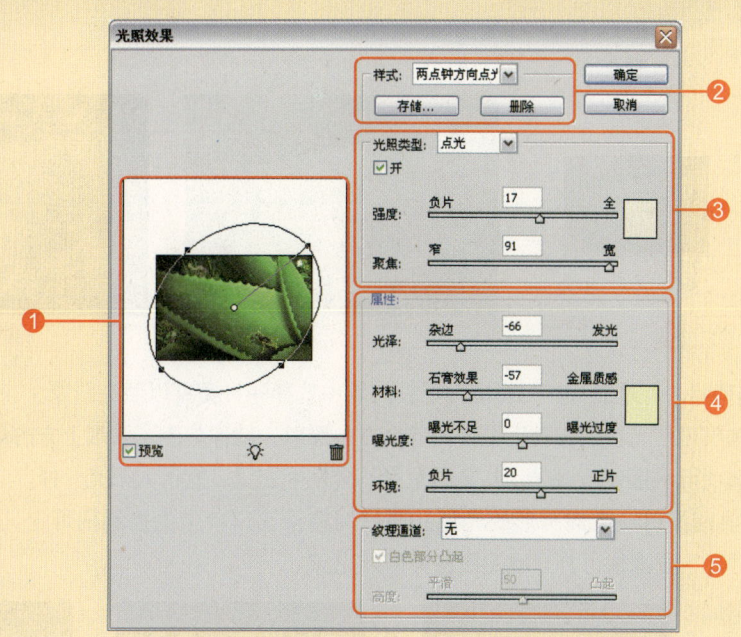

"光照效果"对话框

❶ **预览窗口:** 在该预览窗口中可查看当前光照效果。拖动控制柄可调整光照的宽度和角度;拖动预览窗口下方的光源按钮 至预览窗口中,可添加一个光照控制柄;拖动预览窗口中的光照控制柄至其下方的删除按钮 ,则可删除该光照控制柄。

❷ **"样式"选项组:** 在下拉列表中可选择包括默认自定样式在内的 17 种光照样式,包括"两点钟方向点光"、"圆形光"、"交叉光"、"喷用光"和"平行光"等光照样式。单击"存储"按钮可存储当前自定义的光照样式及属性,并以指定的名称显示在光照样式列表中。

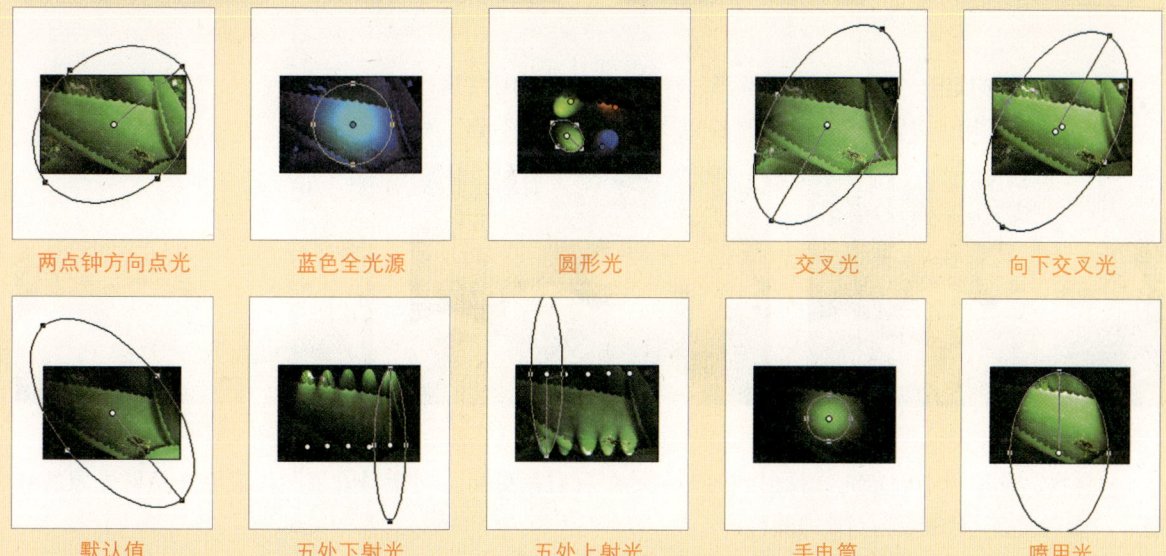

平行光　　　　　RGB光　　　　　柔化直接光　　　　柔化全光源　　　　柔化点光

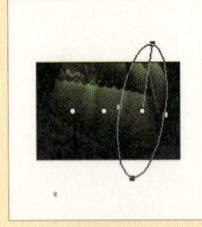   

三处下射光　　　三处点光　　　　　原图　　　　　　自定义光照效果

❸ **"光照类型"选项组**：通过在"光照类型"下拉列表中选择一种类型以照亮图像。

选择"全光源"选项可使光在图像的正上方向各个方向照射，就像位于一张纸上方的灯泡。

选择"平行光"选项可从远处照射光，其光照角度不会发生变化，就像太阳光一样。

选择"点光"选项则投射一束椭圆形的光柱，通过调整预览窗口中的控制柄可定义光照的宽度和角度。勾选或取消勾选"开"复选框可打开或关闭各种照射光。

原图　　　　　　　点光　　　　　　　全光源　　　　　　平行光

❹ **"属性"选项组**：用于设置光照光泽、材料、曝光度和环境属性。

"光泽"选项用于设置表面反射光的多少，范围从"杂边"到"发光"。

原图　　　　　　　　杂边　　　　　　　　发光

"材料"选项用于确定光泽投射到的对象哪个反射率更高。"塑料效果"代表原来反射光照的颜色；"金属质感"代表反射对象的颜色。

"曝光度"选项用于增加光照（正值）或减少光照（负值），零值时没有效果。

原图　　　　　　　　　　　曝光负值　　　　　　　　　　　曝光正值

"环境"选项代表漫射光，可使该光照如同与室内的其他光照（如日光或荧光）相结合，数值为100时表示只使用此光源，数值为–100时则表示移去此光源。

原图　　　　　　　　　　　负片效果　　　　　　　　　　　正片效果

若需要更改环境光的颜色，可单击光照色块，并在弹出的拾色器对话框中设置指定的光照颜色。

❺ "纹理通道"选项组：通过设置参数以使用作为Alpha通道添加到图像中的灰度图像，用以控制光照效果。在选项组中，可将任何灰度图像作为Alpha通道添加到图像，或创建新的Alpha通道并向其中添加纹理。通过在"纹理通道"下拉列表中选择指定的颜色通道、Alpha通道或图层蒙版等选项，可将浮雕效果应用到图像中。

原图　　　　　　　　　　　凸起红通道　　　　　　　　　　凸起绿通道

凸起蓝通道　　　　　　　　凸起Alpha 1通道及其"通道"面板

摄影师训练营　为照片添加温婉光影

对照片应用"光照效果"滤镜，可为照片画面渲染不同氛围的光照效果，因此可利用该滤镜为冷色调照片渲染出温馨的暖色调效果，以转换照片不同的氛围。

专家技巧

添加新的光源

应用"光照效果"滤镜时，可选择预设的光照类型以添加不同光源光照效果，其中包括同时应用多种光源的光照效果。通过在该滤镜对话框的预览窗口区域调整光照，可添加或删除指定的光源，以调整渲染效果。

预览窗口下方的添加光源按钮可用于添加新的光源。将该按钮拖动至预览窗口中即可添加新光源并对该光源属性进行设置。

原图

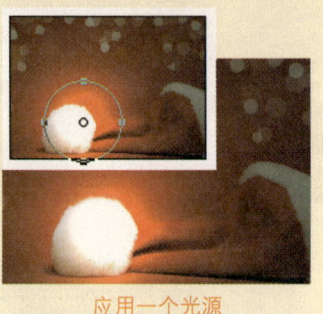
应用一个光源

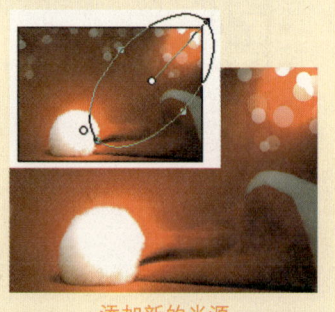
添加新的光源

01 打开图像文件

打开附书光盘 Chapter 12\Media\05.jpg 图像文件。

02 复制图层

复制"背景"图层生成"背景 副本"图层。

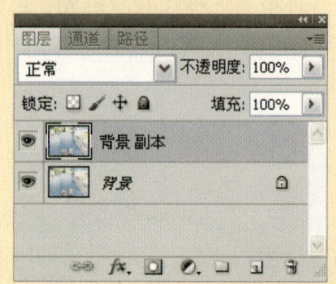

03 渲染光照效果

执行"滤镜 > 渲染 > 光照效果"命令，在弹出的对话框中选择"两点钟方向光"并设置为"全光源"类型。更改选项面板中的颜色分别为淡黄色（R255、G250、B224）和橘黄色（R255、G175、B60）并设置其他相关参数，完成后单击"确定"按钮，以渲染画面暖色调效果。

04 添加蒙版并调整

单击"添加图层蒙版"按钮，再单击画笔工具，并涂抹蜡烛火焰部分，以恢复其颜色。

05 设置通道混合器

单击"创建新的填充或调整图层"按钮，在弹出的菜单中选择"通道混合器"命令并设置相应通道的参数，以稍微调整画面色调。

06 盖印图层

按下快捷键 Shift+Ctrl+Alt+E 盖印图层，生成"图层 1"。

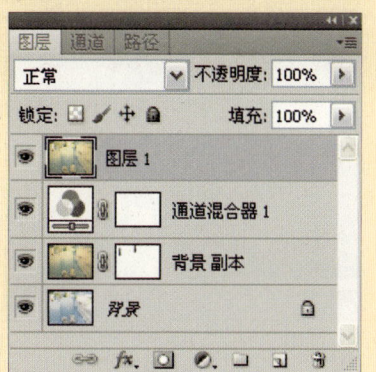

07 渲染光照效果

执行"滤镜 > 渲染 > 光照效果"命令，在弹出的对话框中选择更改"光照类型"为"点光"，然后调整预览框中的控制柄以调整其光照宽度，完成后单击"确定"按钮，增强画面暖色调效果。

08 设置可选颜色

单击"创建新的填充或调整图层"按钮，应用"可选颜色"命令并设置颜色白色的参数，以稍微调整烛光颜色。

09 盖印图层并渲染光照

继续盖印一个图层，生成"图层 2"。执行"滤镜 > 渲染 > 光照效果"命令，在弹出的对话框中设置各项参数和属性，并分别更改其颜色为淡黄色（R255、G248、B170）和橘黄色（R255、G252、B203），完成后单击"确定"按钮，以渲染画面色调。

10 添加蒙版并调整

单击"添加图层蒙版"按钮，再使用较透明的画笔工具涂抹除蜡烛火焰以外的区域，以稍微恢复其色调。

11 设置曝光度

单击"创建新的填充或调整图层"按钮 ，应用"曝光度"命令并设置参数，以调整画面色调。

12 设置可选颜色

单击"创建新的填充或调整图层"按钮 ，在弹出的菜单中选择"可选颜色"命令，并在"调整"面板中设置原色黄色的参数，以调整画面暖色调效果。

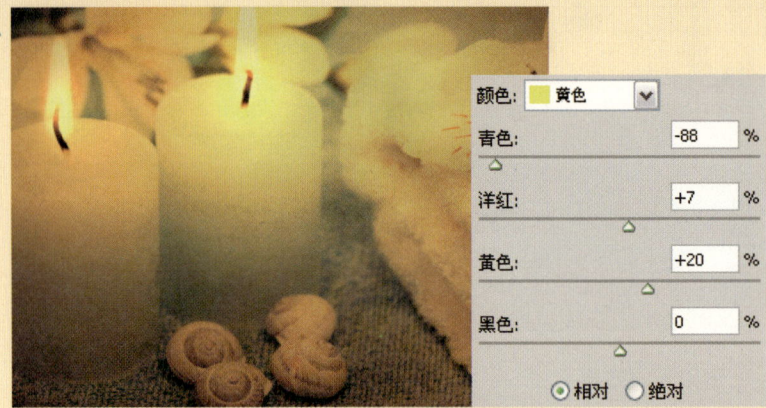

13 继续设置可选颜色

继续在"调整"面板中设置原色绿色的参数，以稍微减淡画面中的绿色图像色调。

14 盖印图层

按下快捷键 Shift+Ctrl+Alt+E 盖印图层，生成"图层3"。

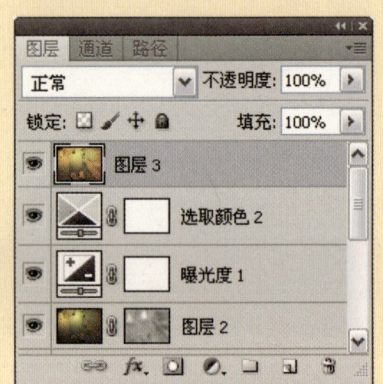

15 色调均化图像

执行"图像 > 调整 > 色调均化"命令，以稍微增强画面色调效果。

16 复制图层并设置混合属性

复制"图层3"生成"图层3副本"，并设置其混合模式为"柔光"，"不透明度"为60%，以增强画面色调效果。

Section 03 利用"消失点"滤镜添加照片物体

"消失点"滤镜可在对包含透视平面的图像如建筑物的透视面及矩形进行编辑时保留图像的正确透视效果。可对图像独立图层应用该滤镜，并应用图层混合选项编辑图像效果。

知识链接

使用消失点画笔工具

在"消失点"对话框中，可使用其中的画笔工具按照消失点及网格的状态绘制具有透视效果的颜色，所绘制的颜色角度和大小则将根据消失点所在位置及其透视方向而决定。

在"消失点"对话框中选择画笔工具后，可在其属性栏中设置各项参数和属性，并在画面中进行涂抹以绘制颜色。使用该工具所绘制的颜色由当前前景色决定，也可在该滤镜对话框中自定义新的颜色，在绘制颜色时还可确定是否将涂抹区域进行修复处理。

原图

在离消失点近的地方绘制颜色

在离消失点远的地方绘制颜色

知识点 认识"消失点"对话框

"消失点"滤镜是一个独立滤镜，该滤镜可对图像应用局域透视形态的效果。还可以对多面图像进行快速置换。通过简单的操作就可替换图像内容，可用于画册、宣传单以及CD封面等图像置换操作。执行"滤镜>消失点"命令，可打开该滤镜对话框。

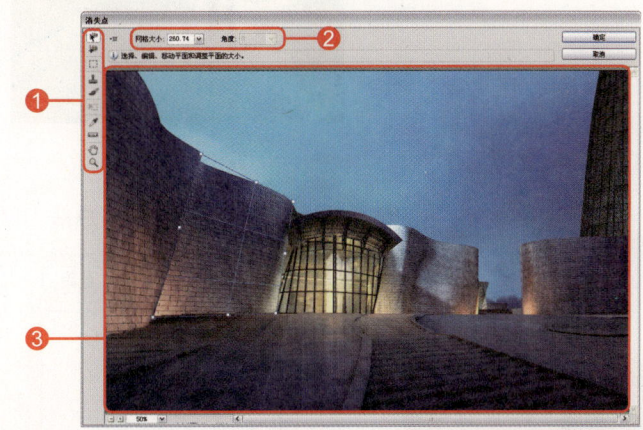

❶ **工具箱**：包括用于创建和编辑透视网格的各种工具。其中编辑平面工具 可用于选择、编辑、移动平面和调整平面大小等编辑操作；创建平面工具 可在图像中单击以添加节点的方式创建透视网格；选框工具 可在创建的网格中创建选区；图章工具 在创建的透视网格中进行图像的仿制处理。

❷ **"网格大小"和"角度"选项**：用于设置网格在图像平面的大小及其角度。

网格最小时

网格最大时

❸ **图像预览窗口**：用于预览图像以及当前编辑状态。打开该对话框可通过单击图像以创建网格锚点。

如何做 为建筑物添加图案

为照片中的建筑墙面添加图案效果，可通过应用"消失点"滤镜的方式添加图案并调整其透视效果，以增强墙面视觉效果。

知 识 链 接

应用消失点仿制图像

使用"消失点"滤镜中的图章工具可在指定的透视区域内仿制图像，并可仿制图像中所选区域外的其他部分。

在"消失点"滤镜对话框中创建网格后，选择图章工具，再按住 Alt 键单击网格区域的图像，即可取样该点的图像，然后释放 Alt 键并移动光标，可以看到仿制的图像颜色及其透视效果。此时可在网格区域内绘制仿制的颜色，也可在网格区域外绘制仿制的颜色。

在原图中创建消失点网格

按住Alt键使用图章工具取样

在网格区域外仿制图像

01 打开图像文件并添加曲线调整图层

打开附书光盘Chapter 12\Media\06.jpg图像文件。单击"创建新的填充或调整图层"按钮，添加"曲线1"调整图层。

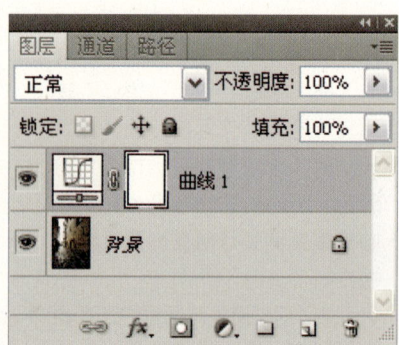

02 设置曲线

在"调整"面板中设置曲线，以稍微调亮画面色调。

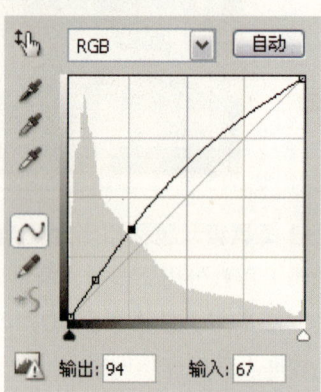

03 打开图案图像文件并复制图像

打开附书光盘Chapter 12\Media\小树.png图像文件。按下快捷键Ctrl+A和Ctrl+C全选并复制图像，切换至当前图像文件并新建"图层 1"。

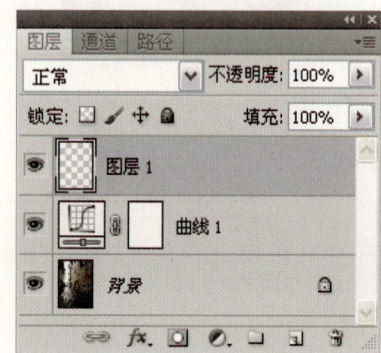

04 添加消失点网格

执行"滤镜>消失点"命令,在弹出的对话框中沿建筑墙面透视方向添加相应的网格。

05 粘贴图案

按下快捷键Ctrl+V粘贴图案至当前滤镜对话框图像中。

06 调整图像透视效果

拖动小树图案至刚才的网格中,然后按下快捷键Ctrl+T,通过拖动该图像并调整其变换控制框,以缩小小树图像至相应的大小,使其适应网格大小。

07 确定调整效果

完成调整后单击"确定"按钮,以应用调整效果。

08 设置图层混合选项

设置"图层1"的混合模式为"叠加","不透明度"为80%,将小树图像混合到背景中。复制图层并设置其副本图层的混合模式为"滤色","不透明度"为20%,以稍微减淡其颜色。完成后单击"添加图层蒙版"按钮,再使用较透明的画笔工具涂抹右下角小树图像,以恢复该区域色调,增强其层次感。

Section 04 利用"动感模糊"滤镜调整照片

"动感模糊"滤镜用于增添照片中被摄体的动感效果,通过设置不同的模糊方向和强度,调整被摄体的效果。也可通过编辑绘制的方式为照片添加特殊质感效果,以增强画面的氛围。

专家技巧

动感模糊与径向模糊

"动感模糊"滤镜可用于调整照片图像的动感效果,但在应用该滤镜时,将对全部选定的图像进行模糊。而与该滤镜不同,"径向模糊"滤镜可通过指定一个不需要模糊的中心点,并对该点周围的像素进行渐进模糊处理,以增强画面的动感效果和视觉冲击力。

原图

动感模糊效果

径向模糊效果

知识点 认识"动感模糊"对话框

"动感模糊"滤镜所制作的效果类似于以固定的曝光时间给一个移动的对象拍照,通过沿指定的方向并以不同的模糊程度对图像进行模糊处理。执行"滤镜>模糊>动感模糊"命令,可弹出"动感模糊"滤镜的对话框。

"动感模糊"对话框

❶ **"角度"选项**:用于控制动感模糊的方向,可设置数值范围为–360度 ~ +360度。可通过输入数值或调整控制图标的方式设置模糊角度。

❷ **"距离"选项**:用于设置模糊的强度,即模糊图像的长度。数值越大,图像的残像长度越长,速度感也会越强。

原图

模糊距离为100像素

模糊角度为45°

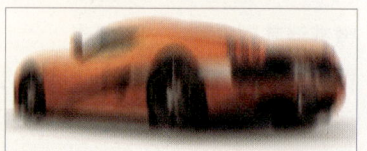
模糊角度为90°

如何做 制作照片细雨效果

制作照片阴雨绵绵的效果，可首先调整画面整体阴郁色调，以便在添加阴雨效果后其氛围更加浓郁。在制作阴雨图像时，可结合"点状化"滤镜和"动感模糊"滤镜制作细雨效果。

01 打开图像文件
打开附书光盘Chapter 12\Media\07.jpg图像文件。

02 设置通道混合器
单击"创建新的填充或调整图层"按钮，在弹出的菜单中选择"通道混合器"命令，并分别设置相应参数，以调整画面阴郁色调。

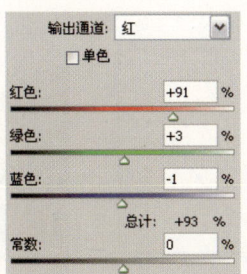 

03 新建图层并填充黑色
按下D键恢复当前前景色和背景色为黑色和白色，然后新建"图层1"，并填充其颜色为黑色。

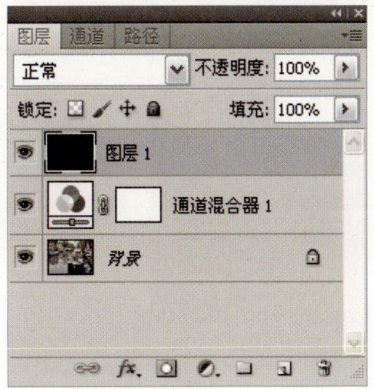

04 应用相关滤镜制作细雨
执行"滤镜>像素化>点状化"命令，在弹出的对话框中设置参数为15，并单击"确定"按钮。执行"滤镜>模糊>动感模糊"命令，并在弹出的对话框中设置参数并应用设置，以制作细雨效果。

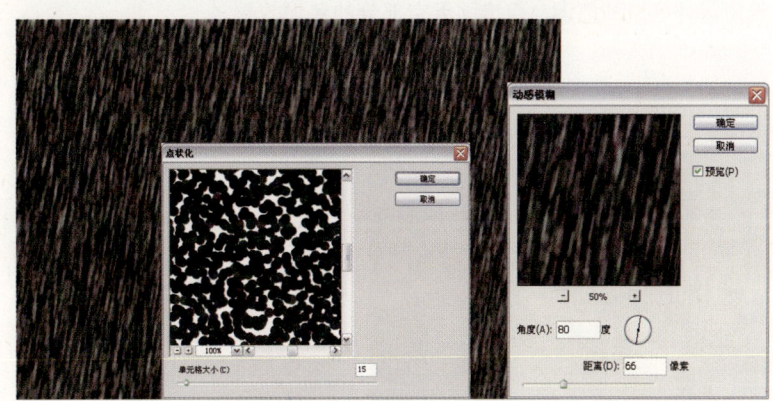

05 设置图层混合选项
设置"图层1"混合模式为"柔光"，"不透明度"为80%，将制作的细雨图像应用到背景中。

06 盖印图层并设置其混合选项
按下快捷键Shift+Ctrl+Alt+E盖印图层，生成"图层2"。设置图层混合模式为"滤色"，"不透明度"为20%，以增强画面阴雨效果。

摄影师训练营　制作照片绘画效果

制作照片绘画效果，可通过减少照片细节并进行模糊处理的方式增强其手绘笔触效果。在调整绘画效果时，还可对其色调进行调整，以丰富画面颜色。

01 打开图像文件

执行"文件 > 打开"命令，打开附书光盘 Chapter 12\Media\08.jpg 图像文件。

02 设置曲线

单击"创建新的填充或调整图层"按钮，在弹出的菜单中选择"曲线"命令并设置曲线，主要调暗天空部分，以增强其色调效果。

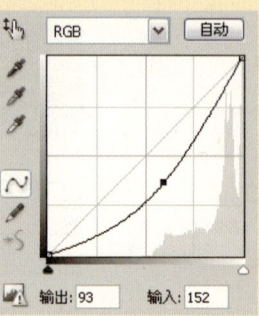

03 恢复天空以外区域的色调

执行"选择 > 色彩范围"命令，在弹出的对话框中使用添加到取样工具单击天空部分，并设置参数，完成后单击"确定"按钮，以恢复天空以外区域的色调，仅增强天空部分的色调效果。

04 盖印图层并应用点状化效果

盖印图层，生成"图层 1"。执行"滤镜 > 像素化 > 点状化"命令，在弹出的对话框中设置参数为 8，并单击"确定"按钮。

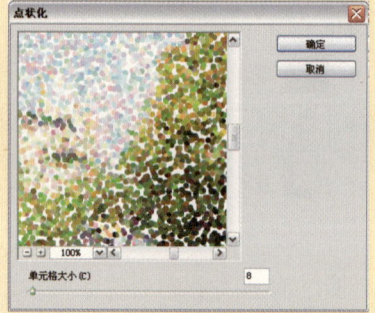

05 应用动感模糊

执行"滤镜 > 模糊 > 动感模糊"命令，以模糊图像。

06 设置可选颜色

单击"创建新的填充或调整图层"按钮，在弹出的菜单中选择"可选颜色"命令，设置其原始黄色和中性色的参数，以调整画面色调。

302　Photoshop CS5 数码照片处理圣经

知识链接

"点状化"滤镜

"点状化"滤镜将图像中的颜色分解为随机的彩色小点，并在点与点之间使用当前设置的背景色进行填充。在应用该滤镜之前，须确保当前图层不能为完全透明像素图层，要应用点状化效果的图层图像可以是彩色图像，也可以是纯色填充的图像。

在应用"点状化"滤镜前，须确定当前背景色设置，以便在应用该滤镜时确保图像的色调效果。

原图

点状化图像

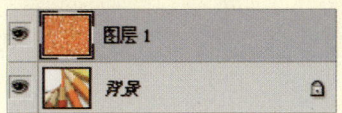
填充单色并点状化图像

07 载入天空选区并添加调整图层

按住 Ctrl 键单击"曲线 1"图层的蒙版，将天空部分载入选区，然后单击"创建新的填充或调整图层"按钮，在弹出的菜单中选择"曲线"命令，以添加"曲线 2"调整图层。

08 设置曲线

创建天空选区后在"调整"面板中向右下方拖动曲线锚点，稍微调暗天空部分的色调，以增强其层次感。

09 盖印图层并设置混合模式

按下快捷键 Shift+Ctrl+Alt+E 盖印图层，生成"图层 2"。设置其混合模式为"柔光"，以增强画面色调效果。

Part 06

数码照片进阶篇

Chapter 13 | 照片的抠取与合成
Chapter 14 | 添加照片文字
Chapter 15 | 添加照片图形

CHAPTER 13

照片的抠取与合成

在对数码照片进行处理的过程中，通过抠取照片中部分图像与其他照片图像进行合成，赋予照片更大的调整空间，从而美化照片。本章针对数码照片在抠图与合成方面的操作以及相关知识进行介绍，包括利用选区抠取图像、利用图层蒙版抠取图像、利用快速蒙版抠取图像、利用剪贴蒙版抠取图像、利用"通道"抠取图像、利用"色彩范围"命令抠取图像、利用"调整边缘"命令抠取图像以及利用橡皮擦工具抠取图像，使读者充分掌握照片的抠图与合成方法。

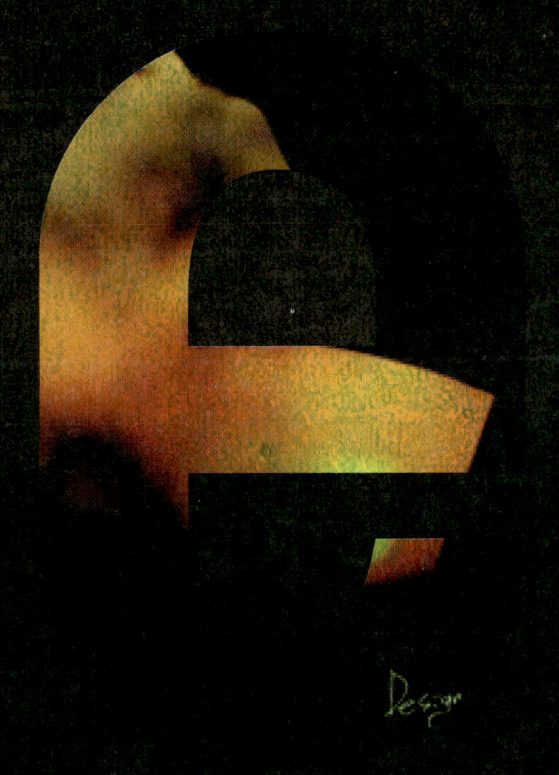

Section 01 利用选区抠取图像

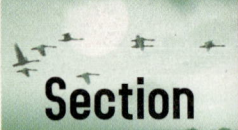

Photoshop CS5 中的选区是一个重要概念,具体是指在 Photoshop 中用斑马线条选择的区域。可通过选区的创建和编辑对照片图形进行调整,从而实现利用选区抠取图像的目的。

知识点 认识选区创建工具

Photoshop为用户提供了多种工具来辅助用户创建选区,如矩形选框工具、椭圆选框工具、套索工具、魔棒工具以及快速选择工具等。Photoshop对这些工具进行了适当的分组,以便用户根据不同的用途或需求对工具进行快速选用。

专家技巧

同时创建多个选区

使用选框工具绘制选区时,在创建选区前或后,还可结合工具属性栏中的"添加到选区"按钮 来创建两个或多个选区。

创建一个选区

同时创建两个选区

1. 认识规则选区的绘制工具

要创建如矩形、圆形等较为规则的选区时,可使用选框工具组中的工具来绘制,该工具组包含了矩形选框工具、椭圆选框工具、单行和单列选框工具。右击矩形选框工具,在弹出的工具菜单中单击即可选择相应的工具。

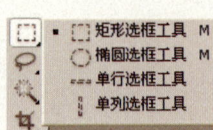

矩形选框工具组

使用矩形选框工具组中的工具绘制选区的方法比较简单,这里以绘制矩形选区为例进行介绍。

在工具箱中单击矩形选框工具 ,在图像中单击并拖动光标,绘制出矩形的选框,框内的区域就是选择区域,即选区。若要绘制正方形的选区,则可以按住Shift键的同时在图像中单击并拖动鼠标,绘制出的选区即为正方形。在使用椭圆选框工具绘制选区时,按住Shift键的同时进行绘制,则可绘制出圆形选区。

使用矩形选框工具绘制的选区

使用椭圆选框工具绘制的选区

使用单行选框工具绘制的选区

使用单列选框工具绘制的选区

专家技巧

快速切换不同的选区工具

在Photoshop中可通过快捷键来完成工具的切换,也可在相应的工具组中进行快速切换。如在输入法为英文的状态下按下L键即可切换到套索工具,此时若要对不同的套索工具进行快速切换,则可按下快捷键Shift+L。

知识链接

套索工具与选区

使用套索工具绘制选区时,当绘制的轨迹为一条非闭合的曲线线段,此时套索工具会自动将该曲线的两个端点以直线连接,从而构成一个闭合选区。

绘制的非闭合线条

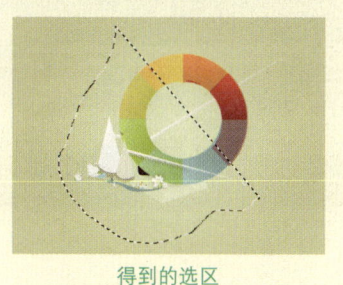

得到的选区

知识链接

魔棒工具中的容差

使用魔棒工具创建选区时,容差的设置较为关键,它的作用是辅助软件对图像边缘进行区分。容差值越大,选取的选区范围就越大,相反则选取的选区范围越小。

2. 认识不规则选区的绘制工具

若是需要创建一些不那么规则的、较为随意的选区,则可以使用套索工具组中的套索工具、多边形套索工具、磁性套索工具来进行选区的创建。

套索工具组

使用套索工具可以创建任意形状的选区,单击套索工具 ,在图像中单击并拖动鼠标进行绘制,当终点和起点相连接时,释放鼠标后即可创建选区。多边形套索工具和磁性套索工具的使用方法与套索工具的使用方法类似,这里不再一一赘述。

使用套索工具绘制的选区

使用多边形套索工具绘制的选区1

使用多边形套索工具绘制的选区2

使用磁性套索工具绘制的选区

3. 认识智能选区的绘制工具

若是需要创建一些更为自由的选区,如以颜色进行区分的块状区域或前景区域、背景区域,则可结合魔棒工具以及快速选择工具来进行快速创建。

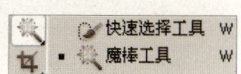

快速选择工具组

使用魔棒工具在一些背景较为单一的图像中能够快速创建选区。在快速选择工具组中单击魔棒工具 ,在属性栏中设置适当的容差值,然后将光标移动到需要创建选区的图像中,当光标变为 形状时单击即可快速创建选区。

使用魔棒工具时的光标形状

绘制的选区

如何做 制作画中画效果

选区是图像处理中的重要元素之一,在实际的运用中,可结合各种选区创建工具创建选区,并进行相应的编辑操作。通过重复创建并填充选区为照片图像添加画框,制作出画中画效果。

01 打开图像文件
在Photoshop CS5中打开附书光盘Chapter 13\Media\01.jpg图像文件。

02 绘制矩形选区
单击矩形选框工具,在图像边缘部分单击并拖动鼠标,释放鼠标的同时绘制矩形选区。

03 反选选区
按下快捷键Ctrl+Shift+I,反选选区,从而让选区选择图像的边缘区域。

04 填充选区
在"图层"面板中单击"创建新图层"按钮,新建"图层 1"。按下D键恢复默认前景色和背景色,按下快捷键Ctrl+Delete,填充选区为白色。

05 继续绘制选区
继续使用矩形选框工具,在图像中左侧的南瓜图像区域绘制选区。此时的选区可以略微绘制得大一些,以便进行减去选区的调整操作。

06 减去选区
单击矩形选框工具属性栏中的"从选区减去"按钮,并在图像中开始绘制的选区内部绘制一个较小的选区,此时形成方框形的选区效果。

07 填充选区
单击"创建新图层"按钮,新建"图层 2",填充选区为白色,制作画中画效果。

08 继续添加效果
使用相同的方法,新建"图层3"。结合矩形选框工具及该工具属性栏中的"从选区减去"按钮,继续绘制出方框形的选区,填充为白色,从而加强整个照片图像的画中画效果。

| 如何做 | 制作数码影集

在对多张照片图像进行简易合成处理时，可使用选区工具结合填充选区的操作来绘制一些较为规则的块面，使整体在画面上形成一定的区域间隔，划分出明显的版块。制作数码影集效果就是这一方面运用中较为典型的案例。

01 打开图像文件
在Photoshop CS5中执行"文件>打开"命令，在弹出的"打开"对话框中打开附书光盘Chapter 13\Media\02.jpg图像文件。

02 绘制并调整选区
单击矩形选框工具，在图像边缘部分单击并拖动鼠标，绘制矩形区，并按下快捷键Ctrl+Shift+I，反选选区。

03 填充并调整图层透明度
新建"图层1"，在默认前、背景色的情况下按下快捷键Alt+Delete，填充选区为黑色，并设置"不透明度"为50%，形成半透明框。

04 绘制右侧选区
继续使用矩形选框工具，在图像中右侧区域单击并拖动鼠标绘制选区。

05 填充并调整图层透明度
新建"图层2"，填充选区为黑色，并设置"不透明度"为80%，形成半透区域。

06 绘制左侧选区
继续使用矩形选框工具，在图像中半透明区域的左侧拖动鼠标绘制选区。

07 编辑选区
按下快捷键Ctrl++放大图像，单击属性栏中的"从选区减去"按钮，在绘制好的垂直选区上单击绘制与其垂直的较小矩形选区。

08 继续编辑选区
释放鼠标后即可减去该区域的选择状态，继续使用相同的方法减去相应的选区，使其呈现出电影胶片边缘的效果。

09 填充并调整图层透明度
在"图层"面板中新建"图层3"，填充选区为白色，并调整"不透明度"为70%，形成一定的半透明区域效果。

10 复制图层
选择"图层3",按住Alt键的同时移动灰白色的线条,复制副本图层的同时也添加电影胶片左右的边缘效果。

11 打开图像文件
在Photoshop CS5中执行"文件>打开"命令,在弹出的"打开"对话框中打开附书光盘Chapter 13\Media\03.jpg图像文件。

12 移动并调整图像
单击移动工具,将03.jpg图像文件移动到当前图像中,生成"图层4",并按下快捷键Ctrl+T,调整图像大小和位置。

13 继续添加图像
继续使用相同的方法,打开附书光盘 Chapter 13\Media\04.jpg、05.jpg 和06.jpg 图像文件,移动到当前图像中,分别生成相应的"图层5"、"图层6"和"图层7",并调整这些图像的大小和位置,使其并排位于图像右侧区域,形成影集效果。

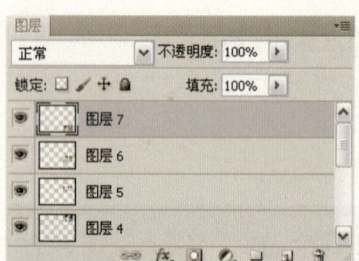

14 填充并调整图层透明度
按住Ctrl键的同时选择"图层4"到"图层7"中间的所有图层,并在"图层"面板中统一设置"不透明度"为50%。

15 盖印图层
按下快捷键Ctrl+Shift+Alt+E,盖印图层,生成"图层8",设置混合模式为"柔光",增加效果。

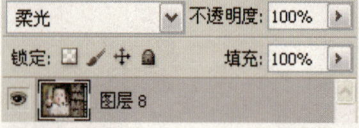

16 添加装饰效果
按下快捷键Ctrl++放大图像,单击椭圆选框工具,在其工具属性栏中单击"添加到选区"按钮,在图像左侧边缘绘制多个椭圆形选区,可大小结合排列,使其形成错落效果。在"图层"面板中新建"图层9",填充选区为白色,并设置"图层9"的混合模式为"柔光",调整效果,加强合成的数码影集图像的装饰性。

| 专栏 | **编辑选区** |

为了让创建的选区能适用于不同的需求，还可对在图像中创建的选区进行修改或调整，通过编辑让选区的适用范围更广，从而节约操作时间。选区的编辑操作包括选区的基本调整、全选选区、取消选区、隐藏或显示选区、反选选区、变换选区以及羽化选区等。

1. 选区的基本调整

选区的基本调整是通过选区工具属性栏中共有的编辑按钮组 中的按钮来实现，在该按钮组中，从左至右分别是新选区、添加到选区、从选区减去及与选区交叉按钮。

在具体的应用中，选择选框工具组中的任何一个工具后，单击"新选区"按钮 表示选择新的选区；单击"添加到选区"按钮 ，可以连续选择选区，将新的选择区域添加到原来的选择区域中；单击"从选区减去"按钮 ，选择的是从原来的选择区域中减去新的选择区域；单击"与选区相交"按钮 ，选择的是新的选择区域和原来的选择区域相交的部分。

绘制的选区　　　结合矩形选框工具添加的选区　　　结合椭圆选框工具减去的选区　　　结合矩形选框工具相交的选区

2. 全选选区和取消选区

全选选区即将图像整体选中。执行"选择>全部"命令或按下快捷键Ctrl+A即可。

取消选区有3种方法，一是执行"选择>取消选择"命令；二是按下快捷键Ctrl+D；三是选择任意选区创建工具，在图像中的任意位置单击鼠标即可取消选区。在日常的图像处理过程中，最常用的是第二种方法。

全选选区　　　　　　　　　　　取消选区后的效果

3. 隐藏和显示选区

当在图像中创建一定的选区后还可对选区进行隐藏，以免影响对图像的观察，其方法是按下快捷键Ctrl+H。当再次需要选区继续对图像进行处理时，则可再次按下快捷键Ctrl+H显示隐藏的选区。

4. 反选选区

反选选区是指快速选择当前选区外的其他图像区域，而当前选区将不再被选择。按下快捷键Shift+Ctrl+I即可反选选区。

选择的选区　　　　　　　　　　　　　　　　反选的选区

5. 移动选区

通过移动选区能帮助用户对选区进行重新定位。其方法是在选择任意创建选区工具的状态下，将光标移动到选区内或边缘位置，当光标变为形状时单击并拖动鼠标即可移动选区。

绘制的选区　　　　　　　　　　　　　　　　移动的选区

知 识 链 接

移动选区中的图像

在对选区进行编辑时，除了能移动选区外还能移动选区中的图像。其操作方法是，创建选区后，单击移动工具，此时将光标移动到选区内或边缘处，当其变为形状时单击并拖动鼠标即可移动选区内的图像，移动后的区域自动以背景色进行填充。

---

6. 变换选区

变换选区是指根据需要对选区进行缩放、旋转以及更改形状等操作，对选区进行变换时图像不会随之发生改变。可执行"选择>变换选区"命令，或在选区上单击鼠标右键，在弹出的快捷菜单中选择"变换选区"命令，此时将在选区的四周出现调整控制框，可移动控制框上控制点或移动整个控制框，以改变选区的位置、大小等，完成调整后按下Enter键确认变换即可。

绘制的选区　　　　　　变换选区　　　　　　变换后的选区

7. 羽化选区

羽化选区能让选区边缘变得柔和，其方法是创建选区后执行"选择>修改>羽化"命令或按下快捷键Shift+F6，打开"羽化选区"对话框，在其中设置羽化半径后单击"确定"按钮即可。需要注意的是，羽化后的选区效果不是非常明显，需要适当移动选区或填充选区即可查看到明显的羽化效果。

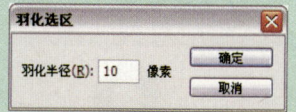

"羽化选区"对话框

绘制的选区

羽化选区后填充为白色的图像效果

8. 扩展和收缩选区

扩展选区即按特定数量的像素扩大选择区域，通过扩展选区命令能精确扩展选区的范围，让选区更人性化，符合用户的需求。而收缩选区与扩展选区正好相反，收缩选区即按特定数量的像素缩小选择区域，通过收缩选区命令可去除一些图像边缘杂色，让选区更精确。这些调整选区的方法都较为简单，绘制选区后执行"选择>修改"命令，在弹出的级联菜单中选择相应的选项，在弹出的对话框中进行设置即可。

绘制的选区

扩展后的选区

收缩后的选区

9. 边界选区

边界选区指的是用户可以在原有的选区上再套用一个选区，填充颜色时则只能填充两个选区中间的部分。其方法是绘制选区后执行"选择>修改>边界"命令，在打开的"边界选区"对话框中设置宽度后单击"确定"按钮，此时选区变为双层效果。填充选区为白色，并取消选区，此时可以看到，白色图像边缘带有一定的模糊过渡效果。

绘制的选区

边界选区

填充选区后的效果

Section 02 利用图层蒙版抠取图像

Photoshop 中的蒙版是一种特殊的图像处理方式,分为快速蒙版、矢量蒙版、图层蒙版和剪贴蒙版 4 种类型,使用频率较高的是图层蒙版,它在很大程度上方便了对图像的编辑,多被应用于图像的抠取和合成操作中。

知识点 认识图层蒙版

在Photoshop中,蒙版就像覆盖在图层上的一层比较特殊的玻璃,在白色玻璃下的图像被完全保留,黑色玻璃下的图像不可见,灰色玻璃下的图像呈半透明效果。

了解了图层蒙版的含义之后,还应该对图层蒙版的添加、删除、复制、移动、启用和停用等操作有所掌握,以便更顺利地使用图层蒙版对图像进行抠图和合成处理。

1. 添加图层蒙版

在Photoshop中,要为图层添加图层蒙版有两种情况:一是当图层中没有选区时,在"图层"面板上选择图层后单击面板底部的"添加图层蒙版"按钮 ,即可为该图层创建图层蒙版。二是当图层中有选区时单击"添加图层蒙版"按钮 ,此时选区内的图像被保留,选区外的图像被隐藏,蒙版中该区域的颜色为白色,选区外的图像将被隐藏,在蒙版上该区域显示为黑色。

没有选区的情况下创建的图层蒙版和图像效果

知识链接

结合选区的编辑调整蒙版

图层蒙版是依赖选区而存在的,在图像的编辑过程中,还可以通过对添加图层蒙版的图像的选区进行编辑,如扩展或收缩选区等操作,来对图像的最终效果进行再次调整。

在选区的基础上创建的图层蒙版和图像效果

专 家 技 巧

快速调整蒙版边缘

当在图像中添加了图层蒙版后,可在"蒙版"面板中对当前蒙版的边缘效果进行调整,此时可单击"蒙版边缘"按钮,即可打开相应的对话框,在其中可通过设置平滑、羽化、对比度以及移动边缘等选项的参数值,来对蒙版边缘效果进行进一步的调整。

原图

添加蒙版后的效果

调整边缘的效果

2. 删除图层蒙版

添加图层蒙版后还可以将其删除,删除图层蒙版有两种方法,一种是在"图层"面板中使用鼠标右键单击需要删除的图层的图层蒙版缩览图,在弹出的快捷菜单中选择"删除图层蒙版"选项即可删除图层蒙版;另一种是选择需要删除的图层的图层蒙版缩览图,并将其拖动到"删除图层"按钮 上,释放鼠标,在弹出的询问对话框中单击"删除"按钮即可删除图层蒙版。

询问对话框

3. 移动和复制图层蒙版

通过移动和复制图层蒙版,能方便地对相同图像进行快速调整。移动图层的方法是在"图层"面板中单击选择已添加图层蒙版的图层,单击选择该图层的蒙版缩览图,将其拖动到另一个图层中即移动了图层蒙版。此时原来添加图层蒙版的图层则全部显示在图像中,图像效果也会随之改变。

原"图层"面板1　　　　　　移动图层蒙版后的"图层"面板2

复制图层蒙版的方法是在"图层"面板中单击选择已添加图层蒙版的图层,单击选择该图层的蒙版缩览图,按住Alt键的同时将其拖动到另一个图层中则复制了图层蒙版。

 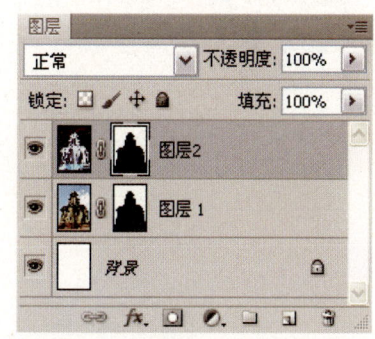

原"图层"面板2　　　　　　复制图层蒙版后的"图层"面板

知识链接

图层蒙版的链接

在图层缩览图和图层蒙版缩览图之间有一个"指示图层蒙版链接到图层"图标，在"图层"面板中单击该图标即可取消图层和图层蒙版之间的链接，此时使用移动工具移动图像，则蒙版不会跟随，图像效果也会随之发生相应的变换。

图像效果

"图层"面板

取消链接状态下移动后的图像效果和"图层"面板

4. 停用和启用图层蒙版

停用蒙版和启用蒙版能帮助用户对图像使用蒙版前后的效果进行更多的对比观察。

停用图层蒙版的方法是按住Shift键的同时单击图层蒙版缩览图，即可暂时停用图层蒙版，此时图层蒙版缩览图中会出现一个红色的"×"标记，而图像中使用蒙版遮盖的区域也会同时显示出来。如果要重新启用图层蒙版，只需再次按住Shift键的同时单击图层蒙版缩览图即可。

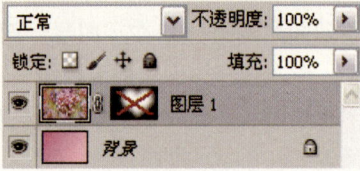

停用图层蒙版

重新启用图层蒙版

5. 应用蒙版

应用图层蒙版是指将蒙版中黑色区域对应的图像删除，白色区域对应的图像保留，灰色过渡区域对应的图像部分像素被删除，以合成为一个图层，其功能类似于合并图层。

应用图层蒙版的方法为在图层蒙版缩览图上单击鼠标右键，在弹出的快捷菜单中选择"应用图层蒙版"命令即可。

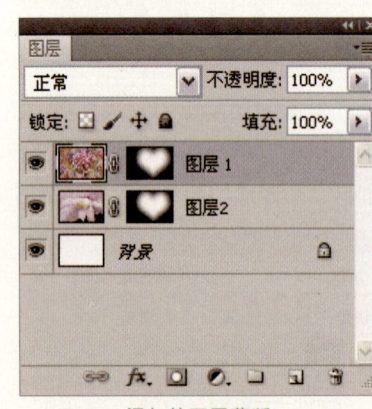

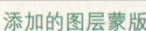

添加的图层蒙版

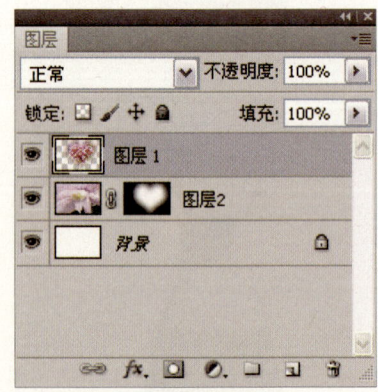

应用蒙版后

如何做 合成海市蜃楼效果

图像的合成方法很多，最常用也最简便的方法是使用图像蒙版来实现，它能在合成时方便快捷地对图像的调整效果进行直观的查看，明确观察到合成前后效果的不同。同时，在合成图像时，照片的选择也比较重要，尽量选择有所关联的照片作为合成图像的素材。

01 打开图像文件

在Photoshop CS5中打开附书光盘Chapter 13\Media\07.jpg图像文件。

02 调整图像对比

在"图层"面板中单击"创建新的填充或调整图层"按钮，在弹出的菜单中选择"曲线"命令，添加"曲线 1"调整图层，在其"调整"面板中调整曲线，加强图像的明暗对比效果。

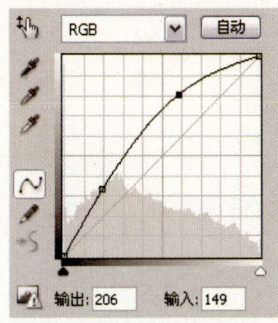

03 添加素材

打开附书光盘Chapter 13\Media\08.jpg图像文件，移动到07.jpg图像文件中，生成"图层 1"。

04 绘制并编辑选区

单击魔棒工具，按住Shift键的同时在图像上连续单击，绘制出在"图层 1"图像上建筑外的部分选区。按下快捷键Ctrl+Shift+I，反选选区，得到较大的图像选区。

05 添加图层蒙版

此时单击"创建图层蒙版"按钮，为"图层 1"添加图层蒙版，从而隐藏部分不需要的图像，让图像效果融合。

06 调整图像效果

在"图层"面板中设置"图层 1"的混合模式为"柔光"，让添加的建筑隐藏于远处的云雾中，形成海市蜃楼的效果。按下快捷键 Ctrl+J，复制得到副本图层，此时原图层的蒙版以及混合模式也被复制，加强了海市蜃楼的合成效果。

专栏 认识"蒙版"面板

单击"调整"面板组中的"蒙版"标签即可将"蒙版"面板显示出来。在图像中创建蒙版和未创建蒙版时,"蒙版"面板所呈现的效果是不同的。下面对其相关选项进行详细的介绍。

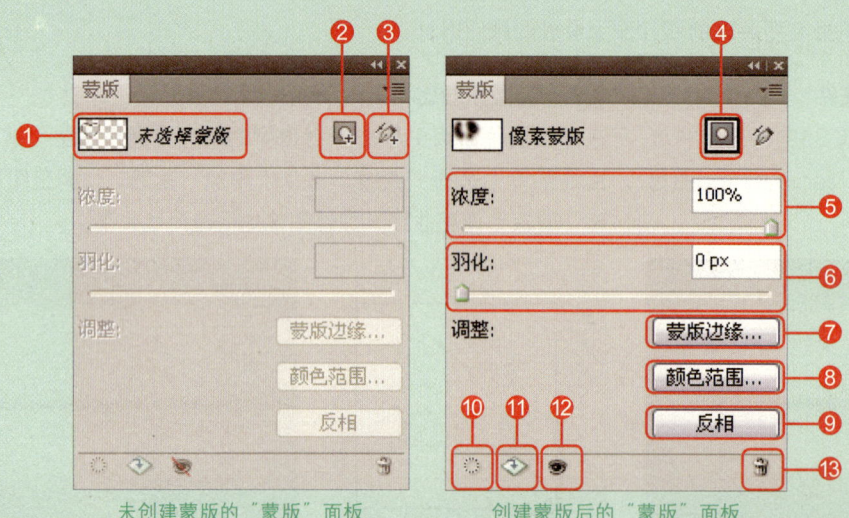

未创建蒙版的"蒙版"面板　　　创建蒙版后的"蒙版"面板

❶ **蒙版预览区域**:在该区域中,可以查看到当前图像中所创建的蒙版效果。若没有创建蒙版,在右侧的文字部分将标示出"未选择蒙版"字样,并显示当前图像的完整图像效果。

❷ **"添加像素蒙版"按钮**:单击该按钮即可创建图层蒙版,从而也激活了"蒙版"面板中的其他选项和相关按钮。

原图

绘制的选区

添加像素蒙版后的效果

❸ **"添加矢量蒙版"按钮**:单击该按钮即可创建矢量蒙版,此时"蒙版"面板中仅浓度和羽化选项被激活。同时在其中还可使用钢笔工具或形状工具创建各种形状。

❹ **"选择像素蒙版"按钮**:单击该按钮,可将图像文件中的像素蒙版选中。

❺ **"浓度"数值框**:通过在该数值框中直接输入数值或拖动滑块即可调整蒙版的不透明度。

添加图层蒙版

浓度为100%的效果

浓度为22%的效果

❻ "羽化"数值框：通过在该数值框中直接输入数值或拖动下方的滑块即可调整蒙版边缘的羽化程度。

羽化为8px的效果　　　　　　羽化为55px的效果　　　　　　羽化为124px的效果

❼ "蒙版边缘"按钮 蒙版边缘... ：单击该按钮即可打开"调整蒙版"对话框，该对话框和前面使用"调整边缘"命令打开的"调整边缘"对话框在功能和应用上的效果是相同的。

❽ "颜色范围"按钮 颜色范围... ：单击该按钮即可打开"色彩范围"对话框，该对话框和使用"色彩范围"命令打开的"色彩范围"对话框在功能上是相同的。在该对话框中可以看到，选择范围内的图像效果即为图层蒙版的效果，此时图像根据容差进行调整，默认情况下为200，此时图像中的颜色被隐藏。也可通过调整容差，让选择范围的效果有所改变，此时图像效果也同时改变。

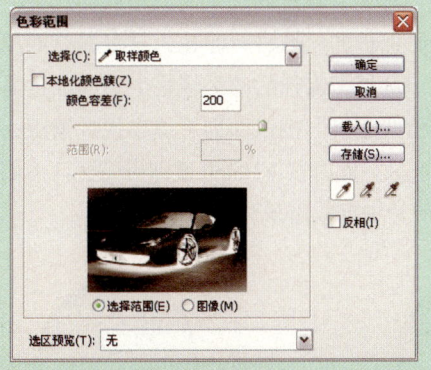 

默认打开的"色彩范围"对话框　　　　　　调整后的图像效果1

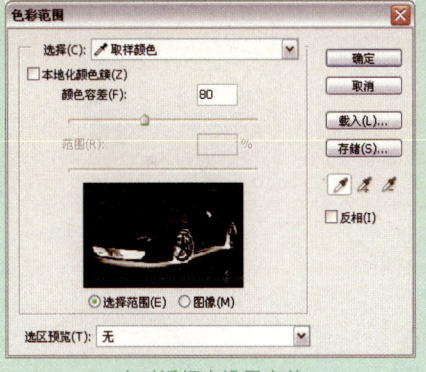 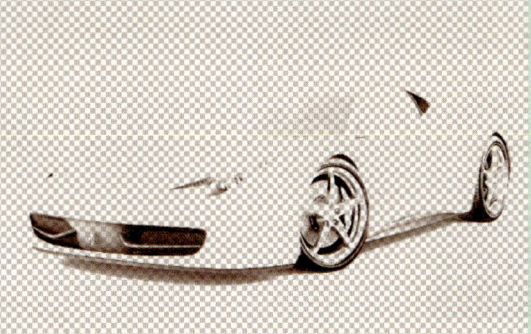

在对话框中设置容差　　　　　　调整后的图像效果2

❾ "反相"按钮 反相 ：单击该按钮，此时在面板中可以看到，原来黑色显示的区域变为白色显示，白色显示的区域变为黑色显示，此时图像的效果也相应发生变化。

❿ "从蒙版中载入选区"按钮：单击该按钮即可在图像中显示创建蒙版的选区。

⓫ "应用蒙版"按钮：单击该按钮即可将蒙版和图像进行合并，形成一个整体的图层效果。

⓬ "停用/启用蒙版"按钮：单击该按钮即可在图像中停用蒙版和启用蒙版之间进行切换。

⓭ "删除蒙版"按钮：单击该按钮即可将添加的蒙版删除，这里不只是指图层蒙版，任何一种蒙版皆可。

Section 03 利用快速蒙版抠取图像

Photoshop 中的快速蒙版是一种临时性的蒙版，是暂时在图像表面产生一种与保护膜类似的保护装置，常用于帮助用户快速得到精确的选区，从而达到抠取图像的目的。本小节将介绍快速蒙版的简单应用。

知识点 认识快速蒙版

要使用Photoshop中的快速蒙版进行图像的抠取操作，首先应对快速蒙版有所了解，下面就来介绍一下快速蒙版的使用方法。

知识链接

调整快速蒙版颜色

使用快速蒙版对图像进行编辑时，还可通过双击工具箱底部的"以快速蒙版模式编辑"按钮，此时打开"快速蒙版选项"对话框，单击颜色色块，即可弹出相应的对话框，在其中可对快速蒙版的颜色进行设置，完成后单击"确定"按钮即可。

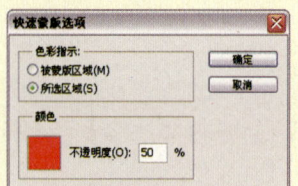
"快速蒙版选项"对话框

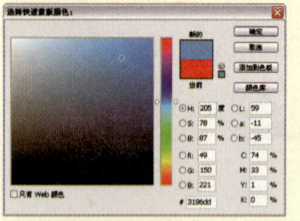
"选择快速蒙版颜色"对话框

调整颜色后的编辑效果

快速蒙版的创建方法是打开需要抠取的照片图像后，单击工具箱底部的"以快速蒙版模式编辑"按钮，此时软件默认进入到快速蒙版编辑状态。单击画笔工具，设置好画笔的大小和样式后，在图像中需要添加快速蒙版进行保护的区域进行涂抹，这里对灯泡周围的背景图像进行涂抹，保护该区域，涂抹后的区域呈半透明红色显示，完成涂抹后单击"以标准模式编辑"按钮即可退出快速蒙版，从而得到除灯泡图像外的背景选区，此时按下Delete键即可将选区内的图像删除，从而将灯泡图像从照片中抠取出来。

原图

使用快速蒙版编辑

得到的选区

抠取出的图像

| 如何做 | **替换人物背景** |

替换人物背景操作的实质是通过对照片图像中的人物部分进行抠取，并将其置于其他的图像中，从而更换人物照的背景效果。可结合快速蒙版和图层蒙版等抠取照片中的人物，并结合其他调整操作使合成的图像效果更真实。

01 打开图像文件

在Photoshop CS5中打开附书光盘Chapter 13\Media\09.jpg和10.jpg图像文件。

02 移动图像

单击移动工具，将10.jpg图像文件移动到09.jpg图像文件中。

03 添加并编辑快速蒙版

单击工具箱底部的"以快速蒙版模式编辑"按钮，进入快速蒙版编辑状态。单击画笔工具，调整画笔样式和大小，在图像中白色的背景上涂抹。

04 继续编辑快速蒙版

在涂抹过程中不断调整画笔的大小，继续在白色的背景上进行涂抹，使其铺满整个图像，同时仅显示人物效果。

05 调整选区

单击"以标准模式编辑"按钮即可退出快速蒙版，得到白色背景的选区，按下快捷键Ctrl+Shift+I，反选选区，让人物容纳到选区中，由于反选选区操作是针对整个图像的，此时选区也包括了其他的区域。

06 添加图层蒙版

单击"创建图层蒙版"按钮，为"图层1"添加图层蒙版，隐藏白色图像区域，替换图像背景。

07 查看细节

按下快捷键Ctrl++放大图像，此时可看到人物边缘还有一层白色图像，且沙发下的阴影层也带有明显的白色边缘。

09 绘制选区

单击椭圆形选框工具，在图像中沙发下方单击并拖动，绘制长条状的椭圆选区。

11 盖印图层

按下快捷键Ctrl+Shift+Alt+E，盖印图层，生成"图层 3"，设置图层混合模式为"柔光"，"不透明度"为50%，加强合成图像的明暗对比效果。

08 调整效果

单击图层蒙版缩览图，使用黑色柔角画笔，调整不透明度和流量后，在图像中适当涂抹，去除图像瑕疵，让合成更真实。

10 添加阴影

按下快捷键Shift+F6，在弹出的对话框中设置羽化半径，羽化选区。新建"图层2"，填充选区为黑色。

12 添加光晕效果

再次盖印得到"图层 4"，执行"滤镜>渲染>镜头光晕"命令，在弹出的对话框中设置参数，并确定光晕位置，单击"确定"按钮，制作光晕效果。

Section 04 利用矢量蒙版抠取图像

Photoshop 中的矢量蒙版依附于图层而存在，实质为使用路径作为蒙版，路径覆盖的图像区域遮盖不显示，显示无路径覆盖的图像区域，从而在抠取图像后结合蒙版的编辑操作，还能对隐藏的图像部分进行再显示。

知识点　认识矢量蒙版

矢量蒙版在对图像的抠取时使用不算太多，但使用矢量蒙版抠取的图像边缘比较清晰。矢量蒙版可通过使用形状工具来创建，也可通过路径来创建。

知识链接

将矢量蒙版转换为图层蒙版

在对矢量蒙版的编辑中，还可以将矢量蒙版转换为图层蒙版。在矢量蒙版缩览图上单击鼠标右键，在弹出的快捷菜单中选择"栅格化矢量蒙版"命令即可将矢量蒙版栅格化为图层蒙版，还可以通过执行"图层 > 栅格化 > 矢量蒙版"命令将矢量蒙版转换为图层蒙版。

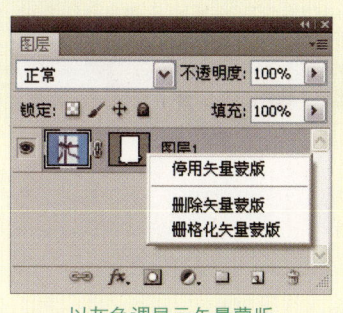

以灰色调显示矢量蒙版

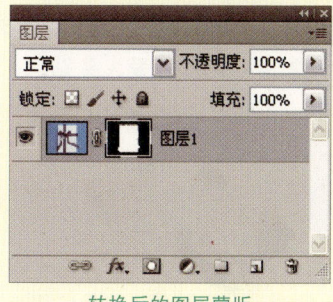

转换后的图层蒙版

1. 通过形状工具添加矢量蒙版

单击自定形状工具，设置形状样式后单击"路径"按钮，在图像中单击并拖动鼠标即可绘制路径，执行"图层>矢量蒙版>当前路径"命令即可创建一个形状路径的矢量蒙版。

使用形状工具绘制的路径

添加矢量蒙版后的效果

2. 通过路径添加矢量蒙版

通过绘制路径添加矢量蒙版需要先在图像中需要保护的区域绘制路径，此时可使用钢笔工具绘制较为复杂的路径，也可使用选择工具绘制选区后将选区转换为路径，执行"图层>矢量蒙版>当前路径"命令，此时在"图层"面板中添加路径的图层中添加了矢量蒙版，保留了路径覆盖的区域的部分图像。

使用钢笔工具绘制的路径

添加矢量蒙版后的效果

需要注意的是，还可通过单击按钮的方法来添加矢量蒙版，选择已添加图层蒙版的图层，单击"添加矢量蒙版"按钮即可，此时的矢量蒙版缩览图出现在图层蒙版缩览图之后。

如何做 制作宠物可爱大头贴

在日常生活中,我们经常给自家养的宠物拍摄一些生动的照片,此时可使用Photoshop软件进行适当的加工处理,将宠物照制作成可爱大头贴的效果。

01 打开并裁剪图像
打开附书光盘Chapter 13\Media\11.jpg图像文件。单击裁剪工具,绘制裁剪控制框。

02 确认裁剪
完成后按下Enter键,确认裁剪。

03 复制并隐藏图层
按下快捷键Ctrl+J,复制得到"图层1",并单击"指示图层可见性"图标,隐藏"图层1"。

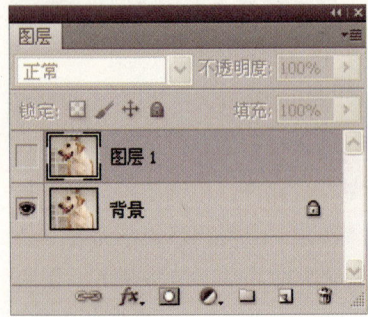

04 绘制渐变效果
选择"背景"图层后单击渐变工具,设置渐变为"黄色、粉红、绿色",绘制径向渐变。

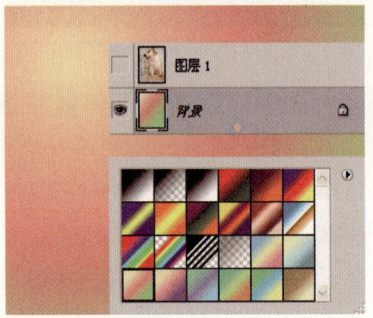

05 绘制形状路径
单击自定形状工具,设置形状样式为"十角星",单击"路径"按钮,在图像中绘制路径。

06 调整路径
按下快捷键Ctrl+T,显示调整控制框,调整路径的大小以及角度。

07 创建矢量蒙版
确认路径后执行"图层>矢量蒙版>当前路径"命令,创建矢量蒙版。

08 盖印图层
盖印得到"图层2",设置混合模式为"叠加",制作可爱大头贴。

Section 05 利用剪贴蒙版抠取图像

Photoshop 中的剪贴蒙版是运用一个图层上的图像为蒙版,从而将另一个图层上的图像进行显示或隐藏,以便进行图像的抠取。使用剪贴蒙版合成图像可使合成效果更自然。

知识点 认识剪贴蒙版

剪贴蒙版的原理是使用处于下方图层的形状来限制上方图层的显示状态。剪贴蒙版由两部分组成,一部分为基层,即基础层,用于定义显示图像的范围或形状;另一部分为内容层,用于存放将要表现的图像内容。使用剪贴蒙版能在不影响原图像的同时有效地完成剪贴制作。

在确定图像的基层和内容层后,创建剪贴蒙版就非常简单了,此时可选择内容层后直接按下快捷键Ctrl+Alt+G即可创建剪贴蒙版,也可在"图层"面板中按住Alt键的同时将光标移至两图层间的分隔线上,当其变为 形状时,单击鼠标左键即可创建剪贴蒙版。

如何做 快速合成图像

使用剪贴蒙版能快速更换图像区域的内容,从而完成快速对图像进行合成的效果。

01 打开图像文件
在Photoshop CS5中打开附书光盘Chapter 5\Media\12.jpg和13.jpg图像文件。

02 创建选区
在12.jpg图像中单击魔棒工具,在白色区域上单击,创建选区。

03 合成图像
按下快捷键Ctrl+J,复制得到"图层1",使用移动工具将13.jpg图像文件移动到当前图像文件中,生成"图层2",调整图像大小后按下快捷键Ctrl+Alt+G创建剪贴蒙版,合成图像。

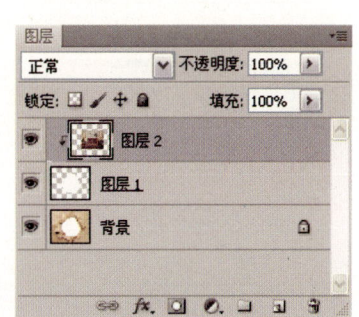

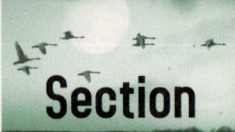

Section 06 利用通道抠取图像

通道是 Photoshop 中的重要功能之一，在 Photoshop 中不仅可以使用各种工具和蒙版对照片中的图像进行抠取，也可以使用通道来快速抠取图像，且抠取的图像更细致。

知识点 认识通道

通道从概念上来讲与图层类似，也是用来存放图像的颜色信息和选区信息的。用户可通过调整通道中的颜色信息来改变图像的色彩，或对通道进行相应的编辑操作以调整图像或选区信息。

知识链接

通道的分类

按种类可分为颜色通道、专色通道、Alpha 通道和临时通道。

颜色通道：准确的说颜色通道是用来描述图像色彩信息的彩色通道，图像的颜色模式同时也就决定了通道的数量，"通道"面板上存储的信息也相应随之变化。每个单独的颜色通道都是一幅灰度图像，仅代表这个颜色的明暗变化。如 RGB 模式下会显示 RGB、红、绿和蓝 4 个颜色通道；CMYK 模式下会显示 CMYK、青、洋红、黄和黑 5 个颜色通道；灰度模式只显示 1 个灰度颜色通道;Lab 模式下会显示 Lab、明度、a 和 b 这 4 个通道。

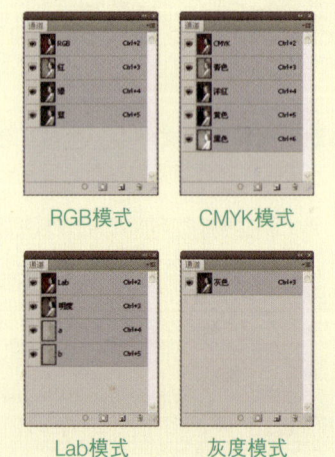

RGB模式　　　CMYK模式

Lab模式　　　灰度模式

在Photoshop中，每一个较为成熟的功能都有一个面板与其对应，通道也不例外，执行"窗口>通道"命令即可显示"通道"面板。默认情况下，"通道"面板中是没有通道的，在Photoshop中打开一个图像文件后，在"通道"面板中则展示以当前图像文件的颜色模式显示的相应通道。下面对"通道"面板中的按钮进行详细介绍。

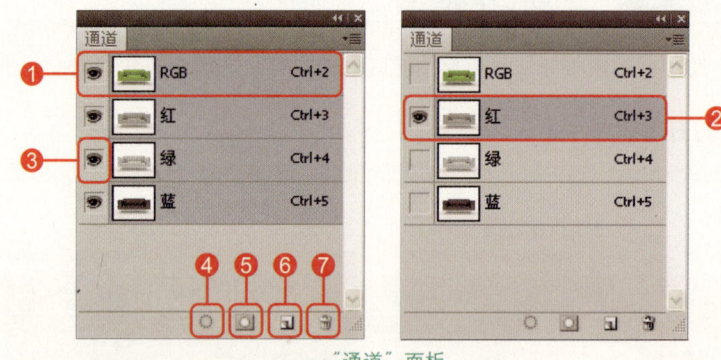

"通道"面板

❶ **混合通道**：图像中的颜色是由一个混合通道和单个颜色通道组成的，单击选择混合通道即可显示完整的图像效果。

❷ **单个颜色通道**：单击选择单个的颜色通道，此时图像仅显示在该颜色通道下的效果。

❸ **"指示通道可见性"图标** ：当图标为 状态时，图像窗口显示该通道的图像；单击该图标，当图标变为 状态时则隐藏该通道的图像，再次单击即可再次显示图像。

❹ **"将通道作为选区载入"按钮** ：单击该按钮可将当前通道快速转换为选区。

❺ **"将选区存储为通道"按钮** ：单击该按钮可将图像中选区之外的图像转换为一个蒙版的形式，将选区保存在新建的Alpha通道中。

❻ **"创建新通道"按钮** ：单击该按钮可创建一个新的Alpha通道。

❼ **"删除通道"按钮** ：单击该按钮可删除当前通道。

要使用通道进行抠图，首先应掌握通道的创建方法。在Photoshop

专色通道：专色通道是一类较为特殊的通道，它是用特殊的预混油墨来替代或补充印刷色油墨，常用于需要专色印刷的印刷品。在"通道"面板中单击右上角的按钮，在弹出的扩展菜单中选择"新建专色通道"选项，打开"新建专色通道"对话框，在其中设置专色通道的颜色和名称，单击"确定"按钮即可新建专色通道。

"新建专色通道"对话框

Alpha通道：Alpha通道相当于一个8位的灰阶图，用256级灰度来记录图像中的透明度信息，可以用于定义透明、不透明和半透明区域。Alpha通道可以通过"通道"面板创建，新创建的通道默认为Alpha X（X为自然数，按照创建顺序依次排列）。Alpha通道主要用于存储选区，它将选区存储为"通道"面板中的可编辑的灰度蒙版。

临时通道：临时通道是在"通道"面板中暂时存在的通道。临时通道的存在是有一定的条件的，如为图像添加了图层蒙版或在对图像处理时进入到快速蒙版编辑状态下，此时在"通道"面板中可以看到，都能产生相应的临时通道。

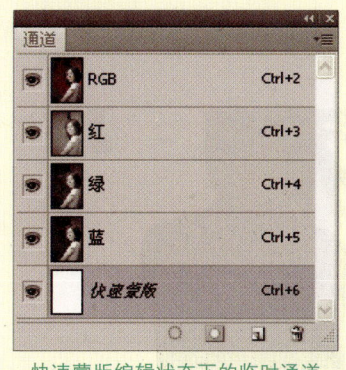

快速蒙版编辑状态下的临时通道

中，颜色通道是在软件中打开图像时自动生成的，而其他类型的通道则都需要进行创建。通道的创建可分为创建空白通道和创建带选区的通道两种。

1. 创建空白通道

空白通道是指创建的通道属于选区通道，但选区中没有图像等信息。创建新通道能帮助用户更加方便地对图像进行编辑，其创建方法有两种，一种方法是在"通道"面板底部单击"创建新通道"按钮，即可新建一个空白通道，新建的空白通道在图像窗口中显示为黑色；另一种方法是通过菜单选项创建。在"通道"面板中单击右上角的按钮，在弹出的扩展菜单中选择"新建通道"选项，打开"新建通道"对话框，在其中设置相应参数后，单击"确定"按钮即可。

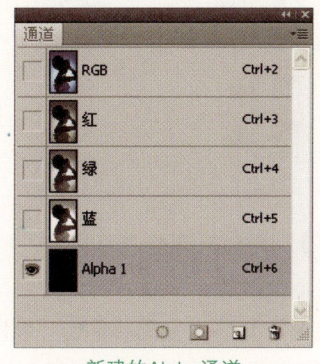
新建的Alpha通道

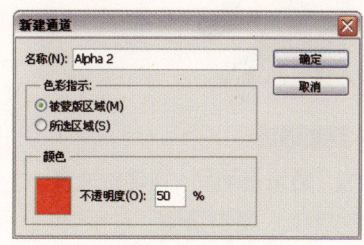
"新建通道"对话框

2. 创建选区通道

通过创建选区的方法创建的通道称为选区通道，它是用来存放选区信息的，用户在实际操作过程中，可在图像中将需要保留的图像区域创建为Alpha选区，其方法也比较简单，只需在"通道"面板中单击"将选区存储为通道"按钮，即可快速创建带有选区的Alpha通道。

创建的选区

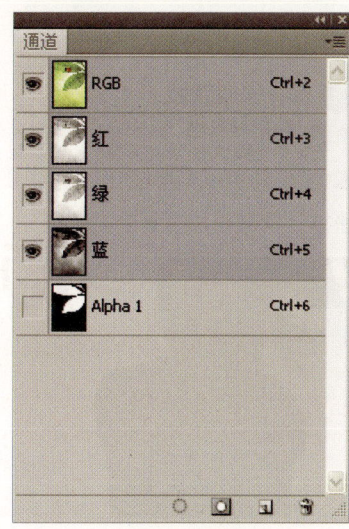
创建的Alpha通道

如何做　抠取人物发丝

使用通道抠取图像也是在实际的操作中较为常用的方法之一，通过对颜色通道的调整，加强通道的对比度，从而实现图像的抠取，多运用在抠取人物发丝等较难运用选区进行抠图的案例中，能在很大程度上方便抠图的操作。

01 打开图像文件

在Photoshop CS5中执行"文件＞打开"命令，打开附书光盘Chapter 13\Media\14.jpg图像文件。

02 选择通道

在"通道"面板中分别单击"红"、"绿"、"蓝"通道进行观察，由于此时在图像中可以看到，图像对比度比较强，最后确定选择最为合适的"红"通道。

03 复制通道

将"红"通道拖动到"创建新通道"按钮上，复制得到"红 副本"通道。

04 利用色阶调整通道图像

按下快捷键Ctrl+L，打开"色阶"对话框，在弹出的对话框中拖动滑块设置参数，完成后单击"确定"按钮，从而调整了通道图像的明暗对比效果。

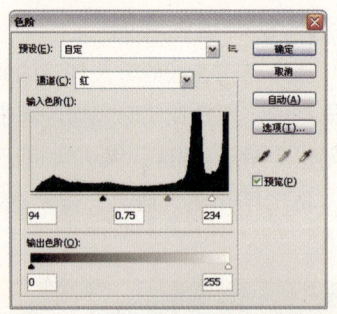

05 涂抹通道图像

单击画笔工具，设置前景色为黑色，使用尖角画笔在人物部分涂抹，使其呈黑色显示。

06 利用曲线调整通道图像

按下快捷键Ctrl+M，打开"曲线"对话框，在弹出的对话框中添加锚点并拖动锚点调整曲线，完成后单击"确定"按钮，继续加强通道图像的黑白对比效果。

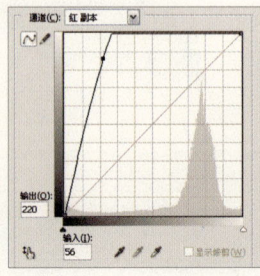

07 涂抹通道图像

继续单击画笔工具 ，设置前景色为白色，使用柔角画笔在背景图像上涂抹，使其呈白色显示，将人物图像和背景图像分别使用明显的黑白两色进行区分。此时在通道缩览图中也可以看到。

08 载入选区

在"通道"面板中按住Ctrl键的同时单击"红 副本"通道缩览图，载入该通道的选区。

09 显示通道

继续在"通道"面板中单击RGB通道，将图像显示出来，此时可看到，显示图像和选区的同时，也显示出了通道的遮盖图像的红色效果。

10 隐藏通道

单击"红 副本"通道前的"指示通道可见性图标" ，隐藏通道。

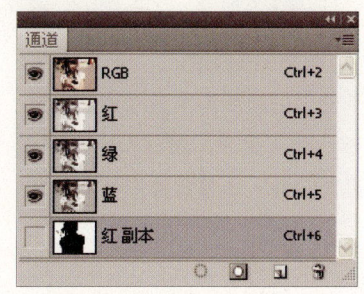

11 调整选区

此时可看到，选区明确地将人物部分完全选中，包括人物头发的发丝部分。按下快捷键Ctrl+Shift+I，反选选区。

12 抠取图像

切换到"图层"面板中，双击"背景"图层，在弹出的对话框中单击"确定"按钮，解锁"背景"图层为"图层 0"。按下 Delete 键，删除选区内的图像，从而将人物图像从背景中抠取出来。

摄影师训练营　制作照片艺术封面效果

日常生活中，艺术照多以人物为主，可通过对人物照片的调整，制作杂志封面等效果，此时可结合调整图层以及通道对图像颜色进行调整。

01 打开图像文件
在Photoshop CS5中打开附书光盘Chapter 13\Media\15.jpg图像文件。

02 复制图层
按下快捷键Ctrl+J，复制得到"图层1"，设置混合模式为"柔光"，加强图像对比效果。

03 调整图像颜色
单击"创建新的填充或调整图层"按钮，在弹出的菜单中选择"色彩平衡"命令，添加"色彩平衡1"调整图层，在其"调整"面板中设置参数，调整照片图像的颜色。

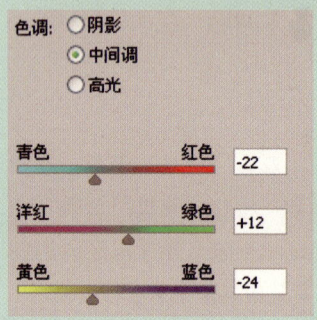

04 选择通道
在"通道"面板中单击各个颜色通道，对比后确定单击"绿"通道，对其进行调整。

05 调整通道
按下快捷键Ctrl+Shift+Alt+E，盖印得到"图层2"。按下快捷键Ctrl+M，打开"曲线"对话框，在其中单击添加锚点，并拖动锚点调整曲线，完成后单击"确定"按钮，调整通道图像效果。单击RGB通道，显示全部通道，以便查看到图像经过通道的调整后呈现的整体颜色效果。

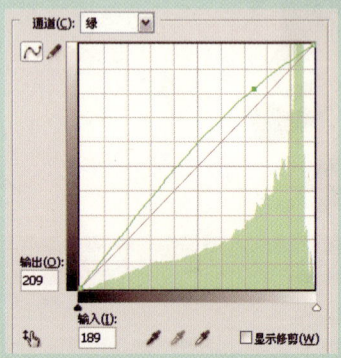

06 继续调整通道

在"通道"面板中单击选择"红"通道,继续按下快捷键Ctrl+M,打开"曲线"对话框,在其中单击添加锚点,并拖动锚点调整曲线,完成后单击"确定"按钮,赋予图像青绿色调。单击RGB通道显示全部通道,查看图像颜色效果。

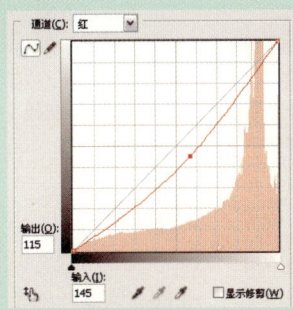

07 复制图层

按下快捷键Ctrl+J,复制得到"图层2 副本",设置混合模式为"正片叠底","不透明度"为80%,加强图像对比效果。

08 调整图像颜色

继续单击"创建新的填充或调整图层"按钮,在弹出的菜单中选择"色彩平衡"命令,添加"色彩平衡 2"调整图层,在其"调整"面板中设置参数,再次调整照片颜色。

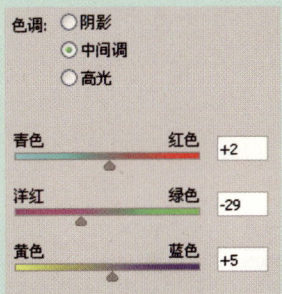

09 裁剪图像

完成照片图像颜色的调整后,由于杂志封面为竖构图,这里需要对图像进行裁剪。单击裁剪工具,在图像中单击并拖动,绘制裁剪控制框,适当进行调整后按下Enter键确认裁剪。此时,图层效果也被裁剪。

10 添加文字

在"图层"面板中单击"创建新组"按钮，新建图层组，重命名为"文字"，单击横排文字工具，在"字符"面板中设置文字颜色为绿色（R80、G155、B58），并调整文字的字号大小，制作封面标题的文字效果。

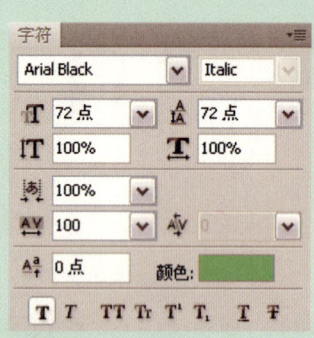
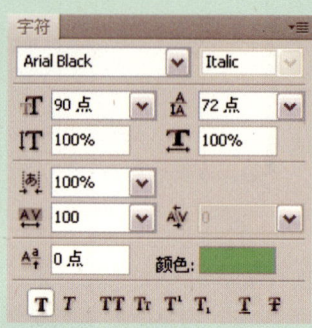

11 输入并调整文字格式

继续在"文字"图层组下输入文字，并在"字符"面板中分别调整文字的颜色为红色（R82、G9、B9）和灰色（R160、G161、B164），并调整文字的大小和位置。

12 继续输入文字

继续在图像中输入文字，适当调整文字大小，并将这些文字置于不同的文字图层上，以便调整杂志封面的整体编排效果。

13 添加元素

打开附书光盘Chapter 13\Media\素材.psd图像文件，分别将其中的条形码和花两个图层移动到当前文件中，添加封面的必要元素。

> **专栏** 通道的编辑

在Photoshop中，了解了通道的作用和"通道"面板的相关知识后，掌握通道的相关编辑操作能够提升用户对通道的应用水平。通道的编辑包括通道的显示或隐藏、复制和删除、分离和合并等，下面进行详细的介绍。

1. 显示或隐藏通道

显示和隐藏通道针对应用的不同可分为两种情况，一种是针对原来通道进行显示和隐藏，另一种是在创建的Alpha通道中进行显示和隐藏操作。

在图像原有通道中进行显示和隐藏能帮助用户在图像中对图像效果进行不同的偏色显示。其方法比较简单，在"通道"面板中显示出了图像自带的颜色通道，若要隐藏某个通道只需单击该通道前的"指示通道可见性"图标，使其图标变为 状态时则表示隐藏了该通道。

原图

显示"绿"通道

显示红通道+绿通道

显示绿通道+蓝通道

显示通道是将通道中的图像内容显示出来，若此时通道中有选区，则在图像中显示选区内的图像，而选区外的图像则以50%透明的红色进行遮盖。

图像效果1

显示Alpha1通道

图像效果2

隐藏Alpha1通道

2. 复制通道

复制通道的方法比较简单，只需在需要复制的通道上单击鼠标右键，在弹出的快捷菜单中选择"复制通道"命令，打开"复制通道"对话框，在其中可对复制的通道的名称、效果进行设置，完成后单击"确定"按钮即可复制通道。默认情况下，复制的通道以其原有通道名称加上副本进行命名。

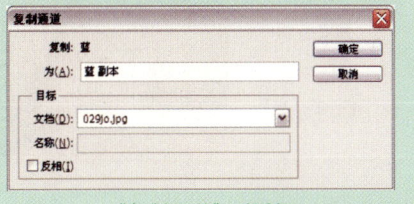
"复制通道"对话框

复制出的通道

3. 删除通道

删除通道的方法也比较简单，可以选择需要删除的通道后，将其拖动到"删除通道"按钮 上即可删除该通道。需要注意的是，若此时删除的是复制或创建的通道，图像模式不会发生变化。若此时删除的通道为图像原有的通道，则图像的颜色模式将有所改变。

4. 分离通道

分离通道是将通道中的颜色或选区信息分别存放在不同的独立灰度模式的图像中，分离通道后也可对单个通道中的图像进行操作，常用于无须保留通道的文件格式而保存单个通道信息等情况。

分离通道的方法是在Photoshop中打开一张RGB颜色模式的图像，在"通道"面板中单击右上角的 按钮，在弹出的扩展菜单中选择"分离通道"选项，此时软件自动将图像分离为3个灰度图像。

原图

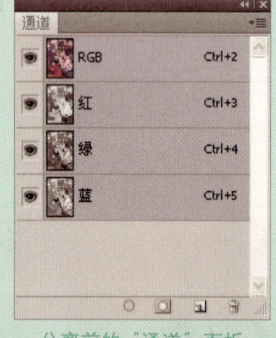
分离前的"通道"面板

分离出的通道

5. 合并通道

对图像进行分离操作后还能对图像进行合并通道的操作。合并通道是指将分离后的通道图像重新组合成一个新图像文件。通道的合并使用范围更为广泛，它类似于简单的通道计算，能同时将两幅或多幅图像经过分离后的单独的通道灰度图像有选择的进行合并。

其方法是选择任意一张分离通道后的图像，单击"通道"面板右上角的 按钮，在弹出的扩展菜单中选择"合并通道"选项，打开"合并通道"对话框，设置模式后单击"确定"按钮，打开"合并RGB通道选项"对话框，在其中可分别针对红色、绿色、蓝色通道进行选择，若保存通道对应不更换，单击"确定"按钮后合并原图效果，若在其中调整了红色、绿色、蓝色通道，则合并的图像效果有所改变。

原通道位置

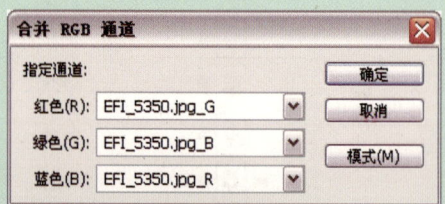
调整后的通道位置

合并后的原效果

调整后的合并效果

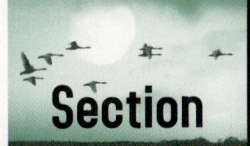

Section 07 利用"色彩范围"命令抠取图像

使用 Photoshop 中的"色彩范围"命令也能快速对图像进行抠取。不同的是,使用"色彩范围"命令创建选区,可创建指定颜色成分的选区,也可创建指定色调的选区。

知识点 "色彩范围"命令抠图原理

色彩范围命令的原理是根据色彩范围创建选区,是针对色彩进行的。执行"选择>色彩范围"命令,打开"色彩范围"对话框,在其中可通过设置相关参数并应用这些设置的方式来实现抠图。

知识链接

快速得到选区

打开图像文件后,执行"选择>色彩范围"命令,在弹出的对话框中单击"添加到取样"工具,在图像中需要选择的区域多次单击,让更多的颜色部分添加到选区中,以便让选区效果更完整。

原图

单击一处时的选区图像

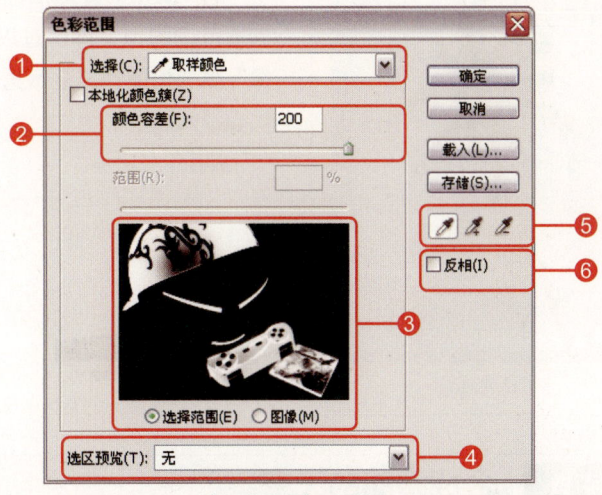

"色彩范围"对话框

❶**"选择"下拉列表框:** 用于取样图像中指定的颜色或色调区域。可通过单击右侧的下拉按钮,在弹出的下拉列表框中选择相应的选项,可选取指定的颜色范围和色调区域,包括"红色"、"黄色"、"蓝色"、"高光"、"阴影"和图像溢色区域等。

❷**"颜色容差"选项:** 可设置图像的颜色容差,即图像选择的范围。拖动滑块即可以调整数值,数值越大,选择的范围就越大;数值越小,选择的范围也就越小。

❸**预览窗口和预览模式:** 用于预览选取范围的状态和样式。选中"选择范围"单选按钮,将以蒙版的形式显示选取范围的预览状态;选中"图像"单选按钮则以正常的图像形式显示。

❹**"选区预览"选项:** 用于预览除"色彩范围"对话框中预览窗口外的图像文件选区范围,设置该选项后,可查看图像文件标准编辑状态下的预览状态,包括"灰度"、"黑色杂边"、"白色杂边"和"快速蒙版"。选择"灰度"模式以灰度模式预览;选择"黑色杂边"模式以黑色覆盖选区外图像;选择"白色杂边"模式以白色覆盖选区外图像;选择"快速蒙版"模式以蒙版形式覆盖选区外图像。

添加后的选区图像

得到的选区

❺ **取样工具按钮**：利用不同的吸管工具选取色彩范围，将根据图像的不同色调区域得到不同的选区效果。利用吸管工具 单击指定区域可直接取样该区域颜色；利用添加到取样工具 单击指定区域则添加新的取样颜色；而利用从取样中减去工具 单击指定区域则可减去所取样区域的颜色。

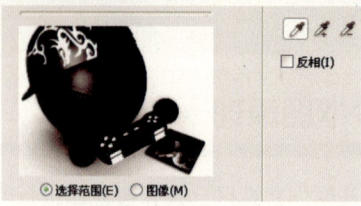

利用吸管工具取样颜色　　　　利用添加到取样工具添加取样颜色

❻ **"反相"复选框**：勾选该复选框后，将反相处理预览窗口中的选取范围图像，即通过以黑白蒙版的反转状态预览显示，而选中"图像"单选按钮预览显示选取范围后再勾选该复选框，则不产生变化。

正常显示的选区图像　　　　　反向显示的选区图像

如何做　合成晴朗的天空

在合成图像的操作中，可使用"色彩范围"命令来快速创建相应的选区，并结合图层蒙版的应用，快速更换图像背景，从而加快图像合成的操作速度。

01 打开图像文件
在 Photoshop CS5 中执行"文件＞打开"命令，或按下快捷键 Ctrl+O，打开附书光盘 Chapter 13\Media\16.jpg 和 17.jpg 图像文件。

02 移动图像
单击移动工具 ，将17.jpg图像文件移动到16.jpg图像文件中，生成"图层1"。

03 执行色彩范围命令

执行"选择>色彩范围"命令,打开"色彩范围"对话框,将光标移动到"图层1"图像上,单击"添加到取样"工具,在图像中蓝色的云背景图像上多次单击,吸取颜色设置选区。

04 确认得到选区

完成后在"色彩范围"对话框中单击"确定"按钮,此时在Photoshop的图像窗口中可以看到,得到蓝色背景的选区。

05 反选选区

按下快捷键Ctrl+Shift+I,反选图像选区。

06 融合图像

单击"创建图层蒙版"按钮,为"图层1"添加图层蒙版,此时在图像中可以看到,将蓝色的背景隐藏,显示带有白云效果的天空背景。

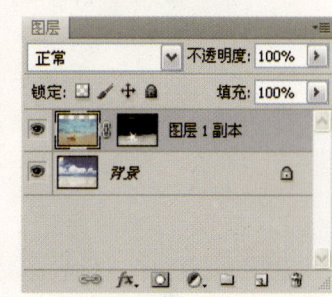

07 调整图像

单击选择"图层1"图层蒙版缩览图,单击画笔工具,调整颜色为黑色,使用柔角画笔在图像顶部和海星左侧部分涂抹,将多余的不平整的图像隐藏,让合成效果更完整。

08 调整图像最终效果

单击"创建新的填充或调整图层"按钮,在弹出的菜单中选择"色阶"命令,添加"色阶1"调整图层,在其"调整"面板中拖动滑块设置参数,增强合成后图像的对比效果。

Section 08 利用"调整边缘"命令抠取图像

使用 Photoshop 中的"调整边缘"命令，可通过对边缘半径、平滑度、羽化度和对比度等选项的调整，进而调整所创建选区的边缘状态，从而达到抠取图像的效果。

知识点 认识"调整边缘"对话框

使用选区创建工具在图像中绘制选区后，在其相应的属性栏中单击"调整边缘"按钮，打开"调整边缘"对话框，也可执行"选择>调整边缘"命令打开该对话框，下面对其选项进行介绍。

创建选区

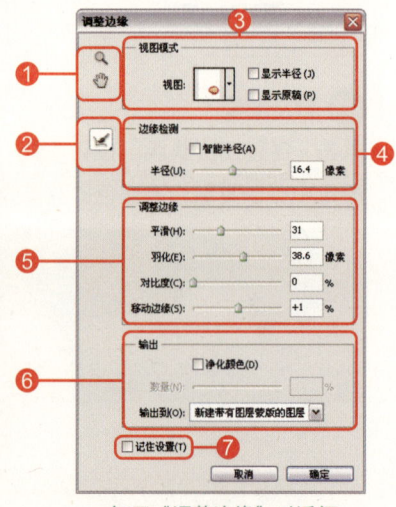
打开"调整边缘"对话框

预览视图的选项

❶ **缩放工具和抓手工具**：缩放工具用于放大或缩小图像，抓手工具用于移动图像区域，运用这两种工具便于查看图像指定区域的效果。

❷ **调整半径工具和涂抹调整工具**：调整半径工具用于扩展检测区域，涂抹调整工具用于恢复原始边缘。利用这两种工具可在图像中进行涂抹，以调整选区边缘。

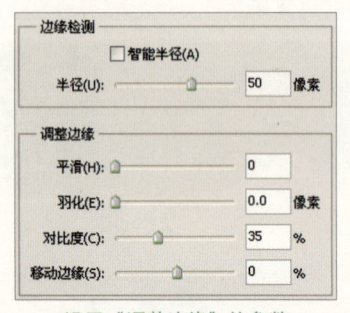
设置"调整边缘"的参数

调整后的选区边缘

利用涂抹调整工具恢复部分边缘

❸ **"视图模式"选项组**：视图预览模式包括"闪烁虚线"、"叠加"、"黑底"、"白底"、"黑白"、"背景图层"和"显示图层"，单击预览模式的缩览图，在弹出的下拉列表中选择不同的预览模式可调整当前选区的显示模式。勾选"显示半径"复选框，可显示调整边缘后的选区边界状态；勾选"显示原稿"复选框后，可显示选区的原始状态。

338 Photoshop CS5 数码照片处理圣经

"闪烁虚线"视图效果　　　　　　　　"黑白"视图效果　　　　　　　　"背景图层"视图效果

在"白底"模式下勾选"显示半径"复选框　　在"白底"模式下勾选"显示原稿"复选框

❹ **"边缘检测"选项组**："智能半径"用于检测并调整边缘选区中的硬边缘和柔化边缘的半径;"半径"选项用于确定边缘调整的选区边界大小,可对锐边应用较小的半径,对柔和的边缘则使用较大的半径。

❺ **"调整边缘"选项组**：用于调整选区边缘的平滑度、羽化度、对比度和移动扩展收缩效果。通过拖动各选项的滑块或输入数值,可将该选项调整效果应用于选区。"平滑"选项用于调整选区边界的不规则选区效果,以使其边缘轮廓更加平滑;"羽化"选项用于虚化选区的边界,以达到与选区周围像素自然过渡的效果;"对比度"选项用于调整选区边缘的过渡效果,当数值增大时,将锐化选区边缘的柔和区域;"移动边缘"选项用于扩展或收缩边缘的边框,数值为负时,向内移动边缘,而数值为正时则向外移动边缘边框。

设置平滑度效果　　　　　　　　设置羽化度效果　　　　　　　　设置对比度效果

❻ **"输出"选项组**：勾选"净化颜色"复选框,将以附近所选像素的颜色替换彩色边;"数量"选项用于更改净化后的彩色边效果;设置"输出到"选项,将决定编辑后的选区是以新图层、新建带有图层蒙版的图层还是新文档等形式应用当前设置效果。

❼ **"记住设置"复选框**：勾选该复选框并应用当前设置后关闭"调整边缘"对话框,当再次打开该对话框时可保持之前的选项参数设置。

如何做 抠取动物毛发

使用"调整边缘"命令能快速抠取图像，同时能对图像的边缘进行更为细致的调整，这些操作可用于对动物发毛的抠取，使抠取的图像边缘更真实细致。

01 打开图像文件
在Photoshop CS5中打开附书光盘Chapter 13\Media\18.jpg图像文件。

02 调整图像
按下快捷键Ctrl+L，打开"色阶"对话框，在其中拖动滑块调整参数，完成设置后单击"确定"按钮，加强图像中猫猫与背景的对比效果，使其更容易区分。

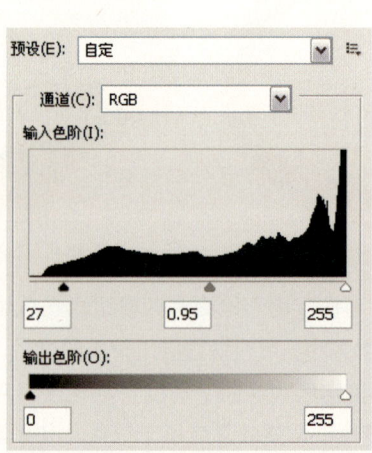

03 绘制选区
单击磁性套索工具，在图像中沿猫猫图像边缘单击并拖动鼠标，绘制选区。

04 执行调整边缘命令
执行"选择>调整边缘"命令，打开"调整边缘"对话框，此时图像以白底显示。

05 调整参数
在打开的"调整边缘"对话框中通过拖动滑块设置相应的参数，以调整图像边缘效果。

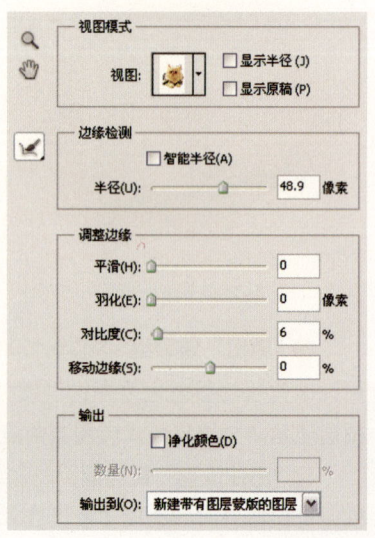

06 查看效果

此时在图像中可以看到，由于在"调整边缘"对话框中参数的调整，图像边缘显示动物毛发的效果。

07 细致调整图像

按下快捷键Ctrl++，放大图像，将视图移动到猫耳朵边缘上，单击调整半径工具，在猫耳朵边缘单击并涂抹，扩展检测区域，从而显示更多的毛发效果。使用相同的方法继续在猫猫图像的边缘进行涂抹。

08 确认选区

完成后在"调整边缘"对话框中单击"确定"按钮，退出编辑状态，此时在图像窗口中显示出得到的选区。

09 反选选区

按下快捷键Ctrl+Shift+I，反选选区，使选区包含背景图像。并双击"背景"图层，解锁"背景"图层为"图层0"。

10 抠取图像

按Delete键删除选区内的图像，此时在图像中可以看到，小猫图像被抠出，在图像边缘能清楚地看到猫猫图像边缘的毛发效果。

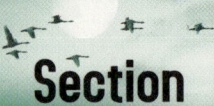

Section 09 利用橡皮擦工具抠取图像

在 Photoshop 中，还可通过擦除图像中的部分图像来进行抠图，此时可结合擦除工具组中的橡皮擦工具、背景橡皮擦工具和魔术橡皮擦工具 3 种工具来进行图像的抠取。

知识点　认识擦除工具组

在Photoshop的擦除工具组中，收录了橡皮擦工具、背景橡皮擦工具和魔术橡皮擦工具3种工具，用户可根据不同的情况选择使用。

1. 橡皮擦工具

橡皮擦工具主要用于擦除图像颜色，单击橡皮擦工具 或在输入法为英文状态下按下E键，快速切换为该工具。将光标移动到图像窗口中，若此时的图层为背景图层，则单击并拖动鼠标时，被擦除的图像部分显示为背景色。若此时的图层为普通图层，擦除的部分即显示透明状态。

2. 背景橡皮擦工具

背景橡皮擦工具的作用是擦除图层上指定颜色的像素，并将被擦除的区域以透明色填充。使用背景橡皮擦工具时，无需进行解锁图层的操作，在背景图层的图像上单击，即可将背景图层转换为普通图层，并擦除相应的图像像素，自动填充为透明像素效果，并保留图像的边缘细节。

在背景橡皮擦工具的属性栏中可通过设置"容差"，调整被擦除的图像颜色与取样颜色之间的差异。取值范围为0%~100%。数值越小，被擦除的图像颜色与取样颜色越接近，擦除的范围也就越小，反之数值越大则擦除的范围越大。

对背景图层进行擦除

对普通图层进行擦除

擦除部分图像的效果

全部擦除后的图像效果

3. 魔术橡皮擦工具

使用魔术橡皮擦工具可以更改相似像素，它的工作原理是以单击处的颜色为基准，默认擦除图像中的相似像素，让擦除部分的图像呈透明效果。可直接对背景图层进行擦除操作，无需进行解锁操作。

在使用魔术橡皮擦工具抠取图像时，还可通过设置属性栏中的容差值更改擦除的范围，以达到快速抠图的效果。容差越大，颜色范围越广，擦除的部分也越多。

不同容差值下擦除图像的效果

如何做　合成另类风景效果

使用橡皮擦工具合成图像，其实质是通过对位于上一层图像上的部分图像，一般指背景或前景进行擦除，从而显示底层的图像，使合成的图像效果更真实。

01 打开图像文件

在 Photoshop CS5 中执行"文件＞打开"命令，或按下快捷键 Ctrl+O，在弹出的"打开"对话框中打开附书光盘 Chapter 13\Media\19.jpg 和 20.jpg 图像文件。

02 移动图像

单击移动工具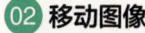，将20.jpg图像文件移动到19.jpg图像中，生成"图层1"。

03 擦除图像

单击魔术橡皮擦工具，在其属性栏中设置容差，在图像中路尽头的山和白色的背景上单击，即可擦除相应像素的图像。在擦除过程中，还可适当将容差调小一些，将画笔也调小一些，对图像中的部分细节进行擦除。

04 继续擦除图像

按下快捷键 Ctrl++，放大图像，此时可以看到，图像的边缘处还有一些散碎的像素杂点。单击橡皮擦工具，使用尖角画笔样式的画笔，在图像中多余的像素处进行擦除，使用魔术橡皮擦工具，对未能全部擦除的图像边缘以及部分散碎像素点进行擦除，从而让合成图像的画面更整洁。

05 添加图层蒙版

单击"创建图层蒙版"按钮，为"图层 1"添加图层蒙版。设置前景色为白色，使用橡皮擦工具，调整为柔角画笔样式，在图像边缘和路的中间处进行擦除，让合成图像的效果更真实。

06 调整图像效果

单击"创建新的填充或调整图层"按钮，在弹出的菜单中选择"曲线"命令，添加"曲线 1"调整图层，添加并拖动锚点调整曲线。继续添加"色彩平衡 1"调整图层，在其"调整"面板中拖动滑块设置参数，加强图像的对比效果，美化光线的同时也让合成的图像在色调颜色上更加统一。

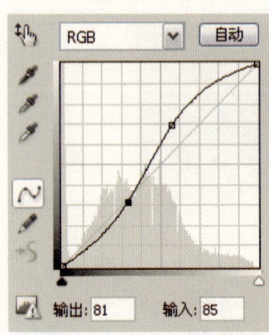
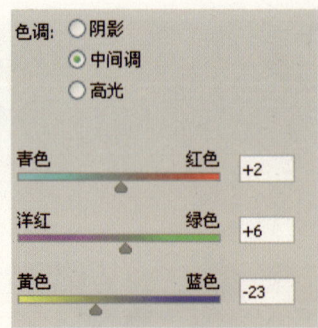

CHAPTER 14

添加照片文字

文字是另一种形式的语言，能直观地对信息进行传达，是艺术创作中必不可少的元素之一。通过 Photoshop 中的文字工具能为照片图像添加文字，从而起到美化、修饰数码照片的作用。本章通过为照片添加点文字、段落文字、变形文字，以及沿路径输入文字，结合图层样式添加文字等相关内容，从五大方面对 Photoshoo 中的文字工具以及相关知识点进行了总结和应用，让读者通过本章的学习，能够更熟练的运用文字工具制作更艺术化的数码照片。

Section 01 为照片添加文字

在对数码照片进行处理和编辑的过程中，文字是不可缺少的设计元素，好的文字排版效果能够对作品起到锦上添花的作用，使用 Photoshop 中的文字工具即可在照片图像中添加文字。

知识点 认识文字工具组

要为数码照片添加文字，首先应对Photoshop中的文字工具有所了解。在Photoshop中，使用鼠标右键单击"横排文字"工具 右下角的小三角形图标 ，即可显示文字工具组中隐藏的工具菜单。

专家技巧

字体的安装

在使用Photoshop对图像进行处理的过程中，可在电脑中安装多种艺术文字字体或较为特殊的文字，以便在使用时能快速应用相应的字体。默认情况下，在文字工具属性栏的"字体"下拉列表框中显示了电脑C盘中安装的字体，此时可添加新的字体。

安装字体的方法是，首先选择需要安装或添加的字体，按下快捷键Ctrl+C复制文件，然后依次展开C:\WINDOWS\Fonts文件路径，在其窗口中按下快捷键Ctrl+V粘贴文件即可安装文字字体。若此时安装的字体电脑中已存在，则会弹出"字体文件夹"询问框，单击"确定"按钮则跳过该字体继续安装其他字体。

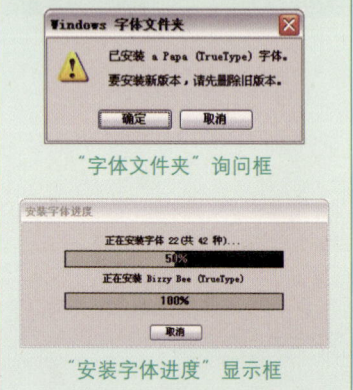

"字体文件夹"询问框

"安装字体进度"显示框

Photoshop中的文字工具组收录了横排文字工具 、直排文字工具 、横排文字蒙版工具 和直排文字蒙版工具 。横排文字工具用于在图像中输入水平方向的文字；直排文字工具

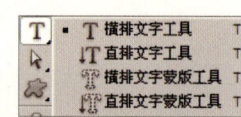

文字工具组中的工具

用于在图像中输入垂直方向的文字；横排文字蒙版工具和直排文字蒙版工具用于在图像中创建文字型选区。

1. 横排文字工具

在Photoshop中将单个的或一句话形式的且不成段落的文字称为点文字。要输入横排点文字则需要使用横排文字工具，单击横排文字工具 ，在属性栏中"字体"下拉列表框中设置文字字体，并在"设置字体大小"数值框中输入文字大小的点数，在图像中需要输入文字处单击，定位文本插入点，然后输入文字，最后单击工具属性栏中的"提交所有当前编辑"按钮 即可完成文字的输入。

定位文本插入点

添加的横排文字

2. 直排文字工具

直排文字工具用于输入纵向的文字。与横排文字工具的使用方法相同，单击直排文字工具 ，在图像中单击定位文本插入点，此时自动创建文字图层，在文本插入点处输入文字即可。

需要注意的是，在输入文字时，若输入文字有误或需要更改文字，单击属性栏中的"取消所有当前编辑"按钮 可以取消文字的输入，也可按下退格键将输入的文字逐个删除。

专家技巧

调整文字型选区

在使用文字蒙版工具创建文字型选区时，退出蒙版编辑状态显示选区后，可执行"选择 > 变换选区"命令，显示调整控制框，移动或放大缩小选区，完成后按下 Enter 键确认选区的变换。

创建的文字型选区

显示调整控制框

移动位置后的文字型选区

定位文本插入点

添加的纵向文字

3. 文字蒙版工具

使用横排文字蒙版工具或直排文字蒙版工具，都可以在图像中输入选区型文字，方便在文字选区中填充渐变颜色和图案。单击横排文字蒙版工具，设置文字格式后定位文本插入点，进入到蒙版显示状态，输入文本，确认输入后退出蒙版编辑状态，得到文字型的选区，还可结合渐变工具填充选区。

进入蒙版编辑状态

输入文字

退出蒙版得到文字型选区

填充渐变颜色后的文字效果

如何做　为照片添加错落有致的文字

为照片添加文字能在一定程度上丰富照片的布局，并在内容上与照片主题更好的结合，突出想要表达的思想或情怀。使用文字工具并结合其他功能可以为图像添加文字效果。

01 打开图像文件
在Photoshop CS5中打开附书光盘Chapter 14\Media\01.jpg图像文件。

02 设置文字格式
单击矩形选框工具，在图像边缘部分单击并拖动鼠标，绘制矩形选区，并按下快捷键Ctrl+Shift+I，反选选区。

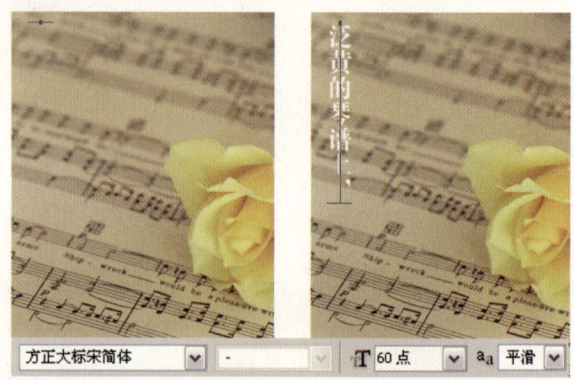

03 输入文字
单击工具属性栏中的"提交所有当前编辑"按钮，确认输入。单击直排文字工具，继续输入文字。

04 选择文字
将插入点定位到要选择的文本前或后，拖动鼠标选择鼠标经过处的文本，使文本呈反色显示。

05 更改文字大小
在直排文字工具属性栏的"设置字体大小"数值框中，单击置入插入点，输入代表文字大小的点数，这里输入100，由于显示的选项有限，可直接在其中进行输入。此时在图像中可以看到，随着数值的改变，选择的文字大小也出现了变化。

06 移动文字

单击工具属性栏中的"提交所有当前编辑"按钮✓，确认文字大小的更改。单击移动工具，选择相应的文字图层后移动文字，使其与另一行文字顶端对齐。

07 选择并调整文字

单击另一个文字图层，继续选择其中的部分文字，在工具属性栏的"设置字体大小"数值框中输入数值，调整文字大小。

08 确认文字的更改

单击工具属性栏中的"提交所有当前编辑"按钮✓，确认文字大小的更改。

09 继续选择并调整文字

继续选择该文字图层上的其他文字，在工具属性栏的"设置字体大小"数值框中输入数值，调整文字大小。

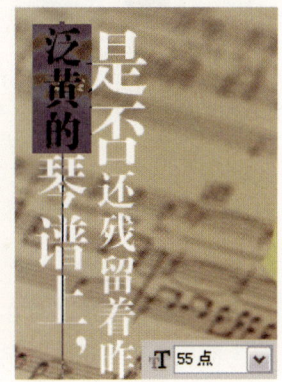

10 继续选择并调整其他文字

单击选择另一个文字图层，继续选择部分文字，输入数值调整部分文字的大小。

11 调整最终效果

单击"提交所有当前编辑"按钮✓确认文字的更改后，单击移动工具，调整文字在图像中位置，使其形成错落有致的编排效果。

| 如 何 做 | **为照片添加纪念文字** |

生活中许多的风景照片大多是在旅行途中拍摄的，此时我们可以通过对照片添加一些带有纪念性的文字做成水印效果，既增加了照片的可读性，也以此留为纪念。

01 打开图像文件
在 Photoshop CS5 中打开附书光盘 Chapter 14\Media\02.jpg 图像文件。

02 复制图层
按下快捷键 Ctrl+J，复制得到"图层 1"，设置混合模式为"柔光"、"不透明度"为 80%。

03 添加文字
单击横排文字工具，在"字符"面板中设置文字字体、字号以及颜色等格式，输入文字。

04 添加并编排文字
继续使用横排文字工具在图像中输入文字，在"字符"面板中适当调整文字的大小，并让文字单独位于相应的图层上，以便结合移动工具调整文字的组合编排效果，形成水印效果。

05 添加水印效果
打开03.jpg图像文件，将在02.jpg图像文件中添加的文字移动到当前图像文件中。同时选择文字图层，单击"字符"面板中的颜色色块，设置颜色为蓝色（R1、G122、B205），添加文字效果。

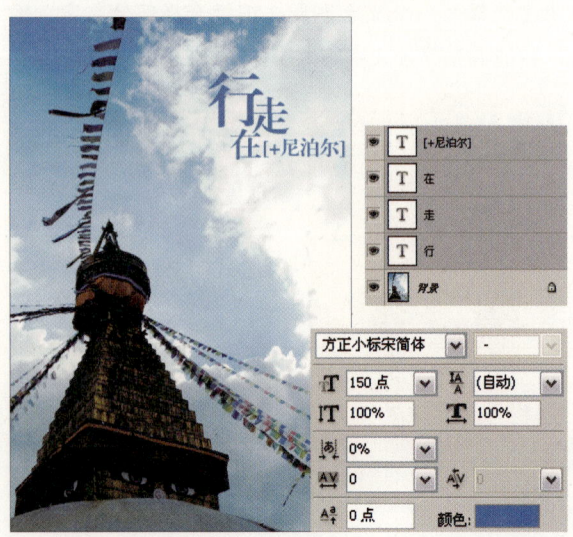

| 专 栏 | **了解"字符"面板**

在Photoshop中执行"窗口>字符"命令即可显示"字符"面板。默认情况下"字符"面板和"段落"面板同时出现,以便用户可快速进行切换,从而快速设置文字的格式。在"字符"面板中可以对文字进行编辑和调整,包括对文字的字体、字号(即大小)、间距、颜色、显示比例和显示效果进行设置。"字符"面板的功能与文字工具属性栏相似,但其功能更全面,下面对面板中各选项的功能进行介绍。

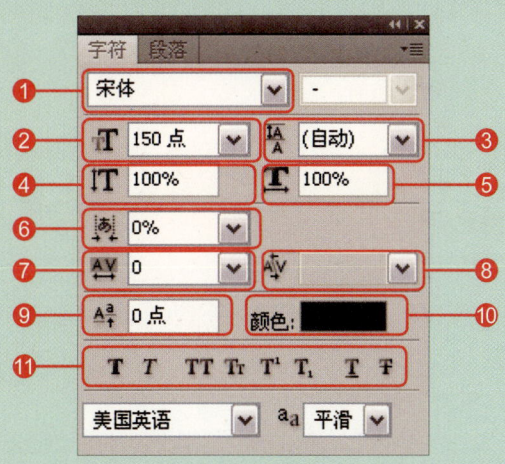

"字符"面板

❶ **"设置字体系列"下拉列表**:在该下拉列表中可以选择需要的字体然后对输入的文字应用所选择的字体。

❷ **"设置字体大小"下拉列表**:在该下拉列表中可以选择设置字体大小的点数,也可以在数值框中直接输入需要字体大小的点数。

❸ **"设置行间距"下拉列表**:各文字行之间的垂直间距称为行距,在该下拉列表中可以直接输入数值或选择一个数值设置行距,数值越大行间距越大。

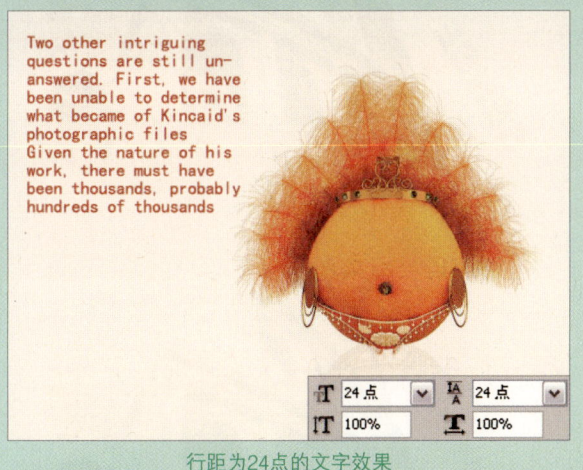

行距为24点的文字效果　　　　　　　　　　行距为自动的文字效果

❹ **"垂直缩放"数值框**:在该数值框中可以设置选中文字的高度缩放比例,取值范围为0%～100%。

❺ **"水平缩放"数值框**:在该数值框中可以设置选中文字的宽度缩放比例,取值范围为0%～100%。

❻ **"所选字符的比例间距"下拉列表**:在该下拉列表中可以设置所选字符之间的比例间距。范围为0%～100%。数值越大字符之间的间距越小。

❼ **"所选字符的字距调整"下拉列表**：在该下拉列表中能够设置所选字符的间距。取值范围在-100~200之间。当为-100时文字字距最小，文字紧紧贴在一起；当为200时，则文字字距为最大，字与字之间分隔较开。

字距调整为-100时的文字效果

字距调整为200时的文字效果

❽ **"字距微调"下拉列表**：该下拉列表用来微调两个字符的间距，取值范围为-1000 ~ 1000。

❾ **"设置基线偏移"数值框**：在该数值框中可设置所选中字符与基线的距离，在数值框中输入正值可以使文字向上移动，输入负值可以使文字向下移动。

❿ **"设置文本颜色"选项**：单击"颜色"右侧的颜色色块即可打开"选择文本颜色"对话框，在其中可在颜色选择区域单击设置需要的颜色，然后单击"确定"按钮即可。

⓫ **字体特殊样式按钮组**：在该按钮组中包括"仿粗体"按钮、"仿斜体"按钮、"全部大写字母"按钮、"大型小写字母"按钮、"上标"按钮、"下标"按钮、"下划线"按钮和"删除线"按钮。

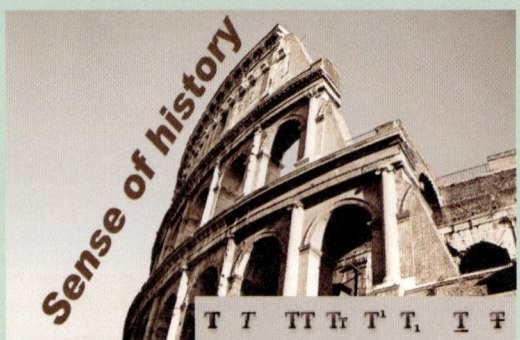
输入的文字效果

单击"全部大写字母"按钮的文字效果

单击"小型大写字母"按钮的文字效果

同时应用多个字体特殊样式的文字效果

为照片添加艺术文字

在数码照片的处理中，除了可以添加一些解释说明性的文字外，还可对添加的文字进行适当的颜色调整和图层样式的添加，赋予文字艺术效果。

01 打开图像文件
在Photoshop CS5中打开附书光盘Chapter 14\Media\04.jpg图像文件。

02 创建选区
单击单列选框工具，并在属性栏中单击"添加到选区"按钮，创建多个直线条选区。

03 填充选区
新建"图层1"，在默认前景色和背景色的情况下按下快捷键Alt+Delete，填充选区为黑色。

04 设置并输入文字
单击直排文字工具，打开"字符"面板，在其中设置文字的字体、字号，并调整颜色为灰粉色（R212、G204、B207），在图像中单击插入文本插入点，输入文字。

05 栅格化文字图层
在"图层"面板中使用鼠标右键单击生成的文字图层，在弹出的快捷菜单中选择"栅格化文字"选项，将文字图层栅格化为普通图层，以便进行下一步的操作。

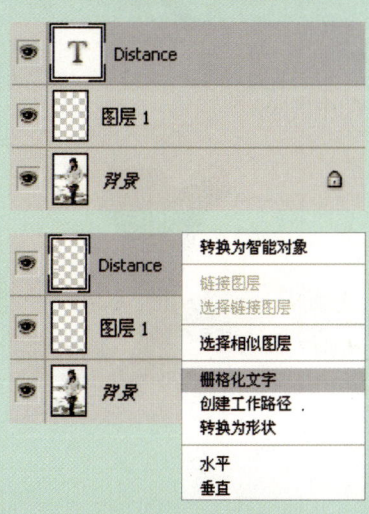

06 创建选区

单击魔棒工具，并在属性栏中单击"添加到选区"按钮，在图像中文字的空白处连续单击，创建文字选区。

07 载入渐变样式

单击新建"图层 2"，单击渐变工具，在渐变样式选取框中单击扩展按钮，载入"简单"样式，设置渐变样式为"粉红色"。

08 绘制渐变

在图像中保持选区，从上到下单击并拖动鼠标，绘制粉色的渐变效果，完成后按下快捷键Ctrl+D，取消选区。

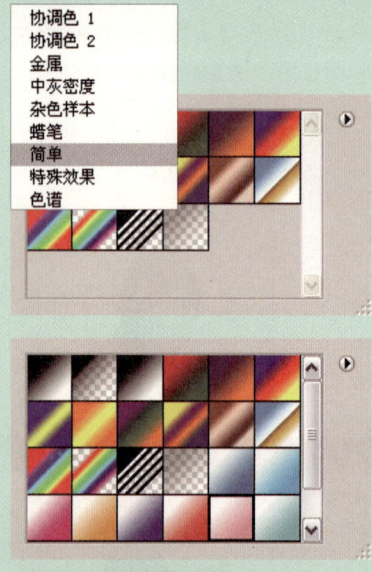

09 调整渐变效果

在"图层"面板中设置"图层 2"的"不透明度"为49%，适当减淡对文字的填充效果，使其与整个背景更融合。

10 添加图层样式

在"图层"面板中双击"图层 2"，打开"图层样式"对话框，勾选并单击左侧的"内阴影"复选框，在右侧显示的面板中设置参数，并单击"混合模式"后的颜色色块，在弹出的对话框中设置颜色为红色（R138、G15、B50），单击"确定"按钮，为图层添加"内阴影"图层样式，赋予文字立体边缘效果。

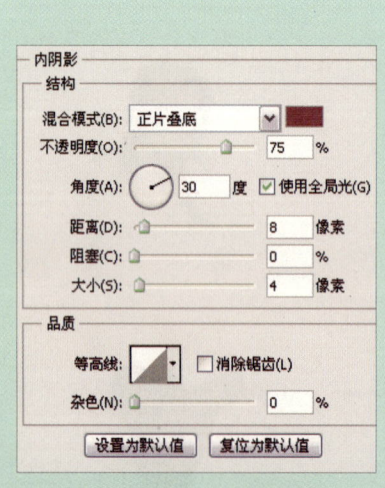

Section 02 为照片添加段落文字

除了能为数码照片添加一些突出的文字效果，还可以为照片图像添加段落文字，赋予图像更多的应用范围，多被用于平面设计中的画册、书籍版式编辑中，具有文字较多的特殊性。

知识点 认识"段落"面板

在图像中输入较多文字时，可以采用"段落"面板对文字进行调整。利用对段落文字的多种调整方式，可以对段落文字进行左右缩进和段首缩进、段前和段后添加空白等操作。

知识链接

调整段落文本框

拖动绘制段落文本框后，可在"字符"面板中设置文本格式。在文本插入点后输入文本，文字内容增加后，由于绘制的文本框较小，输入的文字内容不能完全显示在文本框中，此时将光标移动到文本框边缘，当光标变为上下箭头形状时拖动文本框的边缘即可改变文本框大小，使文字全部显示在文本框中。

绘制的段落文本框

输入的文字未完全显示

在"字符"面板组中单击"段落"标签即可切换到"段落"面板。在该面板中可以设置文字的对齐方式和缩进方式等，下面对"段落"面板中的各个选项进行详细的介绍。

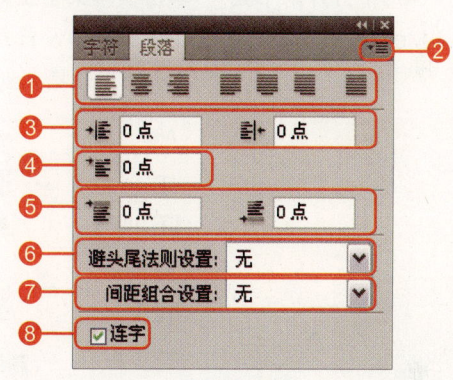
"段落"面板

❶ **对齐方式按钮组**：单击相应按钮可以对文字进行"左对齐文本"、"居中对齐文本"、"右对齐文本"、"最后一行左对齐"、"最后一行居中对齐"、"最后一行右对齐"和"全部对齐"设置。

左对齐文本

居中对齐文本

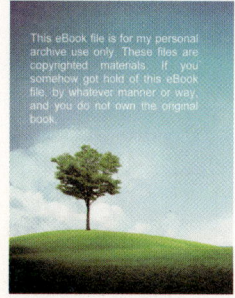
最后一行左对齐

❷ **扩展菜单按钮**：单击该按钮，打开扩展菜单，可以对段落进行不同的设置。

❸ **左缩进和右缩进**：可输入参数设置段落文字的单行或整段的左右缩进。

调整段落文本框大小显示文字

❹ **首行缩进**：可输入参数对段落文字的首行缩进进行设置。
❺ **段前和段后添加空格**：输入参数对段前和段后文字添加空格。
❻ **避头尾法则设置**：单击右侧的下拉按钮，在弹出的下拉列表中选择"JIS宽松"和"JIS严格"选项设置段落文字编排方式。
❼ **间距组合设置**：单击右侧的下拉按钮，在弹出的下拉列表中可以选择软件提供的段落文字间距组合选项。
❽ **"连字"复选框**：勾选该复选框可将文字的最后一个英文单词拆开，形成连字符号，而剩余的部分则自动换到下一行。

如何做　为照片添加段落文字

若要为照片图像添加段落文字，可根据需要选择一些背景较为简单，主体突出的照片，以便留出较多的空间用于文字的添加。

01 打开图像文件
在Photoshop CS5中打开附书光盘Chapter 14\Media\05.jpg图像文件。

02 设置文字格式并绘制段落文本框
单击横排文字工具 T.，执行"窗口 > 字符"命令打开"字符"面板，在该面板中设置各项参数，在图像中拖动绘制段落文本框，此时文本插入点自动插入到文本框前端。

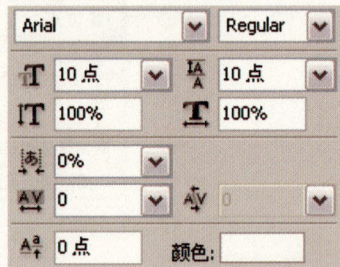

03 输入文字
在文本框插入点后输入文字，当输入的文字到达文本框边缘时则自动换行，若要手动换行可直接按下Enter键。

04 设置文字对齐方式
输入完成后单击"提交所有当前编辑"按钮 ✓ 完成段落文字的输入。在"段落"面板中单击"右对齐文本"按钮 ≡，让段落文本右对齐，调整效果。

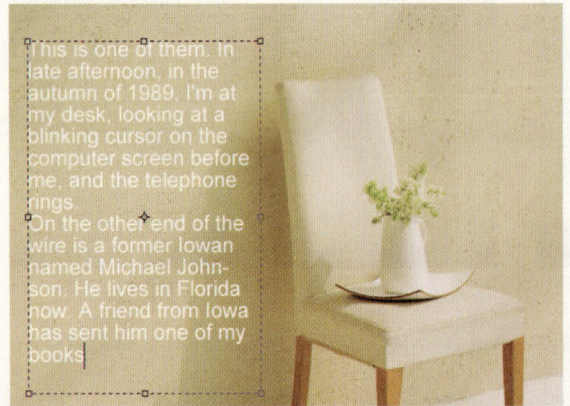

制作照片个性名片

名片是较为常见的设计载体之一,可结合对照片图像的调整以及段落文字的输入,将数码照片制作成个性的名片效果。

01 新建图像文件

按下快捷键Ctrl+N,打开"新建"对话框,在其中设置相应的参数,完成后单击"确定"按钮。

02 查看文件

此时在图像窗口标题栏中可以看到,新建了06.psd图像文件,此时图像背景呈白色显示在工作区中。

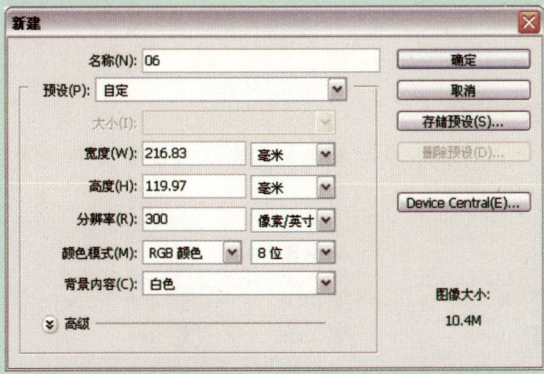

03 绘制并填充选区

单击矩形选框工具,单击并拖动鼠标绘制矩形选区,在"图层"面板中单击"创建新图层"按钮,新建"图层1",填充选区为粉红色(R247、G195、B187)。

04 羽化选区

按下快捷键Shift+F6,打开"羽化选区"对话框,在其中设置"羽化半径"为100像素,完成后单击"确定"按钮,得到羽化后的选区。

05 载入渐变样式

单击新建"图层2",单击渐变工具,在渐变样式选取框中单击扩展按钮,载入"蜡笔"样式,设置渐变样式为"蓝色、黄色、粉红"。

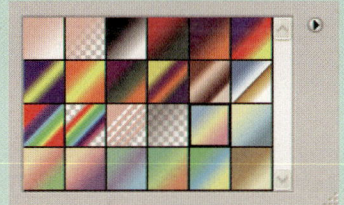

06 绘制渐变

保持选区,在图像中左上角单击鼠标,并将其拖动到图像的右下角,绘制多彩的渐变效果,完成后按下快捷键Ctrl+D,取消选区。

07 打开并移动图像

打开附书光盘 Chapter 14\Media\07.jpg 图像文件。使用移动工具,将其移动到06.jpg图像文件中,生成"图层3",并按下快捷键Ctrl+T,显示调整控制框,水平翻转图像。

08 调整图像

在"图层"面板中设置"图层 3"的混合模式为"柔光",并为其添加图层蒙版,使用黑色柔角画笔适当涂抹,将图像中明显的边缘去掉,融合人物图像和渐变背景效果。

09 复制图层

按下快捷键Ctrl+J,复制得到"图层 3 副本"图层,适当调整图层蒙版效果,加深人物效果。

10 绘制文本框

单击横排文字工具,在图像左侧单击并向下拖动,绘制段落文本框。

11 输入文字并设置文字格式

打开"字符"面板,在其中调整文字颜色为白色,并设置文字字体、字号等格式,输入相应的文字内容。

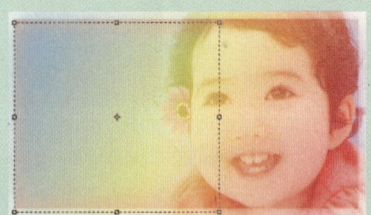

12 输入文字

继续在段落文本框中输入文字,并结合输入的文字,在"字符"面板中调整文字的字体、字号以及行距,使其按照名片的格式进行编排,同时添加名片需要的文字内容,制作名片效果。

13 添加装饰效果

新建"图层 4",单击椭圆选框工具,绘制多个重叠的椭圆选区,并结合钢笔工具绘制心形选区,填充为粉红色(R247、G195、B187),设置混合模式为"叠加",为名片添加装饰效果。

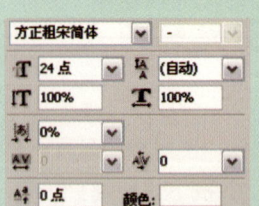

专栏　文字工具属性栏

使用Photoshop中的横排文字工具输入文字，将在菜单栏下方显示该工具的属性栏，属性栏中包括多个按钮和设置框，这里以横排文字工具属性栏为例进行介绍。

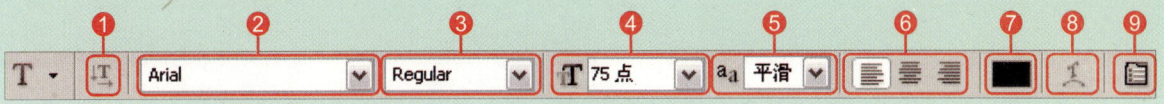

横排文字工具属性栏

❶ "切换文本取向"按钮：单击该按钮，可以对文字进行横排或直排状态切换。

横排文字效果

快速切换为直排文字效果

❷ "设置字体系列"下拉列表：单击该下拉按钮，可以在弹出的下拉列表中，选择需要的字体。

❸ "设置字体样式"下拉列表框：字体样式是指字体的加粗、斜体等样式。单击该下拉按钮，可以在弹出的下拉列表框中选择文字的字体形态。若此时选择的为中文字体，由于大多数中文字体没有自带的样式，则未激活"设置字体样式"下拉列表框。

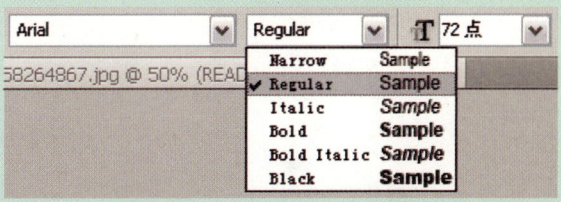
不同情况下的字体样式下拉列表框

同一种字体下的不同字体样式效果

❹ **"设置字体大小"下拉列表**：单击该下拉按钮，在弹出的下拉列表中可以设置字体大小，也可以直接输入需要的字体大小。

❺ **"设置消除锯齿的方法"下拉列表**：单击该下拉按钮，在弹出的下拉列表中提供了5种控制文字边缘的方式，即"无"、"锐利"、"犀利"、"浑厚"和"平滑"。

原图	无	锐利
犀利	浑厚	平滑

❻ **文本对齐按钮组**：单击"左对齐文本"按钮，可以将文字设置为左对齐；单击"居中对齐文本"按钮，可以将文字设置为居中对齐；单击"右对齐文本"按钮，可以将文字设置为右对齐。

❼ **颜色色块**：单击颜色色块能快速打开"选择文本颜色"对话框，在其中可设置文字的颜色。

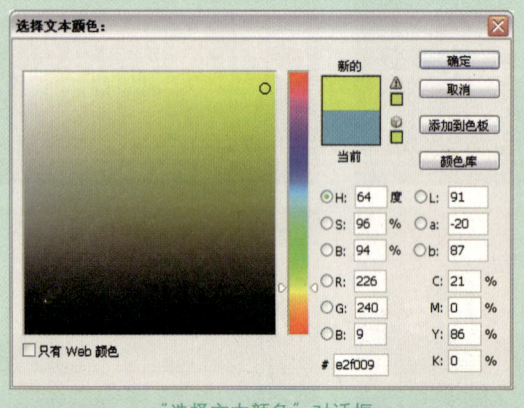
"选择文本颜色"对话框

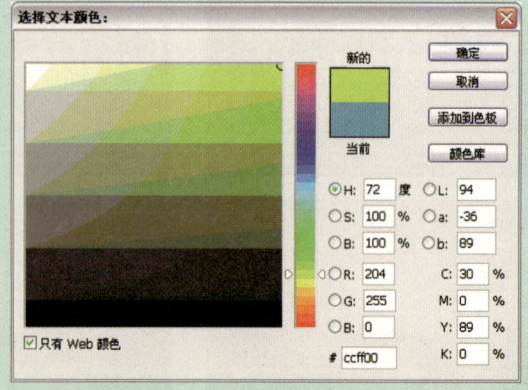
只显示Web颜色"选择文本颜色"对话框

❽ **"创建文字变形"按钮**：单击该按钮快速打开"变形文字"对话框，在对话框中设置参数可以创建变形文字。

❾ **"切换字符和段落面板"按钮**：单击该按钮，可以切换到"字符"和"段落"面板。

Section 03 为照片添加变形文字

在对数码照进行处理时，还可以先在图像中添加相应的文字，同时对这些文字进行一定的变形处理，使其更贴合运用环境，从而制作丰富多彩的文字变形效果。

知识点 认识"变形文字"对话框

使用变形文字功能可以设计制作丰富多彩的文字变形效果，使文字的样式更加多样化。可通过创建变形文字和沿路径编排的方式对文字进行变形。单击文字工具属性栏上的"创建变形文字"按钮，或执行"图层>文字>文字变形"命令，打开"变形文字"对话框，下面对其中的各选项进行介绍。

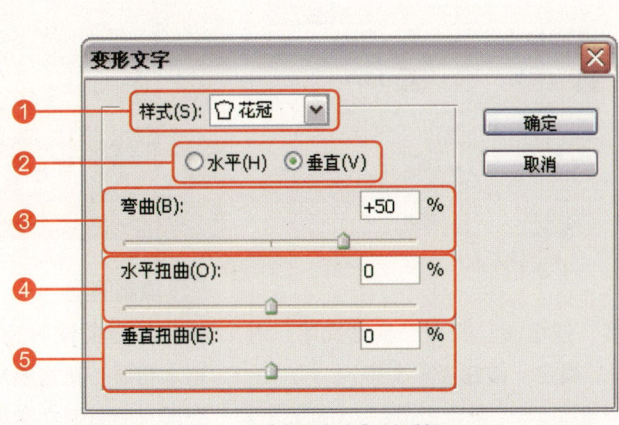
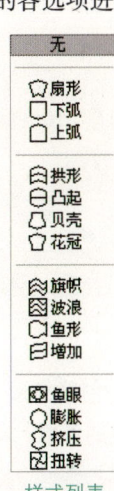

"变形文字"对话框   样式列表

❶ **"样式"下拉列表框：** 在该下拉列表框中提供了设置文字变形的样式。当设置"样式"为"无"时，文字不具备任何样式的变形。

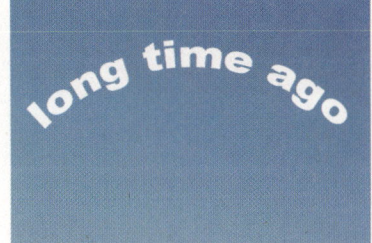

添加的文字　　　　　应用"扇形"样式变形　　　　　应用"花冠"样式变形

应用"旗帜"样式变形　　　应用"凸起"样式变形　　　应用"鱼形"样式变形

❷ "水平/垂直"单选按钮：设置文字以水平或垂直的轴进行变形。
❸ "弯曲"选项：设置变形弯曲的强度。设置正值时文字向上弯曲，设置负值时文字向下弯曲。
❹ "水平扭曲"选项：设置文字水平扭曲的强度。设置负值时向左扭曲，设置正值时向右扭曲。
❺ "垂直扭曲"选项：设置文字垂直扭曲的强度。设置负值时向上扭曲，设置正值时向下扭曲。

如何做 为照片添加弧形文字

弧形文字效果是文字变形效果中较为常见的，通过对文字的变形，让文字呈现更多的效果，从而让文字的应用更加贴合不同的使用环境。

01 打开图像文件
打开附书光盘Chapter 14\Media\08.jpg图像文件。

02 添加文字
单击横排文字工具，在"字符"面板中设置文字的字体、字号以及颜色后，在图像中单击确定文本插入点，输入文字。

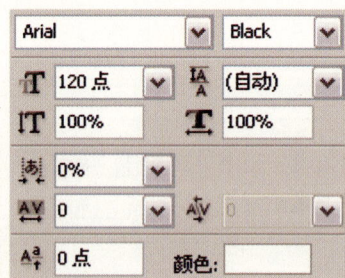

03 变形文字
单击工具属性栏中的"创建变形文字"按钮，打开"变形文字"对话框，在其中设置相应的参数，单击"确定"按钮变形文字。

04 复制图层
按住Alt键的同时拖动文字，复制副本图层，适当缩小文字，形成3个层次的弧形文字效果。

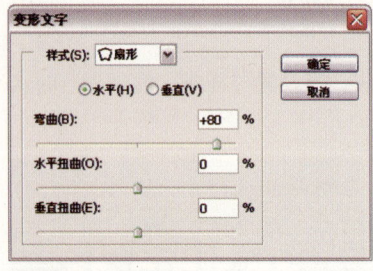

05 调整文字颜色
在"图层"面板中单击选择第一组变形文字，在"字符"面板中单击颜色色块，打开"选择文本颜色"对话框，在其中设置颜色为洋红色（R239、G59、B202）。

06 继续调整颜色
使用相同的方法调整文字颜色为黄色（R252、G230、B87）和绿色（R161、G251、B225）。

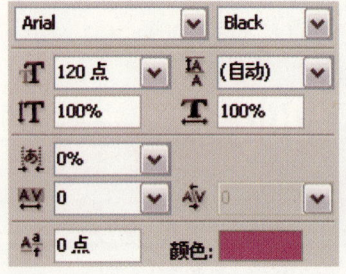

摄影师训练营 | 制作照片抽象签名效果

在照片中输入文字后,通过对文字效果的变形处理,能将文字制作成个性的图形效果,结合其他图形的添加,让图像更具抽象效果。

01 打开图像文件
在Photoshop CS5中打开附书光盘Chapter 14\Media\09.jpg图像文件。

02 复制并调整图层混合模式
按下快捷键Ctrl+J,复制得到"图层 1",设置图层混合模式为"叠加",加强图像效果。

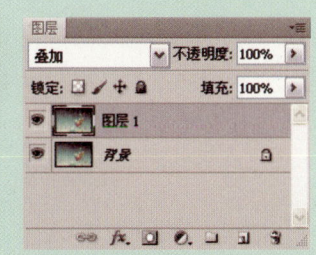

03 输入文字
单击横排文字工具,在"字符"面板中设置文字颜色为白色,并调整文字的字体、字号、样式等,输入较大的白色字母,作为图形占据图像的左侧。

04 变形文字
单击工具属性栏中的"创建变形文字"按钮,打开"变形文字"对话框,在其中设置相应的参数,单击"确定"按钮变形文字。

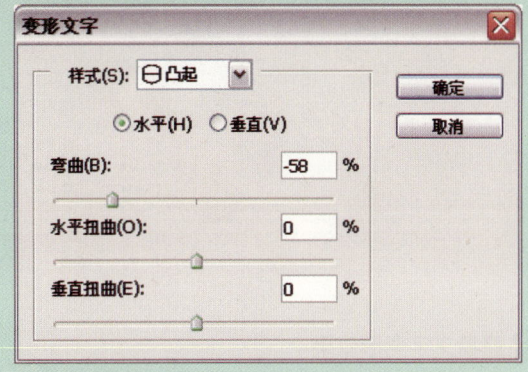

05 查看文字变形效果
此时在图像中可以看到,由于对文字经过了相应的变形处理,此时的字母更像是一个图形。

06 复制并调整文字
按下快捷键Ctrl+J,复制得到"B 副本"图层,同时按下快捷键Ctrl+T,水平翻转图像,形成对称效果。

07 调整图层混合模式

在"图层"面板中分别设置两个变形后的文字图层的混合模式为"柔光",使其与背景图层融合,形成图形效果。

08 继续输入直排文字

单击直排文字工具,在"字符"面板中重新设置文字的字体、字号等格式,输入直条的白色文字,形成图像的对称区分。

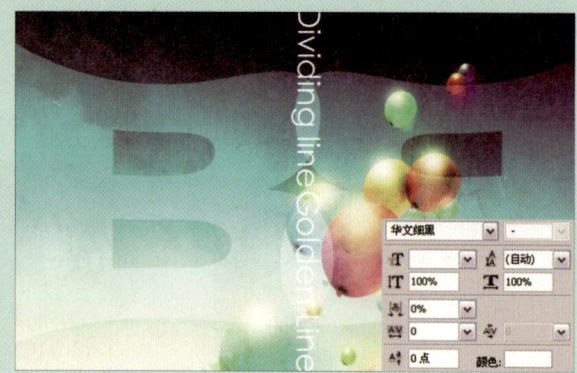

09 继续输入横排文字

单击横排文字工具,继续在"字符"面板中设置文字的颜色、字体、字号、样式,在图像左侧输入文字。

10 变形文字

单击工具属性栏中的"创建变形文字"按钮,打开"变形文字"对话框,在其中设置相应的参数,单击"确定"按钮变形文字。

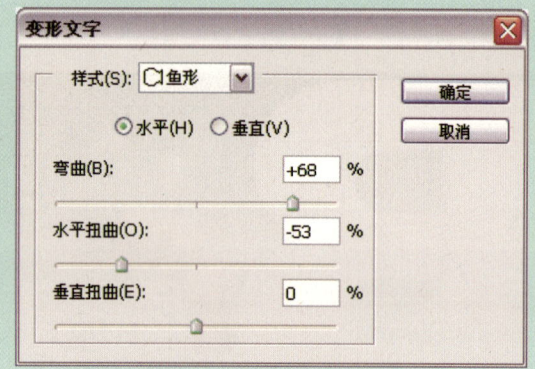

11 查看文字变形效果

此时在图像中可以看到,由于对文字进行了相应的变形处理,左侧由字母组成的文字变形为一条鱼的形状。

12 复制并调整图像

按下快捷键Ctrl+J,复制得到相应的副本图层,同时按下快捷键Ctrl+T,水平翻转图像,继续让鱼形的文字形成对称效果。

13 绘制图形

单击"创建新图层"按钮，新建"图层 2"，单击自定形状工具，在属性栏中设置形状样式为"红心形卡"，绘制路径，转换为选区后填充为白色。

14 绘制路径

单击钢笔工具，在图像中白色的心形图形上单击绘制路径，形成裂开的路径效果。

15 删除图像

此时按下快捷键Ctrl+Enter，将路径转换为选区，并按下Delete键删除选区内的图像，形成破碎的心形图形。

16 复制图形

按下两次快捷键Ctrl+J，复制得到相应的副本图层，按下快捷键Ctrl+T，适当缩小图像，并调整其位置，形成对称图形效果。

17 调整图像效果

单击"创建新的填充或调整图层"按钮，在弹出的菜单中选择"曲线"命令，添加"曲线 1"调整图层，在其"调整"面板中单击添加锚点，移动锚点调整曲线，加强图像的整体明暗对比效果，制作抽象的签名图形效果。

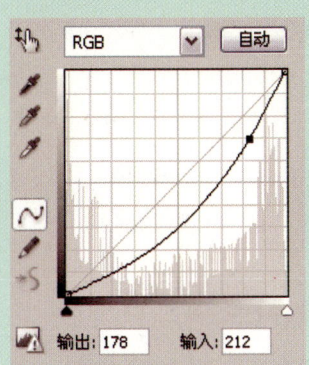

专栏　文本的编辑

掌握了文本的输入与变形等操作后，还应该了解文本的相关编辑操作，这里对文本的编辑进行介绍，包括文字的拼写检查、查找和替换文本、栅格化文字图层、创建异形轮廓段落文本以及修改文字排列的形状，这些都是非常常用的编辑操作。

1. 文字的拼写检查

在输入大段的文字后，需要检查文档中的拼写时，Photoshop会对其词典中没有的任何字进行询问。若被询问的字拼写正确，则可以通过将该字添加到词典中，确认其拼写。若被询问的字拼写错误，还可以将其更正。执行"编辑>拼写检查"命令，打开"拼写检查"对话框，下面对其中的按钮应用功能进行介绍。

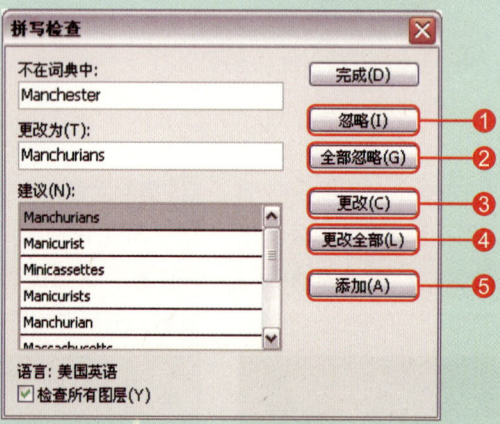

"拼写检查"对话框

❶ "忽略"按钮：单击该按钮则继续检查文本的拼写而不更改文本。
❷ "全部忽略"按钮：单击该按钮则在剩余文本的拼写检查过程中忽略有疑问的字。
❸ "更改"按钮：单击该按钮则自动使用"更改为"文本框中的文字替换"不在词典中"文本框中的文字内容，从而校正拼写错误，确保拼写正确的字出现在"更改为"文本框中。此时，若建议的字不是想要的字，请在"建议"列表框中选择另一个选项或在"更改为"文本框中输入正确的文字。
❹ "更改全部"按钮：单击该按钮则快速校正文档中出现的所有拼写错误。同时确保拼写正确的字出现在"更改为"文本框中。
❺ "添加"按钮：单击该按钮可以将无法识别的字存储在词典中，这样在后面出现的该字就不会被标记为拼写错误。

2. 查找和替换文本

使用"查找和替换文本"命令也能快速纠正文字的错误输入，并能快速替换文字。执行"编辑>查找和替换文本"命令，打开"查找和替换文本"对话框，下面对其中比较重要的几个复选框进行介绍。

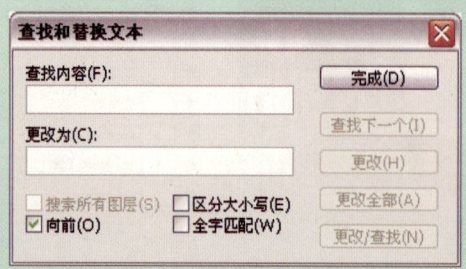

默认情况下的"查找和替换文本"对话框

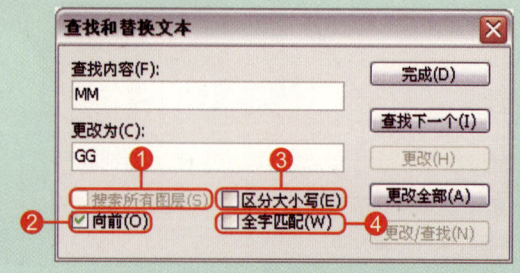

输入内容的"查找和替换文本"对话框

❶ **"搜索所有图层"复选框**：勾选该复选框后，搜索文档中的所有图层。在"图层"面板中选定了非文字图层时，此选项将可用。

❷ **"向前"复选框**：勾选该复选框后，从文本中的插入点向前搜索。取消选择此选项可搜索图层中的所有文本，不管插入点放在何处。

❸ **"区分大小写"复选框**：勾选该复选框后，搜索与"查找内容"文本框的文本大小写完全匹配的一个或多个字。即如果搜索"good"，则找不到"Good"。

❹ **"全字匹配"复选框**：勾选该复选框后，忽略嵌入在更长字中的搜索文本。如果要以全字匹配方式搜索"on"，则会忽略"one"。

3. 栅格化文字图层

文字图层是一种特殊的图层，它具有文字的特性，可对其文字大小、字体等进行修改，但无法对文字图层应用描边、色彩调整等命令，这时需要先通过栅格化文字操作将文字图层转换为普通图层才能对其进行相应的操作，这个转换的过程即栅格化。

栅格化文字图层主要有两种方法：一是选择文字图层后执行"图层>栅格化>文字"命令；二是选择文字图层后在图层名称上单击鼠标右键，在弹出的快捷菜单中选择"栅格化文字"命令。需要注意的是，转换后的文字图层中可以应用各种滤镜效果，却无法再对文字进行字体的更改。

原图效果和文字图层1

栅格化后填充渐变后的效果和普通图层

4. 将文字转换为形状

文字不仅能转换为选区，创建文字型选区，还能与形状以及路径进行相互转换。这在更大程度上提高了对文字图像的编辑和调整。将文字图层转换为形状就是将文字转换为形状图层，通过编辑矢量蒙版中的文字形状对文字进行变形。

将文本图层转换为形状，即直接将文字转换为矢量蒙版中的形状。选择文字图层后执行"图层>文字>转换为形状"命令，或在文字图层上单击鼠标右键，在弹出的快捷菜单中选择"转换为形状"选项，都可将文字图层转换为形状。

原图效果和文字图层2

转换为形状并调整矢量蒙版后的效果和形状图层

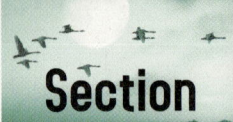

Section 04 沿路径输入文字

路径上的文字是一种使用路径作为基线的点文字。此时的路径可以是开放的，也可以是闭合的，可以在所有的路径上添加路径文字。当创建路径文字后，绘制的路径作为路径文字的组成部分，当改变路径形状时，路径文字也发生改变。

知识点 绘制路径

在图像上要让路径作为文字的基线在路径上输入文字，首先应掌握路径的绘制方法，以便进行后面的操作。

知识链接

快速绘制正圆形路径

要绘制具有圆形感的路径时，可使用椭圆工具来绘制。使用该工具可以绘制椭圆路径和正圆路径。

单击椭圆工具，然后在属性栏中单击"路径"按钮，在图像中单击并拖动，即可绘制椭圆路径，而在绘制过程中按住 Shift 键同时拖动鼠标，绘制的则为正圆形状。

绘制的椭圆路径

绘制的正圆路径

在Photoshop中，路径的绘制方法有很多种，可使用形状工具创建形状图层或路径，也可结合钢笔工具来绘制路径。

使用钢笔工具创建路径的方法是，单击钢笔工具，将光标移动到图像中，当光标变为状时单击即可创建路径起点，此时在图像中出现一个锚点，沿图像中需要创建路径的图案的轮廓方向单击并按住鼠标不放向外拖动，让曲线贴合图像边缘，继续使用相同的方法在图像轮廓边缘创建锚点，当终点与创建的路径起点相连接时路径自动闭合，创建闭合的路径效果。

绘制的路径

闭合的路径效果

使用形状工具可以方便地调整图形的形状，创建多种如矩形、正方形、圆角矩形、椭圆形、多边形、直线形以及自定义形状等规则或不规则的形状或路径。

其方法都比较简单，单击相应的形状工具，如矩形工具，此时在该工具属性栏上单击"形状图层"按钮，在图像中拖动绘制以前景色填充的矩形形状。若单击"路径"按钮，绘制出的则为矩形路径。

绘制的形状图层

绘制的形状路径

如何做 为照片添加曲线文字

在图像上创建路径后，使用文字工具在路径上单击置入插入点即可沿着路径输入文字。还可以在闭合路径中输入文字。

01 打开图像文件
在Photoshop CS5中执行"文件>打开"命令，打开附书光盘Chapter 14\Media\10.jpg图像文件。

02 绘制路径
单击钢笔工具，在图像中左侧单击确定路径起点，并在另一处单击并拖动鼠标，绘制路径的同时拖动锚点控制手柄。

03 继续绘制路径
继续在另一处单击并拖动鼠标，绘制路径，此时可按住 Ctrl 键的同时调整锚点控制手柄，使其符合水的弧度。

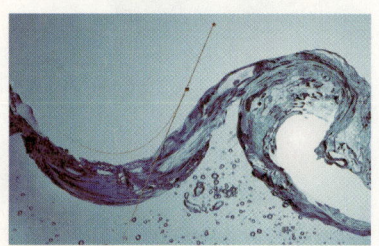
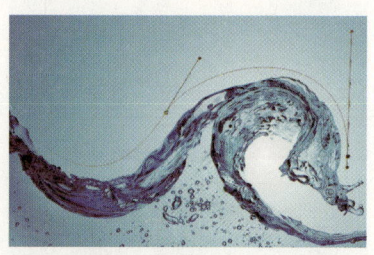

04 继续绘制其他路径
使用相同的方法继续绘制路径，并适当调整锚点控制手柄，使路径与水的弧度相近。

05 显示路径效果
绘制完成后在"路径"面板中单击"工作路径"，即可显示完整的路径效果。

06 添加文本插入点
单击横排文字工具，将光标移动到路径上单击，在路径上显示文本插入点。

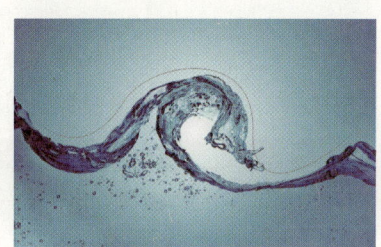
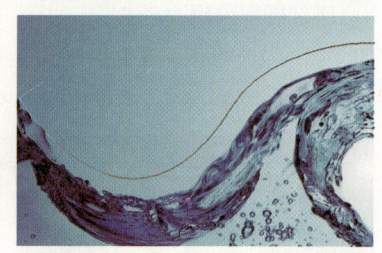

07 输入曲线文字
在"字符"面板中设置调整文字颜色为白色，并设置文字的字体、字号等格式后，在文本插入点后输入文字，此时输入的文字自动按曲线路径进行逐个排列。

08 确认输入
完成文字的输入后单击属性栏中的"提交所有当前编辑"按钮，完成曲线文字的输入，文字形成绕排路径的效果。同时在"路径"面板中可以看到一个自动添加的文字路径。

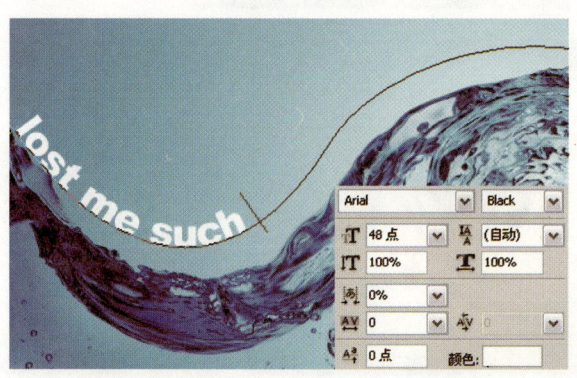

摄影师训练营　制作照片杂志插页效果

对于一些特写类的近景照，可通过进行一定的合成，使其形成独特的视觉效果，并结合个性文字的添加，制作可应用在杂志中作为一个主体性开篇的插页。

01 打开图像文件
打开附书光盘Chapter 14\Media\11.jpg和12.jpg图像文件。

02 移动并调整图像
单击移动工具，将12.jpg图像文件移动到11.jpg图像文件中，生成"图层 1"，设置图层混合模式为"柔光"，在图像上添加蛛网效果。

03 添加图层蒙版
为"图层 1"添加图层蒙版，使用黑色柔角画笔涂抹恢复部分图像的颜色，同时也显示蛛网的效果。

04 调整图像颜色
添加"色彩平衡 1"调整图层，在其面板中拖动滑块设置参数，调整图像的颜色，使其更有层次。

05 绘制路径
单击钢笔工具，在图像中左侧单击确定路径起点，并在花朵边缘单击并拖动鼠标，绘制路径。单击横排文字工具，将光标移动到路径上单击，在路径上定位文本插入点。

06 输入文字

在"字符"面板中调整文字颜色为白色,设置文字的字体、字号等格式,沿着绘制的路径输入文字。

07 继续输入文字

此时可以看到,随着文字的输入,即可将文字沿路径绕排,从而让文字形成一个螺旋状的排列效果。完成输入后单击属性栏中的"提交所有当前编辑"按钮 ✓,确认输入。

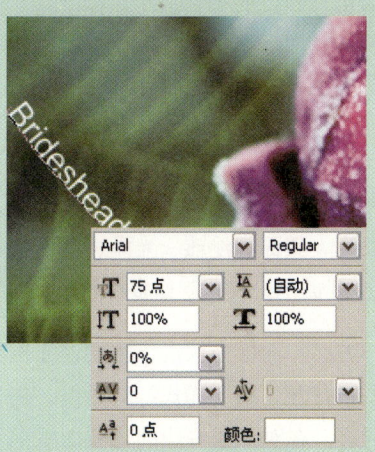

08 输入横排文字

继续单击横排文字工具 T,在"字符"面板中调整文字的字体、字号,在图像中输入文字。按下快捷键Ctrl+T,旋转后按下Enter键确认变换。

09 输入其他文字

使用相同的方法,在图像中输入更多的文字,并让这些文字置于不同的图层上,以便调整文字的位置和编排效果。

10 输入主体文字

继续使用横排文字工具输入文字,在"字符"面板中调整文字的字体、字号,制作主体文字。

11 调整效果

按下快捷键Ctrl+Shift+Alt+E,盖印得到"图层 2",设置混合模式为"亮光","不透明度"为50%。

Section 05 结合图层样式添加文字

为图像添加适当的文字后,如果需要对文字进行进一步的特效制作,可在"图层样式"对话框中通过为文字添加如投影、外发光、内发光、斜面和浮雕等图层样式,使文字效果更加多元化。

知识点 认识图层样式

在Photoshop CS5中,软件为用户提供了投影、内阴影、外发光、内发光、斜面和浮雕、光泽、颜色叠加、渐变叠加、图案叠加和描边10种图层样式,这些图层样式运用得当,能帮助用户快速制作多种效果。

专家技巧

复制并粘贴图层样式到其他图层

在Photoshop中,在对一个图层添加了相应的图层样式后,还可将图层样式通过辅助粘贴的方法将其快速应用到其他的图层中,从而提高工作效率。

复制和粘贴图层样式的方法是,单击选择已添加图层样式的图层,执行"图层>图层样式>拷贝图层样式"命令,复制该图层样式,再选择需要粘贴图层样式的图层,执行"图层>图层样式>粘贴图层样式"命令,粘贴该图层即可完成复制。

原图效果

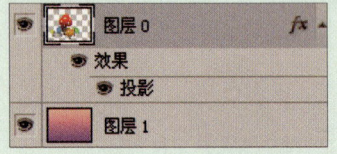
图层样式

要为图层添加图层样式只需在"图层"面板中双击该图层,或执行"图层>图层样式>混合选项"命令,打开"图层样式"对话框,在其中勾选相应的复选框,并单击该选项,在对话框右侧的选项面板中进行相应的参数设置,完成后单击"确定"按钮即可为该图层添加相应的图层样式。

为了让用户对图层样式有更进一步的认识,这里分别展示为卡通形象所在图层添加各种图层样式后的效果。

1. 投影

"投影"样式用于模拟物体受光后产生的投影效果,主要用来增加图像的层次感。

2. 内阴影

"内阴影"样式是指沿图像边缘向内产生投影效果,刚好与投影样式产生的效果方向相反。

原图

投影

内阴影

3. 外发光和内发光

"外发光"样式是在图像边缘的外部添加发光效果,而"内发光"样式的运用效果在方向上则与外发光刚好相反,是沿图像边缘向内部添加发光效果,不管是外发光还是内发光的颜色也是可以调整的。

4. 斜面和浮雕

"斜面和浮雕"样式用于增加图像边缘的明暗度,并增加投影来使图像产生不同的立体感。

添加的图像

为其他图层应用相同的图层样式

复制图层样式后的效果

专家技巧

显示更多图案样式

当需要为图像添加"图案叠加"图层样式时，可在右侧的"图案"下拉列表中单击扩展按钮，在弹出的扩展菜单中可选择相应的图案样式组，在弹出的对话框单击"追加"按钮，即可将其显示到图案样式选择框中。

隐藏的图案样式组

5. 光泽

"光泽"样式可在图像上填充明暗度不同的颜色并在颜色边缘部分产生柔化效果，常用于制作光滑的磨光或金属效果。

6. 描边

"描边"样式是使用一种颜色沿图像中心或边缘进行填充，从而使得边缘呈现某种颜色。

外发光

内发光

斜面和浮雕

纹理

光泽

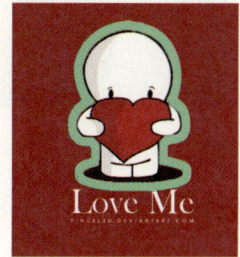
描边

7. 颜色叠加

"颜色叠加"样式即使用一种颜色覆盖在图像表面。为图像添加"颜色叠加"样式就如同使用画笔工具沿图像涂抹上一层颜色，不同的是由"颜色叠加"样式叠加的颜色不会破坏原图像。

8. 渐变叠加

"渐变叠加"样式是使用一种渐变颜色覆盖在图像表面，此时的渐变样式与使用渐变工具，在属性栏中设置的渐变样式是相同的，当然，也可以对渐变样式进行追加和复位等操作。

9. 图案叠加

"图案叠加"样式是使用一种图案覆盖在图像表面，此时还可对图案样式进行缩放，从而调整其效果。

颜色叠加

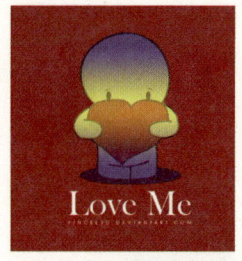
渐变叠加

图案叠加

如何做 为照片添加透明文字

在Photoshop中，使用文字工具为照片图像添加文字后，还能结合各种不同的图层样式，赋予文字不同的效果，从而丰富照片内容，增加照片的可读性。

01 打开图像文件

在 Photoshop CS5 中执行"文件>打开"命令，或按下快捷键 Ctrl+O，打开附书光盘 Chapter 14\Media\13.jpg 图像文件。

02 调整曲线

在"图层"面板中添加"曲线1"调整图层，在其"调整"面板中添加并拖动锚点，调整曲线，加强图像的对比效果。

03 调整色阶

单击"创建新的填充或调整图层"按钮，添加"色阶1"调整图层，在其"调整"面板中拖动滑块设置参数。选择"红"通道，继续在"调整"面板中调整参数，完成后单击"确定"按钮，调整图像颜色效果。

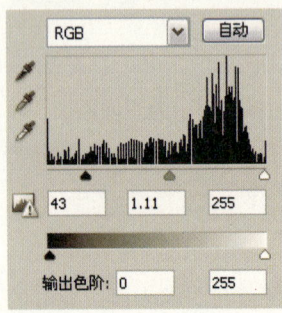
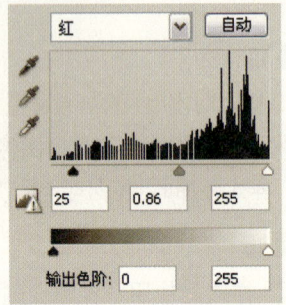

04 添加文字

单击横排文字工具，在"字符"面板中设置文字的字体、字号以及颜色后，在图像中单击确定文本插入点，输入文字。

05 继续添加文字

继续使用横排文字工具，在"字符"面板中调整文字的格式，在图像中输入文字，并移动文字的位置，形成一定的编排效果。

06 添加图层样式

在"图层"面板中双击 FIND 文字图层，打开"图层样式"对话框，在其中分别勾选"外发光"和"斜面和浮雕"复选框，并在其右侧的选项面板中拖动滑块设置参数，调整外发光颜色为灰蓝色（R103、G147、B149），斜面光泽等高线样式为"半圆"，完成设置后单击"确定"按钮，调整文字效果。

07 制作透明文字

在打开的"图层样式"对话框中，单击左侧最顶端的"混合选项：自动"，显示右侧的选项面板，在"混合颜色带"选项组中拖动滑块，调整参数，将文字图层的颜色隐去，仅显示添加为相关图层样式的效果，完成后单击"确定"按钮，制作透明文字效果。

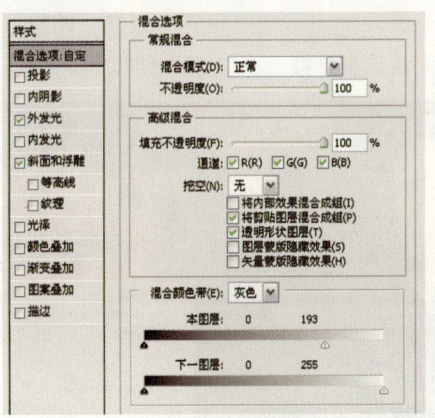 

专家技巧：调整图层的填充效果

在 Photoshop 中，对图层添加了相应的图层样式后，若调整图层的不透明度，则图像的效果和添加图层样式的效果都同时进行透明处理；若调整图像的填充，则只隐藏图像的效果，添加的图层样式的效果不会发生任何改变。

原图　　　　　　　　　　调整不透明度的效果　　　　　　　　　　调整填充的效果

摄影师训练营　为照片添加铁锈文字

文字特效的制作离不开图层样式的添加，当然还可以结合相应的素材，在输入文字后对文字进行调整，赋予文字不同的材质感，从而制作具有不同风格的文字特效。

01 打开图像文件

在Photoshop CS5中打开附书光盘Chapter 14\Media\14.jpg图像文件。

02 调整曲线

添加"曲线 1"调整图层，添加并拖动锚点调整曲线，并选择"红"通道，继续调整其曲线效果。

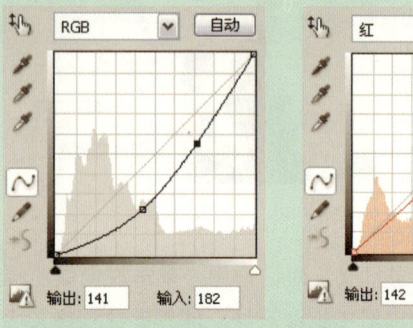

03 查看调整效果

此时在图像中可以看到，经过曲线调整图层的调整，图像的明暗和颜色都有所改变。

04 调整色调

继续添加"色彩平衡 1"调整图层，在其"调整"面板中拖动滑块调整参数，调整图像色调。

05 添加文字

单击横排文字工具，在"字符"面板中设置文字的字体、字号以及颜色后，在图像右上角输入相应的文字。

06 添加材质素材

打开附书光盘Chapter 14\Media\15.jpg图像文件，使用移动工具移动到当前图像文件中，生成"图层 1"，单击选择该图层后按下快捷键Ctrl+Alt+G，剪贴图层到文字中，并调整其大小和位置。

07 添加图层样式

使用鼠标右键单击文字图层，在弹出的快捷菜单中选择"栅格化文字"选项，将文字图层转换为普通图层。双击文字图层，打开"图层样式"对话框，在其中勾选"投影"和"斜面和浮雕"复选框，在右侧的选项面板中设置参数，并设置阴影模式的颜色为暗红色（R207、G93、B68），光泽等高线样式为"锯齿1"，完成后单击"确定"按钮，为文字图层添加相应的效果，制作出铁锈文字。

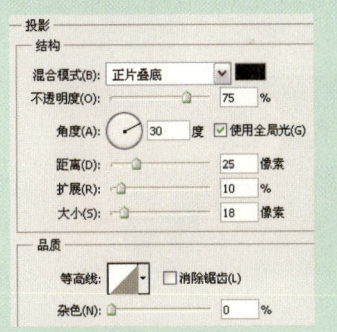 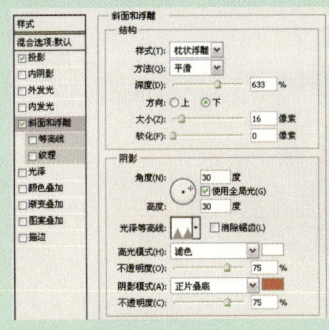 

08 创建选区

按住Ctrl键的同时单击文字所在图层的缩览图，载入文字选区。单击矩形选框工具，并单击"添加到选区"按钮，放大图像后在文字选区边缘添加一些参差不齐的选区。

09 添加锯齿边缘

此时设置前景色为暗黄色（R197、G171、B128），按下快捷键Ctrl+Delete键，使用前景色填充选区，为铁锈文字添加参差不齐的边缘效果。

10 调整文字明暗效果

再次按住Ctrl键的同时单击文字所在图层的缩览图，再次载入文字选区，通过单击"创建新的填充或调整图层"按钮，添加"色彩平衡2"调整图层，在其"调整"面板中拖动滑块调整参数，调整文字的明显对比效果，使其与背景有所区分。

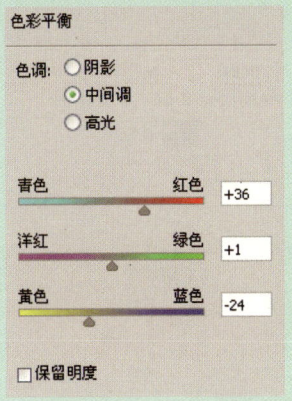  

11 绘制并调整路径

新建"图层 2",单击自定形状工具,在工具属性栏中单击"路径"按钮,设置形状样式为"靶标 2",在图像中绘制路径。按下快捷键Ctrl+T,显示变换控制框,适当拖动鼠标放大路径后按下Enter键确认变换。

12 将转换路径为选区

此时按下快捷键Ctrl+Enter,即可快速将绘制的路径转换为选区。

13 绘制渐变

单击渐变工具,设置渐变样式为"紫,橙渐变"。在属性栏中单击"径向渐变"按钮,在图像中从中心向外拖动,绘制渐变。

14 调整效果

在"图层"面板中将"图层 2"置于文字所在图层下方,并设置图层混合模式为"正片叠底",让渐变与图像相融合。

15 添加图层蒙版

在"图层"面板中单击"创建图层蒙版"按钮,为"图层 2"添加图层蒙版,单击画笔工具,使用黑色柔角画笔在图像中明显的渐变图像上涂抹,隐藏渐变图像效果,使其与背景融合,与文字相衬托,从而加强文字效果。

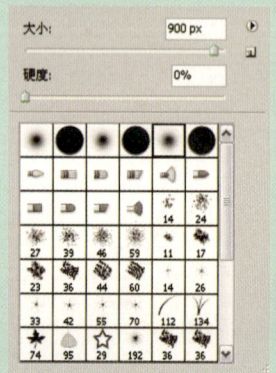

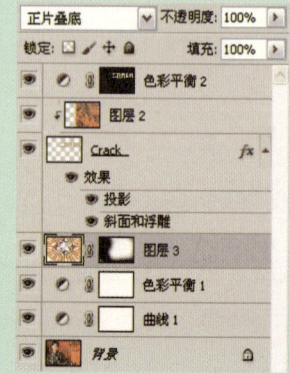

CHAPTER

15

添加照片图形

设计源于生活,通过对生活中常见的数码照片进行适当的加工来美化照片,让照片更具设计感和艺术性。这个加工过程当然也离不开图形图像的绘制、颜色以及图案的填充等操作。本章主要从绘制照片图像、绘制个性图像、利用路径绘制图形、利用钢笔工具绘制图形、利用形状工具绘制图形、图形的颜色填充 6 个方面进行介绍,结合操作中的知识点进行详细的讲解,让读者充分理解并掌握图像的绘制与填充知识,并对照片图像进行进一步的调整和设计。

Section 01 绘制照片图像

在 Photoshop 中，可使用软件提供的绘画工具为照片添加相应的图形图像，以丰富其内容。这些绘画工具都是根据平时所运用的真实绘画工具衍生而来的，使用起来更加直观方便。

知识点 认识画笔工具组

要使用工具绘制图形，首先应对Photoshop中的绘图类工具有所了解。在Photoshop中，使用鼠标右键单击画笔工具右下角的小三角形图标或按住按钮不放，即可显示画笔工具组中隐藏的其他工具。

知识链接

快速添加绘制效果

使用Photoshop中的画笔工具对图像进行绘制时，可在图像中设置画笔大小后在"模式"和"不透明度"选项中进行相应的设置，完成后直接在图像中单击进行绘制，此时出现在图像中的画笔绘制效果直接应用了该模式下的效果。

原图

绘制后的效果

Photoshop中的绘画工具包括画笔工具、铅笔工具、颜色替换工具、混合器画笔工具，收录在画笔工具组中，这些工具在模拟真实绘画工具的基础上，对不同的绘制工具添加不同的应用特效，并在使用方法和应用效果上各有表现。

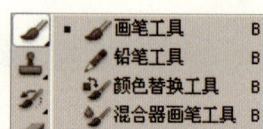
画笔工具组中的工具

1. 画笔工具

画笔工具模拟真实的画笔并用于绘制图像，不同的是画笔工具拥有更强大的灵活性，可通过设置画笔的大小、硬度、角度和其他笔尖动态等属性，任意调整画笔的绘画样式和效果，以获取更为丰富的图像效果。

画笔工具的使用方法是，在工具箱中单击画笔工具或在输入法为英文状态下按下B键，选择画笔工具，在工具属性栏中单击画笔旁的下拉按钮，在画笔样式设置面板中对画笔的样式进行设置后，通过设置前景色调整画笔颜色，完成后在图像中单击并拖动鼠标即可绘制出想要的图像效果。

原图

使用画笔工具绘制的图像

2. 铅笔工具

铅笔工具与画笔工具得到的绘制效果有所不同。使用画笔工具绘制时，得到的图像边缘为较为柔和的像素，而使用铅笔工具绘制时，得到的图像边缘为较硬的锯齿状像素。

铅笔工具属性栏

❶ "画笔"选项：可选择不同的笔刷并设置铅笔的笔尖大小和硬度等属性。
❷ "切换画笔面板"按钮：单击该按钮可弹出"画笔"面板，并在该面板中设置精细的笔尖动态。
❸ "模式"选项：可将铅笔所涂抹区域的颜色混合到下方颜色像素中以更改图像色调。
❹ "不透明度"选项：设置铅笔涂抹颜色时所应用的颜色不透明度。
❺ "自动抹除"复选框：勾选该复选框，可在图像中包含了当前前景色的区域涂抹，该区域颜色为当前背景色，可通过设置当前前景色和背景色以替换指定区域的图像颜色。

画笔工具涂抹的图像边缘

铅笔工具涂抹的图像边缘

3. 颜色替换工具

颜色替换工具用于替换图像中指定区域的颜色，并以不同的取样方式和应用模式替换该区域颜色为不同的效果。其使用方法是首先调整前景色，单击颜色替换工具，在其工具属性栏中可以设置画笔样式、模式、限制样式以及容差等选项，完成后在需要替换颜色的图像上涂抹，此时即用设置的颜色替换图像原有的颜色。

原图

替换局部图像颜色后的效果

4. 混合器画笔工具

利用混合器画笔工具混合颜色时，通过设置属性栏中的"潮湿"、"载入"和"混合"等选项，或通过选择预设的混合画笔组合并混合图像颜色，以调整画笔在混合图像颜色时获取不同的混合效果。

混合器画笔工具属性栏

❶ "当前画笔载入"选项：用于存储当前画笔颜色，在图像中取样颜色后，可将取样的颜色存储至该区域，要使当前画笔颜色更均匀，可单击该选项并在弹出的菜单中选择"只载入纯色"。
❷ 每次描边后载入或清理画笔：单击"每次描边后载入画笔"按钮，在每次取样颜色后载入新的画笔颜色；单击"每次描边后清理画笔"按钮，在每次取样颜色后清除取样的画笔颜色。

❸ **预设混合画笔组合：** 通过单击快捷箭头并在弹出的快捷菜单中选择预设的混合画笔组合，可应用组合的混合画笔进行绘制，要自定义混合画笔则选择"自定"选项。

❹ **"潮湿"选项：** 用于设置画笔从画布中拾取的油彩量，数值越大则绘制更长的画笔笔触。

❺ **"载入"选项：** 用于指定当前画笔的油彩量，当载入的油彩量较低时，画笔干燥速度变快。

❻ **"混合"选项：** 用于控制从画布中拾取的油彩量与当前画笔存储选项中颜色的比例。当颜色比例为100%时，油彩完全从画布中拾取；当颜色比例为0%时，所有油彩均来自画笔存储选项。

❼ **"对所有图层取样"复选框：** 勾选"对所有图层取样"复选框，从当前所有可见图层中取样颜色并进行混合处理。

如何做　添加照片个性圆点

使用画笔工具能为图像添加不同样式的图形，首先需要对画笔的笔尖颜色和样式进行设置，然后可根据需求设置画笔的不透明度和混合模式，使得画笔在图像中绘制时能直接调整图像色调，以得到丰富的效果。

01 打开图像文件
在 Photoshop CS5 中打开附书光盘 Chapter 15\Media\01.jpg 图像文件，单击设置前景色色块，设置前景色为白色。

02 设置画笔样式
单击画笔工具，在其工具属性栏中单击下拉按钮，打开画笔样式选择面板，设置画笔样式、大小以及硬度。

03 绘制图像
单击"创建新图层"按钮，新建"图层1"，将光标移动到图像右上角，在适当的位置单击，即可绘制白色的圆点。

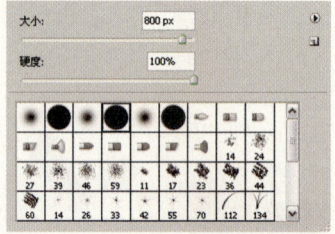

04 继续绘制图像
在输入法为英文的状态下，按下 [键可快速缩小画笔，按下] 键可快速放大画笔，通过调整画笔大小，在图像中绘制多个不同大小的圆点。

05 设置混合模式
在"图层"面板中设置"图层1"的混合模式为"叠加"，让绘制的白色圆点与背景图像适当融合。按下快捷键 Ctrl+J，复制得到副本图层，按下快捷键 Ctrl+T，水平翻转并垂直翻转图像，调整效果。

制作照片邮票效果

邮票是生活中比较常见的，可选择一些具有艺术性的照片制作成常见的邮票效果，此时可结合画笔工具、橡皮擦工具以及描边路径等操作来实现。

01 打开图像文件
打开附书光盘Chapter 15\Media\02.jpg图像文件。

02 裁剪图像
单击裁剪工具，在图像中单击并拖动，绘制裁剪控制框，调整大小后按下Enter键确认裁剪。

03 绘制选区
单击矩形选框工具，在图像中单击并拖动鼠标，在图像边缘绘制矩形选区。

04 填充选区
按下快捷键Ctrl+Shift+I反选选区，完成后填充选区为白色，制作白色边缘效果。

05 绘制路径
单击矩形工具，在属性栏上单击"路径"按钮，沿照片图像边缘绘制一个等大的矩形路径。

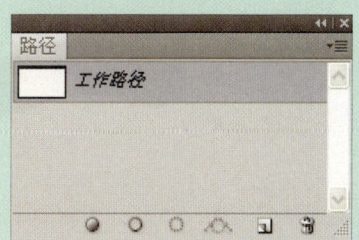

06 设置画笔
解锁图层，单击橡皮擦工具，按下F5键显示"画笔"面板，设置画笔样式、大小等参数。

07 描边路径
在"路径"面板中单击右上角的扩展按钮，选择"描边路径"命令，在弹出的对话框中设置工具为"橡皮擦"，单击"确定"按钮擦除图像。在"图层0"下方新建"图层1"，填充为绿色（R35、G72、B35），按下快捷键Ctrl+T，调整图像的大小和位置，制作邮票效果。

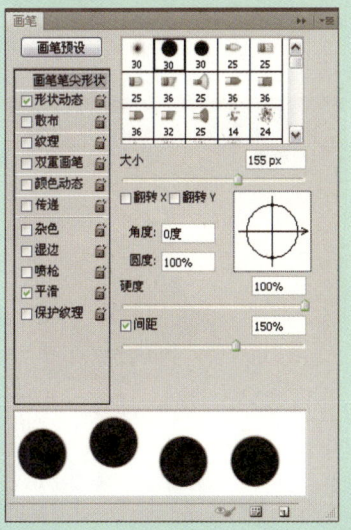

专栏 "画笔"面板中的"传递"选项面板

在"画笔"面板中勾选"传递"复选框并选中该选项，即可打开该选项的选项面板，该选项主要用于确定应用绘画效果时颜色在描边路径中的改变方式。在其中通过调整画笔的"不透明度抖动"、"流量抖动"、"湿度抖动"和"混合抖动"等选项的参数，得到变幻的画笔传递效果。

需要注意的是，在使用画笔工具等普通绘画工具时，"传递"选项面板中的"湿度抖动"和"混合抖动"相关选项均为灰色状态，在使用混合器画笔工具时，这些选项将被激活。

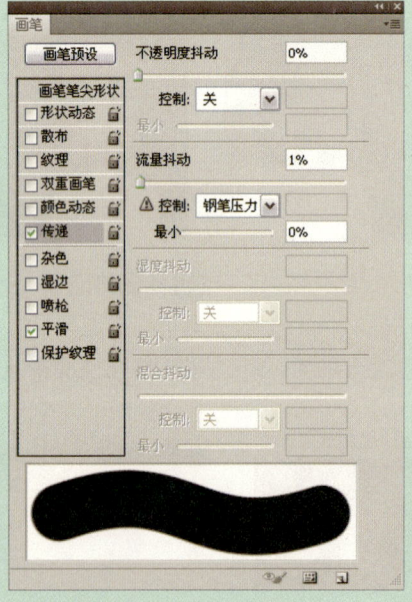
画笔工具下的"传递"选项面板

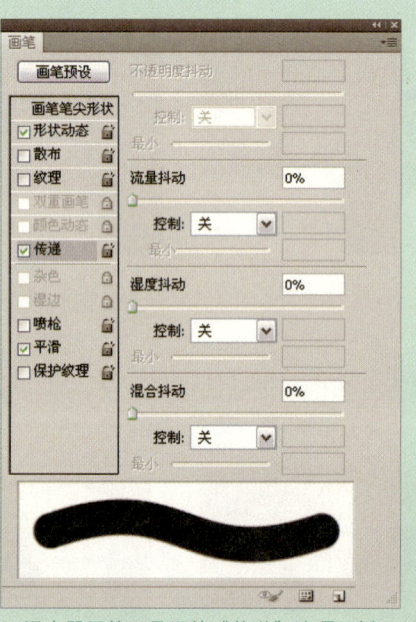
混合器画笔工具下的"传递"选项面板

设置传递动态前

设置传递动态后

使用"传递"选项可调整画笔效果，此时可单击混合器画笔工具，设置画笔样式、大小、颜色等参数后，在"传递"选项面板中设置相应的参数，然后在图像中进行绘制即可。

打开图像文件

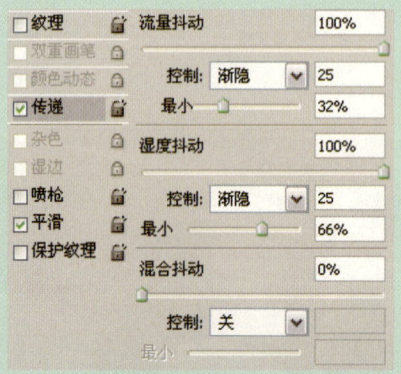
设置画笔的"颜色动态"参数

应用设置后的效果

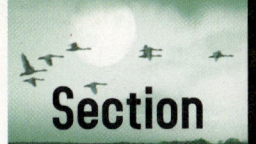

Section 02 绘制个性图像

在 Photoshop 中，除了较常使用的尖角和柔角画笔外，软件还提供了很多预设画笔样式，还可以通过追加、载入等操作，提供更多的画笔样式供用户选择使用，从而绘制更个性独特的图像效果。

知识点 追加并载入画笔预设

"画笔预设"指的是Photoshop CS5中为用户提供的画笔样式，使用画笔工具可以绘制多种图形，选择不同的画笔样式，绘制出的图像截然不同。

知识链接

以不同的方式显示画笔样式

在"画笔样式"选项面板中单击右上角的扩展按钮，在打开的扩展菜单中可对"画笔样式"列表框中的各种画笔样式的显示方式进行设置。

Photoshop 为用户提供了6种画笔样式的显示方式，默认情况下选择的为"小缩览图"，其他显示方式分别为仅文本、大缩览图、小列表、大列表以及描边缩览图，要切换到相应的显示方式只需在扩展菜单中单击相应的选项即可，用户可根据自己的喜好和习惯选择使用。

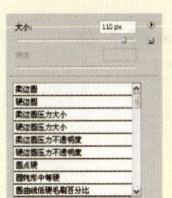

仅文本方式　　描边缩览图方式

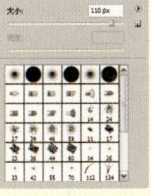
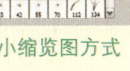
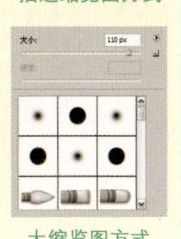

小缩览图方式　　大缩览图方式

1. 应用画笔预设

默认情况下，在画笔工具的"画笔样式"列表框中提供了54种画笔预设，要使用这些画笔样式只需在"画笔样式"列表框中单击相应的画笔样式即可选择该画笔预设，选择画笔后在图像中单击即可使用该画笔样式绘制图像。

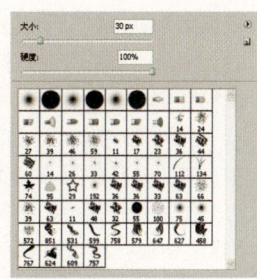

"画笔样式"列表框中的画笔

应用不同的画笔预设绘制的图像效果

2. 追加画笔样式

Photoshop CS5中除默认显示的54种画笔样式外，软件所提供的画笔样式还远远不止这些。此时可通过追加画笔样式的操作将其他画笔样式组中的画笔样式追加显示到列表框中。

追加画笔样式的操作方法是，单击画笔工具，在属性栏中单击画笔旁的下拉按钮，打开"画笔样式"选项面板，在面板中单击右上角的扩展按钮，弹出画笔样式菜单，在其中可以看到，软件为用户提供了如混合画笔、基本画笔、书法画笔等15类画笔样式组，每个组中包含了多个不同的画笔样式。在菜单中选择"方头画笔"画笔样式，此时自动弹出询问对话框，单击"确定"按钮即可将选择的画笔样式组中的画笔样式替换掉默认的画笔样式，单击"追加"按钮则表示将选择的画笔组中的画笔样式追加到画笔样式列表框中。

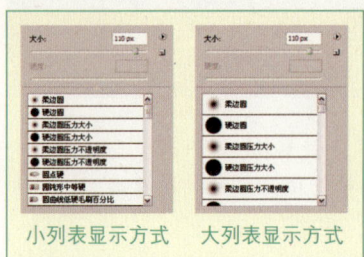

小列表显示方式　　大列表显示方式

专　家　技　巧

快速将画笔样式恢复到默认状态

不管是追加的画笔样式还是载入的画笔样式，都可以通过复位画笔样式将"画笔样式"列表框恢复到默认状态。其操作方法较为简单，单击画笔工具 ，在属性栏中单击画笔旁的下拉按钮 ，打开"画笔样式"选项面板，单击右上角的扩展按钮 ，即可打开画笔样式菜单，在其中选择"复位画笔"选项，在弹出的询问对话框中单击"追加"按钮，即可再次将默认的画笔样式追加到列表框中，而单击"确定"按钮即可使用默认画笔替换当前画笔，此时还会弹出另一个询问对话框，若是要将当前画笔样式进行存储则可单击"是"按钮，一般情况下单击"否"按钮，即可恢复到默认的画笔样式。

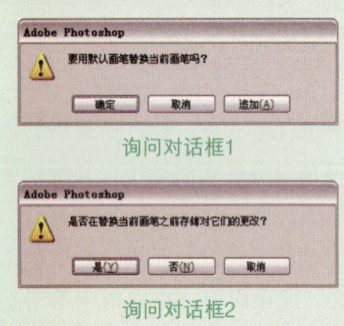

询问对话框1

询问对话框2

复位画笔…
载入画笔…
存储画笔…
替换画笔…

混合画笔
基本画笔
书法画笔
DP 画笔
带阴影的画笔
干介质画笔
人造材质画笔
M 画笔
自然画笔 2
自然画笔
大小可调的圆形画笔
特殊效果画笔
方头画笔
粗画笔
湿介质画笔

画笔样式菜单

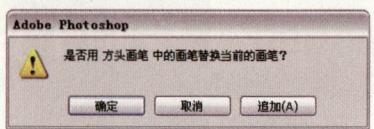

询问对话框

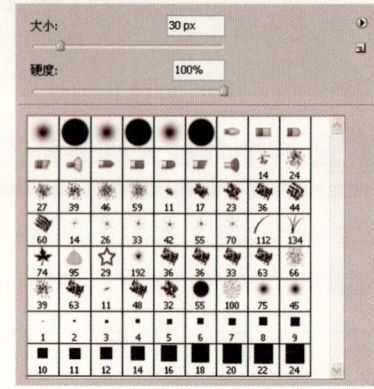

追加画笔样式后的样式面板

3．载入画笔

在Photoshop CS5中还可以载入新的画笔样式，快速应用其他的已经设置好的画笔预设，能为图像添加意想不到的效果。通过载入新的画笔，使"画笔预设"选取器中的画笔有更多的选择性。

载入画笔笔刷的具体方法是，单击画笔工具 ，在属性栏中单击画笔旁的下拉按钮 ，打开"画笔样式"选项面板，在面板中单击右上角的扩展按钮 ，在弹出的扩展菜单中选择"载入画笔"选项，此时打开"载入"对话框，在其中根据画笔笔刷存储在电脑中的位置进行选择，最后单击选择相应的笔刷后，单击"载入"按钮，此时软件自动将该笔刷中包含的所有画笔样式追加显示到"画笔样式"列表框中。

"载入"对话框

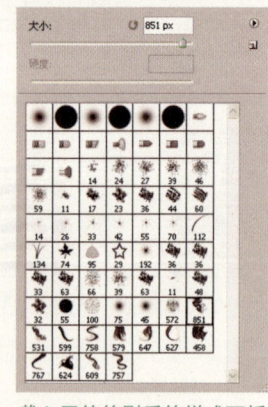

载入画笔笔刷后的样式面板

如何做 添加人物可爱图案

使用画笔工具能为图像添加不同样式的图案，除了可运用软件自带的样式外，还能通过载入画笔笔刷的方式，得到更多的画笔样式，从而为照片添加各种风格的可爱图案。

01 打开图像文件
打开附书光盘 Chapter 15\Media\03.jpg 图像文件。

02 调整图像效果
添加"曲线1"调整图层，在其"调整"面板中调整曲线。选择"绿"通道，继续调整曲线效果，从而调整图像的颜色效果。

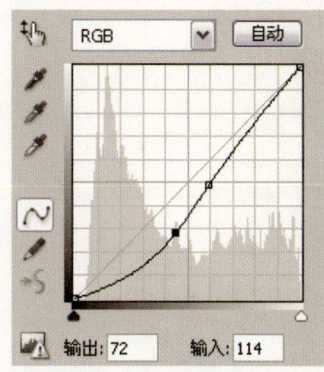

03 载入画笔
单击画笔工具，在"画笔样式"选项面板的扩展菜单中选择"载入画笔"选项，在"载入"对话框中选择笔刷后单击"载入"按钮，选择一种画笔样式。

04 绘制图像
新建"图层1"，设置前景色为白色，在图像中绘制白色蝴蝶效果。

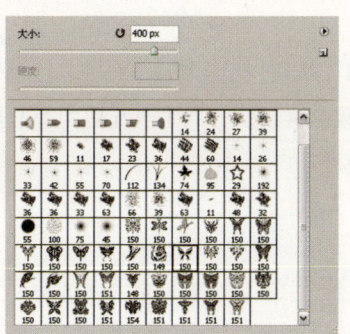

05 继续载入画笔
继续使用相同的方法，载入"光点.abr"画笔笔刷，并在"画笔样式"列表框中单击选择该画笔样式。

06 绘制图像
适当旋转蝴蝶图像后，调整画笔大小，绘制大小不一的光点效果。

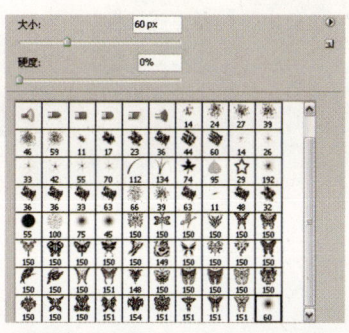

摄影师训练营　制作天空闪电效果

通过载入画笔的操作，载入一些特殊的天气笔刷效果，结合风景照片进行合成，制作天气特效，如闪电、飘雪等。

01 打开图像文件
在Photoshop CS5中打开附书光盘Chapter 15\Media\04.jpg图像文件。

02 设置颜色效果
通过单击"创建新的填充或调整图层"按钮，添加"色彩平衡 1"调整图层，在其"调整"面板中拖动滑块设置相应的参数，调整照片的整体颜色效果。

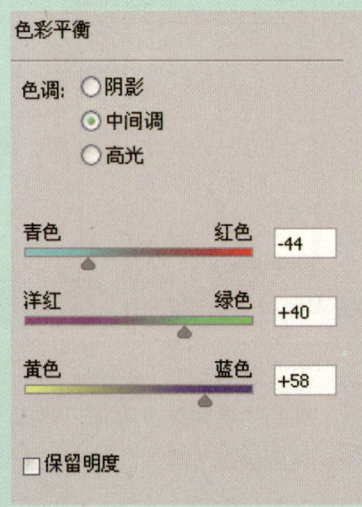

03 继续调整图像
通过单击"创建新的填充或调整图层"按钮，添加"色阶 1"调整图层，在其"调整"面板中拖动滑块设置参数，调整照片的明暗对比效果，为闪电效果铺陈画面的基础色调。

04 载入画笔
单击画笔工具，载入附书光盘Chapter 15\Media\闪电.abr笔刷，并在样式列表框中选择一种画笔样式。

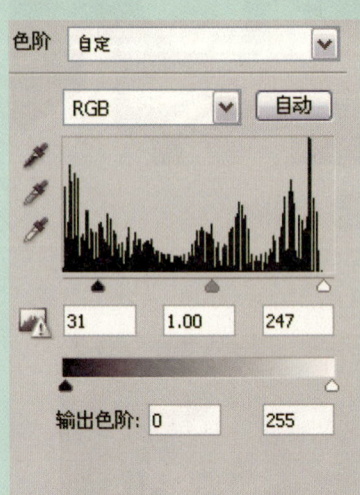

05 绘制闪电

单击"创建新图层"按钮，新建"图层 1"，设置前景色为白色，在图像中单击绘制闪电图像，并水平翻转图像。

06 继续绘制闪电

继续新建"图层 2"，并在"画笔样式"列表框中重新选择一种闪电样式，调整颜色为白色，适当调整画笔大小后继续在图像中绘制白色闪电，水平翻转图像，绘制闪电效果。

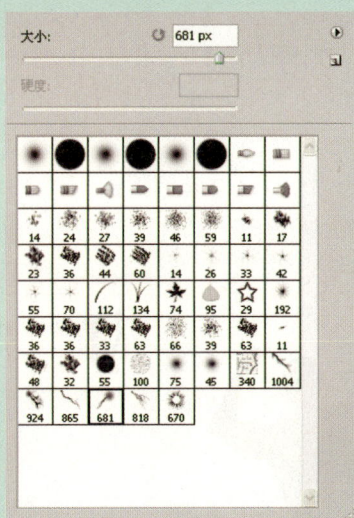

07 调整闪电层次

新建"图层 3"，使用相同的方法绘制白色的闪电效果，适当调整图层的不透明度，制作闪电的层次感。

08 调整图像效果

添加"渐变映射 1"调整图层，并设置渐变颜色为"前景色到背景色渐变"，勾选"反向"复选框，得到黑白效果的图像。单击选择调整图层蒙版，调整不透明度和流量，使用黑色柔角画笔适当涂抹，恢复部分图像颜色，突出阴霾天气下的闪电效果。

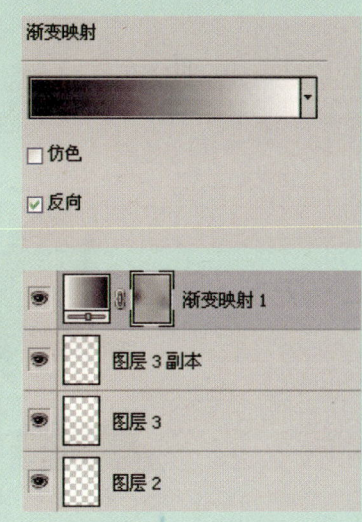

专家技巧 设置画笔散布效果

在使用画笔工具绘制图像时，还可在"画笔"面板中通过勾选"散布"复选框，切换到相应的选项面板中，通过设置画笔的散布区域、散布数量及数量的抖动等属性，调整画笔在应用颜色时的笔尖状态，从而调整画笔的散布效果。

专栏 定义画笔预设

在Photoshop中除了能追加画笔样式、载入画笔样式外，还可以通过定义画笔预设的方法来创建新的画笔预设样式，从而让画笔样式更加多变，以便在处理图像的过程中更随心所欲地绘制图像效果。

定义画笔预设的方法要稍微特殊一些，尽量选择一些具有透明背景效果的图像，如PNG格式的图像等，选择好图像后可执行"编辑>定义画笔预设"命令，打开"画笔名称"对话框，在"名称"文本框中输入名称，单击"确定"按钮定义画笔预设。此时再单击画笔工具，在"画笔样式"列表框中可以看到新添加的画笔样式。

此时还可打开另一个图像，单击画笔工具，选择刚刚自定义的画笔样式，适当调整画笔颜色，这里调整为红色（R221、G46、B110），快速调整画笔大小后，在图像中单击即可绘制相应的图像效果。

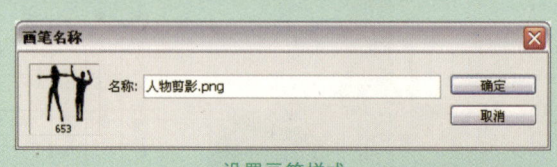

设置画笔样式

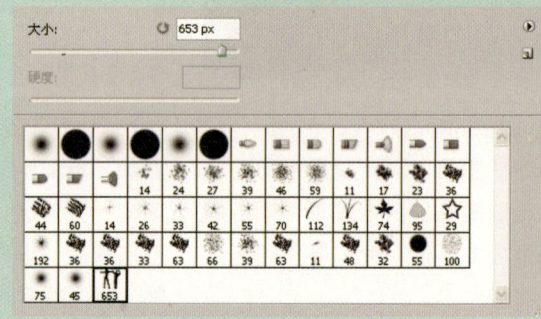

打开的图像　　　　　　　　　　　　　　显示自定义的画笔样式

打开另外一幅图像　　　　　　　　　　　绘制的图像效果

知 识 链 接

存储画笔样式

存储画笔是将当前"画笔预设"列表框中的所有画笔组存储至指定的文件夹中。其方法是在绘画工具属性栏中单击画笔预设选项，打开"画笔预设"选项面板，单击右上角的扩展按钮，在弹出的扩展菜单中选择"存储画笔"选项，即可将画笔存储至相应的文件夹中。

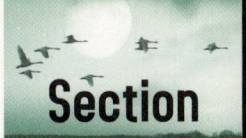

Section 03 利用路径绘制图形

"路径"是 Photoshop 中的重要功能之一，主要用于光滑图像选择区域，也可用于绘制各种图形。路径具有强大的可编辑性，其特有的光滑曲率属性，与通道相比有着更精确更光滑的特点。

知识点 认识"路径"面板

在Photoshop CS5中的"路径"面板中，可对路径进行如新建、保存、复制、填充以及描边等操作，下面对其面板中的按钮进行介绍。

知识链接

选择和移动路径

要对绘制的路径进行选择，则需要使用到路径选择工具，该工具的使用方法比较简单。

在图像中绘制路径后，单击路径选择工具，在绘制的路径上单击，此时在图像中可以看到路径中的众多锚点，即表示选择了该路径。此时拖动鼠标即可将路径进行移动，且在拖动鼠标的同时按住Alt键即可复制得到一个相同的路径。

选择的路径

移动后的路径

执行"窗口>路径"命令即可打开"路径"面板，利用"路径"面板中的按钮可以对路径进行编辑。

没有路径的"路径"面板

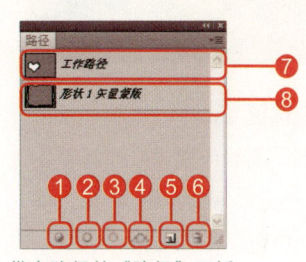
带有路径的"路径"面板

❶ **"用前景色填充路径"按钮** ：单击该按钮，对于闭合路径，将使用前景色填充闭合路径所包围的区域。对于开放路径，系统使用最短的直线将路径闭合并使用前景色填充闭合区域。

❷ **"用画笔描边路径"按钮** ：单击"用画笔描边路径"按钮，将使用前景色沿着路径进行描边。

❸ **"将路径作为选区载入"按钮** ：单击"将路径作为选区载入"按钮，自动将路径转换为选区。

❹ **"从选区生成工作路径"按钮** ：单击"从选区生成工作路径"按钮，将当前选区边界转换为工作路径。

❺ **"创建新路径"按钮** ：单击该按钮，可创建新路径；在"路径"面板中拖动某个路径到该按钮上，可以复制该路径；拖动工作路径到该按钮上，将会存储该路径；拖动矢量蒙版到该按钮上，会将该蒙版的副本以新建路径的形式存放在"路径"面板中。

❻ **"删除当前路径"按钮** ：选择路径，单击"删除当前路径"按钮，即可删除路径。

❼ **工作路径**：用于显示当前路径的大致形状，以缩略图的方式进行显示，此时还可双击路径名称，在弹出的"存储路径"对话框中单击"确定"按钮，即可将工作路径存储为新的路径层。

❽ **矢量蒙版路径**：当在图像中添加了形状图层时，自动在"路径"面板中显示矢量蒙版路径效果。

如何做 制作个性相框效果

绘制路径的工具有很多种，可以是钢笔工具也可以是形状工具组中的任意一种工具，这里使用矩形工具绘制路径，并结合样式的运用，快速为照片图像制作个性相框。

01 打开图像文件
在 Photoshop CS5 中打开附书光盘 Chapter 15\Media\05.jpg 图像文件。

02 绘制路径
单击矩形工具，在其工具属性栏中单击"路径"按钮，绘制矩形路径。

03 将路径转换为选区
按下快捷键 Ctrl+Enter 将路径转换为选区，并按下快捷键 Ctrl+Shift+I 反选选区。

04 填充选区
在"图层"面板中单击"创建新图层"按钮，新建"图层 1"，填充选区为白色。

05 添加样式
执行"窗口 > 样式"命令显示"样式"面板，使用追加画笔样式的方法追加"纹理"样式，单击"橡木"样式，为图像快速添加木纹的个性相框效果。

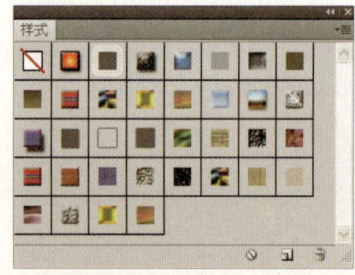

06 调整图层样式
在"图层"面板中双击"图层 1"，打开"图层样式"对话框，在"投影"选项面板中设置参数，单击"确定"按钮，调整图像效果，让添加的木纹相框效果更真实。

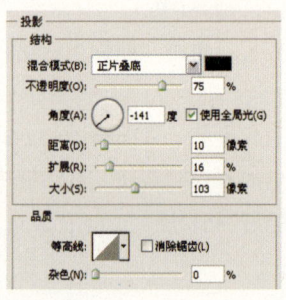

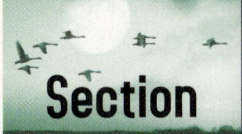

利用钢笔工具绘制图形

使用 Photoshop 中的钢笔工具能绘制路径，通过路径与选区转换，结合填充选区的相关操作，能够绘制各种不同的图形。

知识点 认识钢笔工具组

Photoshop 软件中提供了一组用于生成、编辑、设置"路径"的工具组，默认情况下其图标呈现为钢笔工具的图标 。该工具组收录了钢笔工具 、自由钢笔工具 、添加锚点工具 、删除锚点工具 、转换点工具 ，下面分别对各种工具进行详细的介绍。

1. 钢笔工具

钢笔工具 用于绘制复杂或不规则的形状或曲线路径。按下键盘上的P键可以选择钢笔工具 ，按下快捷键Shift+P可以在钢笔工具 和自由钢笔工具 之间切换，下面对其工具属性栏进行介绍。

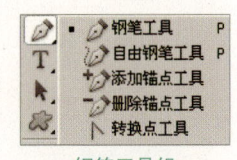

钢笔工具组

钢笔工具属性栏

❶ **定义路径的创建模式：** "形状图层"按钮 ，定义在形状图层中创建路径； "路径"按钮 ，定义直接创建路径； "填充像素"按钮 ，定义创建的路径为填充像素的形式，该按钮只有在选择矩形工具、圆角矩形工具或椭圆工具等形状工具时才可用。

创建形状图层

创建路径

创建填充像素

❷ **工具按钮组：** 单击某个图标，可以在钢笔工具和形状工具的属性栏之间切换。

❸ **"几何选项"按钮 ：** 显示当前工具的选项面板。其中在"钢笔选项"面板中勾选"橡皮带"复选框，可以在绘制路径的同时显示橡皮带，用于确定路径绘制的趋势。

❹ **"自动添加/删除"复选框：** 定义钢笔停留在路径上时是否具有添加或删除锚点的功能。

❺ **创建复合路径选项组：** 单击某个按钮创建相应的复合路径。

❻ **"样式"选项：** 单击下拉按钮，即可显示样式选项面板，在其中可快速选择相应的样式，为图像快速添加效果。

❼ **"颜色"选项：** 单击颜色色块，在弹出的"拾色器"对话框中设置形状图层以及像素的填充颜色。

2. 自由钢笔工具

绘制随意路径可以使用自由钢笔工具 。利用自由钢笔工具在图像中拖动，即可直接形成路径，就像用铅笔在纸上绘画一样。绘制路径时，系统会自动在曲线上添加锚点。使用自由钢笔工具可以创建不太精确的路径。由于是同一组工具，其工具属性栏中有一些选项是相同的，这里仅介绍不同的选项，对于功能相同的选项则不再一一赘述。

自由钢笔工具属性栏

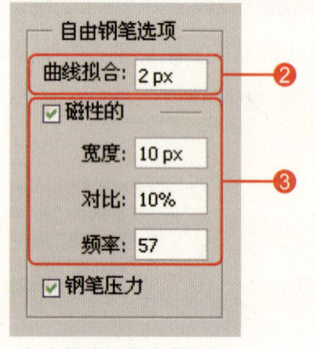

自由钢笔工具选项面板

❶ **"磁性的"复选框：** 勾选"磁性的"复选框，可以打开磁性钢笔的默认设置。

❷ **"曲线拟合"数值框：** 在该数值框中输入的数值越大，创建的路径锚点越少，路径越简单。

❸ **"磁性的"选项组：** 在该选项组中可以设置"宽度"、"对比"和"频率"的大小。其中"宽度"选项用于检测自由钢笔工具从光标开始指定距离以内的边缘；"对比度"选项用于指定该区域看作边缘所需的像素对比度，值越大，图像的对比度越低；"频率"选项用于设置锚点添加到路径中的频率。

3. 添加锚点工具

添加锚点工具 用于在现有的路径上添加锚点，直接在需要添加锚点的路径位置单击即可添加锚点。当使用该工具单击某个锚点时，可以选定该锚点；拖动该锚点可以移动锚点的位置。

使用添加锚点工具 可以在原有的路径上添加细节或者调整美化路径，单击添加锚点工具 ，将光标移到要添加锚点的路径上，当光标变为 形状时，在需要改变路径的地方单击鼠标即可添加一个锚点，还可以选定相应锚点对路径进行调整。

绘制的路径

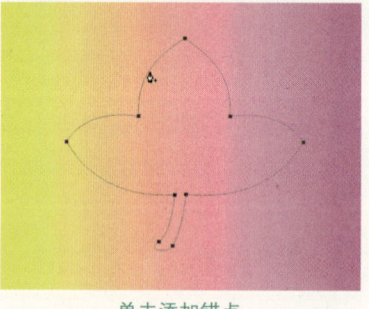

单击添加锚点

添加锚点后的路径

4. 删除锚点工具

删除锚点工具 在功能上与添加锚点工具 正好相反，删除锚点工具 用于在现有路径上删除不需要的锚点，直接在需要删除的锚点处单击即可删除该锚点，使用该工具直接拖动控制手柄可以调整曲线。使用删除锚点工具 ，可以删除不需要的锚点从而改变路径的形状，结合其他路径工具绘制各种路径。

删除锚点工具 的使用方法与添加锚点工具 类似。使用路径选择工具选择路径，在工具箱中单击删除锚点工具 ，将光标移到要删除的锚点上，当光标变为 形状时，单击鼠标即可删除该锚点，删除锚点后路径的形状也会发生相应的变化。

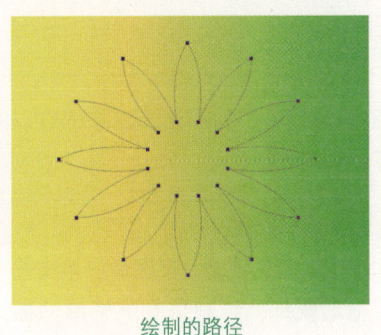 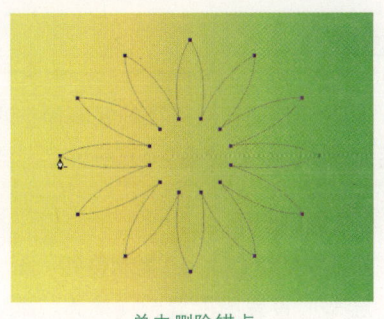 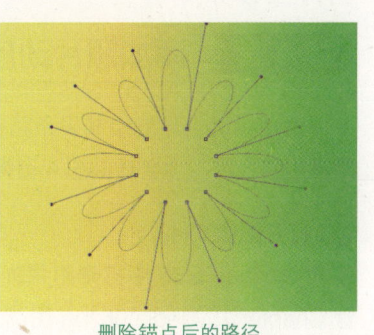

绘制的路径　　　　　　　　单击删除锚点　　　　　　　　删除锚点后的路径

5. 转换点工具

使用转换点工具 能将路径的锚点在尖角和平滑之间进行转换，其方法是选择路径，单击转换点工具 ，将光标移动到需要转换的锚点上，此时按住鼠标左键不放并拖动，会出现锚点的控制柄，拖动控制柄即可调整曲线的形状。

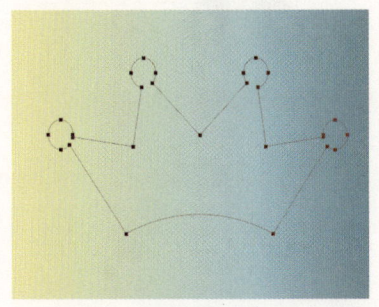 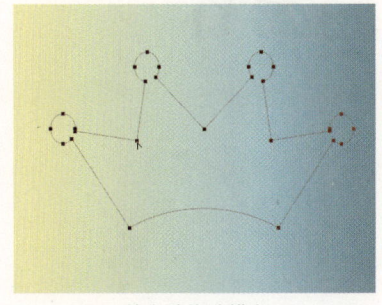 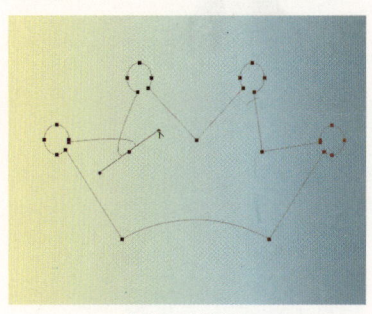

绘制的路径　　　　　　　　单击并拖动锚点　　　　　　　　转换后的锚点

此时在路径中的锚点上可以看到，可通过对锚点所带有的两个控制柄的调整来让路径形成平滑弯曲效果，此时锚点和两个控制柄形成的三个点能清晰的看到。而当锚点为尖角时，该锚点与两个控制柄在一个点上重叠，只能看到锚点所在位置，而控制柄隐藏在锚点后，3个点重叠，从而形成尖角效果。在绘制的路径或绘制路径时，可按住Alt键的同时将光标移动到锚点的一侧，此时单击即可去掉锚点一侧的控制柄，使锚点呈一边平滑一边尖角的状态，以方便更贴合图像形状边缘。

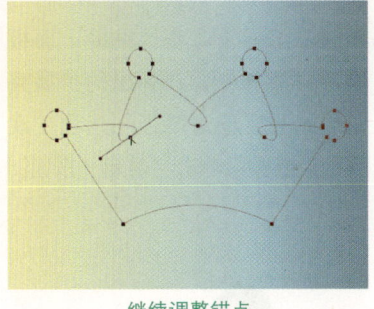 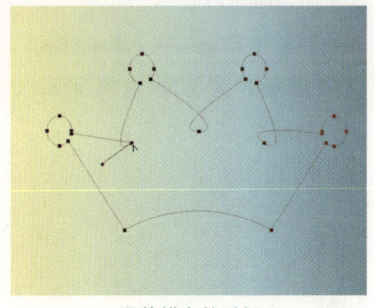

继续调整锚点　　　　　　　　调整锚点的手柄

知 识 链 接

快速选择路径并显示锚点

由于路径是由锚点和连接锚点的线段或曲线构成，每个锚点还包含了两个控制柄，在创建路径后，这些绘制选区时的锚点和控制柄被隐藏，并不能直接看到，包括使用路径选择工具也只能在路径上看到锚点的位置。若要清楚的在路径上显示锚点及其控制柄，可使用直接选择工具 来选择路径中的锚点。其方法很简单，在图像中创建路径后单击直接选择工具 ，直接选择工具属性栏中没有选项，此时只需在路径上单击即可显示路径锚点和控制柄，此时还可通过拖动这些锚点来改变路径的形状。

| 如何做 | **添加照片动感线条** |

使用钢笔工具能绘制多条路径，同时还能通过对路径的编辑操作调整图像效果，如添加或删除锚点以及描边路径等，为普通的照片图像添加动感的线条效果。

01 打开图像文件

在 Photoshop CS5 中打开附书光盘 Chapter 15\Media\06.jpg 图像文件。

02 复制图层

按下快捷键 Ctrl+J，复制得到"图层 1"，设置图层混合模式为"柔光"，去除图像中的灰暗效果。

03 绘制路径

单击钢笔工具 ，在图像中单击并拖动鼠标，绘制带有流畅感的曲线路径效果。

04 设置画笔样式

单击画笔工具 ，在"画笔样式"选项面板中设置画笔样式和大小，并调整颜色为蓝色（R97、G215、B232）。

05 描边路径

新建"图层 2"，在"路径"面板中单击 按钮，在弹出的扩展菜单中选择"描边路径"选项，设置相应参数后单击"确定"按钮。

06 添加图层蒙版

此时可以看到得到了蓝色的线条效果，为"图层 2"添加图层蒙版，使用黑色柔角画笔适当涂抹，使蓝色线条与人物形成缠绕效果。

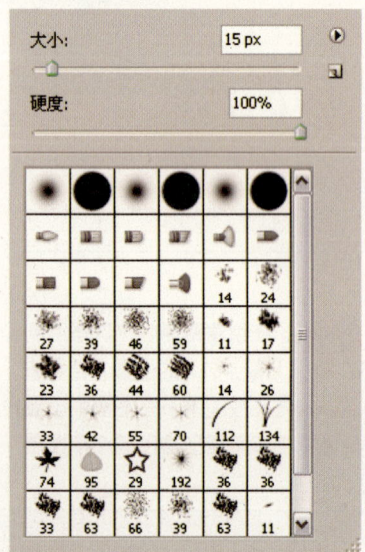

07 绘制路径

继续单击钢笔工具，在图像中单击并拖动鼠标，绘制出另外一条流畅的曲线路径效果。

08 设置画笔样式

继续使用画笔工具，在"画笔样式"选项面板中设置画笔样式和大小，此时调整样式为柔角样式，并调整颜色为洋红色（R215、G13、B189）。

09 描边路径

新建"图层3"，单击"路径"面板中的按钮，在弹出的扩展菜单中选择"描边路径"选项，设置参数后单击"确定"按钮，得到另外一条洋红色的线条。

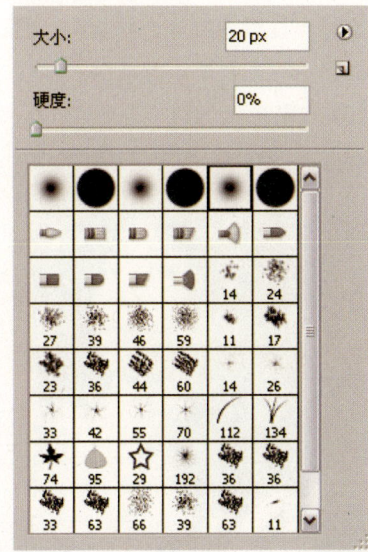

10 添加图层蒙版

单击"创建图层蒙版"按钮，为"图层3"添加图层蒙版，使用黑色柔角画笔适当涂抹，使线条继续缠绕人物。

11 添加背景效果

打开附书光盘 Chapter 15\Media\ 线条.psd 图像文件，将其移动到当前图像文件中，生成相应的图层，调整线条的大小后将其置于图像右上角，水平翻转图像后调整"不透明度"为50%，制作背景效果。按下两次快捷键 Ctrl+J，复制得到两个副本图层，调整其大小、位置以及不透明度，丰富背景效果。

摄影师训练营　添加人物个性纹身

使用钢笔工具组中的工具，能快速绘制各种独特的路径，此时可结合工具属性栏中创建复合路径的按钮进行路径的选择创建，快速绘制复杂的多重路径效果。

01 打开图像文件

在Photoshop CS5中执行"文件>打开"命令或按下快捷键Ctrl+O，打开附书光盘Chapter 15\Media\07.jpg图像文件。

02 复制图层

按下快捷键Ctrl+J，复制得到"图层1"，设置图层混合模式为"叠加"，"不透明度"为60%，加强图像效果。

03 调整图像色调

通过单击"创建新的填充或调整图层"按钮，添加"选取颜色1"调整图层，在其"调整"面板中设置适当的参数。

04 继续调整图像色调

继续在"选取颜色1"调整图层的"调整"面板中的"颜色"下拉列表框中分别选择"黄色"和"黑色"选项，并分别在其面板中拖动滑块设置参数，调整图像中黄色和黑色部分的颜色效果，从而调整照片整体色调，为后面添加纹身做准备。

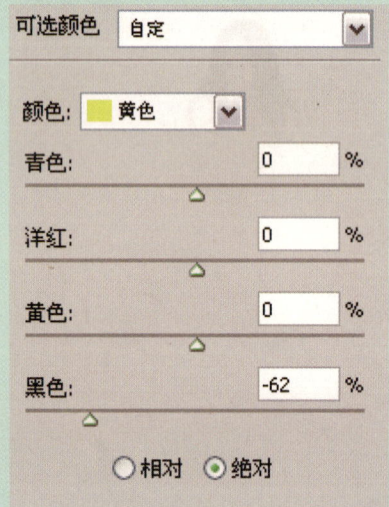

05 绘制路径

按下快捷键Ctrl++放大图像，单击钢笔工具，在其工具属性栏中单击"路径"按钮，在人物胸部绘制纹身图案的轮廓。

06 继续绘制路径

单击钢笔工具属性栏中"添加到路径"按钮，继续绘制路径，细化花纹图形，让整个图形在构图上更加饱满美观。

07 将路径转换为选区

按下快捷键Ctrl+Enter，快速将绘制的路径转换为选区。此时可以看到在图像中人物胸部绘制的路径全部转换为选区。

08 填充选区

在"图层"面板中单击"创建新图层"按钮，新建"图层 2"，设置前景色为褐色（R49、G27、B23），按下快捷键Alt+Delete，填充选区。

09 调整并复制图层

在"图层"面板中设置混合模式为"叠加"，并按下快捷键Ctrl+J，复制得到"图层 2 副本"，调整不透明度为60%，加强绘制的纹身图案的效果。

10 添加图层样式

双击"图层 2"，打开"图层样式"对话框，在其中勾选"描边"复选框，设置参数并调整颜色为浅褐色（R56、G30、B9），适当模糊图像边缘，让纹身效果更真实。

专栏 描边路径

描边路径是在图像处理过程中经常用到的操作，其意义是通过路径在图像或物体边缘添加线条或边框，并通过对路径进行描边，得到与路径相同位置的线条效果。在"路径"面板中单击右上角的按钮，在弹出的扩展菜单中选择"描边路径"选项，即可打开"描边路径"对话框，下面对其中的选项进行介绍。

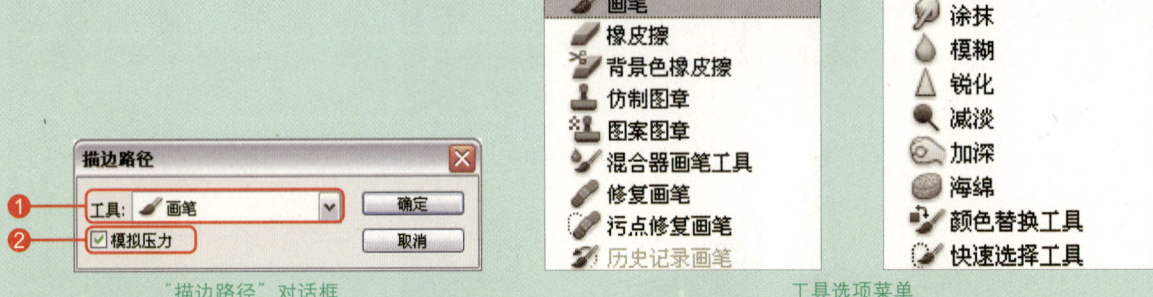

"描边路径"对话框　　　　　　　　　　　工具选项菜单

❶ **"工具"下拉列表框：** 单击右侧的下拉按钮，在弹出的下拉列表框中可以看到，软件提供了多种用于描边路径的工具，选择不同的工具，得到的描边效果是截然不同的。

❷ **"模拟压力"复选框：** 勾选该复选框可使描边路径形成两端较小中间较粗的线条，取消勾选该复选框则描边路径两端一样粗细。

需要注意的是，在设置描边路径工具时，若是使用画笔进行描边，可选择不同的画笔笔触样式和颜色，这些都是可以进行选择和自定义的。同时，也可通过使用画笔、铅笔、橡皮擦和图章工具来调整描边的效果。

绘制的路径

尖角画笔描边路径效果

柔角画笔描边路径效果

设置铅笔样式后的描边路径效果

橡皮擦工具描边路径效果

图案图章工具描边路径效果

Section 05 利用形状工具绘制图形

使用 Photoshop 中的形状工具能快速绘制一些基本的、常用的路径，在一定程度上帮助用户节省路径的绘制时间，提高图形的绘制速度，也进一步提高工作效率。

知识点 认识形状工具组

Photoshop中的形状工具有形状图层、路径和填充像素3种创建模式，使用形状工具可以轻松、快速地创建各种基本形态及复杂形态，且不受分辨率的影响。

专家技巧

绘制水平直线和垂直直线

在使用直线工具绘制直线时，按住 Shift 键的同时在水平方向上单击并拖动鼠标，或在垂直方向上单击并拖动鼠标即可绘制出水平或垂直的直线。也可按住 Shift 键的同时在 45°角的倍数位置拖动鼠标，即可绘制出 45°角及其倍数位置的直线效果。

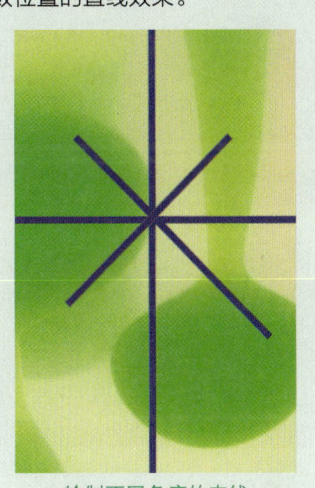

绘制不同角度的直线

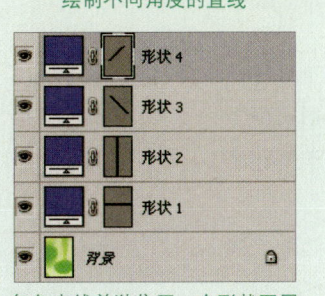

每条直线单独位于一个形状图层

形状工具包括矩形工具、圆角矩形工具、椭圆工具、多边形工具、直线工具以及自定形状工具。

1. 矩形工具

使用矩形工具通过拖动鼠标可以创建自由的矩形或正方形图像，也可以在属性栏的"矩形选项"面板中设置路径的创建方式，从而以指定的方式创建各种类型的矩形。下面对矩形工具的属性栏进行介绍。

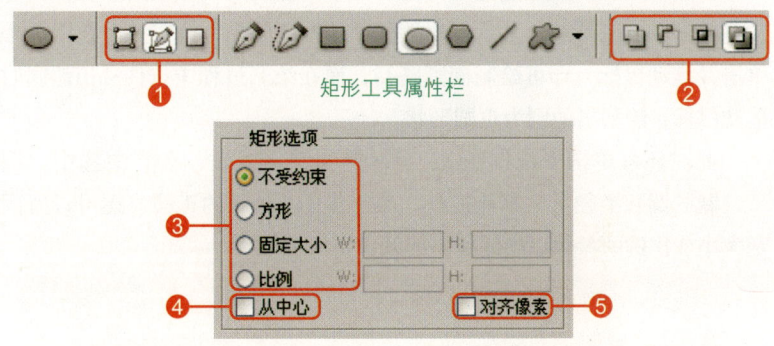

矩形工具属性栏

矩形选项面板

❶ **定义路径的创建模式：** 单击"形状图层"按钮，定义在形状图层中创建路径；单击"路径"按钮定义直接创建路径，并在"路径"面板上显示工作路径；单击"填充像素"按钮定义创建的路径为填充像素的形式。

❷ **创建复合路径的选项：** 单击某个按钮创建相应的复合路径。

❸ **"矩形选项"面板：** 在其中选中"不受约束"单选按钮，可创建各种路径、形状或图形，且大小和长宽比例不受限制；选中"方形"单选按钮，可绘制不同大小的正方形；选中"固定大小"单选按钮，可以在W和H数值框中输入适当的数值，用来定义形状、路径或图形的高度和宽度；选中"比例"单选按钮，在W和H数值框中输入适当数值，可以定义矩形宽度和高度的比例。

❹ **"从中心"复选框：** 勾选该复选框，可以绘制从中心向外放射状的形状、路径或图形。取消勾选则以起点为矩形的一个顶点绘制。

❺ "对齐像素"复选框:勾选该复选框,可以使矩形的边缘无混淆现象。

2. 圆角矩形工具

使用圆角矩形工具 能绘制带有一定圆角弧度的图形,这个工具是对矩形工具的补充。圆角矩形工具的绘制和使用方法与矩形工具相同,不同的是,单击圆角矩形工具 ,在属性栏中会出现"半径"数值框,通过设置"半径"值来创建不同圆角的圆角矩形,范围为0px~1000px。值越大,圆角矩形越接近圆;值越小,圆角矩形越接近矩形。

半径为25px

半径为200px

3. 椭圆工具

使用椭圆工具 通过拖动鼠标可以绘制椭圆形状和正圆形状。其方法是单击椭圆工具 ,然后在属性栏中单击"路径"按钮 ,在图像中单击并拖动鼠标,即可绘制椭圆路径,而在绘制过程中按住Shift键同时拖动鼠标,绘制出的则为正圆形状。

此时还可单击下拉按钮 ,显示椭圆选项面板,在其中选中"圆(绘制的圆和半径)"单选按钮,可创建任意大小的正圆,还可设置固定大小或比例的参数以绘制所需的圆。

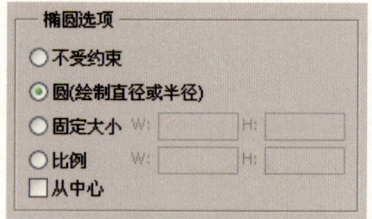
椭圆选项面板

绘制的椭圆路径

选中"圆(绘制的圆和半径)"单选按钮

绘制的多个圆形以及填充后的效果

4. 多边形工具

使用多边形工具 可以绘制具有不同边数的多边形和星形形状。在其工具属性栏中可结合"边"数量的设置创建不同边数的多边形。此外,通过"多边形选项"面板还可以设置多边形的"半径"、"平滑拐角"、"星形"等选项,用于创建不同形态的多边形。

❶"边"数值框:在"边"数值框中输入数值,可以设置绘制多边形的边数。数值越大,边数越多,相反的是,此时显示出来边角的效果也就越不明显。

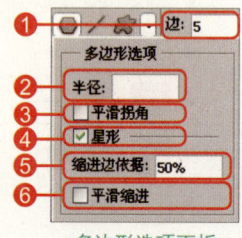
多边形选项面板

❷ "半径"数值框：在其中输入相应的数值能精确的对绘制出来的多边形外接圆半径大小进行设置，可以精确多边形绘制的大小效果。
❸ "平滑拐角"复选框：勾选该复选框，可以使多边形的拐角平滑，从而形成向内收缩的图像效果。
❹ "星形"复选框：勾选该复选框，表示对多边形的边进行缩进以形成星形。
❺ "缩进边依据"数值框：设置缩进边所用的百分比。
❻ "平滑缩进"复选框：勾选该复选框，可以用平滑缩进渲染多边形。

未勾选"平滑缩进"　　　　　勾选"平滑缩进"复选框　　　　　勾选"平滑拐角"复选框

5. 直线工具

使用直线工具 在画面中拖动可以快速绘制任意角度的直线图像。单击直线工具 或在选择形状工具的情况下单击其属性栏中的"直线工具"按钮，都可选择直线工具。

需要注意的是，在直线工具属性栏的"粗细"数值框中，输入相应的数值即可定义直线的宽度。单击下拉按钮，在弹出的"箭头"面板中可以为直线的起点和终点添加不同形态的箭头。

❶ "粗细"数值框：该数值框用于设置直线的宽度。
❷ "起点/终点"复选框：在直线的起点或者终点添加箭头。
❸ "宽度/长度"数值框：将箭头的宽度或长度设置为线条粗细百分比。
❹ "凹度"数值框：将箭头凹度设置为长度的百分比。

箭头选项面板

6. 自定形状工具

使用自定形状工具 可快速调用系统自带的各种不同的形状，在很大程度上节省了形状的绘制时间，是非常实用的工具之一。通过在"自定形状"预设面板选择形状，然后在画面中进行拖动，以创建指定的形状。

❶ "不受约束"单选按钮：选中该单选按钮，可以无约束地绘制形状。
❷ "定义的比例"单选按钮：选中该单选按钮，可以约束自定形状宽度和高度的比例。
❸ "定义的大小"单选按钮：选中该单选按钮，可以智能绘制系统默认大小的自定形状。
❹ "固定大小"单选按钮：选中该单选按钮，可以在右侧的数值框中自定义形状的宽度和高度。
❺ "从中心"复选框：勾选该复选框，则以中心为起点绘制形状。

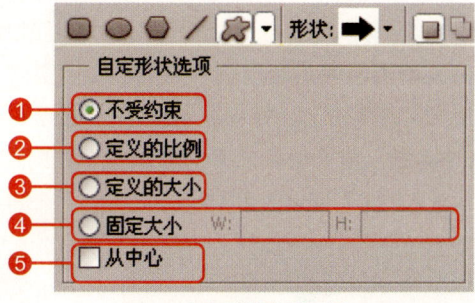

自定形状选项面板

如何做　添加照片情景对话框

使用形状工具组中的自定形状工具为照片图像添加对话图形，在图形中输入相应的文字，并调整添加的图形效果与背景相融合，从而增强照片图像的故事性。

01 打开图像文件
在 Photoshop CS5 中打开附书光盘 Chapter 15\Media\08.jpg 图像文件。

02 调整图像色调
添加"色彩平衡 1"调整图层，在其"调整"面板中拖动滑块设置参数，赋予图像绿色调，统一图像色调效果。

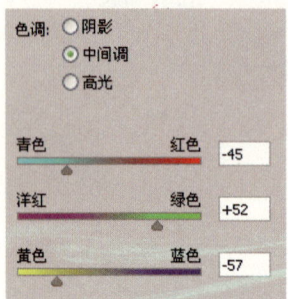

03 添加样式并绘制图形
单击自定形状工具，在属性栏上单击"形状图层"按钮，并在"形状样式"选项面板中单击扩展按钮，在弹出的扩展菜单中选择"台词框"选项，单击"追加"按钮将该组中的所有形状样式显示在列表框中，单击选择"会话 11"样式，设置前景色为绿色（R126、G224、B30），绘制对话框图形。

04 输入文字
单击横排文字工具，在形状中单击置入文本插入点，在其后输入文字，并在"字符"面板中设置文字样式，调整颜色为绿色（R7、G78、B1）。

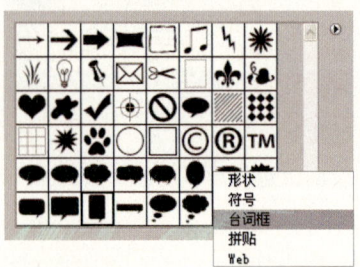

05 确认输入
完成输入后单击属性栏中的"提交当前所有输入"按钮或按下 Enter 键，即可确认文字的输入，让输入的文字置于会话图形中。

06 绘制图形并输入文字
调整前景色为深绿色（R105、G192、B19），继续使用相同的形状样式绘制会话图形，并结合横排文字工具继续在图像中输入文字，从而使得照片图像的两只小鸟形成对话效果。

专栏　自定形状工具形状面板

自定形状工具主要用于绘制各种不规则形状。在该工具的属性栏中单击"形状"选项右侧的下拉按钮 ，默认情况下，在弹出的形状样式选项面板中提供了32种形状样式，此时根据不同的需要单击即可选择不同的形状样式。单击该面板右上角的扩展按钮 ，在弹出的扩展菜单中即可显示相应的形状样式组，此时可以看到，Photoshop为用户提供了动物、箭头、艺术纹理等17种形状样式组，在每一个样式组中又包含了相应的形状，通过追加显示的操作即可将这些隐藏的形状样式添加到选项面板中。

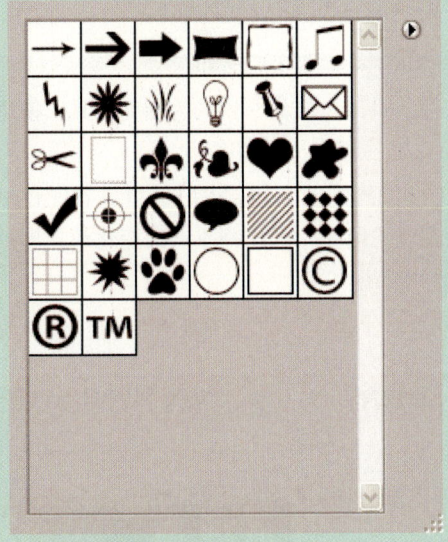

默认形状样式选项面板　　　　　　形状样式组　　　　　　显示全部形状样式

1. 追加显示形状样式

在Photoshop中，形状样式的追加和画笔样式的追加方法相似，单击自定形状工具 ，在其属性栏中单击"形状"选项右侧的下拉按钮 ，在弹出的形状样式选择面板中单击右上角的扩展按钮 ，在弹出的扩展菜单中选择"全部"选项，在弹出的询问对话框中单击"确定"按钮即可将所有的形状样式全部显示在面板中。

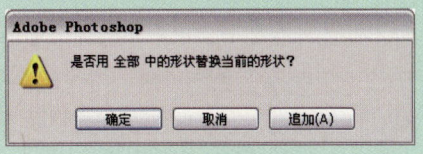

询问对话框1

2. 复位形状样式

不管是追加的画笔样式还是载入的画笔样式，都可以通过复位画笔样式将画笔样式列表框恢复到默认状态。复位画笔样式的方法比较简单，单击画笔工具 ，在属性栏中单击画笔右侧的下拉按钮 ，打开画笔样式设置面板，单击右上角的扩展按钮 ，即可打开画笔样式扩展菜单，在其中选择"复位画笔"选项，此时会弹出询问对话框，在其中单击"追加"按钮，即可再次将默认的画笔样式追加到列表框中。

需要注意的是，在弹出的询问对话框中单击"确定"按钮即可使用默认画笔替换当前画笔，此时还会弹出如右图所示的另一个询问对话框，若是要将当前画笔样式进行存储则可单击"是"按钮，一般情况下单击"否"按钮，即可恢复到默认的画笔样式。

询问对话框2

Section 06 图形的颜色填充

在学习了如何使用钢笔工具和形状工具组中的工具进行图形的绘制后，下面应充分掌握对绘制后图形进行颜色的填充，通过对图像颜色进行调整，使图像呈现出不同的色调，进而表现出不同的风格。

知识点 认识渐变工具

在Photoshop中，填充图像颜色的工具有渐变工具、油漆桶工具等，较为常用的为渐变工具，使用该工具可以快速对图形进行填充和调整。

使用渐变工具可以将颜色从一种颜色到另一种颜色进行过渡性的变化，此时还可设置颜色是由浅到深、还是由深到浅进行变化，可以是双色渐变，也可以是多色的渐变，而这些不同的变化模式即渐变样式。单击渐变工具，下面对该工具属性栏中的选项进行详细的介绍。

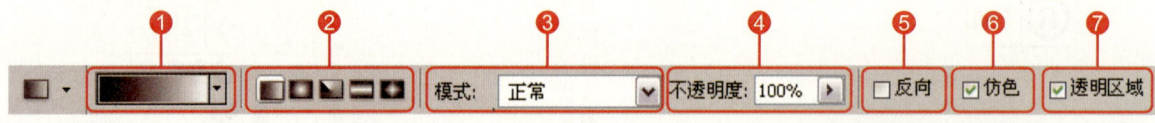

渐变工具属性栏

❶ **渐变样式预设**：单击渐变色块右侧的下拉按钮即可弹出渐变样式选项面板，在其中可以看到，默认情况下Photoshop为用户提供了16款渐变样式，单击相应的样式即可应用该渐变样式。

❷ **渐变类型预设区域**：在该区域从左到右可以看到5个按钮，表示5种不同的渐变类型，单击不同的按钮即选择不同渐变类型。从左到右依次为"线性渐变"按钮、"径向渐变"按钮、"角度渐变"按钮、"对称渐变"按钮和"菱形渐变"按钮，设置不同的渐变类型将得到不同的图像效果。

渐变样式选项面板

线性渐变效果

径向渐变效果

角度渐变效果

对称渐变效果

菱形渐变效果

❸ **"模式"下拉列表框**：在其中可将渐变填充后的区域的颜色混合到下方颜色像素中以更改图像色调。

❹ **"不透明度"选项**：设置渐变填充后的颜色的不透明度。此时数值越大，填充的透明度越高，数值越小，填充的透明度就越低。

 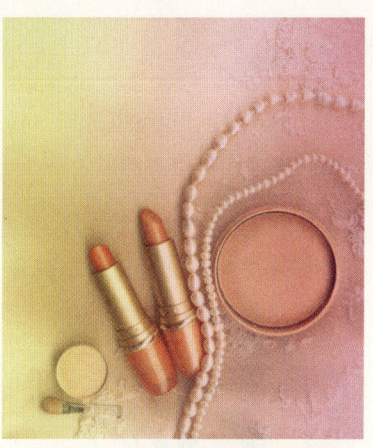 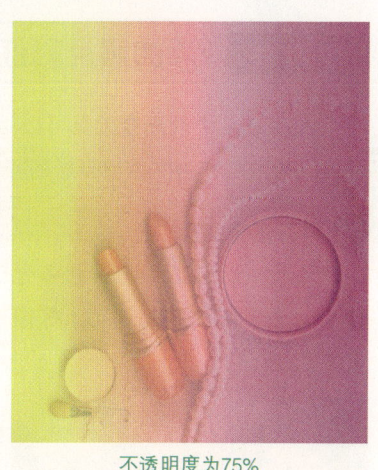

原图　　　　　　　　　　　　　不透明度为30%　　　　　　　　　　　不透明度为75%

❺ "反向"复选框：勾选该复选框后，渐变样式中的颜色从左到右反向显示，从而调整渐变样式的颜色效果。

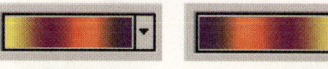

勾选前的样式　　　勾选后的样式

❻ "仿色"复选框：勾选该复选框后可以使设置的渐变填充颜色更加柔和，过渡更自然，不会出现色带效果。

❼ "透明区域"复选框：勾选该复选框后可以使用透明进行渐变填充，取消勾选该复选框则会使用前景色填充透明区域。

需要注意的是，在Photoshop中除了默认的16种渐变样式外，软件还为用户提供了更多渐变样式，这些渐变样式都存储在相应类型的渐变样式组中。在渐变样式选项面板中单击右上角的扩展按钮 ▶，在弹出的扩展菜单中包含了协调色1、协调色2、金属、中灰密度、杂色样本、蜡笔等9种渐变样式组，用户选择相应的样式组后会弹出询问对话框，单击"追加"按钮即可在渐变样式框中看到新增加的各种样式。

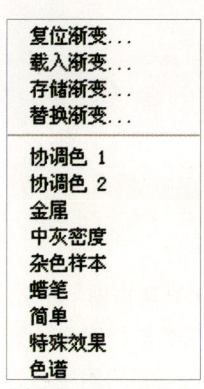 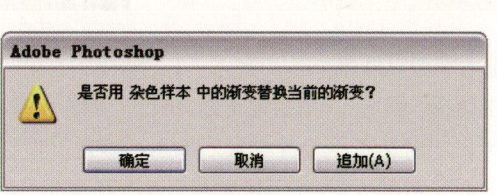 

渐变样式组选择菜单　　　　　　　　　询问对话框　　　　　　　　　添加样式后的渐变样式列表框

知 识 链 接

复位渐变样式列表框

　　与画笔样式一样，在将更多的渐变样式添加到渐变样式列表框中后，为了能快速找到一些简单的样式，还可对通过复位渐变样式的操作将列表框中的样式恢复到默认状态。其方法比较简单，此时只需在渐变样式选项面板中单击右上角的扩展按钮 ▶，在弹出的扩展菜单中选择"复位渐变样式"选项，在弹出的询问对话框中单击"确定"按钮即可还原到默认状态。

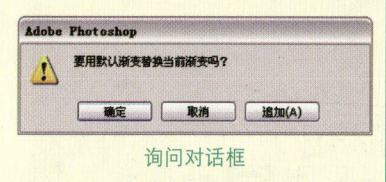

询问对话框

如何做　添加照片彩虹效果

Photoshop中的渐变工具可以结合选区进行运用，也可以选择一些较为特殊的渐变样式后进行单独的使用，以帮助用户为图像填多彩的颜色，同时也能绘制更多图形效果。

01 打开图像文件
在 Photoshop CS5 中打开附书光盘 Chapter 15\Media\09.jpg 图像文件。

02 绘制渐变效果
新建"图层1"，单击渐变工具，设置渐变样式为"透明彩虹渐变"，在图像中拖动鼠标绘制渐变。

05 调整图层不透明度
在"图层"面板中单击选择"图层1"，并设置其"不透明度"为15%，适当减弱色条的效果，使其形成半透明状。

03 扭曲图像
执行"滤镜 > 扭曲 > 极坐标"命令，设置图像扭曲效果。

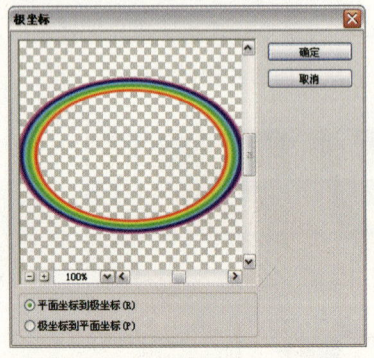

04 调整图像大小和位置
此时在图像中添加了彩色色条效果，按下快捷键 Ctrl+T，调整渐变的大小和位置，按下 Enter 键确认变换。

06 添加图层蒙版
为"图层1"添加图层蒙版，单击画笔工具，使用黑色柔角画笔在图像中涂抹，适当隐藏色环的部分图像，使其形成天空中的彩虹效果。

07 调整彩虹效果
单击选择"图层1"图层缩览图，执行"滤镜 > 模糊 > 高斯模糊"命令，在弹出的对话框中设置参数后单击"确定"按钮，模糊彩虹图像。复制得到"图层1副本"，设置图层混合模式为"滤色"，"不透明度"为35%，加强绘制的彩虹效果，使其更加自然，让画面更温馨。

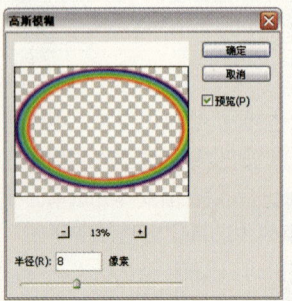

专栏 了解"渐变编辑器"对话框

在渐变工具的属性栏中单击渐变色块，即可打开"渐变编辑器"对话框。在默认情况下，显示的为"前景色到背景色渐变"渐变下的渐变样式，单击"预设"列表框中任意渐变样式，其下的渐变颜色条发生变化。在"渐变编辑器"对话框中可根据需要编辑渐变颜色，也可以选择预设渐变或进一步编辑预设渐变，可通过增加、减少或改变颜色的方法对其进行调整。下面对"渐变编辑器"对话框中的选项进行详细的介绍。

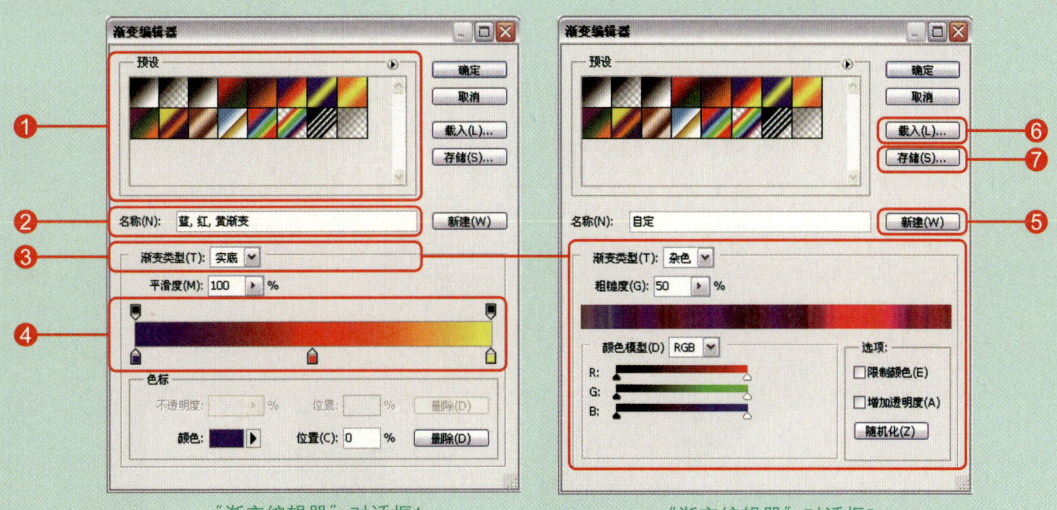

"渐变编辑器"对话框1　　　　　　　"渐变编辑器"对话框2

❶ **"预设"列表框**：在该列表框中显示出的渐变样式与在"渐变样式"列表框中的渐变样式是相同的，默认情况下显示16种渐变样式，也可通过追加渐变样式操作显示更多的样式。

❷ **"名称"文本框**：当在"预设"列表框中单击选择相应的渐变样式后，自动在该文本框中显示出所应用的渐变样式的名称。

❸ **"渐变类型"下拉列表框**：在该下拉列表框中有"实底"和"杂色"两个选项，选择"实底"选项可以创建单色形状平滑过渡的渐变颜色，此时在其下的"平滑度"数值框中可设置渐变颜色的平滑效果；而选择"杂色"选项则可以创建多种色带形态的粗糙渐变颜色，此时可在其下的"粗糙度"数值框以及"颜色模型"下拉列表框中进行进一步的颜色设置。

❹ **渐变颜色条**：此时需要单击渐变颜色条上的色标，方能激活其下的"色标"选项组，在其中可通过单击"颜色"选项后的色块，在弹出的"选择色标颜色"对话框中定义颜色条中色标上的新颜色。也可在"位置"文本框中设置参数或直接拖动色标，以调整渐变颜色上各颜色相融的位置，丰富渐变颜色效果。

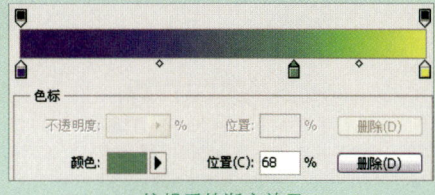

编辑后的渐变效果

❺ **"新建"按钮**：在对当前的渐变样式进行编辑后，单击该按钮即可将编辑后的渐变样式存储在"预设"列表框中。

❻ **"载入"按钮**：单击该按钮即可打开"载入"对话框，选择需要载入的渐变样式后，单击"载入"按钮，即可将从网站上下载的各种渐变样式组载入到"预设"列表框中。

❼ **"存储"按钮**：单击该按钮，即可将当前"预设"列表框中所有的渐变样式存储为一个渐变样式组，在弹出的"存储"对话框中设置名称和存储位置后，单击"保存"按钮即可。

Part 07

数码照片应用篇

Chapter 16	制作照片艺术画效果
Chapter 17	制作照片特殊质感效果
Chapter 18	综合实战

CHAPTER
16

制作照片艺术画效果

　　Photoshop中的滤镜在功能上类似于一个万花筒,将各类特殊效果进行了整合和归类,使用它能让照片图像呈现各种艺术绘画的效果。本章分别针对数码照片后期处理中较为常用的"木刻"、"干画笔"、"粗糙蜡笔"、"成角的线条"、"海洋波纹"、"喷溅"、"特殊模糊"、"水彩"、"纹理化"、"查找边缘"和"等高线"等滤镜的相关知识和具体应用进行介绍,帮助读者更深入地了解各类滤镜的功能,真正达到学以致用的效果。

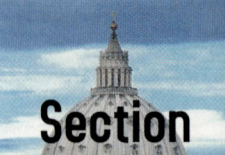

Section 01 "木刻"滤镜的应用

在 Photoshop 中,滤镜就如同摄影师在照相机镜头前安装各种特殊镜片一样,它能在很大程度上丰富图像效果,使一张张普通的照片图像变得更加生动。使用"木刻"滤镜可以将图像描绘成由几层边缘粗糙的彩纸剪片组成的效果。

知识点 滤镜库与"木刻"对话框

Photoshop中的滤镜库将软件提供的滤镜大致进行了归类划分,将常用的、较为典型的滤镜收录其中,并能同时运用多种滤镜,还能对图像效果进行实时预览,在很大程度上提高了图像处理的灵活性。

Photoshop中"木刻"滤镜收录在"艺术效果"滤镜组中,该滤镜组包含了如"壁画"、"彩色铅笔"、"粗糙蜡笔"、"底纹滤镜"、"调色刀"、"干画笔"、"海报边缘"、"木刻"、"海绵"等15种滤镜。这些滤镜又全部收录在滤镜库中。执行"滤镜>滤镜库"命令或执行"滤镜>艺术效果>木刻"命令,都可打开"滤镜库"对话框,下面对其选项进行介绍。

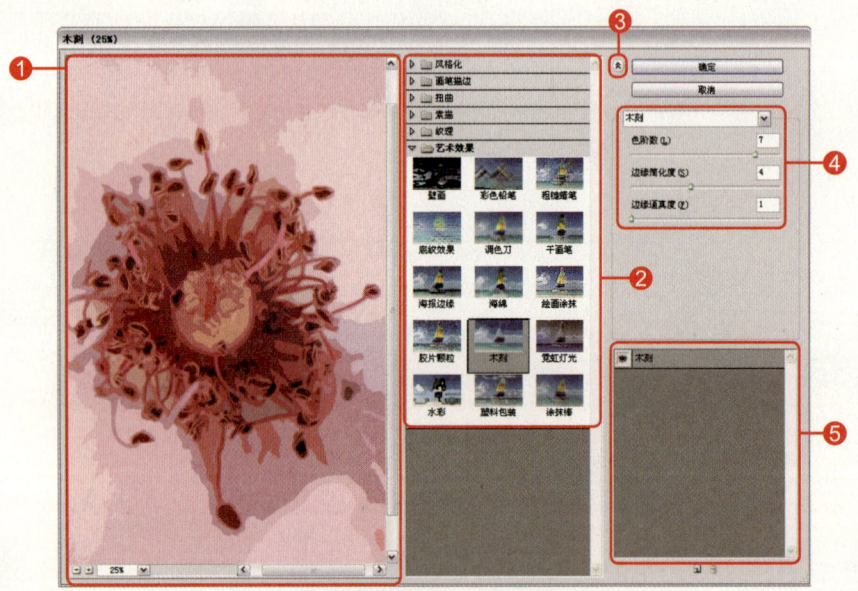

在艺术效果滤镜组中的"木刻"滤镜下的滤镜库界面

❶ **预览框:** 可预览图像的变化效果,单击底部的 □ 或 □ 按钮,可缩小或放大预览框中的图像。

符合视图大小

缩小预览图像

放大预览图像

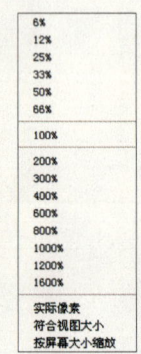
缩放列表

❷ **滤镜面板**：在该区域中显示收录了风格化、画笔描边、扭曲、素描、纹理和艺术效果6组滤镜，单击每组滤镜前面的三角形图标▷即可展开该滤镜组，显示该组中所包含的滤镜，在其中单击相应的滤镜图标，即可预览到使用该滤镜的图像效果，再次单击▽图标则折叠隐藏滤镜。

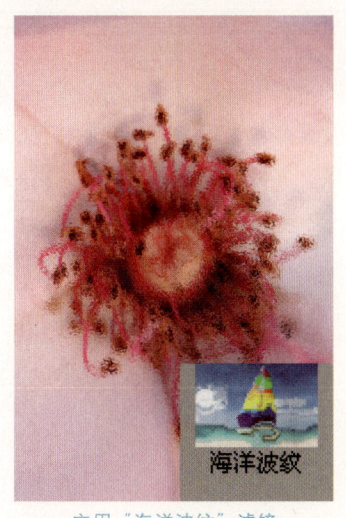

应用"海洋波纹"滤镜　　　　　　应用"便条纸"滤镜　　　　　　应用"染色玻璃"滤镜

❸ 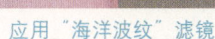 **按钮**：单击该按钮可隐藏或显示滤镜面板。

❹ **参数设置区域**：在该区域中可设置当前所应用滤镜的各种参数值和选项。不同的滤镜则会对应显示不同的参数设置选项组。需要注意的是，由于此时选择的是"木刻"滤镜，该区域显示的为木刻滤镜下的参数选项。可通过调整"色阶数"、"边缘简化度"、"边缘逼真度"3个选项，对木刻效果进行调整，使图像更符合实际应用的需要。

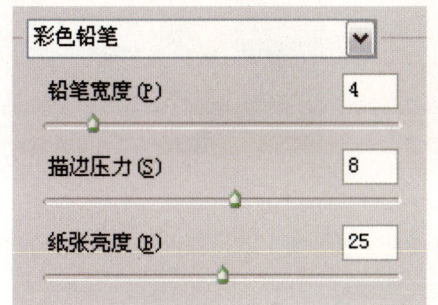

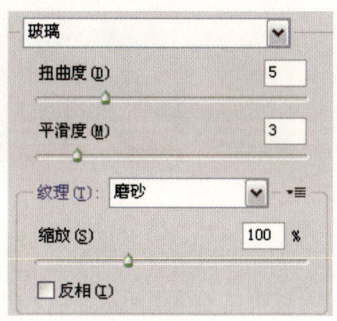

"彩色铅笔"滤镜选项组　　　　　　"玻璃"滤镜选项组　　　　　　"底纹效果"滤镜选项组

❺ **滤镜效果管理区**：该区域位于滤镜库界面右下角，用以显示对图像使用过的滤镜，起到查看滤镜效果的作用。默认情况下单击选择的当前滤镜会自动出现在滤镜列表中，当前选择的滤镜效果图层呈灰底显示。如需对图像应用多种滤镜，则需单击"新建效果图层"按钮 ，此时创建的是与当前滤镜相同的效果图层，单击需要应用的其他滤镜即可将其添加到列表中。还可在滤镜列表中选择并拖动滤镜效果图层，调整效果图层的顺序。

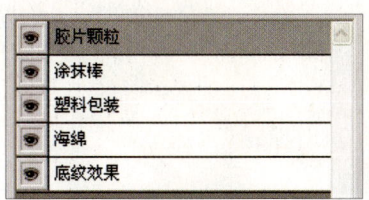

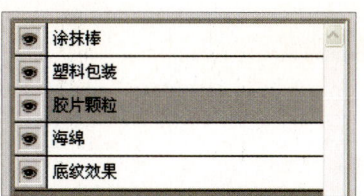

添加多个滤镜的列表　　　　　　　　调整效果图层的排列顺序

如何做　制作照片木刻画效果

使用Photoshop中的"木刻"滤镜能快速对照片图像进行调整，通过设置参数，赋予图像木刻画效果，结合画面颜色的调整，使木刻画效果更真实。

01 打开图像文件
在Photoshop CS5中打开附书光盘Chapter 16\Media\01.jpg图像文件。

02 创建选区
单击魔棒工具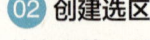，在工具属性栏中设置容差为10px，按住Shift键的同时在背景上连续单击以创建相应的选区，并按下快捷键Ctrl+J，复制得到"图层1"。

03 添加木刻效果
单击选择"图层1"，执行"滤镜>艺术效果>木刻"命令，在弹出的对话框右上角参数设置区域拖动滑块设置参数，完成后单击"确定"按钮，为图像背景添加木刻效果。

04 继续添加木刻效果
使用相同的方法对"背景"图层应用"木刻"滤镜，适当调整参数赋予木刻效果。

05 调整颜色
在"图层"面板中设置"图层1"的混合模式为"叠加"，适当调整图像效果。通过单击"创建新的填充或调整图层"按钮，添加"渐变映射1"调整图层，设置前景色为棕色（R60、G28、B3），背景色为灰黄色（R241、G237、B228），调整渐变样式为"前景色到背景色渐变"，单击并拖动色标调整色标位置，快速赋予图像真实木刻画效果。

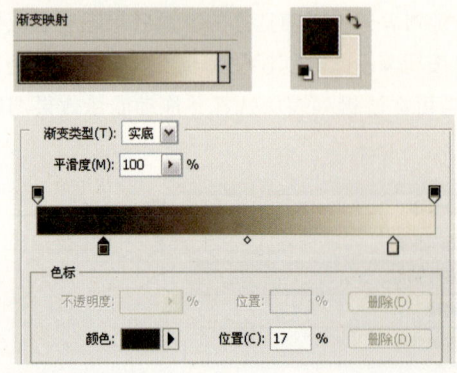

摄影师训练营　制作人物照片矢量画效果

矢量画是比较常见的一种电脑绘画效果，通过对图像进行细节分布，使用板块状的图像进行颜色的平整填充，让图像显示个性的视觉效果。结合"木刻"滤镜能快速完成该类效果的制作。

01 打开图像文件
在Photoshop CS5中打开附书光盘Chapter 16\Media\02.jpg图像文件。

02 创建选区
单击魔棒工具，按住Shift键的同时在背景上单击创建选区，按下快捷键Ctrl+J，复制得到"图层1"。

03 应用"木刻"滤镜
选择"图层1"，执行"滤镜>艺术效果>木刻"命令，在弹出的对话框右上角参数设置区域拖动滑块设置参数。

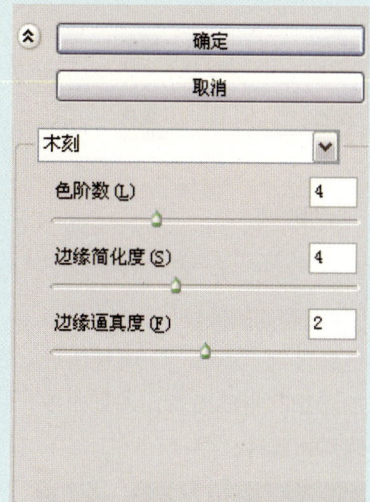

04 查看图像效果
完成设置后单击"确定"按钮，可以看到仅对人物图像部分添加了木刻效果，为制作矢量画作准备。

05 继续应用滤镜效果
单击选择"背景"图层，继续执行"滤镜>艺术效果>木刻"命令，在弹出的对话框右上角参数设置区域拖动滑块设置参数，单击"确定"按钮，为背景图像添加不同效果的木刻画效果。

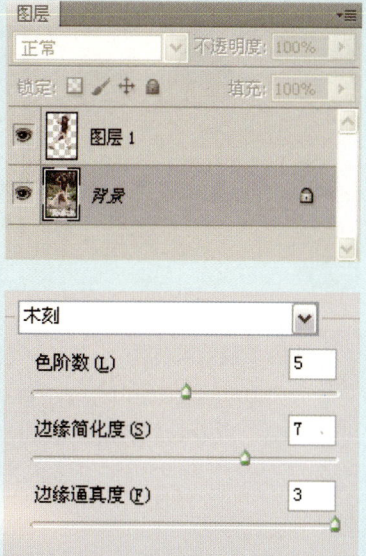

06 调整色调

添加"色彩平衡 1"调整图层,在其"调整"面板中拖动滑块设置参数,赋予图像一定的青绿色调,加强图像的矢量画效果。

07 调整对比效果

添加"色阶 1"调整图层,设置参数,加强图像对比效果。

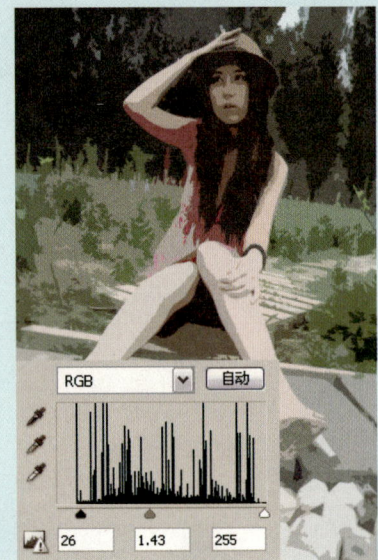

08 调整明暗效果

继续添加"曲线 1"调整图层,在其"调整"面板中添加并拖动锚点,调整曲线,从而加强图像的明暗对比效果。

09 加强图像效果

按下快捷键Ctrl+Shift+Alt+E盖印图层,生成"图层2"。设置混合模式为"叠加","不透明度"为70%,加强图像整体效果,制作人物的矢量画效果。

专家技巧 删除滤镜效果图层

当在滤镜列表中应用了多个滤镜或添加的滤镜效果不如意,则可单击选择该滤镜层,然后单击"删除效果图层"按钮将其删除,此时图像中执行相应滤镜后的效果也会消失。

| 专 栏 | **滤镜菜单和独立滤镜** |

在Photoshop中，单击菜单栏中的"滤镜"菜单命令，即可查看到其下的滤镜菜单，在"滤镜"菜单中包括多个滤镜组，而在滤镜组中又包含了多个滤镜命令，下面对"滤镜"菜单进行详细的介绍。

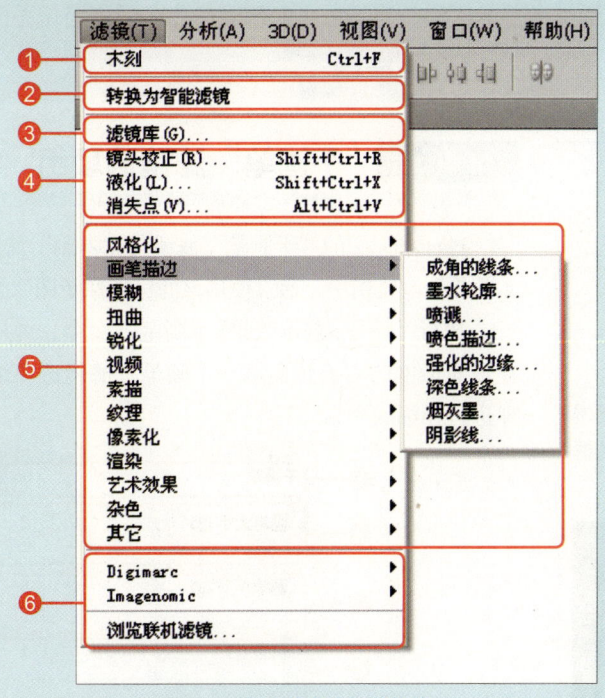

滤镜菜单和级联菜单

❶ **使用的滤镜**：菜单第一行显示的为最近使用过的滤镜，若还没有对图像使用过任何滤镜，此时该栏则呈灰色显示，表示不可用。

❷ **转换为智能滤镜**：在Photoshop中可将图层转换为智能图层，此时添加滤镜则默认添加智能滤镜，也可通过选择该选项来为图像添加智能滤镜。此时智能滤镜是整合多个不同的滤镜，并对滤镜效果的参数进行调整和修改，让图像的处理过程更智能化。

❸ **滤镜库**：其中收录了较为常用以及各滤镜组中较为典型的滤镜，方便用户快速应用滤镜效果。

❹ **独立滤镜组**：在Photoshop的滤镜中独立滤镜自成一体，它没有包含任何滤镜级联菜单命令，直接选择即可执行相应的操作。独立滤镜包括镜头校正、液化和消失点3个滤镜，其中液化滤镜和消失点滤镜在以前版本中就已经作为独立滤镜而存在，镜头校正滤镜是从Photoshop CS5版本开始从"扭曲"滤镜组中分离出来，成为一个独立滤镜。"液化"滤镜是修饰图像和创建艺术效果的强大工具，它可用于推、拉、旋转、反射、折叠和膨胀图像的任意区域，一般应用于8位/通道或16位/通道图像；而使用"消失点"滤镜则可以在选定的图像区域内进行复制、粘贴图像等操作，操作对象会根据选定区域内的透视关系进行自动调整，以适配透视效果，多用于置换画册、宣传单以及CD盒封面等图像的制作中；使用"镜头校正"滤镜则能轻松对照片中的图像进行调整，纠正失真的物体与色彩，让画面效果更加合理而真实。

❺ **滤镜组**：Photoshop为用户提供了13类滤镜组，每一个滤镜组中又包含有多个滤镜命令，执行相应的命令即可应用滤镜效果。

❻ **外挂滤镜显示区**：在Photoshop中若安装了外挂滤镜则会将安装的外挂滤镜显示在Digimarc（水印）级联菜单中。

Section 02 "干画笔"滤镜的应用

使用Photoshop中的"干画笔"滤镜可应用干画笔技术绘制边缘图像,此滤镜通过将图像的颜色范围减小为普通颜色范围来简化图像,从而将照片图像调整为类似于壁画的效果。

知识链接

"调色刀"滤镜效果

Photoshop中的"调色刀"滤镜可以减少图像中的细节,使得相近的颜色相互融合,从而得到描绘得很淡的写意画效果。

打开图像后执行"滤镜>艺术效果>调色刀"命令,在其对话框中设置参数即可应用该滤镜。

原图

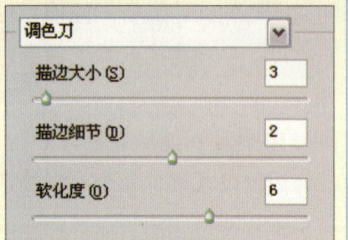
设置滤镜参数

最终效果

知识点 "干画笔"滤镜选项组

Photoshop中的"干画笔"滤镜与"木刻"滤镜相同,都收录在"艺术效果"滤镜组中,通过使用该滤镜能赋予图像类似壁画的效果。

执行"滤镜>艺术效果>干画笔"命令,弹出"滤镜库"对话框,在该对话框的右上角显示"干画笔"滤镜选项组,下面对其中的各选项进行详细的介绍。

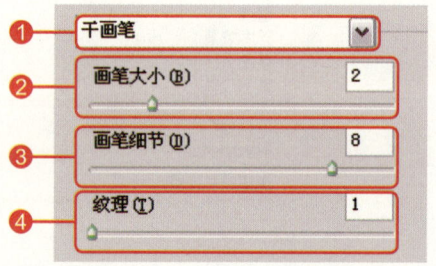
"干画笔"滤镜选项组

❶ **"滤镜"下拉列表框**:显示当前所选择的滤镜,此时显示的为"干画笔"滤镜选项。单击右侧的下拉按钮,在弹出的下拉列表框中显示出滤镜库中的所有滤镜,选择相应的选项即可快速切换到相应的参数设置区域。

❷ **"画笔大小"选项**:调整仿制在图像中绘画的画笔的大小,数值越小,在图像中形成的效果就越细小;数值越大,笔触就越大,效果也就越概念。

画笔大小为1

画笔大小为6

画笔大小为10

❸ **"画笔细节"选项**：该选项用于设置画笔的细节，数值越小效果越明显，数值越大，细节则会被忽略。

❹ **"纹理"选项**：该选项用于设置为图像添加的纹理效果，数值越大效果越明显。

如何做　制作照片个性壁画效果

Photoshop中"干画笔"滤镜能模仿使用颜料快用完的画笔在绘画纸上进行作画的状态，从而让画面呈现出一种类似油墨干枯的绘制效果。

01 打开图像文件
打开附书光盘Chapter 16\Media\03.jpg图像文件。

02 调整图像效果
按下快捷键Ctrl+J，复制得到"图层1"，并设置图层混合模式为"柔光"，适当修复图像中的灰暗效果，加强图像对比。

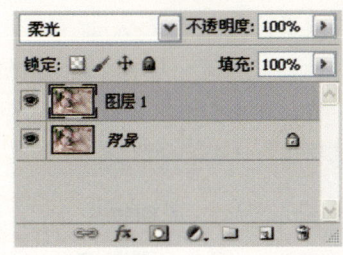

03 应用"干画笔"滤镜
按下快捷键Ctrl+Alt+Shift+E，盖印图层，生成"图层2"，执行"滤镜>艺术效果>干画笔"命令，在弹出的"滤镜库"对话框右上角的"干画笔"选项组中拖动滑块设置参数，此时在对话框左侧的预览区中可以看到调整后的图像效果。

04 重复应用滤镜效果
在对话框右下角单击"新建效果图层"按钮，此时创建的是与当前滤镜相同的效果图层，即将当前应用的滤镜效果进行了重复运用，再次添加效果图层，完成后单击"确定"按钮，制作颜色亮丽的个性壁画效果。

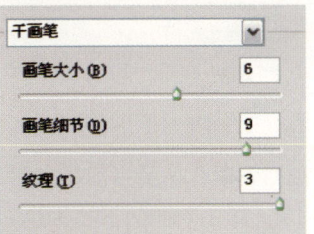
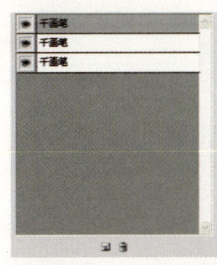
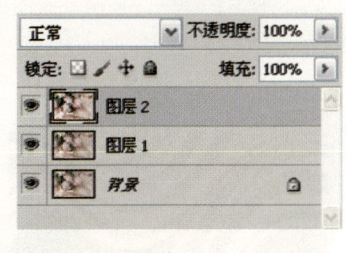

Section 03 "粗糙蜡笔"滤镜的应用

使用Photoshop中的"粗糙蜡笔"滤镜可以使图像产生类似蜡笔在纹理背景上绘制的纹理浮雕效果。本小节将介绍使用该滤镜对照片图像进行处理,从而得到蜡笔绘画效果。

专家技巧

载入其他纹理效果

Photoshop中的"粗糙蜡笔"滤镜既带有内置的纹理,也允许用户调用其他文件作为纹理使用。其方法是在选项组中单击"纹理"下拉列表右侧的按钮,在弹出的菜单中单击"载入纹理"选项,打开"载入纹理"对话框,在其中选择相应的图像作为纹理样本,单击"打开"按钮,即可将自定义的纹理添加到"纹理"下拉列表中。

原图

纹理

知识点 "粗糙蜡笔"滤镜选项组

"粗糙蜡笔"滤镜同样收录在"艺术效果"滤镜组中,使用该滤镜能在一定程度上赋予图像不同的纹理效果,同时也能为图像添加蜡笔绘画效果。

执行"滤镜 > 艺术效果 > 粗糙蜡笔"命令,弹出"滤镜库"对话框。在该对话框右上角显示出"粗糙蜡笔"滤镜选项组,下面对其中各选项进行详细的介绍。

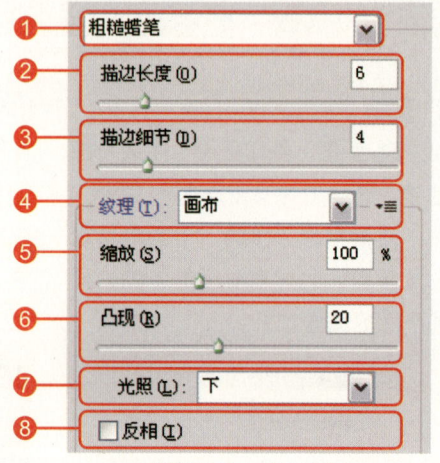

"粗糙蜡笔"滤镜选项组

❶ **"滤镜"下拉列表框:** 显示当前所选择的滤镜,此时显示的为"粗糙蜡笔"滤镜选项。单击右侧的下拉按钮,在弹出的下拉列表框中显示出滤镜库中的所有滤镜。

❷ **"描边长度"选项:** 该选项用于设置蜡笔在图像中绘制时画笔的长短,数值越大,画笔的长度就越长。

❸ **"描边细节"选项:** 该选项用于调整描边的细节效果,数值越大,其细节越明显,同时显示出的线条效果也就越密集,数值越小则越稀疏。

❹ **"纹理"下拉列表:** 在该下拉列表中收录了"砖形"、"粗麻布"、"画布"和"砂岩"4个选项,选择不同的选项,即可赋予图像不同质感的画布效果。

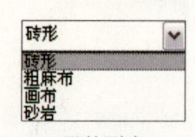

下拉列表

"载入纹理"对话框

自定义纹理的效果

调整纹理缩放和凸现的效果

"砖形"纹理

"粗麻布"纹理

"画布"纹理

"砂岩"纹理

❺ "缩放"选项：该选项用于调整绘制线条以及纹理的缩放大小，数值越小其效果越细致。

❻ "凸现"选项：该选项用于设置当前纹理的凸出显示量。

❼ "光照"下拉列表：单击右侧的下拉按钮，在弹出的下拉列表中可以设置光照的方向。

❽ "反相"复选框：勾选该复选框可对纹理以及线条进行反方向的调整。

如何做 制作彩色铅笔绘画效果

使用Photoshop中的"粗糙蜡笔"滤镜能赋予图像绘画质感，同时也可结合多种滤镜进行运用，以便制作更丰富多彩的照片绘画效果。

01 打开图像文件

打开附书光盘Chapter 16\Media\04.jpg图像文件。

02 创建选区

单击快速选择工具，在图像中的小熊上单击并拖动鼠标，绘制出小熊选区，并按下快捷键Ctrl+J，复制得到"图层1"。

03 应用"粗糙蜡笔"滤镜

单击选择"图层1",执行"滤镜>艺术效果>粗糙蜡笔"命令,在弹出的对话框中拖动滑块设置参数,完成后单击"确定"按钮,应用滤镜效果。

04 继续应用滤镜

单击选择"背景"图层,执行"滤镜>艺术效果>干画笔"命令,在弹出的对话框中拖动滑块设置参数,完成后单击"确定"按钮,加强图像的绘画感。

05 应用"海报边缘"滤镜

按下快捷键Ctrl+Alt+Shift+E,盖印图层,生成"图层2",执行"滤镜>艺术效果>海报边缘"命令,在弹出的对话框中拖动滑块设置参数,此时在对话框左侧的预览区中可以看到调整后的图像效果。

06 应用"彩色铅笔"滤镜

在打开的"滤镜库"对话框中单击右下角的"新建效果图层"按钮,创建与当前滤镜相同的效果图层,此时单击"彩色铅笔"滤镜图标,并在右侧的参数设置区域重新设置相应的参数,完成后单击"确定"按钮,即可将图像调整到相应的效果下,制作彩色铅笔绘制的小熊图像。

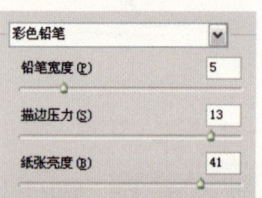

专家技巧 认识"彩色铅笔"滤镜

使用Photoshop中的"彩色铅笔"滤镜能模拟使用彩色铅笔在纯色背景上绘制的图像效果。应用该滤镜后,画面中主要的边缘被保留并带有粗糙的阴影线外观,纯背景色则通过较光滑区域显示出来。需要注意的是,在"彩色铅笔"选项组中,还可通过调整"铅笔宽度"、"描边压力"和"纸张亮度"3个选项来进行调整,从而使得到的图像效果更富于变化。

Section 04 "绘画涂抹"滤镜的应用

在图像中应用"绘画涂抹"滤镜可以理解为一种在比较大范围的概括的绘画技法下所绘制的图像,应用该滤镜后的图像可以是适当的朦胧效果,也可以是进行了锐化后的效果。

知识链接

"艺术效果"滤镜组中滤镜的用途

在前面的内容中已经对"艺术效果"滤镜组中的部分滤镜进行了详细的介绍,这里主要对其中的另一部分滤镜的用途进行介绍。

壁画:该滤镜可使图像产生壁画一样的粗犷风格效果。

底纹效果:该滤镜可以根据所选的纹理类型使图像产生相应的底纹效果。

海绵:该滤镜可以使图像产生类似海绵浸湿的图像效果。

胶片颗粒:该滤镜能够在给原图像加上一些杂色的同时,调亮并强调图像的局部像素。它可以产生一种类似胶片颗粒的纹理效果。

霓虹灯光:该滤镜能够产生负片图像或与此类似的颜色奇特的图像效果,看起来有一种氖光照射的效果,同时也营造虚幻朦胧的感觉。

水彩:该滤镜可以描绘图像中景物形状,同时简化颜色,进而产生水彩画的效果。

塑料包装:该滤镜可以产生塑料薄膜封包的效果,让模拟的塑料薄膜沿着图像的轮廓线分布,从而令整幅图像具有鲜明的立体质感。

涂抹棒:该滤镜可以产生使用粗糙物体在图像中进行涂抹的效果。从美术工作者的角度看,它能够模拟在纸上涂抹粉笔画或蜡笔画的效果。

知识点 "绘画涂抹"滤镜选项组

Photoshop中的"绘画涂抹"滤镜也收录在"艺术效果"滤镜组中,从这里我们也可以发现,在使用滤镜为数码照片添加特殊的绘画效果时,"艺术效果"滤镜组中的相关滤镜的使用频率是比较高的。使用"绘画涂抹"滤镜能产生类似于在未干的画布上进行涂抹而形成的模糊效果。

执行"滤镜>艺术效果>绘画涂抹"命令,即可在弹出的"滤镜库"对话框右上角显示"绘画涂抹"滤镜选项组,下面对其中的各选项进行详细的介绍。

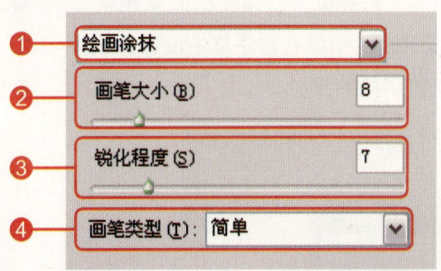

"绘画涂抹"滤镜选项组

❶**"滤镜"下拉列表框**:显示当前所选择的滤镜,此时显示的为"绘画涂抹"滤镜选项。此时也可通过单击右侧的下拉按钮,在弹出的下拉列表框中显示出滤镜库中的所有滤镜。

❷**"画笔大小"选项**:该选项用于调整在涂抹图像时的画笔的大小,数值越大,涂抹的效果越重,此时图像效果也越明显。

❸**"锐化程度"选项**:该选项用于调整当前图像锐化的程度,数值越大,锐化效果越明显。

❹**"画笔类型"下拉列表**:单击右侧的下拉按钮,在弹出的下拉列表中可以看到,软件提供了"简单"、"未处理光照"、"未处理深色"、"宽锐化"、"宽模糊"和"火花"6种画笔类型以供选择。其中"未处理光照"选项表示光照效果比较强;"未处理深色"选项表示图像所有颜色成为深色;"宽锐化"选项表示锐化程度比简单效果要强;"宽模糊"选项表示对图像进行模糊效果;"火花"选项表示模仿一种火花的质感。

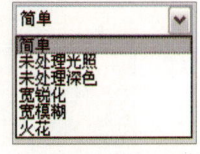

下拉菜单

如何做 制作照片水粉画效果

水粉画多见于景物写生或风景写生中,这里选择了一幅色彩鲜艳、色调层次分明的风景照,通过多种滤镜的结合使用,将其制作水粉风景画效果。

01 打开图像文件
在Photoshop CS5中打开附书光盘Chapter 16\Media\05.jpg图像文件。

02 复制图层并应用滤镜
按下快捷键Ctrl+J,复制得到"图层1"。执行"滤镜>艺术效果>绘画涂抹"命令,在其对话框中设置参数,即可调整图像效果。

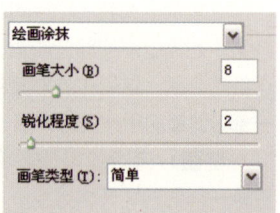

03 应用"调色刀"滤镜
单击"新建效果图层"按钮,创建新的效果图层,单击"调色刀"滤镜图标,继续在对话框中设置参数,以调整图像应用滤镜后的效果。

04 应用"底纹效果"滤镜
继续单击"新建效果图层"按钮,创建新的效果图层,单击"底纹效果"滤镜图标,继续在对话框右侧的参数设置区域设置参数。

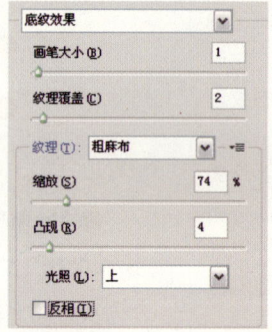
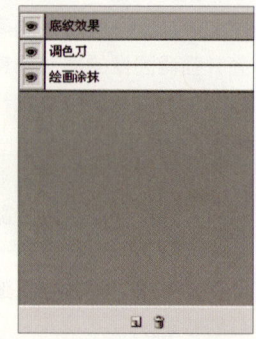

05 查看滤镜效果
完成设置后单击"确定"按钮,即可应用多个滤镜效果,制作水粉画效果。

06 加强图像效果
按下快捷键Ctrl+J,复制得到"图层1 副本"图层,设置混合模式为"叠加","不透明度"为70%,加强制作的水粉画效果,放大图像效果更明显。

专栏 了解"艺术效果"滤镜组

从整体概念上来讲,"艺术效果"滤镜组中的各种滤镜更像是一位融合了各种风格和绘画技巧的绘画大师,通过对这些滤镜的合理运用能让普通的照片或图像变为形式多样的艺术作品。使用"艺术效果"滤镜组中的滤镜可以让图像快速转换为油画、水彩画、铅笔画、粉笔画、水粉画等各种不同的艺术效果。该滤镜组包括了壁画、彩色铅笔、粗糙蜡笔、底纹效果、调色刀、干画笔、海报边缘、海绵、绘画涂抹、胶片颗粒、木刻、霓虹灯光、水彩、塑料包装和涂抹棒15种滤镜,下面分别对应用相应滤镜后的图像效果进行展示。

原图

"壁画"滤镜效果

"彩色铅笔"滤镜效果

"粗糙蜡笔"滤镜效果

"底纹效果"滤镜效果

"调色刀"滤镜效果

"干画笔"滤镜效果

"海报边缘"滤镜效果

"海绵"滤镜效果

"绘画涂抹"滤镜效果

"胶片颗粒"滤镜效果

"木刻"滤镜效果

"霓虹灯光"滤镜效果

"水彩"滤镜效果

"塑料包装"滤镜效果

"涂抹棒"滤镜效果

Section 05 "成角的线条"和"海洋波纹"滤镜的应用

Photoshop中的"成角的线条"滤镜和"海洋波纹"滤镜分别被置于"画笔描边"和"扭曲"滤镜组中,这两种滤镜结合使用,能够为图像添加个性的绘画效果。

知识点 "成角的线条"和"海洋波纹"滤镜选项组

使用"成角的线条"滤镜能使图像产生斜笔画风格的图像,类似于我们使用画笔按某一角度在画布上用油画颜料所涂画出的斜线,线条修长、笔触锋利。而使用"海洋波纹"滤镜则可在图像表面增加随机间隔的波纹,使图像看起来像是位于水平面下的效果。

知识链接

"扭曲"滤镜组中滤镜的用途

"扭曲"滤镜组中收录了波浪、波纹、玻璃、海洋波纹、极坐标、挤压、扩散亮光、切变、球面化、水波、旋转扭曲和置换12种滤镜,仅玻璃、海洋波纹和扩散亮光收录在库中。

波浪:该滤镜可以根据设定的波长和波幅产生波浪效果。

波纹:该滤镜可以根据参数设定产生不同的波纹效果。

玻璃:该滤镜能模拟透过玻璃来观看图像的效果。

海洋波纹:该滤镜为图像表面增加随机间隔的波纹,使图像产生类似海洋表面的波纹效果,有"波纹大小"和"波纹幅度"两个参数值。

极坐标:该滤镜可以将图像从直角坐标系转换为极坐标系或从极坐标系转换为直角坐标系,产生极端变形效果。

挤压:该滤镜可以使全部图像或选区图像产生向外或向内挤压的变形效果。

扩散亮光:该滤镜能使图像产生光热弥漫的效果,常用于表现强烈光线和烟雾效果,也被人称为漫射灯光滤镜。

执行"滤镜>画笔描边>成角的线条"命令,即可在弹出的"滤镜库"对话框中显示相应的选项组,下面对其选项进行介绍。

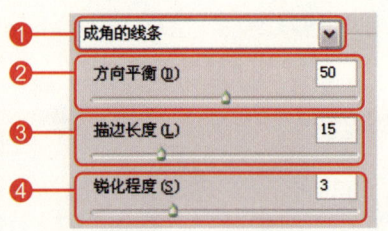

"成角的线条"滤镜选项组

❶ **"滤镜"下拉列表框**:显示当前所选择的滤镜选项,此时显示的为"成角的线条"滤镜选项。

❷ **"方向平衡"选项**:该选项用于线条的方向控制,当数值大于50时,绘制的线条方向为由右上角向左下角;当数值小于50时,则方向变为由左上角向右下角。

大于50的效果　　　小于50的效果

❸ **"描边长度"选项**:该选项用于控制线条的长度,数值越大线条效果越明显。

❹ **"锐化程度"选项**:该选项用于调整锐化程度,数值越大,像素颜色越亮,效果比较生硬;数值越小,成角的线条就会越柔和。

执行"滤镜>扭曲>海洋波纹"命令,即可在弹出的"滤镜库"对话框中显示相应选项组,下面对其选项进行介绍。

切变：该滤镜能根据用户在对话框中设置的垂直曲线使图像发生扭曲变形。

球面化：该滤镜能使图像区域膨胀，形成类似将图像贴在球体或圆柱体表面的效果。

水波：该滤镜可模仿水面上产生的起伏状波纹和旋转效果。需要注意的是，在其参数设置对话框中的"样式"下拉列表框中可对样式进行设置，让水波呈现不同的效果。

旋转扭曲：该滤镜可使图像产生类似于风轮旋转的效果，甚至可以产生将图像置于一个大旋涡中心的螺旋扭曲效果。

置换：该滤镜可使图像产生移位效果，移位的方向不仅跟参数设置有关，还跟位移图有密切关系。使用该滤镜需要两个文件才能完成，一个文件是要编辑的图像文件，另一个是位移图文件，位移图文件充当移位模板，用于控制位移的方向。

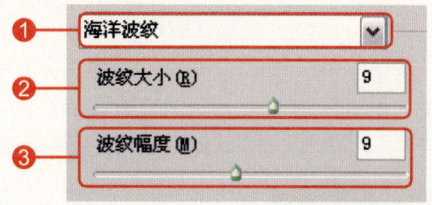

"海洋波纹"滤镜选项组

❶ **"滤镜"下拉列表框：**显示当前所选择的滤镜选项，此时显示的为"海洋波纹"滤镜选项。

❷ **"波纹大小"选项：**该选项用于调整当前文件图像中波纹的大小。数值越大，产生的波纹就越大。

❸ **"波纹幅度"选项：**该选项用于调整当前文件图像中波纹幅度的程度，数值越大，其图像中波纹的抖动效果就越明显。

参数为9的效果　　　　　　　　参数为16的效果

如何做　制作人物照片印象油画效果

油画是一种绘画种类，也可以分为多种效果，可以是印象派、古典派等，以此来体现不同时期的绘画风格，此时可通过Photoshop将照片制作成各种风格的油画效果。

01 打开图像文件
打开附书光盘Chapter 16\Media\06.jpg图像文件。

02 调整效果并应用滤镜
按下快捷键Ctrl+J，复制得到"图层1"，调整图层混合模式为"柔光"，"不透明度"为50%。按下快捷键Ctrl+Shift+Alt+E，盖印得到"图层2"。执行"滤镜>杂色>添加杂色"命令，在弹出对话框中设置参数。

03 查看图像效果

完成后单击"确定"按钮,为图像添加相应的杂点效果,使图像呈现出怀旧的效果。

04 应用滤镜

分别执行"滤镜>画笔描边>成角的线条"命令和"滤镜>扭曲>海洋波纹"命令,并分别在其相应的对话框中拖动滑块以设置参数,通过这两种滤镜的应用,赋予图像油画质感的点状绘画效果。

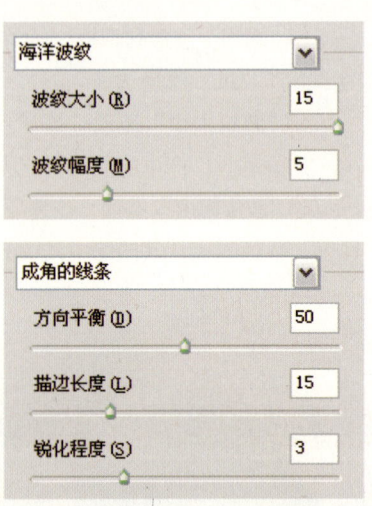

05 调整图像色阶

添加"色阶1"调整图层,在其"调整"面板中拖动滑块设置参数,并在"图层"面板中设置该调整图层的混合模式为"柔光",赋予图像温和的光感。

06 调整图像色调

添加"色彩平衡1"调整图层,在其"调整"面板中分别选中"中间调"和"阴影"单选按钮,拖动滑块设置参数,并设置该调整图层的混合模式为"柔光","不透明度"为80%,制作具有强烈色感的印象油画效果。

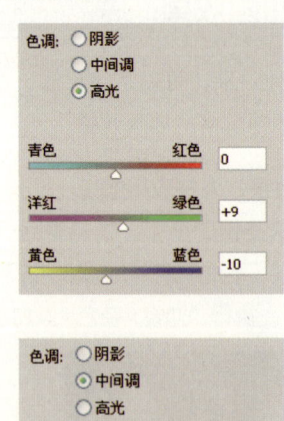

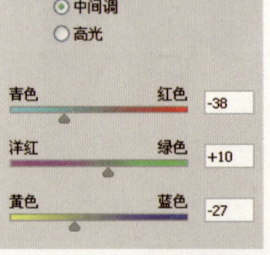

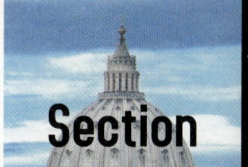

Section 06 "喷溅"滤镜的应用

Photoshop中的"喷溅"滤镜同样收录在"画笔描边"滤镜组中,使用该滤镜能使图像产生一种按一定方向喷洒水花的效果。本小节将介绍该滤镜的参数设置及应用效果。

知识点 "喷溅"滤镜选项组

使用"画笔描边"滤镜组中的"喷溅"滤镜能让图像画面看起来有如被雨水打湿的视觉效果,也正因为此,该滤镜也被称为"雨滴"滤镜,在相应的参数设置区域中可设置喷溅的范围和效果。

执行"滤镜>画笔描边>喷溅"命令,即可在弹出的"滤镜库"对话框中显示相应的选项组,下面对其选项进行介绍。

知识链接

认识"阴影线"滤镜

"阴影线"滤镜也被收录在"画笔描边"滤镜组中。使用该滤镜可以让图像产生具有十字交叉线网格风格的图像,此时让图像看起来就如同在粗糙的画布上使用笔刷绘制的效果。

原图

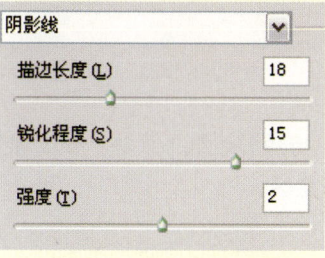
设置参数

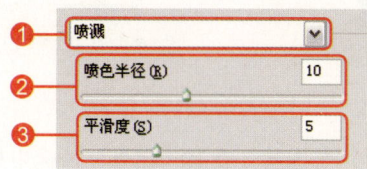
"喷溅"滤镜选项组

❶ **"滤镜"下拉列表框**:显示当前所选择的滤镜选项,此时显示的为"喷溅"滤镜选项。

❷ **"喷色半径"选项**:该选项用于调整在当前图像上喷色的半径大小,数值越大,喷色的效果就越明显。

半径为2的效果

半径为19的效果

❸ **"平滑度"选项**:该选项用于调整当前图像的喷色所产生的喷溅效果的平滑度,数值越大,平滑效果越好,喷色效果就越细致。

应用滤镜后的效果

平滑度为2的效果

平滑度为12的效果

| 如何做 | **制作照片淡雅装饰画效果** |

使用Photoshop中的各种滤镜，不仅能将照片制作成油画效果，也能将照片制作成钢笔淡彩的效果，此时可结合"特殊模糊"滤镜来进行操作。

01 打开图像文件
在Photoshop CS5中打开附书光盘Chapter 16\Media\07.jpg图像文件。

02 调整图像对比效果
添加"曲线 1"调整图层，在其"调整"面板中添加并拖动锚点，调整曲线，加强图像的对比效果。

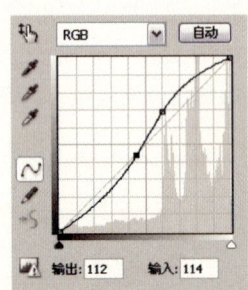

03 调整图像色相
添加"色相/饱和度 1"调整图层，在其"调整"面板中拖动滑块设置参数，调整图像的色相，从而赋予图像淡淡的青色调淡雅效果。

04 应用滤镜
盖印得到"图层1"，执行"滤镜>画笔描边>喷溅"命令，在打开对话框右上角的参数设置区域拖动滑块设置参数。

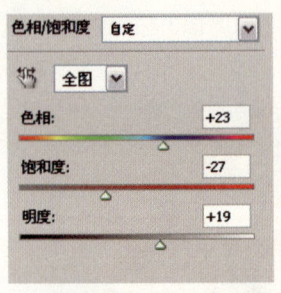

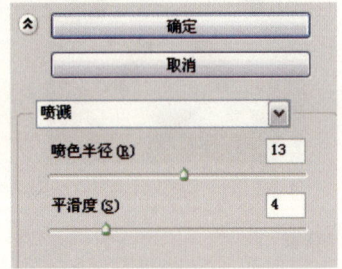

05 查看滤镜效果
完成设置后单击"确定"按钮，赋予图像一种被水打湿的画面效果。

06 绘制选区
新建"图层 2"，单击矩形选框工具，在图像中单击绘制相应的矩形选区。

07 调整选区

此时按下快捷键Ctrl+Shift+I，反选选区。

08 填充选区

设置前景色为白色，并按下快捷键Alt+Delete，填充选区为白色。

09 应用样式

执行"窗口>样式"命令，显示"样式"面板，在其中单击选择"耀斑（纹理）"样式，此时在图像中可以看到，快速为白色边缘图像应用该样式，为画面添加简单的渐变边框效果。

10 添加图层样式

双击"图层2"，在打开的"图层样式"对话框中勾选"投影"复选框并选中该选项，设置参数。

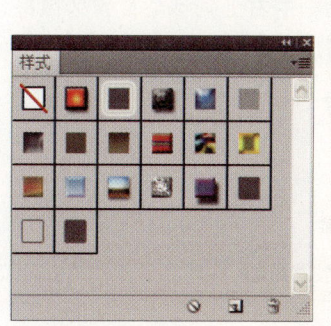

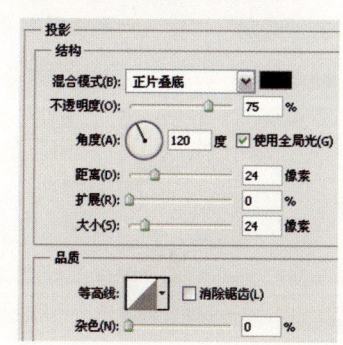

11 继续添加图层样式

继续在"图层样式"对话框中勾选"斜面和浮雕"复选框和"等高线"复选框，分别在其右侧的面板中拖动滑块设置相应的参数，完成后单击"确定"按钮，为边缘添加立体效果，制作淡雅的装饰画效果。

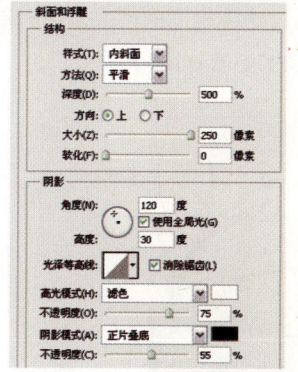
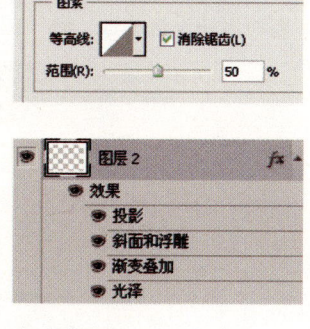

摄影师训练营　制作照片水墨画效果

水墨画多见于为山水风景画面展现主体，这里结合使用Photoshop中的"喷溅"、"强化的边缘"等滤镜，将风景照片制作成水墨画的效果。

01 打开图像文件
在Photoshop CS5中打开附书光盘Chapter 16\Media\08.jpg图像文件。

02 调整图像效果
按下快捷键Ctrl+J，复制得到"图层 1"，并设置混合模式为"滤色"，修复曝光不足的照片。盖印得到"图层 2"，执行"图像>调整>去色"命令，将图像调整为黑白效果。

03 模糊图像
执行"滤镜>模糊>高斯模糊"命令，打开"高斯模糊"对话框，在其中拖动滑块设置模糊"半径"，在预览区中预览图像，在效果合适后单击"确定"按钮，为图像适当添加模糊效果。

04 应用"喷溅"滤镜
继续执行"滤镜>画笔描边>喷溅"命令，在打开的"滤镜库"对话框的右上角参数设置区域拖动滑块以调整设置参数。

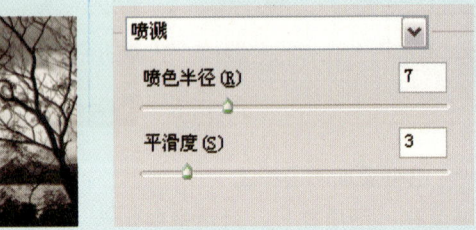

05 应用"强化的边缘"滤镜
在"滤镜库"对话框右下角单击"新建效果图层"按钮，此时创建的是与当前滤镜相同的效果图层，单击"强化的边缘"滤镜图标，并在右侧的选项组中拖动滑块设置参数，赋予图像水墨画效果。

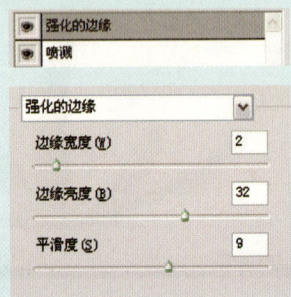

专栏　了解"画笔描边"滤镜组

"画笔描边"滤镜组包括成角的线条、墨水轮廓、喷溅、喷色描边、强化的边缘、深色线条、烟灰墨和阴影线8种滤镜，全收录在滤镜库中。下面分别对该滤镜组中较为常用的滤镜进行介绍，并结合各种不同类型的图像，对该滤镜组中的常用滤镜进行应用，以便对图像效果进行对比展示。

成角的线条： 该滤镜可以产生斜笔画风格的图像，类似于我们使用画笔按某一角度在画布上用油画颜料所涂画出的斜线，线条修长、笔触锋利，效果比较好看。

墨水轮廓： 该滤镜可在图像的颜色边界处模拟油墨绘制图像轮廓，产生钢笔油墨风格效果。

喷溅： 该滤镜可以使图像产生一种按一定方向喷洒水花的效果，画面看起来有如被雨水冲涮过一样。在相应的对话框中可设置喷溅的范围、喷溅效果的轻重程度。

原图1

"成角的线条"滤镜效果

"墨水轮廓"滤镜效果

"喷溅"滤镜效果

喷色描边： "喷色描边"滤镜和"喷溅"滤镜效果相似，可以产生如同在画面上喷洒水后形成的效果，或有一种被雨水打湿的视觉效果，不同的是它还能产生斜纹飞溅效果。

强化的边缘： 该滤镜可以对图像的边缘进行强化处理。

深色线条： 该滤镜通过用短而密的线条来绘制图像中的深色区域，用长而白的线条来绘制图像中颜色较浅的区域，从而产生一种很强的黑色阴影效果。

烟灰墨： 该滤镜可以通过计算图像中像素值的分布，对图像进行概括性的描述，进而产生用饱含黑色墨水的画笔在宣纸上进行绘画的效果。

阴影线： 该滤镜可以产生具有十字交叉线网格风格的图像，如同在粗糙的画布上使用笔刷。

原图2

"强化的边缘"滤镜效果

"深色线条"滤镜效果

"阴影线"滤镜效果

Section 07 "特殊模糊"滤镜的应用

Photoshop中的"特殊模糊"滤镜收录在"模糊"滤镜组中,使用该滤镜可以使照片图像产生一定的模糊效果,从而使画面符合实际需求,多用于对图像中的明显边界进行模糊处理。

知识点 认识"特殊模糊"对话框

"特殊模糊"滤镜的原理是通过查找图像的边缘,并对边界线以内的区域进行模糊处理来模糊图像。使用该滤镜的好处是在模糊图像的同时仍使图像具有清晰的边界,有助于去除图像色调中的颗粒、杂色。

专家技巧

快速调整显示效果

在"特殊模糊"对话框中,当通过单击 □ ⊞ 按钮调整预览图像显示效果后,还可将光标移动到预览区域,此时光标变为手形,单击并拖动图像在预览区域的显示位置,以便进行进一步的观察。

知识链接

认识"平均"滤镜

Photoshop中"平均"滤镜也位于"模糊"滤镜组中,该滤镜可找出图像或选区的平均颜色,然后用该颜色填充图像或选区以创建平滑外观。填充后的图像或选区为具体的颜色效果。

原图

平均模糊后的效果

执行"滤镜>模糊>特殊模糊"命令,即可打开"特殊模糊"对话框,下面对其中的选项进行详细的介绍。

"特殊模糊"对话框

❶**调整显示大小按钮**:可通过单击 □ 按钮缩小预览区域中的图像,也可单击 ⊞ 按钮放大预览区域中的图像。需要注意的是,还可以单击右侧的下拉按钮 ▼,在弹出的下拉列表中选择相应的选项即可按该比例进行显示。

❷**"半径"选项**:该选项用于设置模糊的半径范围。

❸**"阈值"选项**:该选项用于调整图像的模糊程度,数值越大,模糊效果越明显。

❹**"品质"下拉列表**:在该下拉列表中包括"低"、"中"和"高"3个选项,选择不同的选项即可设置模糊的质量。

❺**"模式"下拉列表**:默认情况下显示的为"正常"选项,也可在下拉列表中选择"仅限边缘"、"叠加边缘"等选项。选择"仅限边缘"选项时,当前图像背景自动变为黑色,物体的边缘为白色;选择"仅限边缘"选项时,仅将当前图像中一些带有纹理效果的边缘变为白色。

如何做　制作照片钢笔淡彩绘画效果

使用Photoshop中的各种滤镜，不仅能将照片制作成油画效果，也能将照片制作成钢笔淡彩的效果，此时可结合"特殊模糊"滤镜来进行操作。

01 打开图像文件并复制图层

打开附书光盘Chapter 16\Media\09.jpg图像文件。按下两次快捷键Ctrl+J，复制得到"图层 1"和"图层1 副本"图层。

02 应用"特殊模糊"滤镜

单击选择"图层1 副本"图层，执行"滤镜>模糊>特殊模糊"命令，打开"特殊模糊"对话框，在该对话框中拖动滑块设置参数，并调整"品质"和"模式"选项，完成后单击"确定"按钮，赋予图像黑底白色描边的图像效果。

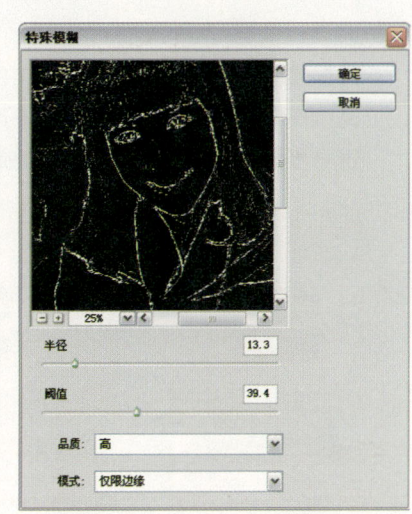

03 反显图像

按下快捷键Ctrl+I，将图像显示效果反相，使其多数部分呈白色显示，得到具有绘画感的图像效果。

04 调整图层属性

设置"图层 1"的图层混合模式为"滤色"，"不透明度"为65%，加强图像的显示。设置"图层1 副本"图层的混合模式为"叠加"，为其添加图层蒙版，调整"不透明度"和"流量"，适当涂抹显示部分图像，制作钢笔淡彩绘画效果。

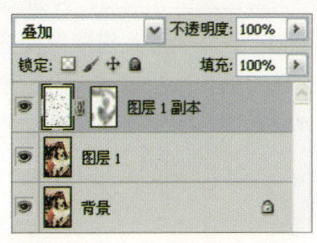
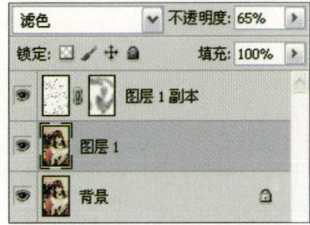

专栏　**了解"模糊"滤镜组**

"模糊"滤镜组中包括表面模糊、动感模糊、方框模糊、高斯模糊、进一步模糊、径向模糊、镜头模糊、模糊、平均模糊、特殊模糊和形状模糊11种滤镜。使用时只需执行"滤镜>模糊"命令，在弹出的级联菜单中选择相应的滤镜命令即可。下面分别对这些滤镜的功能进行介绍，并结合应用滤镜后的效果进行展示。

表面模糊：该滤镜对边缘以内的区域进行模糊，在模糊图像时可保留图像边缘，用于创建特殊效果以及去除杂点和颗粒，从而产生清晰边界的模糊效果。

动感模糊：该滤镜模仿拍摄运动物体的手法，通过使像素进行某一方向上的线性位移来产生运动模糊效果。使用"动感模糊"滤镜将使当前图像的像素向两侧拉伸，在该对话框中可以对角度以及拉伸的距离进行调整。

方框模糊：该滤镜以邻近像素颜色平均值为基准模糊图像。

高斯模糊：该滤镜可根据数值快速地模糊图像，产生很好的朦胧效果。

进一步模糊：与模糊滤镜产生的效果一样，但效果强度会增加到3～4倍。

原图　　　　　　　　　"表面模糊"滤镜效果　　　　　　"动感模糊"滤镜效果　　　　　　"高斯模糊"滤镜效果

径向模糊：该滤镜可产生具有辐射性模糊的效果，在一定程度上模拟相机前后移动或旋转产生的模糊效果。

镜头模糊：该滤镜可以模仿镜头的景深效果，对图像的部分区域进行模糊。

模糊：该滤镜使图像变得模糊一些，它能去除图像中明显的边缘或非常轻度的柔和边缘，如同在相机的镜头前加入柔光镜所产生的效果。

平均：该滤镜可找出图像或选区的平均颜色，然后用该颜色填充图像或选区以创建平滑外观。

特殊模糊：该滤镜能找出图像的边缘并对边界线以内的区域进行模糊处理。

形状模糊：该滤镜使用指定的形状作为模糊中心进行模糊。

"径向模糊"滤镜效果　　　　　"镜头模糊"滤镜效果　　　　　"特殊模糊"滤镜效果　　　　　"形状模糊"滤镜效果

Section 08 "水彩"和"纹理化"滤镜的应用

Photoshop中的"水彩"滤镜收录在"艺术效果"滤镜组中,而"纹理化"滤镜则收录在"纹理"滤镜组中,结合使用这两种滤镜,能够赋予照片图像水彩质感的绘画效果。

知识点 "水彩"和"纹理化"滤镜选项组

"水彩"滤镜可以描绘图像中的景物形状,同时简化颜色,进而产生水彩画的效果。该滤镜的缺点是会使图像中的深颜色变得更深,效果比较沉闷,而真正的水彩画特征通常是浅颜色。而"纹理化"滤镜可以在图像中添加不同的纹理,使图像看起来富有质感。可在"纹理"下拉列表框中设置不同的纹理类型。

执行"滤镜>艺术效果>水彩"命令,即可在打开的对话框右上角显示相应的选项组,而要设置纹理化的相关选项,则可执行"滤镜>纹理>纹理化"命令,即可在打开的对话框右上角显示相应的选项组,下面分别对这两个选项组中的选项进行详细的介绍。

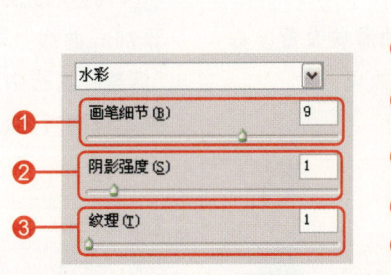
"水彩"滤镜选项组

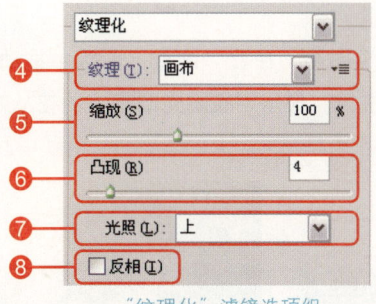
"纹理化"滤镜选项组

❶ **"画笔细节"选项:** 该选项用于设置当前画笔的细节,数值越大,描绘到的图像也就越仔细。

❷ **"阴影强度"选项:** 该选项用于调整当前图像的明暗效果,数值越大,图像的阴影效果越重,水彩效果就越淡。

❸ **"纹理"选项:** 该选项用于调整当前图像水彩效果的程度,此时的数值只有3,表示仅有3个级别。

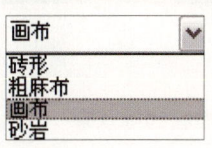
"纹理"下拉列表

❹ **"纹理"下拉列表:** 在该下拉列表中收录了"砖形"、"粗麻布"、"画布"和"砂岩"4个选项,选择不同的选项,即可赋予图像不同质感的画布效果。

❺ **"缩放"选项:** 该选项用于调整绘制线条以及纹理的缩放大小,数值越小其效果越细致。

❻ **"凸现"选项:** 该选项用于设置当前纹理的凸出显示量,数值越大,效果越凸出。

❼ **"光照"下拉列表:** 单击右侧的下拉按钮,在弹出的下拉列表中可以设置光照的方向。

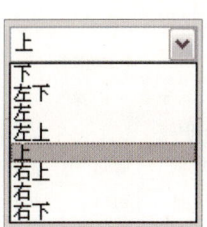
"光照"下拉列表

❽ **"反相"复选框:** 勾选该复选框可对纹理以及线条进行反方向的调整。

如何做 制作照片水彩画效果

水彩画具有颜色明亮，色泽通透，还有一种被水浸润后的质感，此时可通过"水彩"和"喷溅"滤镜对图像进行调整，结合"纹理化"滤镜，添加绘画纸的纹理效果，赋予图像更完整的水彩画效果。

01 打开图像文件
在Photoshop CS5中打开附书光盘Chapter 16\Media\10.pg图像文件。

02 调整图像色调
添加"色彩平衡 1"调整图层，在其"调整"面板中拖动滑块调整参数，调整图像的色调，加入青绿色调。

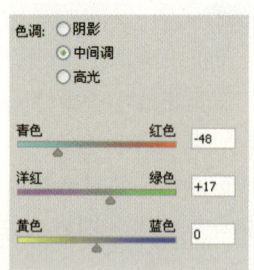

03 修复图像暗色调
添加"色阶 1"调整图层，在其"调整"面板中拖动滑块设置参数，将图像中的暗色调去除，显示明媚阳光照耀下的花丛效果。

04 调整对比效果
添加"曲线 1"调整图层，在其"调整"面板中调整曲线，再次调整图像的对比效果。

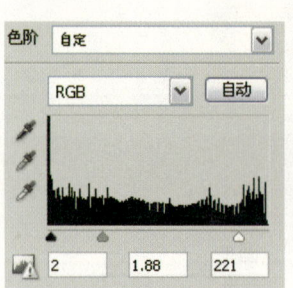

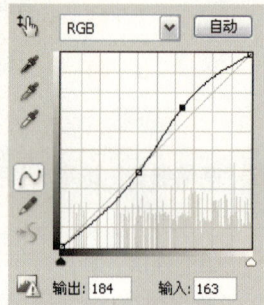

05 查看图像效果
此时在图像中可以看到，由于"色彩平衡1"、"色阶1"和"曲线1"3个调整图层的调整，图像呈现明亮的花卉照效果。按下快捷键Ctrl+Shift+Alt+E，盖印图层，生成"图层 2"。

06 应用"水彩"滤镜
执行"滤镜>艺术效果>水彩"命令，在打开对话框右上角的参数设置区域拖动滑块设置参数。

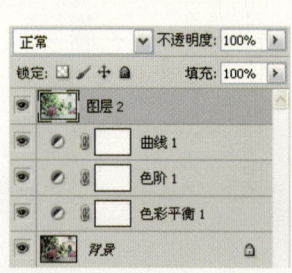

07 查看图像效果

完成设置后单击"确定"按钮,即可应用"水彩"滤镜效果,经过该滤镜的调整,在图像中可以看到,照片图像呈现被水浸湿,又带一点笔触的绘制效果。

08 创建选区

单击魔棒工具,在工具属性栏中设置"容差"为50px,按住Shift键的同时单击"添加到选区"按钮,在图像中的浅色背景和方台上连续单击,创建相应的选区。

09 应用"喷溅"滤镜

执行"滤镜>画笔描边>喷溅"命令,在打开对话框右上角的参数设置区域中拖动滑块设置参数,完成后单击"确定"按钮,为选区内的图像添加湿边效果,让水彩画更富有润泽的水质感。完成后按下快捷键Ctrl+D,取消选区。

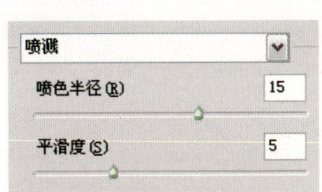

10 应用"纹理化"滤镜

继续执行"滤镜>纹理>纹理化"命令,在打开对话框右上角的参数设置区域内拖动滑块设置参数,并在"纹理"下拉列表中设置纹理类型,完成后单击"确定"按钮,赋予图像一定的底纹效果,制作水彩纸张上的纹理效果。此时还可按下快捷键Ctrl++,放大图像,查看制作的水彩画效果的细节。

专栏　了解"纹理"滤镜组

"纹理"滤镜组中的滤镜主要用于生成具有纹理效果的图案，使图像具有质感。"纹理"滤镜组包括龟裂缝、颗粒、马赛克拼贴、拼缀图、染色玻璃和纹理化6种滤镜，且全收录在滤镜库中。下面分别对该滤镜组中的滤镜的功能进行介绍，并结合各种不同类型的图像，对该滤镜组中的滤镜进行应用，以便对图像效果进行对比展示。

龟裂缝：该滤镜可以使图像产生龟裂纹理，从而制作具有一定的浮雕样式的图像，此时的图形带有一定的立体感。

颗粒：该滤镜可以在图像中随机加入不规则的颗粒来产生颗粒纹理效果。此时还可在"颗粒类型"下拉列表框中对颗粒类型进行设置，选项不同的选项得到的效果也不相同。

马赛克拼贴：该滤镜用于产生类似马赛克拼成的图像效果，它制作的是位置均匀分布但形状不规则的马赛克。

原图1　　　　　　　"龟裂缝"滤镜效果　　　　　　　"颗粒"滤镜效果　　　　　　　"马赛克拼贴"滤镜效果

拼缀图：该滤镜在马赛克拼贴滤镜的基础上增加了一些立体感，使图像产生一种类似于建筑物上使用瓷砖拼成图像的效果。

染色玻璃：该滤镜可以将图像分割成不规则的多边形色块，然后用前景色勾画其轮廓，产生一种视觉上的彩色玻璃效果。

纹理化：该滤镜可以在图像中添加不同的纹理，使图像看起来富有质感。可在"纹理"下拉列表中设置不同的纹理类型。

  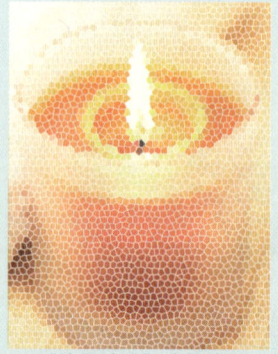 

原图2　　　　　　　"拼缀图"滤镜效果　　　　　　　"染色玻璃"滤镜效果　　　　　　　"纹理化"滤镜效果

Section 09 "查找边缘"和"等高线"滤镜的应用

Photoshop中的"风格化"滤镜组可以将图像的边缘进行移动,创建水平线以模拟风的动感效果,是制作纹理或为文字添加阴影效果时常用的滤镜工具,在其对话框中可设置风吹效果样式以及风吹方向。

知识链接

"预览"复选框

在使用Photoshop中的各种滤镜对照片图像进行调整时,若使用如等高线、浮雕效果等具有独立的参数设置对话框的滤镜,在相应的参数对话框中会带有一个"预览"复选框,此时勾选该复选框,即可直接查看图像应用该滤镜的效果,若取消该复选框的勾选状态,则只能在单击"确定"按钮,应用滤镜效果后才能查看到相应的效果。

原图

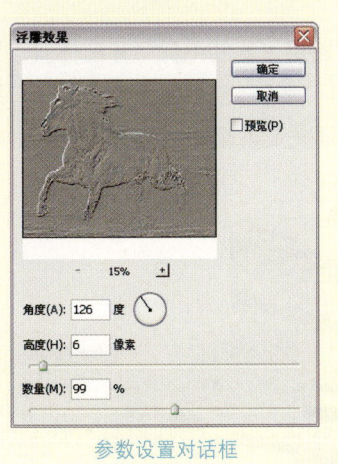
参数设置对话框

知识点 认识"查找边缘"和"等高线"滤镜

使用"查找边缘"滤镜能查找图像中主色块颜色变化的区域,并将查找到的边缘轮廓描边,使图像看起来像用笔刷勾勒的轮廓。该滤镜没有参数设置对话框,也没有收录到滤镜库中,所以执行"滤镜 > 风格化 > 查找边缘"命令即可应用该滤镜。

使用"等高线"滤镜可以查找图像中的主要亮度区域并勾勒边缘,以获得与等高线图中的线条类似的效果。执行"滤镜 > 风格化 > 等高线"命令,即可打开"等高线"对话框,下面对其中的选项进行介绍。

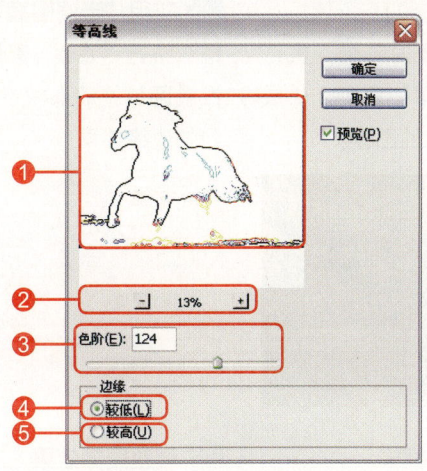
"等高线"对话框

❶ **图像预览区:** 可查看到当前图像在应用该滤镜后的图像效果。

❷ **调整显示大小按钮:** 可通过单击▭按钮缩小预览区域中的图像,也可单击▭按钮放大预览区域中的图像。需要注意的是,还可单击右侧的下拉按钮▼,在弹出的下拉列表中选择相应的选项即可按该比例进行显示。

❸ **"色阶"数值框:** 用于设置查找图像边缘的色阶值。

❹ **"较低"单选按钮:** 选中该单选按钮,查找的颜色值高于指定的色阶边缘。

❺ **"较高"单选按钮:** 选中该单选按钮,查找的颜色值低于指定的色阶边缘。

PART 07 数码照片应用篇 441

如何做 制作图像手绘草稿效果

应用"风格化"滤镜组调整图像效果可以不同程度地突出图像边缘,使用"查找边缘"滤镜可以自动用显著的转换来标识图像的区域,同时突出图像的边缘。

01 打开图像文件并复制图层
在Photoshop CS5中打开附书光盘Chapter 16\Media\11.jpg图像文件。复制"背景"图层生成"背景 副本"图层。

02 应用"查找边缘"滤镜
在"图层"面板中选择"背景 副本"图层,然后执行"滤镜>风格化>查找边缘"命令,查找图像的轮廓。

03 应用"等高线"滤镜
执行"滤镜>风格化>等高线"命令,设置相应的参数。

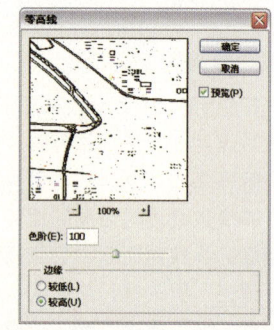

04 反相图像
此时可以看到图像的效果,执行"图像>调整>反相"命令,生成彩色线条勾勒边缘的图像。

05 应用"半调图案"滤镜
继续执行"滤镜>素描>半调图案"命令,在打开对话框右上角的参数设置区域拖动滑块设置参数,完成后单击"确定"按钮,赋予图像强烈的边缘效果。

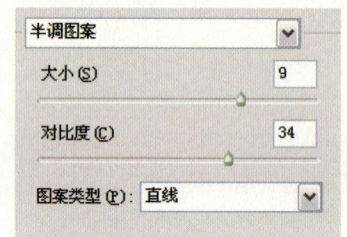

06 调整图层混合模式
在"图层"面板中设置该图层的混合模式为"叠加","不透明度"为45%,调整图像效果。

07 调整图像效果
在"图层"面板中单击选择"背景"图层,复制得到"背景 副本2"图层,执行"滤镜>风格化>查找边缘"命令,查找出图像的轮廓,并设置图层混合模式为"叠加",同时再复制两个相应的副本图层,加强图像效果,制作手绘草稿图像。

制作照片炭笔画效果

炭笔画是比较速成的，能快速展现艺术感的绘画效果，可通过Photoshop软件，结合查找边缘、烟灰墨、添加杂色等多种滤镜，将照片处理成炭笔画的效果。

01 打开图像文件
在Photoshop CS5中打开附书光盘Chapter 16\Media\12.jpg图像文件。

02 复制并调整图层
按下快捷键Ctrl+J，复制得到"图层1"，设置图层混合模式为"滤色"，"不透明度"为50%。

03 调整图像明暗对比
添加"色阶1"调整图层，在其"调整"面板中设置参数，继续调整图像明暗对比效果。

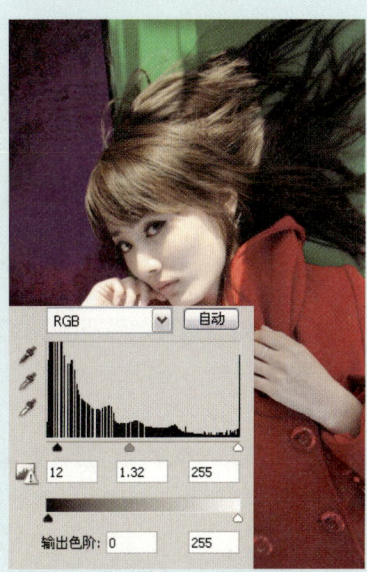

04 调整图像黑白效果
按下快捷键Ctrl+Alt+Shift+E，盖印得到"图层2"，执行"图像>调整>去色"命令，将图像调整为黑白效果。

05 应用"查找边缘"滤镜
按下快捷键Ctrl+J，复制得到"图层2 副本"图层，执行"滤镜>风格化>查找边缘"命令，查找图像的边缘轮廓。

06 调整图层混合模式
在"图层"面板中设置"图层2 副本"图层的混合模式为"柔光"，加强图像效果。

07 应用"烟灰墨"滤镜

按下快捷键Ctrl+Alt+Shift+E,盖印得到"图层 3",执行"滤镜>画笔描边>烟灰墨"命令,在弹出的对话框中设置参数,制作炭笔画效果,并复制副本图层,设置混合模式为"正片叠底",加强图像效果。

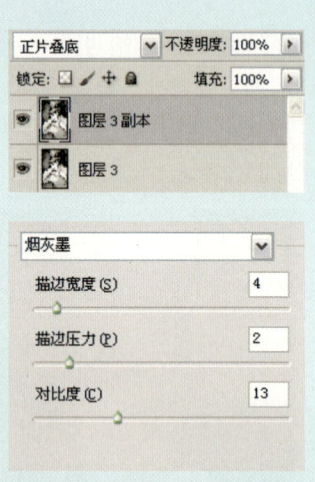

08 添加动态杂点并加强图像效果

新建"图层 4",填充图像为白色。执行"滤镜>杂色>添加杂色"命令,在弹出的对话框中勾选"单色"复选框,并设置相应的参数,完成后单击"确定"按钮。执行"滤镜>模糊>动感模糊"命令,并设置相应的参数。调整混合模式为"正片叠底",为炭笔画添加具有绘画笔触的背景,让图像效果更完整。设置"图层 4"的"不透明度"为80%,然后为其添加图层蒙版,并使用黑色画笔,设置样式为"喷溅 59 像素",在图像中适当涂抹,制作更为真实的炭笔画效果。

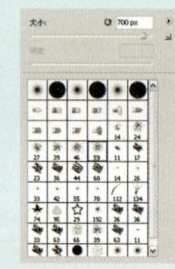

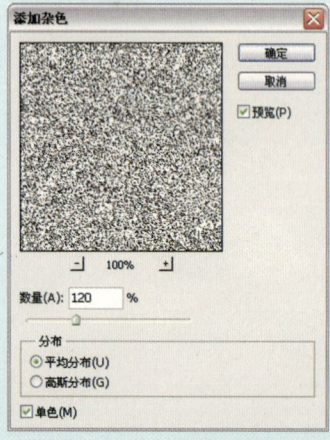
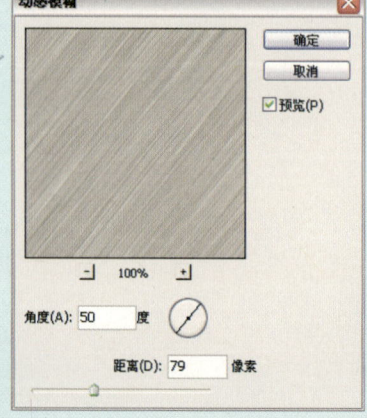

CHAPTER

17

制作照片特殊质感效果

在 Photoshop 中结合一些较为特殊的滤镜或命令，可以为照片图像添加特殊质感效果。本章针对这些特效的质感滤镜，如"马赛克"、"添加杂色"、"动感模糊"、"染色玻璃"、"拼缀图"、"半调图案"、"塑料包装"等滤镜进行详细的介绍，帮助读者更深入地了解各种滤镜的用法，同时赋予数码照片更多的特效诠释。

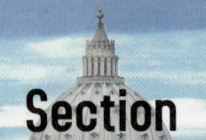

Section 01 "马赛克"滤镜的应用

Photoshop中的"马赛克"滤镜可以将图像分解成许多规则排列的小方块,实现图像的网格化,每个网格中的像素均使用本网格内的平均颜色填充,从而产生类似马赛克般的效果。

知识点 "马赛克"滤镜对话框

"马赛克"滤镜收录在"像素化"滤镜组中,执行"滤镜 > 像素化 > 马赛克"命令,即可打开"马赛克"对话框,此时可以看到,该对话框中仅"单元格大小"一个选项,可通过拖动滑块来调整参数,用于确定在画面中生成马赛克方块的大小,数值越大,马赛克的方块效果就越大,图像也就越模糊。

"马赛克"对话框

原图

单元格大小为18的滤镜效果

单元格大小为38的滤镜效果

如何做 制作照片瓷砖效果

生活中我们常常见到在瓷砖上印有许多不同的图案,结合Photoshop中的"马赛克"和"浮雕效果"滤镜,可以将带有各种图案的数码照片制作成图案瓷砖效果。

01 打开图像文件

在Photoshop CS5中打开附书光盘Chapter 17\Media\01.jpg图像文件。

02 应用"马赛克"滤镜

按下快捷键Ctrl+J,复制得到"图层1",执行"滤镜>像素化>马赛克"命令,打开"马赛克"对话框,在其中设置参数后单击"确定"按钮,赋予图像马赛克效果。

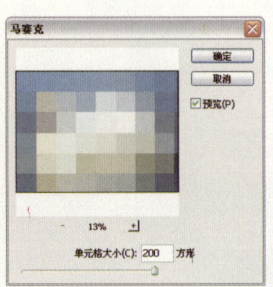

446 Photoshop CS5 数码照片处理圣经

03 调整马赛克效果

在"图层"面板中设置"图层 1"的混合模式为"叠加","不透明度"为80%,适当调整应用的马赛克效果。

04 应用"浮雕效果"滤镜

按下快捷键Ctrl+J,复制得到"图层1 副本"图层。执行"滤镜>风格化>浮雕效果"命令,打开"浮雕效果"对话框,在其中设置参数,完成后单击"确定"按钮,让图像中的马赛克效果具有一定立体感。

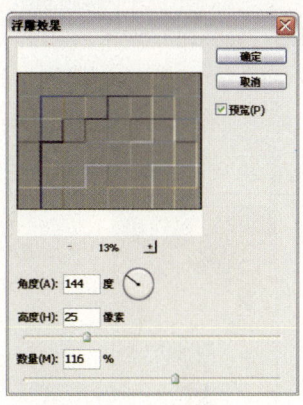

05 调整浮雕效果

在"图层"面板中设置"图层1副本"的图层混合模式为"线性光","不透明度"为100%,加强浮雕突出部分的效果。

06 再次应用"浮雕效果"滤镜

按下快捷键Ctrl+Shift+Alt+E,盖印得到"图层 2"。执行"滤镜>风格化>浮雕效果"命令,继续在打开的"浮雕效果"对话框中设置参数,完成后单击"确定"按钮,再次为画面添加浮雕效果。

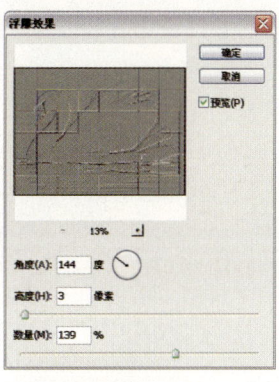

07 继续调整浮雕效果

在"图层"面板中设置"图层2"的混合模式为"正片叠底",并隐藏"图层1 副本"图层,使其不可见,制作瓷砖纹理效果。

08 调整明暗对比

在"图层"面板中单击"创建新的填充或调整图层"按钮,在弹出的菜单中选择"色阶"命令,添加"色阶 1"调整图层,在其"调整"面板中设置参数,加强图像对比效果,让带有瓷砖质感的图像更明亮。

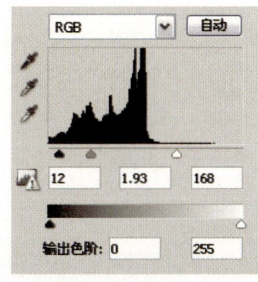

摄影师训练营　制作照片十字绣效果

十字绣是近几年来比较流行的一种编织效果，使用Photoshop软件可以将普通的风景照、人物照处理成仿十字绣编辑的效果。

01 打开图像文件

打开附书光盘 Chapter 17\Media\02.jpg 图像文件。

02 应用"马赛克"滤镜

按下快捷键 Ctrl+J，复制得到"图层 1"。执行"滤镜 > 像素化 > 马赛克"命令，在弹出的对话框中设置参数，添加马赛克效果。

03 制作线条

按下快捷键 Ctrl+N，打开"新建"对话框，进行相应设置后单击"确定"按钮新建文件，单击多边形套索工具，绘制选区后填充选区为黑色。

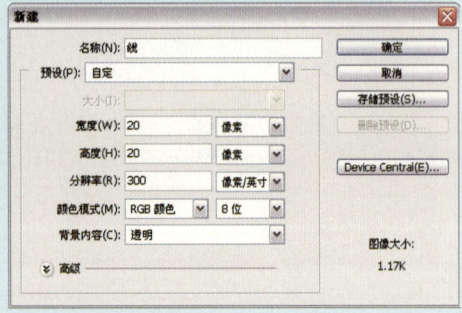 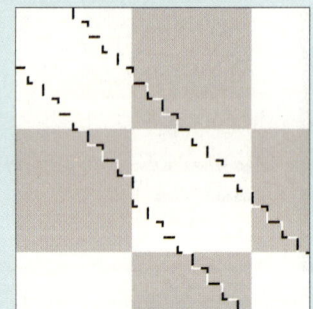 

04 设置并填充图案

执行"编辑 > 定义图案"命令，在弹出的对话框中单击"确定"按钮，定义图案。返回到 02.jpg 文件中，新建"图层 2"，执行"编辑 > 填充"命令，在弹出的对话框中设置图案，单击"确定"按钮，此时可以看到，使用黑色斜线填充图像后，图像上铺上了一层细小的黑色斜线。

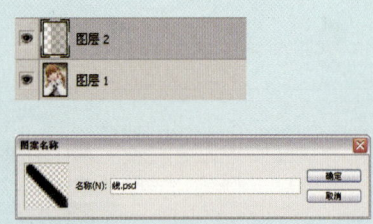 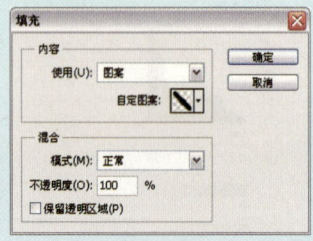 

05 制作反向线条

按下快捷键 Ctrl+J,复制得到"图层 2 副本"图层,并按下快捷键 Ctrl+T,水平翻转图像,让细小的黑色斜线形成交叉效果。

06 载入图层选区

隐藏"图层 2"和"图层 2 副本"。单击选择"图层 1",按住Ctrl键的同时单击"图层 2"缩览图,载入"图层 1"选区。

07 添加图层样式

按下快捷键 Ctrl+J,复制得到"图层 3",双击该图层,在弹出的对话框中勾选"斜面和浮雕"复选框,在该选项面板中设置参数并调整阴影模式颜色为褐色（R87、G28、B11）,添加浮雕效果。

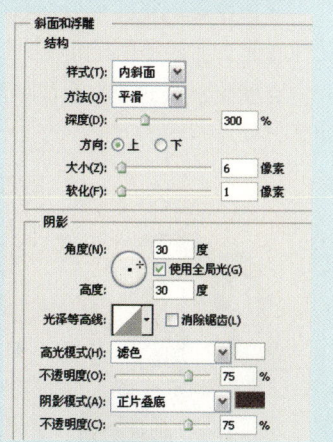

08 查看图像效果

此时在图像中可以看到,由于"斜面和浮雕"图层样式的添加,为图像制作一个方向上的由于绣花而突出的画面效果。

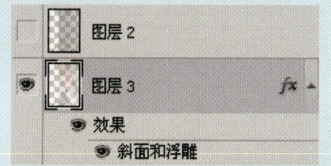

09 调整图像色调

使用相同的方法,通过载入"图层 2 副本"选区,复制得到"图层 4",并通过复制图层样式效果,赋予"图层 4"相同的"斜面和浮雕"图层样式,制作另一个方向的浮雕效果。添加"色阶 1"调整图层,适当调整对比度,加强十字绣图像的明暗关系。

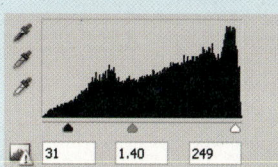

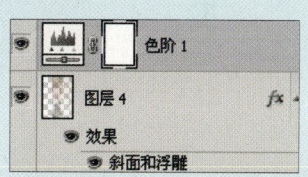

专栏　了解"像素化"滤镜组

"像素化"滤镜组提供了彩块化、彩色半调、点状化、晶格化、马赛克、碎片和铜版雕刻7种滤镜。这些滤镜都没有收录在滤镜库中,下面分别对这些滤镜的原理进行介绍,并结合图像对应用这些滤镜后的效果进行展示。

彩块化:该滤镜使图像中纯色或相似颜色凝结为彩色块,从而产生类似宝石刻画般的效果,该滤镜没有参数设置对话框。

彩色半调:该滤镜可以将图像中的每种颜色分离,将一幅连续色调的图像转变为半色调的图像,使图像看起来类似彩色报纸印刷效果或铜版化效果。

点状化:该滤镜在图像中随机产生彩色斑点,点与点间的空隙用背景色填充,生成一种点画派作品效果。

   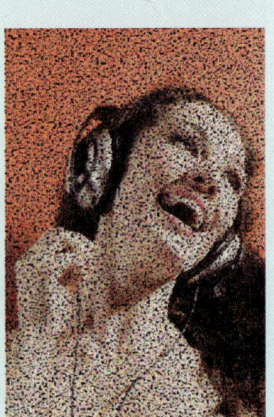

　　原图1　　　　　　"彩块化"滤镜效果　　　　"彩色半调"滤镜效果　　　　"点状化"滤镜效果

晶格化:该滤镜可以将图像中颜色相近的像素集中到一个多边形网格中,从而把图像分割成许多个多边形的小色块,产生晶格化的效果,也被称为水晶折射滤镜。

马赛克:该滤镜可将图像分解成许多规则排列的小方块,实现图像的网格化,每个网格中的像素均使用本网格内的平均颜色填充,从而产生类似马赛克般的效果。

碎片:该滤镜将图像的像素复制4遍,然后将它们平均分布并降低不透明度,从而形成一种不聚焦的重视效果,该滤镜没有参数设置对话框。

铜版雕刻:该滤镜能够使用指定的点、线条和笔画重画图像,产生版刻画的效果。

　　原图2　　　　　　"晶格化"滤镜效果　　　　"马赛克"滤镜效果　　　　"铜版雕刻"滤镜效果

Section 02 "添加杂色"和"动感模糊"滤镜的应用

Photoshop中的"添加杂色"滤镜能通过为图像增加一些细小的像素颗粒，使这些干扰粒子混合到图像中的同时产生色散效果。而"动感模糊"滤镜模仿拍摄运动物体的手法，通过对某一方向上的像素进行线性位移产生运动模糊效果。

知识链接

查看不同的滤镜效果

在对图像应用滤镜效果时应注意图像的分辨率，在Photoshop中，即使是相同的滤镜，设置相同的参数，若此时图像的分辨率不同，得到的图像效果也会大相径庭。

分辨率为72的原图

设置"玻璃"滤镜的参数

知识点 "添加杂色"和"动感模糊"对话框

"添加杂色"滤镜收录在"杂色"滤镜组中，而"动感模糊"滤镜则收录在"模糊"滤镜组中，通过对不同滤镜组的滤镜进行结合使用，能为图像带来意想不到的效果。

执行"滤镜>杂色>添加杂色"命令，即可打开"添加杂色"对话框，下面对其中的选项进行介绍。

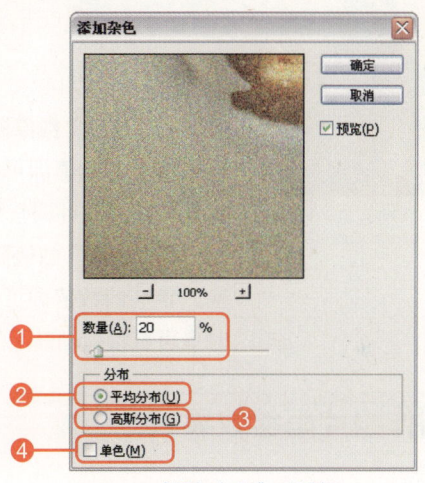

"添加杂色"对话框

❶ **"数量"选项：** 该选项用于设置添加染色的数量，数值越大，在图像中添加的杂点越多，其图像效果越模糊。

数量为20时的效果　　　　数量为100时的效果

❷ **"平均分布"单选按钮：** 选中该单选按钮，即可按照图像中所有像素的平均点的值来分布在每一个部分的像素点。

❸ **"高斯分布"单选按钮：** 选中该单选按钮，即可按照图像中所有像素点以高斯曲线的规律来分布在每一个部分的像素点。

PART 07 数码照片应用篇 451

图像效果

调整分辨率为150的玻璃滤镜效果

❹ "**单色**"**复选框**：勾选该复选框后，为图像添加的杂点则只存在两种颜色，即黑白两色；若取消该复选框的勾选状态，则可以看到，为图像添加的是随机生成的多种颜色的杂点效果。

执行"滤镜>模糊>动感模糊"命令，即可打开"动感模糊"对话框，下面对其中的选项进行介绍。

"动感模糊"对话框

❶ "**角度**"**数值框**：该选项用于设置动感模糊的方向，在数值框中输入相应的数值即可按该角度进行运动。此时也可在右侧的圆圈中直接拖动角度指针调整角度。

❷ "**距离**"**数值框**：该选项用于设置动感模糊的程度，在数值框中输入相应的数值即可调整模糊效果，数值越大，模糊效果越明显。此时也可直接拖动其下的滑块来调整距离。

如何做　制作照片雨丝效果

挑选一些展现"水"场景的风景照片，结合Photoshop中的"添加杂色"和"动感模糊"滤镜，为照片添加下雨的雨丝效果，赋予照片更多的处理空间。

01 打开图像文件

在Photoshop CS5中执行"文件>打开"命令，或按下快捷键Ctrl+O，打开附书光盘Chapter 17\Media\03.jpg图像文件。

02 调整图像明暗效果

按下快捷键Ctrl+J，复制得到"图层1"，在"图层"面板中设置混合模式为"正片叠底"，"不透明度"为30%，调整图像明暗效果。

03 应用"添加杂色"滤镜

新建"图层 2",填充为黑色,并执行"滤镜>杂色>添加杂色"命令,在弹出的"添加杂色"对话框中设置相应的参数,完成后单击"确定"按钮,赋予图像黑色杂点效果。

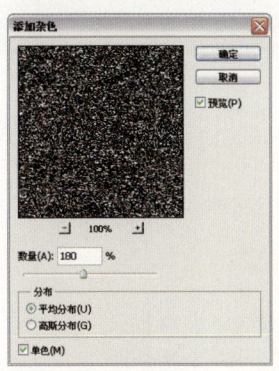

04 应用"动感模糊"滤镜

执行"滤镜>模糊>动感模糊"命令,在弹出的"动感模糊"对话框中设置相应的参数。

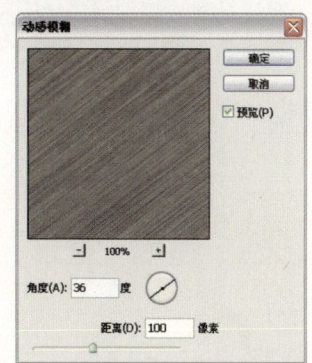

05 查看滤镜效果

完成设置后单击"确定"按钮,添加动态的杂点,让杂点由动态产生一定方向上的线条感。

06 调整曲线

按下快捷键Ctrl+M,打开"曲线"对话框,在其中添加并拖动锚点,调整曲线,完成后单击"确定"按钮,加强线条的对比度。

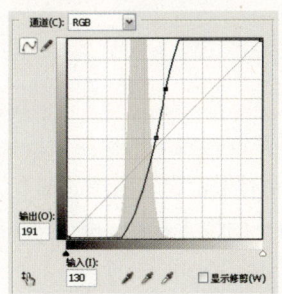

07 添加图层蒙版

在"图层"面板中设置混合模式为"滤色",并为其添加图层蒙版,使用黑色画笔,设置样式为喷溅效果样式,适当涂抹,为画面添加雨丝效果。

08 调整图像效果

复制得到"图层2 副本"图层,调整混合模式为"叠加","不透明度"为50%,填充图层蒙版为白色后继续使用画笔涂抹,加强雨丝效果。

| 专栏 | **了解"杂色"滤镜组** |

"杂色"滤镜组包括了减少杂色、蒙尘与划痕、去斑、添加杂色和中间值5种滤镜。这些滤镜都没有包含在滤镜库中,下面分别对这些滤镜的原理进行介绍,同时对一些典型的滤镜图像进行效果展示。

减少杂色: 该滤镜用于去除扫描的照片和数码相机拍摄的照片上产生的杂色。

蒙尘与划痕: 该滤镜通过将图像中有缺陷的像素融入周围的像素,达到除尘和涂抹的效果,适用于处理扫描图像中的蒙尘和划痕。

原图1

"减少杂色"滤镜效果

"蒙尘与划痕"滤镜效果

去斑: 该滤镜通过对图像或选区内的图像进行轻微的模糊、柔化,从而达到掩饰图像中细小斑点、消除轻微折痕的作用。这种模糊可去掉杂色同时保留原来图像的细节。

添加杂色: 该滤镜可为图像添加一些细小的像素颗粒,使其混合到图像内的同时产生色散效果,常用于添加杂点纹理效果。

中间值: 该滤镜可以采用杂点和其周围像素的折中颜色来平滑图像中的区域,也是一种用于去除杂色点的滤镜,可以减少图像中杂色的干扰。

原图2

"添加杂色"滤镜效果

"中间值"滤镜效果

Section 03 "染色玻璃"滤镜的应用

Photoshop中的"染色玻璃"滤镜可以将图像分割成不规则的多边形色块,然后用前景色勾画其轮廓,产生一种视觉上的彩色玻璃效果。本小节将利用该滤镜为照片图像制作玻璃质感效果。

知识点 "染色玻璃"滤镜选项组

使用"染色玻璃"滤镜能将图像中的像素分割为不同色彩且大小不一的色块,从而让图像形成一种特殊的视觉效果。

执行"滤镜>纹理>染色玻璃"命令,即可在打开对话框的右上角显示相应的选项组,下面对其中的选项进行介绍。

专家技巧

"滤镜"菜单中一些命令呈灰色显示的原因

打开一幅图像后,执行相应的滤镜命令,此时可在菜单中看到一些滤镜命令呈灰色显示,这是由于在Photoshop中RGB颜色模式的图像可以使用Photoshop CS5中的所有滤镜;而位图模式、16位灰度图、索引模式和48位RGB模式等图像颜色模式则无法使用滤镜;某些颜色模式如CMYK模式,只能使用部分滤镜,如画笔描边、素描、纹理以及艺术效果等类型的滤镜都无法使用。

呈灰色显示的滤镜菜单

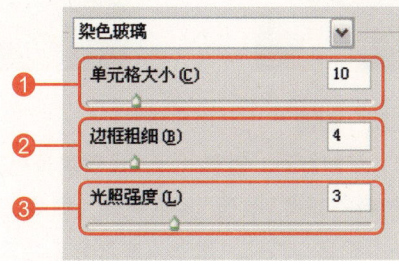

"染色玻璃"滤镜选项组

❶ **"单元格大小"选项**:该选项用于调整染色玻璃单元格的大小。

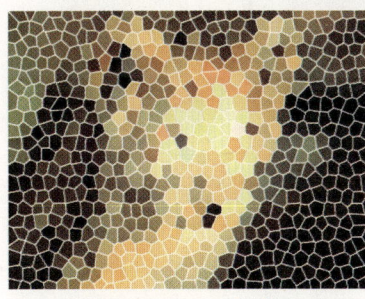

单元格大小为13的效果

单元格大小为28的效果

❷ **"边框粗细"选项**:该选项用于调整染色玻璃间距边框的粗细。

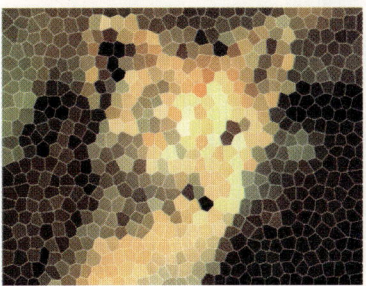

边框粗细为1的效果

边框粗细为9的效果

❸ **"光照强度"选项**:该选项用于调整图像光照的强度。

如何做　制作照片彩色玻璃质感

彩色玻璃效果多见于工艺制品中，如一些欧式教堂的彩色玻璃装饰灯。使用Photoshop中的"染色玻璃"滤镜，可快速生成这种质感的彩色玻璃效果。

01 打开图像文件
在Photoshop CS5中打开附书光盘Chapter 17\Media\04.jpg图像文件。

02 创建并羽化选区
单击魔棒工具，并在属性栏中单击"添加到路径区域"按钮，在人物图像上连续单击创建选区，按下快捷键Shift+F6，打开"羽化半径"对话框，设置参数后单击"确定"按钮，羽化选区。

03 应用"染色玻璃"滤镜
按下快捷键Ctrl+J，复制得到"图层1"，设置前景色为蓝色（R119、G216、B222），执行"滤镜>纹理>染色玻璃"命令，在其对话框右上角设置参数，单击"确定"按钮，赋予人物部分染色玻璃效果。

04 选择图层
在"图层"面板中单击选择"背景"图层。

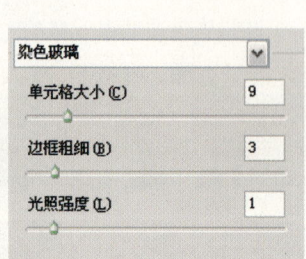

05 继续应用"染色玻璃"滤镜
执行"滤镜>纹理>染色玻璃"命令，设置参数，赋予整个图像染色玻璃效果，同时也使得图像的玻璃大小有所区分。

06 创建选区
单击椭圆选框工具，在图像中绘制圆形选区。

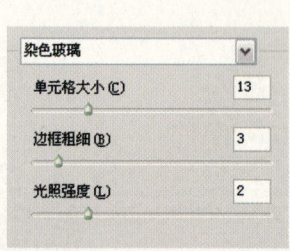

07 调整选区

在属性栏中单击"从路径区域减去"按钮，在图像中绘制选区，从而得到圆环形选区。

08 填充选区

适当羽化选区，并新建"图层2"。单击渐变工具，在属性栏中追加"蜡笔"样式组的渐变，设置样式为"绿色、黄色、橙色"，在图像上单击并拖动，绘制渐变效果。完成后按下快捷键Ctrl+D取消选区。

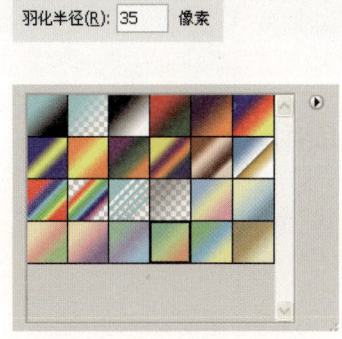

09 再次应用"染色玻璃"滤镜

单击选择"图层2"，执行"滤镜>纹理>染色玻璃"命令，在其对话框右上角设置参数，完成后单击"确定"按钮，赋予图像中的环形区域染色玻璃效果。

10 添加图层蒙版

为"图层2"添加图层蒙版，使用黑色柔角画笔适当涂抹，将环形遮盖人物部分隐藏。

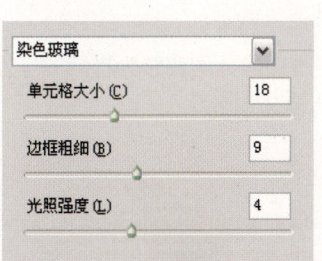

11 调整图层混合模式

设置"图层2"的混合模式为"叠加"，复制背景图层后调整"不透明度"为50%，加强图像效果。

12 复制图像

同时选择"图层2"和副本图层，复制相应的图层后调整其大小和位置，制作另一个光环效果。

Section 04 "拼缀图"滤镜的应用

Photoshop中的"拼缀图"滤镜可以将图像制作成在"马赛克拼贴"滤镜的基础上增加立体感的效果，同时它也能使图像产生一种类似于建筑物上使用瓷砖拼成图像的效果。

知识点 "拼缀图"滤镜选项组

"拼缀图"滤镜也被称为"拼图游戏"滤镜，使用该滤镜能为图像添加拼贴效果，同时需要注意的是，该滤镜生成的效果较为保守，可重复进行使用。

专家技巧

滤镜的结合应用

在使用Photoshop提供的所有滤镜时，都可以将这些滤镜进行一定的结合。如可以先对照片应用"凸出"滤镜，加强图像凹凸效果，再应用"拼缀图"滤镜，制作相应立体的方格效果。这比单独应用"拼缀图"滤镜得到的效果更具立体感。

原图

"拼缀图"滤镜效果

结合应用两种滤镜的效果

执行"滤镜 > 纹理 > 拼缀图"命令，即可在打开对话框的右上角显示相应的选项组，下面对其中的选项进行介绍。

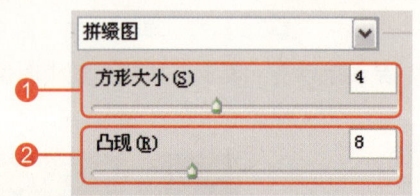
"拼缀图"滤镜选项组

❶ **"方形大小"选项**：该选项用于将图像分别调整为拼缀的小方格的小平方的大小，数值越大，形成的方格面积就越大。

方形大小为4的效果

方形大小为9的效果

❷ **"凸现"选项**：该选项用于调整每个小平方凸出的厚度，数值越大，图像中的方形就越突出。

凸现大小为2的效果

凸现大小为17的效果

如何做 制作照片织锦效果

织锦是民间的一种传统编织工艺，这里的织锦效果是指通过使用Photoshop软件中相应的滤镜，从而让照片图像产生织锦的质感和编辑效果。

01 打开图像文件
打开附书光盘Chapter 17\Media\05.jpg图像文件。

02 调整图像明暗效果
添加"曲线 1"调整图层，在其"调整"面板中添加并拖动锚点，调整图像的明暗效果，展现出花朵的颜色层次。

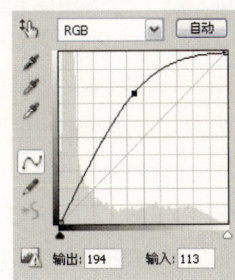

03 调整图像对比度
添加"色阶 1"调整图层，在其"调整"面板中拖动滑块设置参数，调整图像对比度，加强图像对比效果。

04 应用"拼缀图"滤镜
盖印得到"图层 1"，执行"滤镜>纹理>拼缀图"命令，在其对话框中设置参数，完成后单击"确定"按钮。

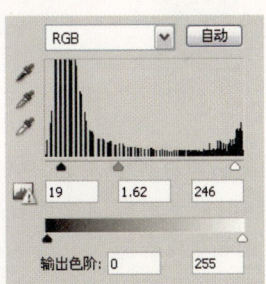

05 查看图像效果
此时可以看到，花朵照片图像经过"拼缀图"滤镜的调整，赋予了图像一种块状的织锦效果。

06 调整图像效果
复制副本图层，设置混合模式为"滤色"，并继续复制副本图层，让织锦效果更明显。

Section 05 "半调图案"滤镜的应用

Photoshop中的"半调图案"滤镜可以使用前景色和背景色在当前图像中产生半色调图案的效果。照片图像应用"半调图案"滤镜后,图像以前的色彩将被去除,以灰色为主。

知识链接

不同颜色的半调图案

在使用"半调图案"滤镜对图像进行处理时,图像的颜色是受前景色和背景色所控制的,默认情况下由于前、背景色分别为黑、白色,此时应用"半调图案"滤镜后为黑白效果,调整前背景色,图像效果也会发生变化。

原图

应用半调图案滤镜后的效果

知识点 "半调图案"滤镜选项组

使用"半调图案"滤镜能让图像产生一种带有朦胧感的半调效果,此时的半调是指通过将图像中的像素进行混合,以其他颜色进行替代,生成不同的图像特效。

执行"滤镜 > 素描 > 半调图案"命令,即可在打开对话框的右上角显示相应的选项组,下面对其中的选项进行介绍。

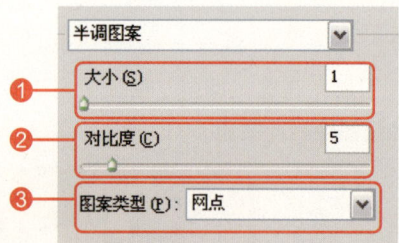
"半调图案"滤镜选项组

❶ **"大小"选项**:该选项用于调整当前图像纹理的大小,数值越大,图案纹理越大,效果也就越明显。同时由于形成的纹理效果越大,图像会出现一定的模糊效果。

大小为1的效果

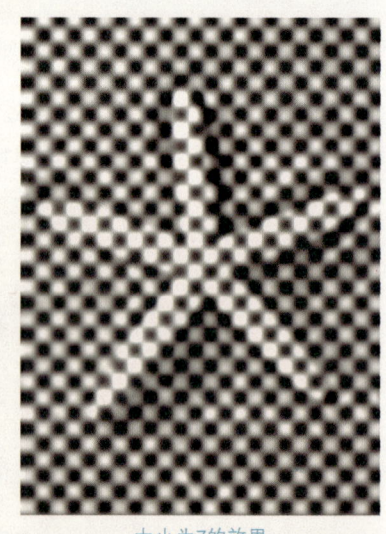
大小为7的效果

❷ **"对比度"选项**:该选项用于调整图像以及纹理色彩的对比度,数值越大,图像中的对比效果越强烈,而图像中灰色调的部分所占像素比也就越小。相反,如果数值越小,则对比效果也就不是非常明显。

调整前景色后的滤镜效果

同时调整前背景色后的滤镜效果

不同的样式效果

对比度为4的效果

对比度为42的效果

❸ **"图案类型"下拉列表：** 在该下拉列表中提供了"圆形"、"网点"和"直线"3个选项，选择不同的选项，得到的图案效果也不同。默认情况下选择"网点"选项，此时的纹理效果由网点组成；选择"圆形"选项，此时纹理效果由一圈一圈的圆圈组成，且以图像的中间为中心点逐渐扩展；选择"直线"选项，纹理效果由一条一条的直线组成。

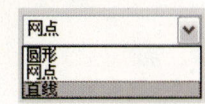

下拉列表

原图

相同参数的网点效果

相同参数的圆形效果

相同参数的直线效果

如何做 制作照片铜版雕刻质感效果

铜版雕刻是进行铜版画制作的一个工艺流程，它的作用是起到影拓图像的作用，此时的图像多以黑白效果为主，使用Photoshop中的"基底凸现"滤镜表现凸出图像效果，结合半调图案滤镜，细化质感。

01 打开图像文件
打开附书光盘Chapter 17\Media\06.jpg图像文件。

02 应用"霓虹灯光"滤镜
复制得到"图层1"，执行"滤镜>艺术效果>霓虹灯光"命令，设置参数后调整颜色为洋红色（R220、G36、B205），赋予图像一定的效果。

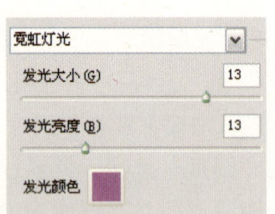 

03 调整图层混合模式
在"图层"面板中设置"图层1"的混合模式为"排除"，调整图像效果。

04 应用"基底凸现"滤镜
盖印得到"图层2"，执行"滤镜>素描>基底凸现"命令，在其对话框右上角设置参数，完成后单击"确定"按钮，赋予图像铜版雕刻中制作出的凸出刻版效果。

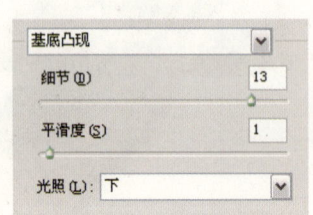 

05 应用"半调图案"滤镜
复制副本图层，执行"滤镜>素描>半调图案"命令，设置参数后添加丝网的网点效果。

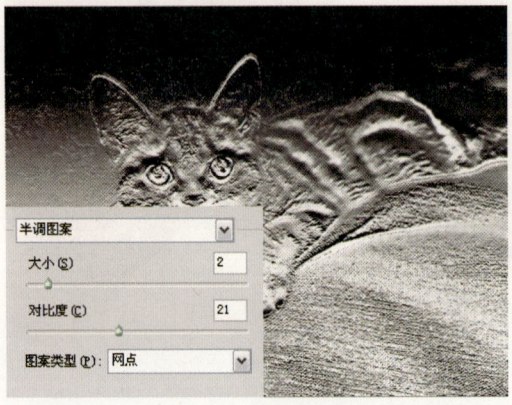

06 调整图像质感效果
在"图层"面板中设置副本图层的混合模式为"线性光"，加强整个刻版的质感效果。

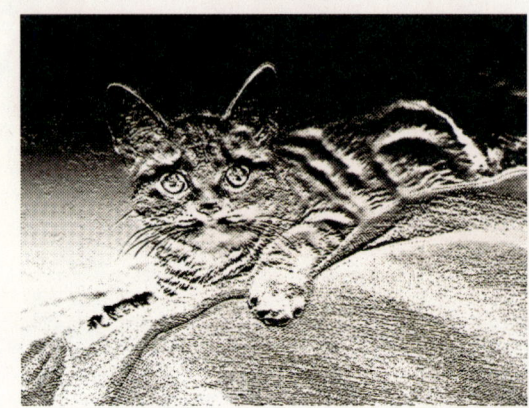

专栏　了解"素描"滤镜组

"素描"滤镜组包括了半调图案、便条纸、粉笔和炭笔、铬黄、绘图笔、基底凸现、水彩画纸、撕边、塑料效果、炭笔、炭精笔、图章、网状和影印14种滤镜，且全收录在滤镜库中。下面分别对这些滤镜的原理进行介绍，并结合图像对一些典型滤镜进行应用滤镜后的效果展示。

半调图案：该滤镜可以使用前景色和背景色将图像以网点效果显示。

便条纸：该滤镜可以使图像以当前前景色和背景色混合产生凹凸不平的草纸画效果，其中前景色作为凹陷部分，而背景色作为凸出部分。

原图1　　　　　　　　　　　　"半调图案"滤镜效果　　　　　　　　　　　　"便条纸"滤镜效果

粉笔和炭笔：该滤镜可以重绘高光和中间调，并使用粗糙粉笔绘制纯中间调的灰色背景。阴影区域用黑色对角炭笔线条替换。炭笔用前景色绘制，粉笔用背景色绘制。

铬黄：该滤镜可以模拟液态金属效果。应用"铬黄"滤镜后，图像的颜色将失去，只存在黑灰两种颜色，但表面会根据图像显示铬黄纹理。

绘图笔：该滤镜将以前景色和背景色生成钢笔画素描效果，图像中没有轮廓，只有变化的笔触效果。

"粉笔和炭笔"滤镜效果　　　　　　　　"铬黄"滤镜效果　　　　　　　　"绘图笔"滤镜效果

基底凸现：该滤镜主要用来模拟粗糙的浮雕效果，并用光线照射强调表面变化的效果。图像的暗色区域使用前景色，而浅色区域使用背景色。

石膏效果：该滤镜的原理是通过立体石膏复制图像，然后使用前景色和主背景色为图像上色。较暗区域上升，较亮区域下沉。

水彩画纸：该滤镜使图像好像是绘制在潮湿的纤维上，从而让图像中的颜色溢出、混合，产生颜色相互渗透的水彩画效果。

原图2　　　　　　　　　　　"基底凸现"滤镜效果　　　　　　　　　　　"水彩画纸"滤镜效果

撕边：该滤镜重新组织图像为被撕碎的纸片效果，然后使用前景色和背景色为图像上色，比较适合对比度强的图像。

炭笔：该滤镜可以使图像产生炭精画的效果，图像中主要的边缘用粗线绘画，中间色调用对角细线条素描。前景色代表笔触的颜色，背景色代表纸张的颜色。

炭精笔：该滤镜模拟使用炭精笔在纸上绘画效果。

图章：该滤镜使图像简化、突出主体，看起来像是用橡皮或木制图章盖上去的效果，一般用于黑白图像。此时还可通过在对话框中设置其明/暗平衡以及平滑度两个参数，来调整图章图像的整体明暗对比效果。

网状：该滤镜使用前景色和背景色填充图像，在图像中产生一种网眼覆盖的效果。同时模仿胶片感光乳剂的受控收缩和扭曲的效果，使图像的暗色调区域好像被结块，高光区域好像被轻微颗粒化。

影印：该滤镜使图像产生类似印刷中影印的效果。应用"影印"滤镜效果后计算机会将之前的色彩去除，当前图像只存在棕色。

"撕边"滤镜效果　　　　　　　　　　　"炭笔"滤镜效果　　　　　　　　　　　"网状"滤镜效果

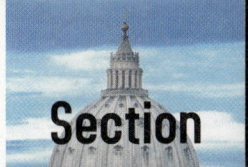

Section 06 "塑料包装"滤镜的应用

Photoshop中的"塑料包装"滤镜可以让图像产生塑料薄膜封包的效果，让模拟塑料薄膜沿着图像的轮廓线分布，从而令整幅图像具有鲜明的立体质感。

知识点 "塑料包装"滤镜选项组

使用"塑料包装"滤镜能让图像产生一种塑料的质感，从而给图像涂上一层光亮的塑料，以强化图像中的线条及表面细节。

专家技巧

对纯色图像应用"塑料包装"滤镜的效果

在使用"塑料包装"滤镜处理图像时，若是对纯白色或纯黑色的图像应用该滤镜，会自动添加高光效果，赋予图像相应的光点效果，同时重复应用该滤镜能加强图像的塑料效果，从而制作一定的图形。

执行"滤镜>艺术效果>塑料包装"命令，即可在打开对话框的右上角显示相应的选项组，下面对其中的选项进行介绍。

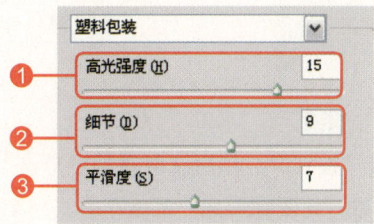

"塑料包装"滤镜选项组

❶ **"高光强度"选项**：该选项用于调整当前图像中高光部分的强弱，数值越大，凸出的塑料效果就越明显。

对纯黑色图像应用滤镜的效果

强度为11的效果

强度为19的效果

❷ **"细节"选项**：该选项用于调整图像中的细节效果。

❸ **"平滑度"选项**：该选项用于调整当前应用塑料包装效果图像边缘的平滑度。

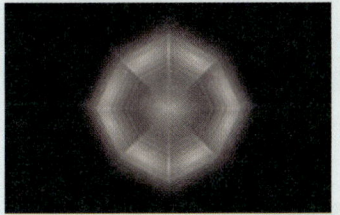
重复应用滤镜的效果1

重复应用滤镜的效果2

平滑度为2的效果

平滑度为14的效果

如何做 制作照片冰冻效果

为图像制作冰冻效果，可直接对图像应用"塑料包装"滤镜打造特殊质感，在制作过程中可结合使用"绘画涂抹"滤镜以及设置图层混合属性，增强图像的特效质感。

01 打开图像文件
打开附书光盘Chapter 17\Media\07.jpg图像文件。

02 应用"塑料包装"滤镜
复制得到"图层 1"，执行"滤镜>艺术效果>塑料包装"命令，在其对话框中设置参数，单击"确定"按钮，赋予图像一定的塑料质感。

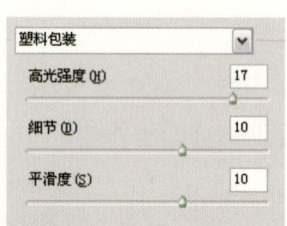

03 应用"绘画涂抹"滤镜
单击"新建效果图层"按钮，然后在对话框中单击"绘画涂抹"滤镜图标，继续设置参数，让图像形成一定冰冻感。

04 调整图层混合模式
复制得到副本图层，设置混合模式为"强光"，加强图像效果。

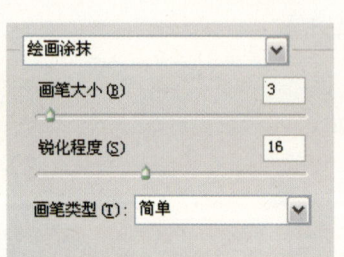

05 新建并调整图层
新建"图层 2"，填充为黑色，设置混合模式为"叠加"，加强图像冰冻效果。

06 调整图像效果
为"图层 2"添加图层蒙版，单击渐变工具，使用径向渐变从中心向外拖动绘制，加强图像效果。

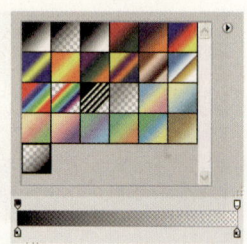

Section 07 利用3D命令调整照片

使用Photoshop中的3D命令，可以对照片图像进行相应的调整。此时的3D概念可以理解为借助全新的光线描摹渲染引擎对二维图像进行编辑加工，从而赋予图像更新的诠释，让效果更加自然。

知识链接

了解3D面板

Photoshop中的每一种重要功能都提供了相应的面板，与3D功能相对应的是3D面板。执行"窗口>3D"命令或双击图层缩览图，都可打开3D面板。

默认情况下，打开后的3D面板为3D场景下的面板，此时还可通过顶部的按钮组进行面板的切换，这些按钮从左到右依次为"滤镜：整个场景"按钮、"滤镜：网格"按钮、"滤镜：材质"按钮、"滤镜：光源"按钮，单击相应的按钮即可显示相应的面板。

"3D场景"面板　　"3D网格"面板

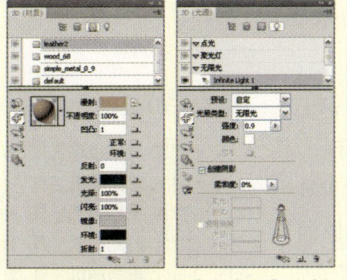

"3D材质"面板　　"3D光源"面板

知识点 认识3D工具

在Photoshop中，对图像进行三维处理的操作除了能通过相应的菜单命令来执行外，还可结合软件提供的相关3D工具来实现。

工具箱中的3D对象旋转工具组和3D旋转相机工具组涵盖了所有3D工具，这两组工具分别用于控制三维对象和相机机位，这在很大程度上让操作更方便智能。右击3D对象旋转工具，即可查看该工具组中的工具。该工具组中收录了3D对象旋转工具、3D对象滚动工具、3D对象平移工具、3D对象滑动工具和3D对象比例工具5种工具。

3D对象旋转工具组

1. 3D对象旋转工具

使用该工具能对3D对象进行旋转操作，其方法是打开一幅3DS格式的图像文件，单击3D对象旋转工具，将光标移动到图像中，当光标变为形状时，在画面中单击并任意拖动，此时3D对象进行三维空间内的旋转，即沿X或Y或Z轴进行旋转。

原3D对象1

旋转后的3D对象

2. 3D对象滚动工具

使用该工具能让3D对象沿X、Y轴，X、Z轴或Y、Z轴进行滚动。其方法是单击3D对象滚动工具，此时将滚动约束在了两个轴之间，启用的轴之间出现黄色的连接色块。此时只需在两轴之间单击并拖动鼠标即可调整3D对象的滚动效果。

专家技巧

在图像中显示3D操纵杆

3D操纵杆需要OpenGL的支持，按下快捷键Ctrl+K打开"首选项"对话框，在"性能"选项面板中勾选"启用OpenGL绘图"复选框，完成后单击"确定"按钮，启用3D加速功能。完成后重新启动Photoshop软件即可在3D图像中显示3D操纵杆。

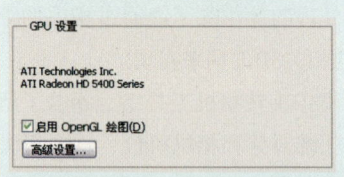

专家技巧

在图像中调整3D操纵杆的大小

在3D操纵杆上方有一个黑色的控制条，在该控制条上单击◀◀图标即可将3D操纵杆切换到简略视图的状态，再次单击◀◀图标操纵杆恢复为默认状态。

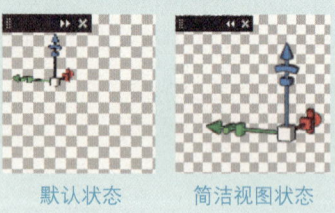

默认状态　　　简洁视图状态

知识链接

快速创建3D明信片效果

使用"创建3D明信片"命令可将二维图像转换为三维图像。其方法是，在Photoshop中打开图像，执行"3D>从图层新建3D明信片"命令，此时在"图层"面板中自动新建一个3D图层，同时也将2D的图形转换为3D图层。

单击3D对象旋转工具，

3. 3D对象平移工具

使用该工具能对3D对象进行平移，此时由于是在三维空间中进行平移，平移后图像角度的不同，图像的显示效果也有所变化。该工具的使用方法与其他的3D对象工具相同，这里不再一一赘述。

原3D对象2　　　　　　　　　平移后的3D对象

4. 3D对象滑动工具

使用该工具能对3D对象进行滑动。此时在画面中单击并拖动鼠标即可调整3D对象的前后感。向上拖动鼠标，图像效果向后退；向上拖动鼠标，图像效果向前突出。

5. 3D对象缩放工具

使用该工具能对3D对象进行比例缩放。向下拖动鼠标时缩小对象，向上拖动时放大对象，而水平拖动时不改变3D对象的大小。

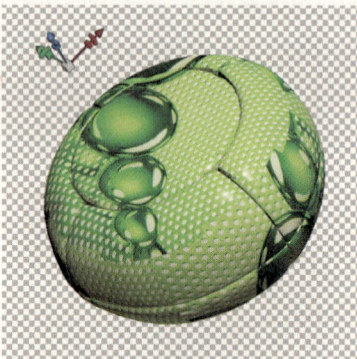 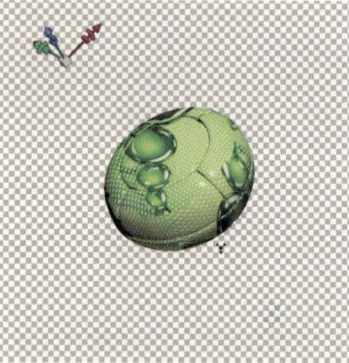

原3D对象3　　　　　　　　　缩放后的3D对象

3D旋转相机工具组收录了3D旋转相机工具、3D滚动相机工具、3D平移相机工具、3D移动相机工具和3D缩放相机工具。使用这些3D工具可以控制虚拟相机的机位，及改变3D对象的视图效果，下面分别对这些工具进行介绍。

- 3D 旋转相机工具　N
- 3D 滚动相机工具　N
- 3D 平移相机工具　N
- 3D 移动相机工具　N
- 3D 缩放相机工具　N

3D旋转相机工具组

在图像中单击并拖动即可旋转图像。还可显示3D面板，单击"全局环境色"后的色块，在弹出的对话框中设置颜色，以快速调整图像的效果。

原图

得到的3D图像

旋转后的3D对象

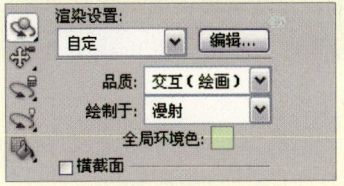
设置全局环境色

最终效果

1. 3D旋转相机工具

使用该工具能进行视图的环绕移动，从而能全面地展示3D对象在三维空间不同的面的视觉效果。单击3D旋转相机工具，通过在画面中拖动，以3D对象为中心点来环绕移动3D相机。

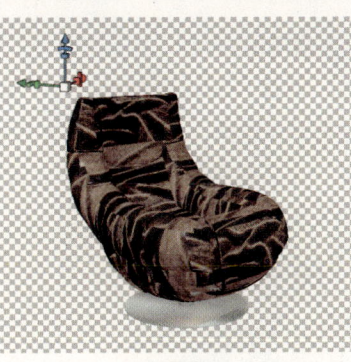
原始视图1

3D环绕效果

2. 3D滚动相机工具

使用该工具能滚动视图，此时单击3D滚动相机工具，向左拖动3D相机以顺时针滚动视图，向右拖动3D相机以逆时针滚动视图。

3. 3D平移相机工具

使用该工具可以调整相机的视角，单击3D平移相机工具，在画面中单击并向上拖动鼠标，此时视平线向下移动，实现俯视视图，向下拖动则视平线向上移动，实现仰视视图。

原始视图2

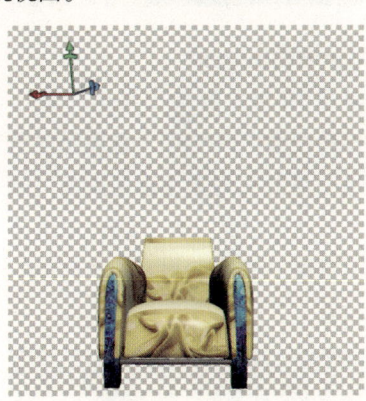
向上拖动得到的俯视视图

4. 3D移动相机工具

使用3D移动相机工具能模拟3D相机一起移动的效果，这就是常说的"镜头跟随"。在图像中垂直向上拖动实现拉的镜头效果，即视图前移。垂直向下拖动实现推的镜头效果，即视图后退。水平拖动实现左右摇镜头的效果。

5. 3D缩放相机工具

使用3D缩放相机工具能缩放视图大小。其中垂直向上拖动实现"拉"镜头的效果，垂直向下拖动实现"推"镜头的效果。

如何做　制作照片微雕立体效果

要在Photoshop中将照片制作立体效果,可以结合"从图层新建形状"命令,快速将照片制作成特定的形状,从而形成立体效果。

01 打开图像文件并复制图层

在Photoshop CS5中打开附书光盘Chapter 17\Media\08.jpg图像文件。按下快捷键Ctrl+J,复制得到"图层 1"。

02 应用3D命令

在"图层"面板中单击选择"图层 1",然后执行"3D>从图层新建形状>球体"命令,此时软件自动将该图层上的图像制作成球体效果。在"图层"面板中还可以看到,此时的"图层 1"由普通图层转换为3D图层。

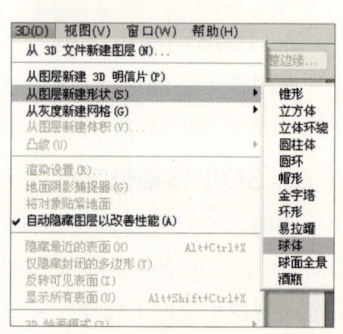

03 调整3D对象

单击3D对象旋转工具,适当旋转图像,调整3D对象展示的角度,单击3D对象滚动工具,调整其水平感觉,单击3D对象滑动工具,调整3D对象在画面中的位置。

04 制作单纯背景

在"图层"面板中单击选择"背景"图层,设置前景色为褐色(R119、G98、B73),填充背景为前景色,制作单纯背景。单击选择"图层 1",单击减淡工具,在属性栏上设置各项参数,在3D模型上进行涂抹,体现模型的光感和亮度。

05 添加图层样式

在"图层"面板中双击"图层 1",打开"图层样式"对话框,分别勾选"投影"和"外发光"复选框,并分别在右侧的选项面板中设置相应的参数,同时调整投影颜色为深褐色(R6、G0、B1),而外发光颜色为深黄色(R152、G119、B79),完成后单击"确定"按钮,赋予图像向外凸出的微立体效果。

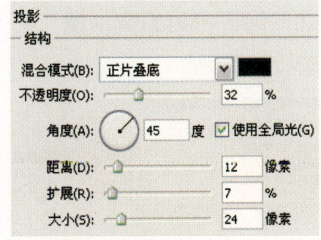

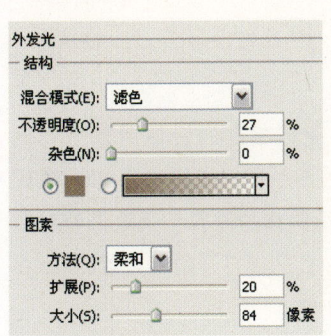

06 绘制枫叶图形

在"图层"面板中新建"图层 2",单击画笔工具,设置前景色为白色,设置画笔样式为"散布枫叶",在图像中单击并拖动鼠标,绘制散布的枫叶效果。

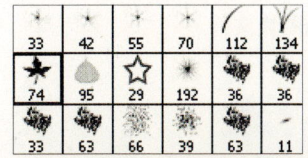

07 调整图像效果

此时在"图层"面板中设置"图层 2"的混合模式为"柔光",从而适当调整枫叶图像,使其颜色与整个图像相融合。

08 添加图层样式

继续在"图层"面板中双击"图层 2",打开"图层样式"对话框,勾选"投影"复选框,在右侧的选项面板中设置相应的参数,完成后单击"确定"按钮,从而赋予枫叶图像一定的凸出效果,让整个图像的效果更贴合制作要求。

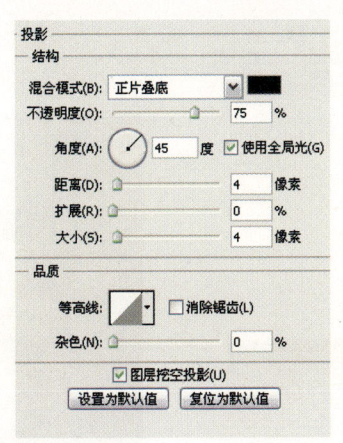

摄影师训练营　制作个性抱枕效果

抱枕是生活中常见的用品，可通过Photoshop中的"凸纹"命令快速将图像制作为抱枕形状，结合其他的图像调整工具，还能将制作的图像合成到其他的照片图像中，增加照片的可观性。

01 打开图像文件
打开附书光盘Chapter 17\Media\09.jpg图像文件。

02 绘制选区
单击矩形选框工具，在图像中单击并拖动，绘制选区。

03 执行命令
执行"3D>凸纹>当前选区"命令，此时选区内的图像保留，选区外的图像被删除。

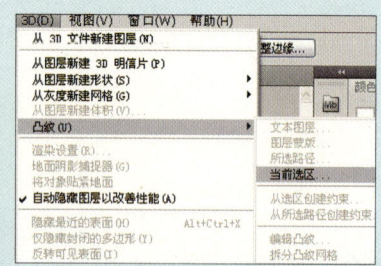

04 设置参数
在打开的"凸纹"对话框中的"凸纹形状预设"列表框中单击以选择凸纹形状，并设置相应的参数，此时还可单击左侧的按钮和按钮，调整3D抱枕图像的大小和展示角度。

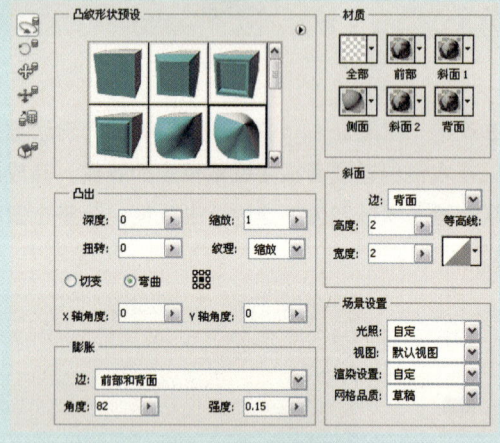

05 确认图像效果
在"凸纹"对话框中完成相应的设置后单击"确定"按钮，确认抱枕效果，同时还可结合3D对象旋转工具，再根据图像具体的需要，大致调整对象的效果。在Photoshop CS5中打开附书光盘Chapter 17\Media\10.jpg图像文件。

06 变形图像

使用移动工具将09.jpg图像文件中制作好的抱枕移动到10.jpg图像文件中。右击该图层，在弹出的快捷菜单中选择"栅格化3D"选项，将3D图层转换为普通图层，适当变形图像去除左侧的尖角效果。

07 调整并复制图像

再次按下快捷键Ctrl+T，调整抱枕图形在图像中的位置，并复制得到相应的副本图层，继续调整抱枕的位置，从而使得照片中的两个单人沙发上各放置一个抱枕。

08 添加图层蒙版

按下快捷键Ctrl++，放大图像，并分别为抱枕所在图层添加图层蒙版，使用黑色柔角画笔适当涂抹，将抱枕遮挡沙发处显示出来，从而让抱枕更真实地放入到沙发中。

09 调整抱枕颜色

按住Ctrl+Shift组合键的同时单击两个抱枕图层的图层缩览图，载入选区，并根据选区添加"曲线 1"调整图层，在其"调整"面板中分别选择"蓝"和RGB通道，调整曲线。

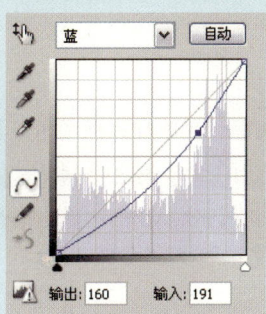 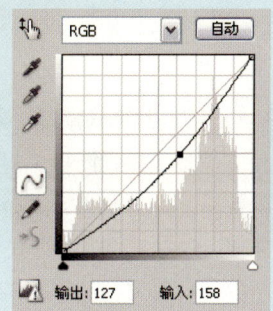

10 查看图像效果

此时在图像中可以看到，经过曲线调整图层的调整，抱枕图像的颜色与图像更加融合贴切。

11 整体调整图像

添加"曲线 2"调整图层，在其"调整"面板中调整曲线，调整图像整体的对比效果，美化图像。

专栏　了解"凸纹"对话框

在Photoshop中，要针对选区创建3D对象则需要使用到"凸纹"命令，该命令是Photoshop CS5中新增的3D命令，在创建选区或路径的情况下可以使用该命令，使用该命令可以针对选区或路径的内容进行3D对象创建。执行"3D>凸纹>当前选区"命令，打开"凸纹"对话框，下面对其选项进行介绍。

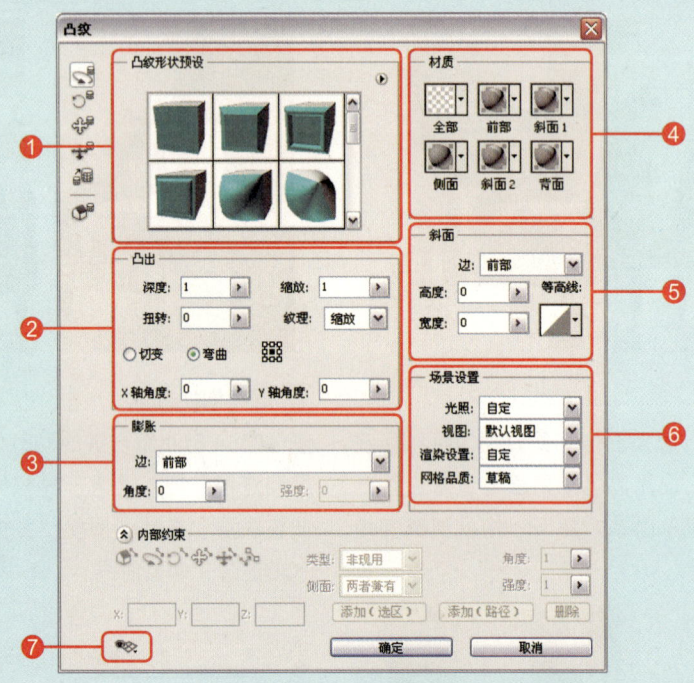

"凸纹"对话框

❶ **"凸纹形状预设"列表框**：在该列表框中可以设置凸纹的形状样式，可通过单击相应的预设样式图标，对生成的3D模型进行调整。默认情况下软件提供了18种样式以供选择，还可单击右上角的扩展按钮 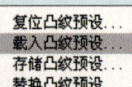，在弹出的扩展菜单中选择"载入凸纹预设"选项，添加其他形状样式，来扩展样式的应用。

扩展菜单

创建的选区

应用■预设样式的效果

应用■预设样式的效果

❷ **"凸出"选项组**：在其中的数值框中主要对3D模型的长宽比与表面平滑与凸出进行设置。

❸ **"膨胀"选项组**：在下拉列表中可设置3D模型的膨胀部位，并通过角度和强度的调整设置膨胀效果。

❹ **"材质"选项组**：可分别选择3D模型的不同部分，对其使用材质进行选择，从而调整3D效果。

❺ **"斜面"选项组**：主要针对3D模型的斜面进行收缩与延伸设置，类似将3D模型分成了截面，可分别针对不同的截面调整其收缩与延伸效果。

❻ **"场景设置"选项组**：主要针对3D模型选择不同的场景进行渲染，如光照类型、视图效果和渲染设置等。

❼ **辅助线显示按钮**：单击该按钮，在弹出的快捷菜单中选择显示或者隐藏的辅助线。

CHAPTER

18

综合实战

经过前面的学习，了解了数码照片的一些摄影知识，并对 Photoshop 软件的相关操作有了更加全面的认识，同时还对数码照片的修复、调色、艺术特效等进行了详细的介绍，让读者逐渐掌握了使用 Photoshop 处理数码照片的各种方法和技巧。本章收录了制作非主流手机壁纸、制作温馨杯贴效果、制作双胞胎合影效果、制作网店商品色调和制作人物明星照效果等 9 个具有特色的综合案例，帮助读者进行真实的案例实战，在深入学习和巩固所学知识的同时，制作丰富绚丽的图像效果。

Section 01 制作非主流手机壁纸

本案例是对生活中普通人物照片的色调进行处理，使其呈现一种偏色的效果，打造非主流色调图像，同时结合文字的添加，制作具有非主流色调的手机壁纸效果。

01 打开图像文件

在Photoshop CS5中打开附书光盘Chapter 18\Media\非主流手机壁纸.jpg图像文件。

02 复制并调整图像

按下快捷键Ctrl+J，复制得到"图层1"。调整图层混合模式为"强光"，"不透明度"为70%。

03 创建选区

单击魔棒工具，按住Shift键的同时在图像中蓝色背景上单击，创建相应的选区。

04 调整图像效果

在保持选区的情况下添加"曲线1"调整图层，在其"调整"面板中分别对RGB、"红"和"蓝"通道添加并移动锚点，调整曲线，从而调整图像的对比效果，并适当改变图像的大致颜色。

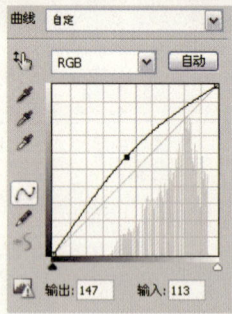
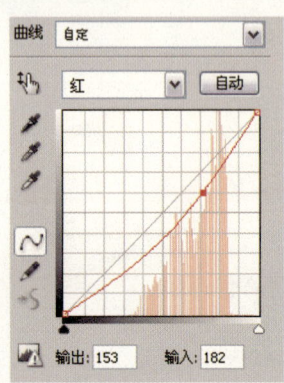
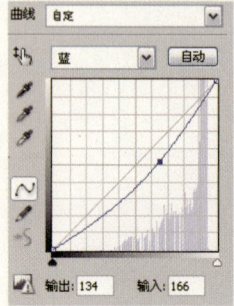

05 调整图像颜色

单击"创建新的填充或调整图层"按钮，添加"色彩平衡1"调整图层，在其"调整"面板中分别选中"中间调"、"阴影"和"高光"单选按钮，并在其下拖动滑块调整图像，从而改变照片图像的整体颜色，使其呈现青色调。

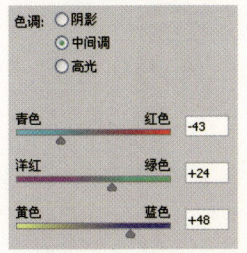 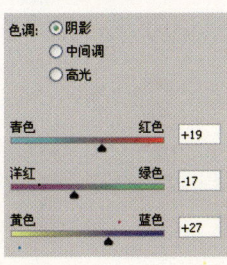 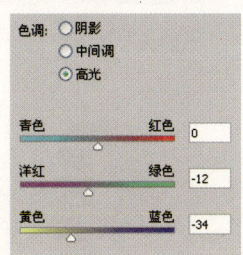

06 调整图像对比效果

单击"创建新的填充或调整图层"按钮，添加"曲线2"调整图层，在其"调整"面板中调整曲线，加强调整颜色后图像的对比效果。

07 添加图层蒙版

单击"曲线2"图层蒙版，使用黑色柔角画笔涂抹恢复过亮区域。

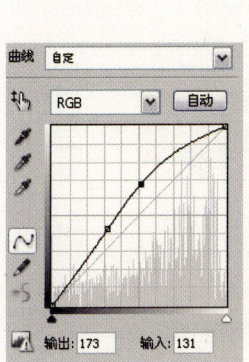

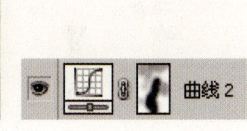

08 选择通道

盖印得到"图层2"，在"通道"面板中单击各个颜色通道，查看对比效果，此时可单击选择"绿"通道，图像显示为黑白效果。

09 执行"应用图像"命令

执行"图像>应用图像"命令，打开"应用图像"对话框，在其中设置相应的通道和混合模式，单击"确定"按钮，并单击RGB通道，显示图像效果。

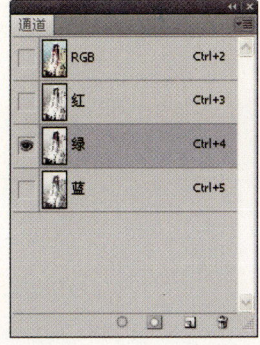

10 调整图层混合模式

在"图层"面板中设置"图层 2"的混合模式为"滤色","不透明度"为40%,加强图像效果。

11 模糊图像

盖印得到"图层 3",执行"滤镜 > 模糊 > 高斯模糊"命令,打开"高斯模糊"对话框并设置参数,单击"确定"按钮,模糊图像。添加图层蒙版,使用黑色柔角画笔适当涂抹,还原脸部清晰效果。

12 调整图像色调

在"图层"面板中添加"色彩平衡 2"调整图层,在其"调整"面板中设置参数,加强图像中的青色调。

13 设置渐变颜色

在"图层"面板中添加"渐变映射 1"调整图层,单击"调整"面板中的渐变颜色条,在弹出的"渐变编辑器"对话框中设置渐变颜色为蓝色(R70、G218、B227)到绿色(R118、G213、B172)。

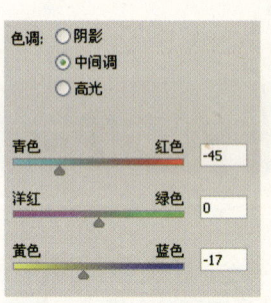

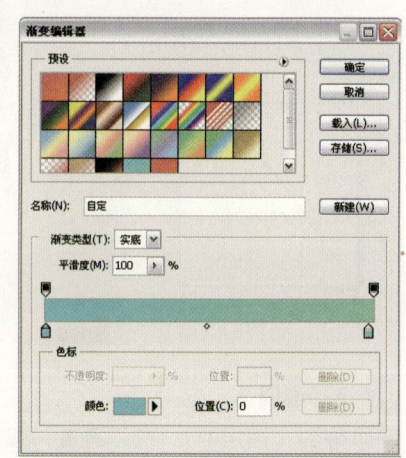

14 加强非主流色调

此时"调整"面板中的渐变颜色条发生了变化,在图像中也可看到,添加了调整图层的图像效果也有所变化。在"图层"面板中设置调整图层的混合模式为"叠加","不透明度"为40%,加强非主流的色调效果。

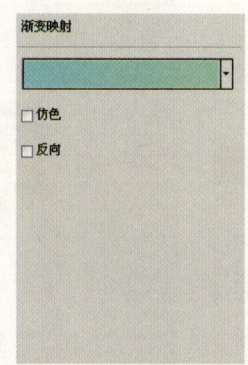

15 调整图层蒙版

单击"渐变映射 1"调整图层蒙版，使用黑色柔角画笔适当涂抹，恢复人物脸部的颜色效果。

16 绘制形状路径

新建"图层 4"，单击自定形状工具，在属性栏上单击"路径"按钮，在相应的选择面板中设置形状样式为"靶标 2"，在图像中绘制相应的路径，并调整路径的大小和位置。

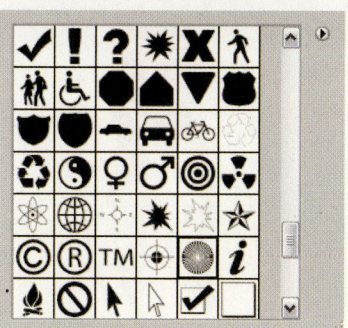

17 制作发散线条

按下快捷键 Ctrl+Enter 将路径转换为选区，填充选区为白色。按下快捷键 Ctrl+D，取消选区。

18 调整线条效果

设置"图层 4"的混合模式为"柔光"，让线条融入图像。

19 添加图层蒙版

添加图层蒙版，使用画笔进行适当涂抹，隐藏人物脸部的白色线条。

20 绘制并填充选区

在"图层"面板中新建"图层 5"，单击椭圆选框工具，绘制正圆形选区，填充选区为白色。

21 调整选区

执行"选择 > 修改 > 收缩"命令，设置相应的参数收缩选区。

22 调整绘制图形

在"图层 5"中按下 Delete 键删除选区内的图像，得到白色圆环，添加图层蒙版，使用黑色画笔适当涂抹，将圆环遮挡人物的部分隐藏。

23 复制并调整图像

复制两个副本图层，适当调整图像的大小和位置。

24 输入文字

单击横排文字工具，在"字符"面板中设置文字格式，并调整颜色为灰蓝色（R62、G129、B150），在图像左上角输入文字。

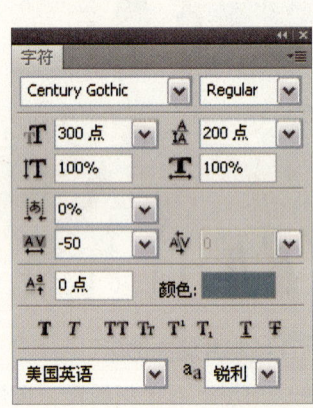

25 输入其他文字

继续使用横排文字工具在图像左上角输入文字，并在"字符"面板中调整文字的字号，同时将文字单独置于一个文字图层上，以便调整文字在图像中的编排效果，制作非主流效果的手机壁纸。

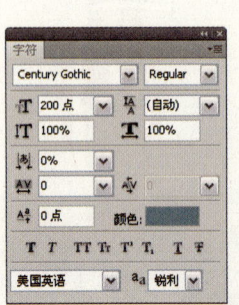
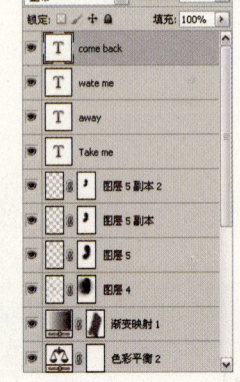

Section 02 制作CD封面

本案例通过裁剪人物近景照片并调整图像颜色调整照片暖色调效果,结合图形的绘制,并添加适当的文字效果,制作个性且带有清新感的CD封面效果。

01 打开图像文件
打开附书光盘Chapter 18\Media\CD封面.jpg图像文件。

02 裁剪图像
单击裁剪工具，在图像中单击并拖动绘制裁剪控制框，按下Enter键确认裁剪，将图像裁剪为CD盒的长宽比。

03 复制图层
复制得到副本图层，并设置混合模式为"柔光"，"不透明度"为70%。

04 添加"曲线1"调整图层
单击"创建新的填充或调整图层"按钮，添加"曲线1"调整图层，分别在RGB和"红"通道中调整曲线效果。

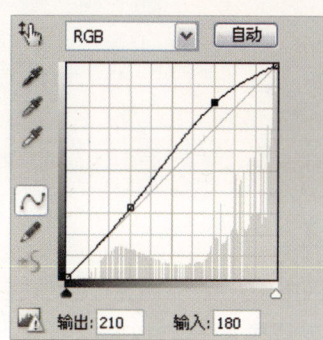
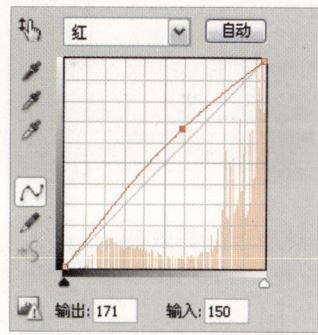

05 继续调整曲线
在"曲线1"调整图层的"调整"面板中选择"蓝"通道，在其中调整曲线，从而改变图像颜色，并调整该图层的"不透明度"为50%。

06 添加"曲线2"调整图层
添加"曲线2"调整图层,在其"调整"面板中拖动锚点调整曲线。

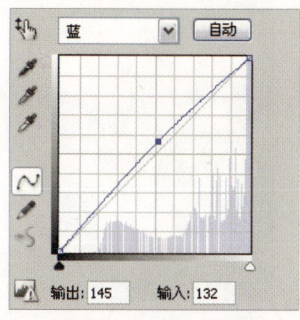

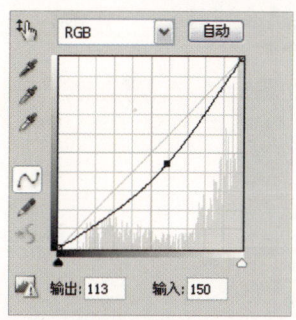

07 查看图像效果

复制得到"背景 副本"图层,并设置混合模式为"柔光","不透明度"为70%。

08 绘制图形

新建"光盘"图层组,新建"图层1",单击钢笔工具,绘制半圆形的路径,转换为选区。单击渐变工具,设置渐变颜色为橙色(R236、G85、B63)到黄色(R250、G158、B57),填充渐变效果。

09 添加投影效果

在"图层"面板中双击"图层1",打开"图层样式"对话框,在其中勾选"投影"复选框,在右侧的选项面板中设置参数,完成后单击"确定"按钮,为图像添加适当的投影效果。

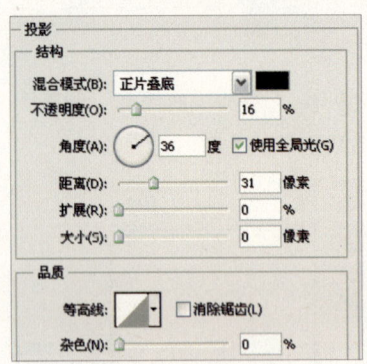

10 创建选区

新建"图层2",继续使用钢笔工具绘制一个较小的半圆形的路径,转换为选区。

11 继续添加投影效果

在"图层"面板中将"图层2"置于"图层1"上方,填充选区为白色。双击"图层2",打开"图层样式"对话框,在其中勾选"投影"复选框,在右侧的选项面板中设置参数,完成后单击"确定"按钮,为较小的白色圆形添加投影效果。

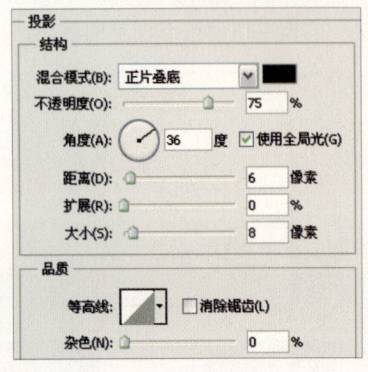

12 打开图像文件

打开附书光盘 Chapter 18\Media\花纹 .jpg 图像文件。

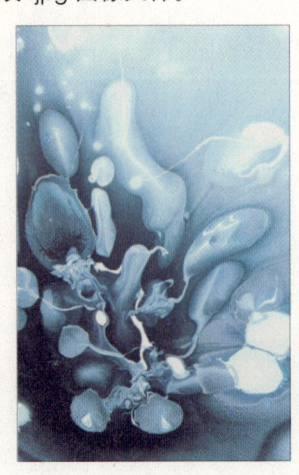

13 创建剪贴蒙版

单击移动工具，将"花纹.jpg"图像文件移动到当前图像文件中，生成"图层3"，置于"图层1"上方，按下快捷键Ctrl+Alt+G，创建剪贴蒙版，将图像置于渐变效果上。

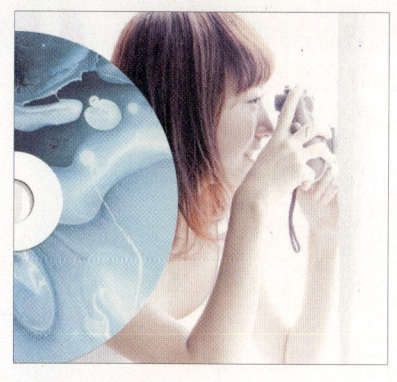
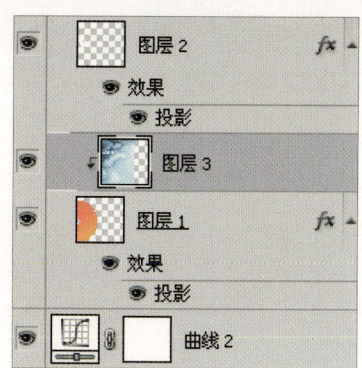

14 调整图像效果

设置"图层3"的图层混合模式为"柔光"，"不透明度"为80%，使蓝色图像与渐变图形融合。

15 添加文字

单击横排文字工具，在"字符"面板中设置文字格式，并调整文字颜色为白色，在图像中输入文字，适当调整文字图层的不透明度，使文字效果更自然。继续使用横排文字工具绘制段落文本框，设置文字格式后输入段落文字，制作专辑封面行的文字效果。

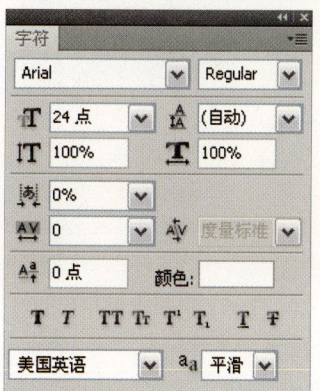

16 调整渐隐效果

此时单击选择"光盘"图层组，为其添加图层蒙版，使用"前景色到透明渐变"线性渐变填充渐变，得到渐隐效果。

17 添加素材

新建"光线"图层组，打开附书光盘Chapter 18\Media\花纹2.jpg图像文件。使用移动工具将其移动到当前图像文件中，生成"图层4"，设置混合模式为"叠加"，创建图层蒙版并适当涂抹，添加个性光线效果。

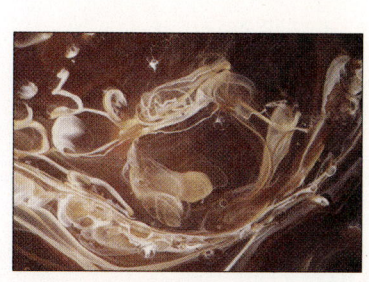

18 加强光线效果

复制得到副本图层，调整图像至人物右侧手部位置，并调整图层蒙版效果。复制得到副本2图层，调整混合模式为"强光"，"不透明度"为30%，调整蒙版融合效果。复制得到副本3图层，加强整体的光线效果。

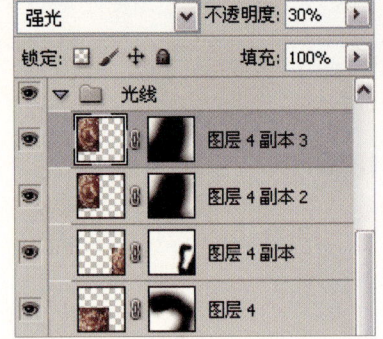

19 调整光线

在"图层"面板中单击选择"光线"图层组，设置整个图层组的"不透明度"为40%，减淡光线使其与整体图像微淡的视觉感相吻合。

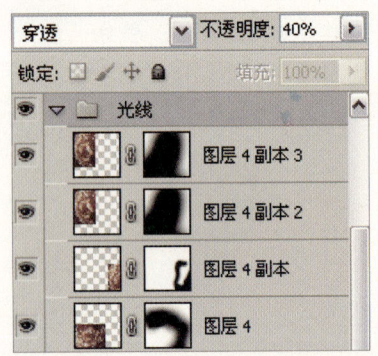

20 设置文字格式

继续使用横排文字工具，设置文字格式后调整文字颜色为红色（R217、G66、B75）。

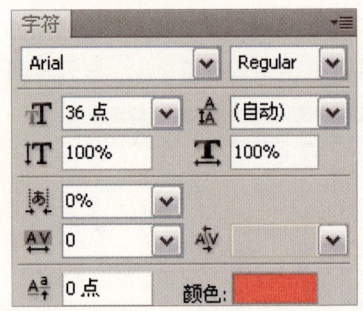

21 输入文字

在图像中输入文字，调整"不透明度"为27%，减淡文字效果，并调整文字位置，使其靠右排列。

22 绘制线条

新建"图层5"，单击画笔工具，设置画笔颜色与文字相同绘制圆点线条，调整"不透明度"为10%。

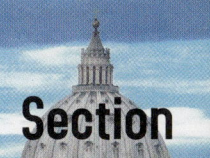

Section 03 制作照片燃烧效果

本案例通过对带有复古感的照片图像进行色调调整，加强照片的"怀旧"质感，应用"云彩"滤镜为图像添加燃烧效果，让照片的个性特效更具质感。

01 打开图像文件

在Photoshop CS5中执行"文件>打开"命令，或按下快捷键Ctrl+O，打开附书光盘Chapter 18\Media\燃烧效果.jpg图像文件。

02 调整图层混合模式

按下快捷键Ctrl+J，复制得到"图层1"。设置该图层的图层混合模式为"柔光"，"不透明度为"65%，加强图像效果。

03 调整曲线

添加"曲线1"调整图层，在其"调整"面板中添加锚点调整曲线。

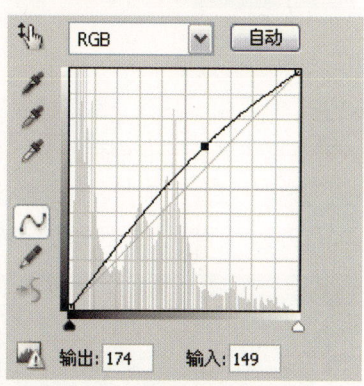

04 继续调整曲线

继续在"曲线1"调整图层的"调整"面板中分别选择"红"和"蓝"通道，添加并拖动锚点调整曲线，此时可以看到，经过调整后图像的对比效果以及颜色效果也有所改变，添加了一定的黄色调，让照片图像带有微微泛黄的效果。

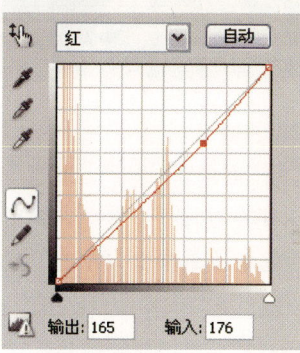
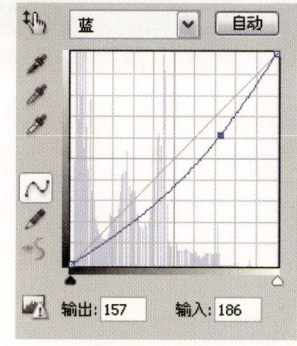

05 扩展画布

按下快捷键Ctrl+Alt+Shift+E，盖印得到"图层2"，执行"图像>画布大小"命令，在打开的对话框中设置扩展参数，完成后单击"确定"按钮，为照片图像扩展出白色边缘。

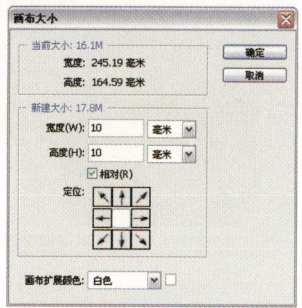

06 调整图像效果

复制得到"图层2 副本"图层，按下快捷键Ctrl+T，适当缩小图像，置于图像中心位置。单击"图层 2"，填充为黄褐色（R97、G90、B42），制作照片放置于黄褐色背景上的效果。

07 应用"云彩"滤镜

新建"图层 3"，按下D键恢复默认的前景色和背景色，并执行"滤镜 > 渲染 > 云彩"命令，得到云彩效果。

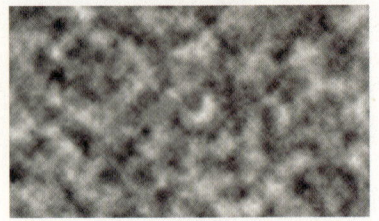

08 调整云彩效果

双击"图层 3"，打开"图层样式"对话框，在弹出的对话框中调整"混合颜色带"的参数，完成后单击"确定"按钮，调整云彩。新建"图层 4"，将其与"图层 3"合并，得到镂空云彩效果。

09 擦除部分云彩

此时在"图层"面板中将"图层 4"重命名为"图层 3"，然后单击选择该图层，单击橡皮擦工具，使用尖角画笔在图像中涂抹，以擦除部分遮挡住人物和背景图像的黑白云彩。

10 保留选区

在"图层"面板中按住Ctrl键的同时单击"图层 3"缩览图，载入云彩选区，在"通道"面板中单击"创建新通道"按钮，创建Alpha 1通道，保留选区。

11 模糊图像

单击选择"图层 3"，执行"滤镜 > 模糊 > 高斯模糊"命令，在弹出的对话框中设置参数，单击"确定"按钮，从而模糊云彩效果。

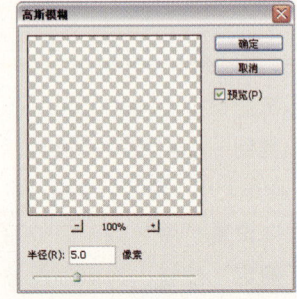

12 调整选区

按住 Ctrl 键单击 Alpha 1 缩览图载入选区。执行"选择 > 修改 > 收缩"命令，收缩选区并移动选区位置。

13 添加燃烧边缘

按下 Delete 键，删除选区内的云彩图像，得到一个灰白的不规则边缘效果，制作燃烧效果的边缘。

14 调整图像边缘

在保持选区的情况下，单击选择"图层 2 副本"图层，按下 Delete 键删除该图层上选区内的图像。

15 反选选区

按住 Ctrl 键的同时单击"图层 2 副本"图层缩览图，载入选区，按下快捷键 Ctrl+Shift+I 反选选区。

16 去除多余效果

在保持选区的情况下，单击选择"图层 3"，按下 Delete 键删除"图层 3"上的选区内的图像，将边缘部分的多余灰色线条去除。

17 细致调整图像

在"图层"面板中设置"图层 3"的"不透明度"为 80%，添加图层蒙版，调整画笔"不透明度"和"流量"，适当涂抹让缺失边缘更自然。

18 添加投影效果

在"图层"面板中双击"图层 2 副本"图层,打开"图层样式"对话框,在"投影"选项面板中设置参数,调整颜色为褐色（R53、G47、B4）,完成后单击"确定"按钮,添加一定的阴影效果。

19 调整图像颜色

单击"创建新的填充或调整图层"按钮,添加"渐变映射 1"调整图层,单击渐变颜色,设置渐变颜色为黑色、黄褐色（R86、G48、B12）、橙色（R255、G124、B0）,此时图像被这些颜色所覆盖。

20 创建剪贴蒙版

设置"渐变映射 1"调整图层的"不透明度"为 70%,按下快捷键 Ctrl+Alt+G,创建剪贴蒙版,让颜色调整仅作用于为图像添加的燃烧边缘效果。

21 调整图像色调

单击"创建新的填充或调整图层"按钮,添加"色相/饱和度 1"调整图层,在其"调整"面板中设置参数,整体调整图像的色调效果。

22 添加纹理质感

隐藏"图层 2 副本"下的所有图层,按下快捷键 Ctrl+Alt+Shift+E,盖印得到"图层 4",显示所有图层并执行"滤镜 > 纹理 > 纹理化"命令,在对话框右上角设置参数,赋予照片图像纹理质感。

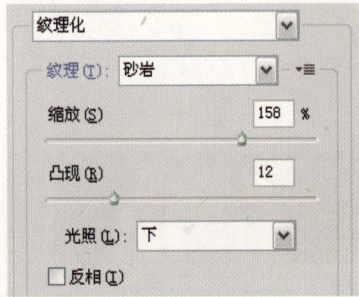  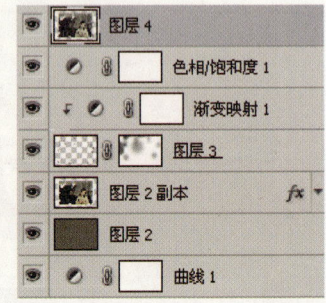

Section 04 制作时尚婚纱效果

本案例中所使用的婚纱照片具有动感而活泼的一面，对照片图像中各部分内容的颜色进行调整，为照片图像绘制边框效果并羽化，虚化图像边缘，并添加浪漫的文字效果，让婚纱照更时尚美观。

01 打开图像文件
在Photoshop CS5中打开附书光盘Chapter 18\Media\时尚婚纱.jpg图像文件。

02 调整图层混合模式
按下快捷键Ctrl+J，复制得到"图层1"。设置图层混合模式为"柔光"，"不透明度"为80%。

03 创建选区
单击魔棒工具，按住Shift键的同时在图像中单击，绘制选区。

04 调整选区图像
在保持选区的情况下单击"创建新的填充或调整图层"按钮，添加"曲线1"调整图层，在其"调整"面板中分别选择RGB、"红"和"蓝"通道，在其中添加并拖动锚点，调整曲线效果。

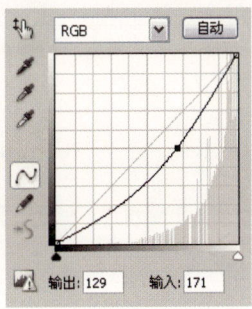
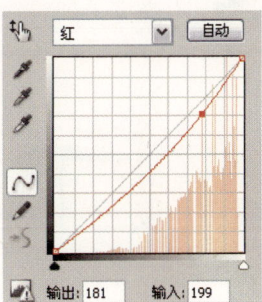
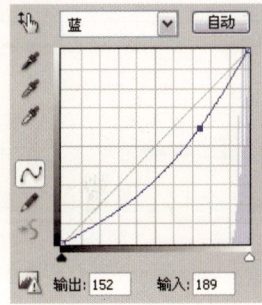

05 查看图像效果
此时在图像中可以看到，经过调整，天空的蓝色更加丰富。

06 载入并反选选区
按住Ctrl键的同时单击"曲线1"调整图层缩览图，载入调整图层选区，并反选选区。

07 调整图像色调

在保持选区的情况下单击"创建新的填充或调整图层"按钮 ，添加"色彩平衡1"调整图层，在其"调整"面板中分别选中"中间调"和"阴影"单选按钮，并在其中拖动滑块设置参数，此时可以看到，为人物图像部分添加了黄色调，图像的层次更丰富。

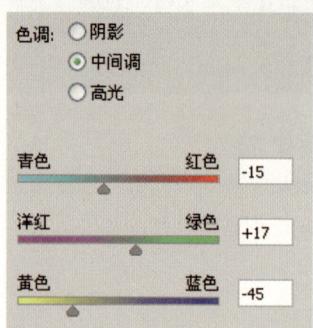
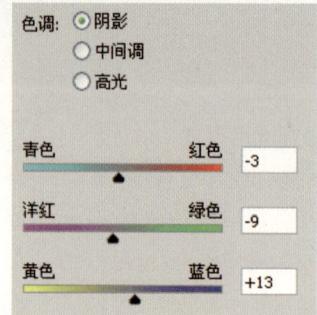

08 创建气球选区

单击魔棒工具 ，按住Shift键的同时在图像中单击绘制气球选区。

09 填充渐变

新建"图层2"，设置渐变为"黄色、粉红、紫色"，填充径向渐变。

10 调整气球颜色

设置"图层2"的混合模式为"颜色"，"不透明度"为50%。

11 调整另一侧气球颜色

新建"图层3"，使用相同的方法，继续在图像中创建相应的选区后填充渐变颜色，并通过设置混合模式和不透明度来调整另一侧的气球效果。

12 调整气球图像色调

同时载入"图层2"和"图层3"选区，添加"色彩平衡2"调整图层，调整参数改变气球图像色调。

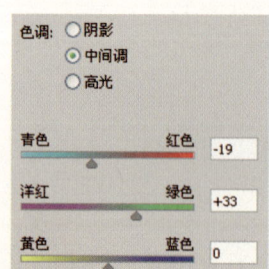
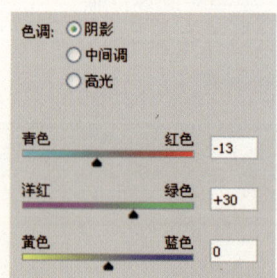

13 创建并羽化选区

按下快捷键 Ctrl+Alt+Shift+E，盖印得到"图层 4"。单击多边形套索工具，在图像中绘制选区，并适当羽化选区。

14 模糊图像

执行"滤镜 > 模糊 > 高斯模糊"命令，在弹出的对话框中设置模糊半径，单击"确定"按钮，模糊选区内的图像，从而突出照片中的人物中心效果。

15 执行"应用图像"命令

在"图层"面板中选择"图层 4"，执行"图像 > 应用图像"命令，打开"应用图像"对话框，在"通道"下拉列表中选择"红"通道，并设置"混合模式"和"不透明度"，完成后单击"确定"按钮，此时可以看到，图像效果发生了改变。

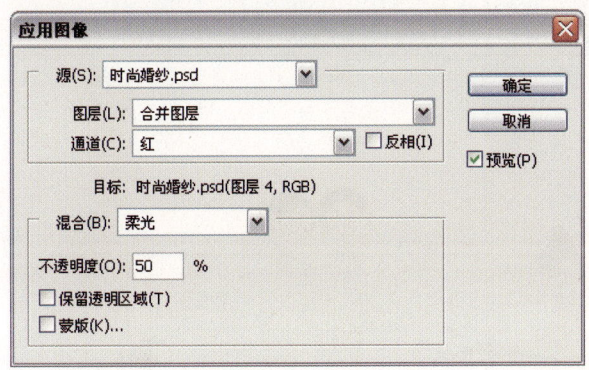

16 绘制形状路径并转换为选区

单击自定形状工具，设置形状样式为"边框 7"，在图像中绘制较大一些的路径，并将其转换为选区，完成后反选选区，并适当羽化选区。

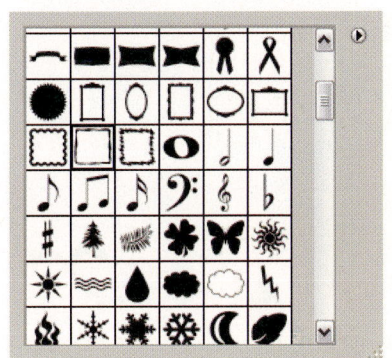

17 反选选区

在对原有选区进行相应的羽化后,执行"选择 > 变换选区"命令,再次调整选区的大小,以覆盖部分图像,同时再次反选选区。

18 填充选区

在"图层"面板中新建"图层 5",填充选区为白色,为整个照片图像添加一个带有朦胧感的白色边框效果,从而让视线更加集中。

19 输入文字

单击横排文字工具,在"字符"面板中设置文字格式,并调整文字颜色为白色,在图像中输入文字,适当调整文字大小后继续输入文字,并让文字处于不同的图层上,以便调整文字的编排效果。

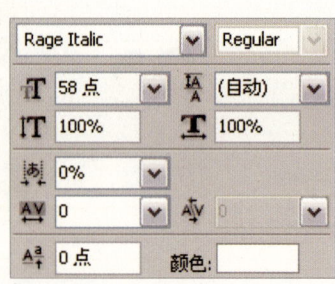

20 绘制图形

新建"音符"图层组,在其中新建"图层 6"和"图层 7",单击自定形状工具,设置形状样式为"八分音符",在图像中绘制形状路径,并将其转换为选区,填充选区为白色,添加音符图形效果。

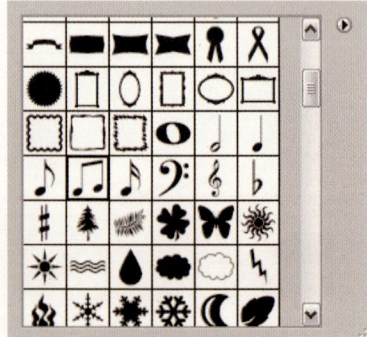

21 复制并调整图形

在"音符"图层组中分别单击"图层 6"和"图层 7",复制得到相应的副本图层,并调整大小,使其形成逐渐减小的散布效果。

22 绘制路径

新建"图层 8",单击钢笔工具,在图像中绘制曲线线条路径。

23 描边路径

单击画笔工具,设置画笔颜色为白色,并调整画笔样式和大小,在"路径"面板中描边路径,得到白色曲线效果。

24 复制图像

设置"图层 8"的"不透明度"为 80%,让线条效果更自然,同时复制相应的副本图层,并根据不同的位置调整图层的大小。

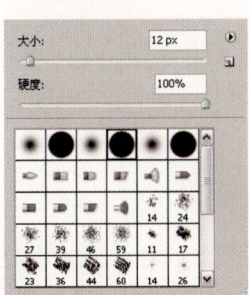 

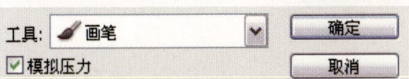

25 添加素材

打开附书光盘 Chapter 18\Media\星光.png 图像文件,移动到当前图像文件中,调整其大小和位置。

26 调整图像效果

添加"色阶 1"调整图层,在其"调整"面板中调整参数,加强图像的颜色效果。

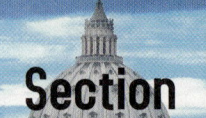

Section 制作温馨杯贴效果

在 Photoshop 中除了可以使用人物照片制作各种特殊效果，也可以选择其他类型的照片进行处理。本案例选择了一组静物照和花卉照，通过合成的手法为杯子图像添加温馨而真实的杯贴效果，从而赋予杯子贴画陶瓷的质感。

01 打开图像文件

在Photoshop CS5中打开附书光盘 Chapter 18\Media\杯贴效果.jpg 图像文件。

02 应用"马赛克"滤镜

按下快捷键 Ctrl+J，复制得到"背景 副本"图层。设置图层混合模式为"柔光"，"不透明度"为 80%，加强图像效果。

03 调整图像明暗对比

单击"创建新的填充或调整图层"按钮，添加"曲线 1"调整图层，在其面板中分别选择 RGB 和"蓝"通道，在其中添加锚点并移动锚点，调整曲线，从而调整图像的明暗对比，同时也去除了图像的灰暗效果。

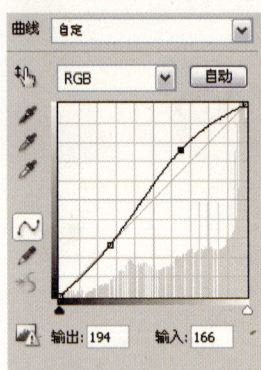
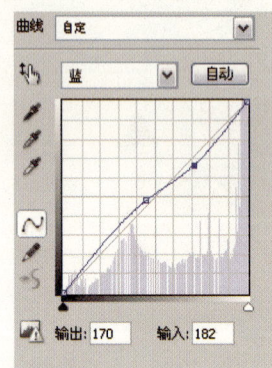

04 调整图像颜色

单击"创建新的填充或调整图层"按钮，添加"色彩平衡 1"调整图层，在其"调整"面板中设置参数，调整图像的颜色，使其颜色的饱和度更高一些，图像也更亮丽。

05 设置渐变

新建"图层1",单击渐变工具，追加"蜡笔"渐变样式组中的所有样式,并设置渐变样式为"黄色、粉红、紫色",在图像中绘制线性渐变效果。

06 调整图层混合模式

设置"图层1"的图层混合模式为"正片叠底","不透明度"为50%,让绘制的渐变效果与整个图像相融合。

07 添加图层蒙版

为"图层1"添加图层蒙版,使用"前景色到透明渐变"渐变在图像中绘制中心部分的颜色。

08 添加素材

在 Photoshop CS5 中打开附书光盘 Chapter 18\Media\花.psd 图像文件。

09 创建选区

执行"选择>色彩范围"命令,在图像中单击取样,单击"确定"按钮,得到相应选区,反选选区后复制得到"图层1",隐藏"背景"图层,查看得到的图像效果。

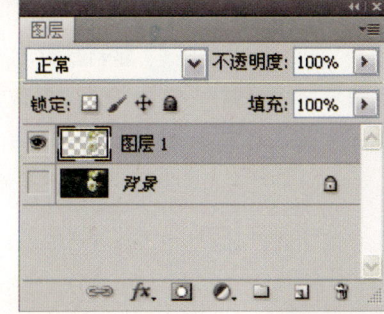

10 移动图像

使用移动工具将"图层1"移动到"杯贴效果.jpg"图像文件中,生成"图层2",调整大小和位置。

11 调整图层混合模式

在"图层"面板中设置"图层2"的图层混合模式为"强光","不透明度"为50%,使效果融入画面。

12 添加图层蒙版

为"图层2"添加图层蒙版,使用黑色柔角画笔适当涂抹,将除了花朵以外的其他图像全部隐藏,为杯子添加杯贴效果。

13 添加图层样式

双击"图层2",打开"图层样式"对话框,在其中勾选"斜面和浮雕"复选框,设置相应的参数,并调整阴影模式颜色为红色(R148、G14、B30)。

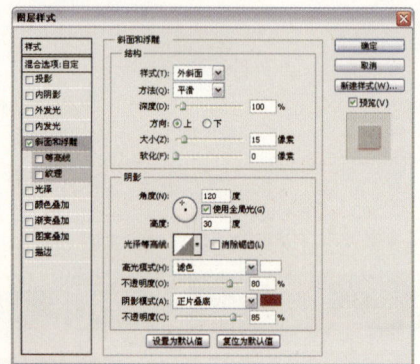

14 查看图像效果

此时在图像中可以看到,由于添加了图层样式,使杯子上的花朵杯贴带有一层突出的立体效果,使其与杯子的质地相似。

15 复制图像

复制得到"图层2副本"图层,水平翻转图像后调整其大小和位置,调整"混合模式"和"不透明度",结合图层蒙版的调整,制作左侧较小的杯贴。

16 继续复制图像

继续复制得到"图层 2 副本 2"图层,再次翻转图像,并调整花朵图像的大小和位置,结合图层蒙版的调整,制作右侧的小花朵杯贴效果。

17 绘制路径

单击钢笔工具,在属性栏上单击"路径"按钮,然后在图像中沿着杯子内壁绘制闭合的路径,转换为选区后复制得到"图层 3"。

18 添加素材

在 Photoshop CS5 中打开附书光盘中的 Chapter 18\Media\ 纹理 .jpg 图像文件。

19 移动图像

将"纹理 .jpg"图像文件移动到"杯贴效果 .jpg"图像文件中,生成"图层 4",调整其大小和位置。

20 调整图像效果

在"图层"面板中设置"图层 4"的混合模式为"柔光",使其仅保留图凸出部分的纹理效果。

21 创建剪贴蒙版

按下快捷键 Ctrl+Alt+G,创建剪贴蒙版,结合图层蒙版适当涂抹,为杯中的奶茶添加图案。

Section 06 制作双胞胎合影效果

生活中人物单人照是比较常见的，而双胞胎合影则更富有趣味性，本例通过在 Photoshop 中对同一个人物的两张不同的照片进行合成处理，并调整图像整体效果，制作双胞胎合影效果。

01 打开图像文件

在Photoshop CS5中打开附书光盘Chapter 18\Media\双胞胎.jpg图像文件。

02 复制通道

在"通道"面板中单击选择"红"通道，图像呈黑白效果，将"红"通道拖动到"创建新通道"按钮上，快速复制得到"红 副本"通道。

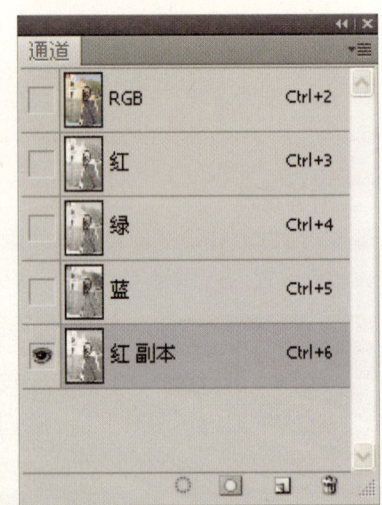

03 调整通道图像

按下快捷键 Ctrl+L，打开"色阶"对话框，在其中拖动滑块调整参数，尽量让图像中黑白图像的对比效果更强烈，完成后单击"确定"按钮。

04 继续调整通道图像

按下快捷键 Ctrl+M，打开"曲线"对话框，添加并拖动锚点调整曲线，继续调整图像的对比效果，让黑白图像区分更明显，完成后单击"确定"按钮。

498 Photoshop CS5 数码照片处理圣经

05 将人物涂抹为黑色
单击画笔工具，设置前景色为黑色，调整画笔大小，将人物部分全部涂抹为黑色。

06 调整图像黑白对比
继续按下快捷键Ctrl+L，打开"色阶"对话框，在其中设置参数，再次加强图像的黑白对比效果。

07 涂抹白色背景
单击画笔工具，设置前景色为白色，在图像中将除了人物外的背景部分涂抹为白色。

08 载入选区
按住Ctrl键的同时单击"红 副本"通道，载入通道选区，此时单击RGB通道，显示图像效果。

09 反选选区
按下快捷键Ctrl+Shift+I，反选选区，并按下快捷键Ctrl+J，复制得到"图层1"。

10 添加素材
在Photoshop CS5中打开附书光盘Chapter 18\Media\双胞胎合影.jpg图像文件。

专家技巧 通道中的黑白与选区
在Photoshop的通道中，黑色部分代表隐藏部分的选区，白色部分代表显示部分的选区，在调整通道图像时，也可将人物部分涂抹为白色，背景涂抹为黑色，此时若进行载入选区的操作，则得到的选区直接选择人物部分。

11 移动图像

将"图层1"移动到"双胞胎合影.jpg图像文件"中,生成"图层1",调整图像位置,并添加图层蒙版,使用黑色柔角画笔适当涂抹,将图像中的多余部分去除,使合成效果自然。

12 绘制阴影

新建"图层2",置于"图层1"下方,单击画笔工具,设置颜色为黑色,使用柔角画笔在图像中手臂和肩部遮挡位置绘制,同时调整"不透明度"为50%,加强手臂阴影,使合成效果更自然。

13 创建选区

单击快速选择工具,适当调整画笔的大小,在图像中人物的肌肤图像上单击并拖动鼠标,创建出相应的选区,并适当羽化选区。

羽化半径(R): 40 像素

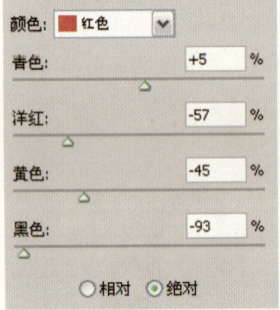
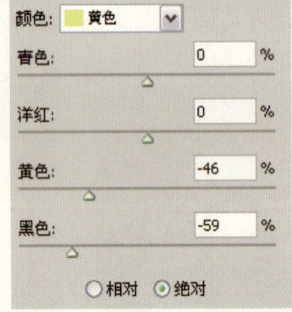
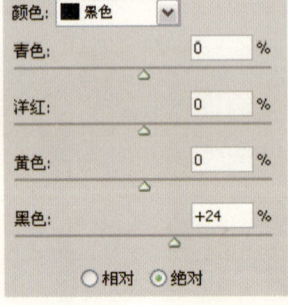

14 调整人物肤色

在保持选区的情况下添加"选取颜色1"调整图层,分别对"红色"、"黄色"和"黑色"的参数进行调整,润色人物肤色。

15 调整肤色亮度

再次载入人物皮肤选区,在保持选区的情况下添加"色阶1"调整图层,在其"调整"面板中拖动滑块调整参数,加强人物肤色的对比效果,使其效果更自然。

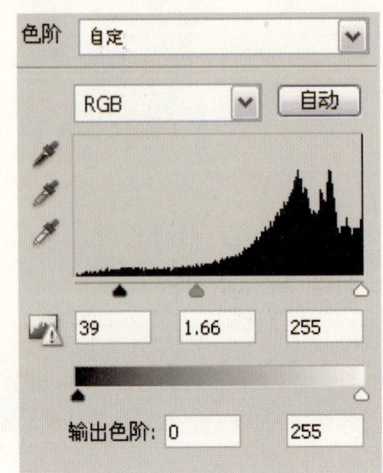

16 整体调整对比效果

单击"创建新的填充或调整图层"按钮，添加"色阶2"调整图层，在其"调整"面板中设置参数，调整整体图像的明暗对比效果。

17 调整曲线

继续单击"创建新的填充或调整图层"按钮，添加"曲线1"调整图层，在其"调整"面板中添加锚点调整曲线，加强阳光效果。

18 调整图层蒙版

单击"曲线1"调整图层蒙版，使用黑色柔角画笔，对过亮的人物部分进行恢复，让亮度的调整作用于更多的背景效果中。

19 调整颜色并输入文字

载入"曲线1"调整图层的选区，并根据选区添加"色彩平衡1"调整图层，在其"调整"面板中设置参数，调整图像中背景的颜色。单击横排文字工具，设置文字格式后调整颜色为红色（R208、G29、B29），输入文字并复制文字，调整其角度和编排效果。

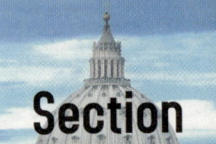

制作网店商品色调效果

07

网络的盛行带动商业的发展，很多网店的商品图像都具有可爱而时尚的特点，本案例通过对普通商品的照片进行色调的调整，从而使照片在展示商品效果的同时又兼具了时尚感和设计感。

01 打开图像文件

在Photoshop CS5中打开附书光盘Chapter 18\Media\网店商品色调.jpg图像文件。

02 复制并调整图层

按下快捷键Ctrl+J，复制得到"图层1"。设置混合模式为"柔光"，去掉灰蒙蒙的图像效果。

03 继续调整图像效果

继续按下快捷键Ctrl+J，复制得到"图层1 副本"图层，再次加强图像的对比效果。

04 添加图层蒙版

单击"图层1 副本"图层，为其添加图层蒙版，使用黑色柔角画笔涂抹图像边缘，恢复过亮效果。

05 调整饱和度

添加"自然饱和度1"调整图层，在其"调整"面板中设置参数，调整图像的饱和度。

06 加强亮度对比

盖印得到"图层2"，设置混合模式为"滤色"，进一步加强图像的亮度对比效果。

07 继续添加图层蒙版

为"图层2"添加图层蒙版，使用黑色画笔涂抹，突出鞋子上方光影，其他部分的强对比效果则隐藏。

08 去除部分红色

单击"创建新的填充或调整图层"按钮，添加"选取颜色1"调整图层，在其"调整"面板中设置参数，适当调整图像中的红色，让鞋子上过红的效果得到修复。

09 锐化图像

盖印得到"图层3"，执行"滤镜>锐化>智能锐化"命令，在弹出的"智能锐化"对话框中设置相应的参数。

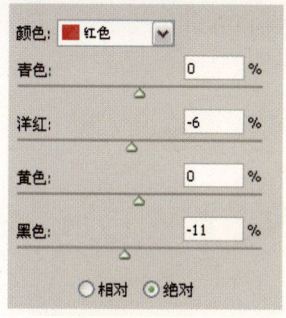

10 查看图像效果

完成设置后单击"确定"按钮即可看到锐化后的图像效果，在鞋子的边缘更加突出其质地感。

11 创建并羽化选区

单击套索工具，绘制选区。按下快捷键Shift+F6，在弹出的对话框中设置参数，羽化选区。

12 模糊图像

在保持选区的情况下执行"滤镜>模糊>高斯模糊"命令，在弹出的对话框中设置参数，完成后单击"确定"按钮，模糊选区内的图像，从而对图像中产品外的背景效果进行模糊，以集中视线。

13 调整亮度对比度

通过单击"创建新的填充或调整图层"按钮，添加"亮度/对比度1"调整图层，在其"调整"面板中设置参数，从而适当恢复图像中过亮的边缘效果，让产品更真实。

14 加强边缘

盖印得到"图层4",执行"滤镜>其他>高反差保留"命令,在弹出的对话框中设置参数,完成后单击"确定"按钮,得到边缘突出的反相图像效果。

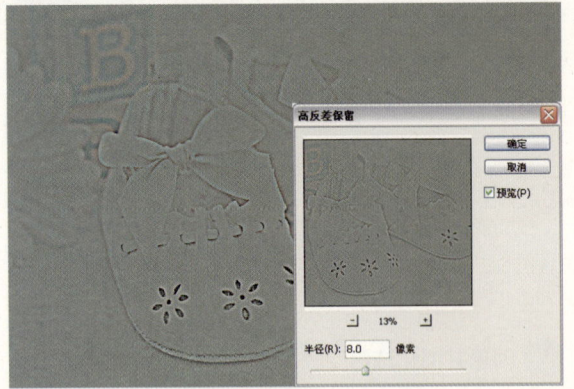

15 添加图层蒙版

在"图层"面板中设置"图层4"的混合模式为"叠加",并为其添加图层蒙版,适当涂抹鞋子近处的边缘,隐藏过度突出的边缘效果,使其更自然。

16 调整对比效果

通过单击"创建新的填充或调整图层"按钮,添加"曲线1"调整图层,在其"调整"面板中调整曲线,让图像稍微趋于暗光的照耀效果。

17 应用"镜头光晕"滤镜

盖印得到"图层5",执行"滤镜>渲染>镜头光晕"命令,在对话框中设置参数,单击"确定"按钮,为图像添加光晕效果。

18 调整图层混合模式

复制得到副本图层,设置混合模式为"柔光","不透明度"为60%,加强光晕效果。

19 绘制星形

使用自定形状工具,设置样式为"五角星边框",绘制白色星形图像,为图像添加可爱元素。

Section 08 制作可爱晾晒效果

晾晒效果是比较常见的合成效果，可以使用不同的图像进行合成。本案例对人物照片、宠物照片和风景照 3 类照片进行合成，通过明暗效果的调整，图形的添加，制作出具有可爱风格的照片。

01 打开图像文件
打开附书光盘Chapter 18\Media\晾晒效果.jpg图像文件。

02 复制并调整图像
复制出"图层 1"，设置混合模式为"滤色"，"不透明度"为 50%。

03 调整色阶
添加"色阶 1"调整图层，在其面板中拖动滑块设置参数。

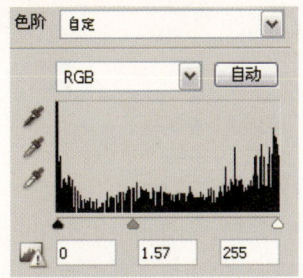

04 查看图像效果
此时可以看到，经过色阶的调整，图像整体亮了起来。

05 恢复天空效果
盖印得到"图层 2"，设置混合模式为"柔光"，"不透明度"为 50%。

06 绘制路径
单击钢笔工具，绘制具有弧度且贯通整个图像的路径。

07 描边路径
新建"图层 3"，单击画笔工具，设置画笔大小和硬度，调整颜色为白色，打开"描边路径"对话框，设置工具为"画笔"，完成后单击"确定"按钮，描边路径，形成白色的线条。

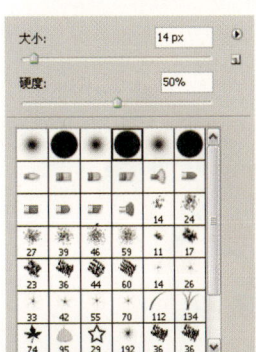

08 添加阴影效果
双击"图层 3"，添加"投影"图层样式，调整颜色为绿色（R11、G112、B117）。

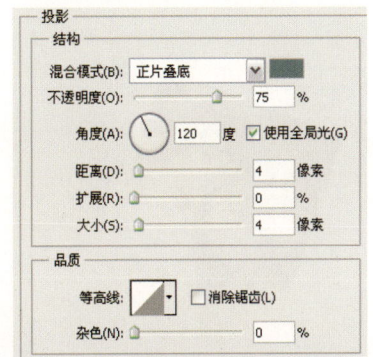

09 添加浮雕效果

在"图层样式"对话框中勾选"斜面和浮雕"、"等高线"和"纹理"复选框,分别设置参数后,调整阴影模式颜色为蓝绿色(R0、G168、B185),等高线样式为"锥形",图案样式为"箭尾2",完成设置后单击"确定"按钮,为白色的线条添加一定的立体效果。

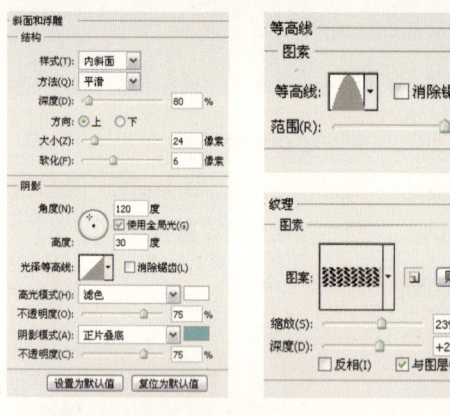

10 添加素材文件

打开附书光盘Chapter 18\Media\01.jpg图像文件,移动到当前图像文件中生成"图层4",调整图像大小和位置。

11 继续添加素材

打开附书光盘 Chapter 18\Media\02.jpg、03.jpg 和 04.jpg 图像文件,移动到当前图像文件中,生成相应的图层,调整大小和位置,形成晾晒效果。

12 绘制路径

单击钢笔工具,在图像中绘制夹子形状的路径。

13 将路径转换为选区

按下快捷键 Ctrl+Enter,将路径转换为选区。

14 填充选区

新建"图层8",填充选区为橙色(R250、G158、B83)。

15 复制图像
复制得到副本图层，置于"图层8"的下方，调整图像颜色为褐色（R174、G91、B23）。

16 绘制图像
新建"图层9"，单击椭圆选框工具，绘制圆形选区，填充选区为黑色，完成夹子的绘制。

17 调整并复制图层组
新建"夹子"图层组，将夹子图像所在的图层置于该组中，并复制得到相应的副本图层组。

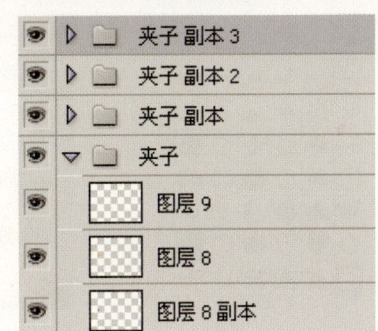

18 调整图像位置
在"图层"面板中选择不同的夹子图层组，调整其在图像中的位置，使每一幅图像对应一个夹子图像，为晾晒图像添加夹子图像。

19 载入选区
在"图层"面板中隐藏"图层3"下方的所有图层，然后盖印得到"图层10"，此时可按住Ctrl键的同时单击"图层10"缩览图，载入该图层选区。

20 调整选区
执行"选择>修改>扩展"命令，扩展选区，并适当羽化选区。

21 调整渐变效果
在"图层10"下方新建"图层11"，设置渐变样式为"蓝色、黄色、粉红"，绘制渐变并调整不透明度。

22 绘制心形图案

新建"图案"图层组，新建"图层12"，使用自定形状工具绘白色的心形图案，复制得到多个图案调整图形大小和位置，设置"图案"图层组的混合模式为"柔光"，让效果更自然。

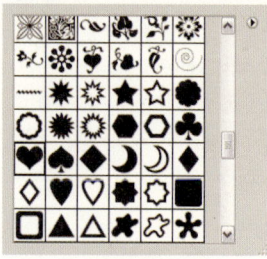

23 添加素材

打开"发光线条.png"文件，移动到当前图像中生成"图层13"，调整其大小和位置并添加图层蒙版，适当涂抹图像，复制得到副本图层丰富画面效果。

24 调整图像效果

盖印得到"图层14"，设置混合模式为"柔光"，加强图像效果，同时为其添加图层蒙版，使用黑色柔角画笔适当涂抹，让图像整体效果更美观。

25 输入文字

单击横排文字工具，在"字符"面板中设置文字样式，调整颜色为白色，输入文字。

26 变形文字效果

单击"创建文字变形"按钮，在弹出的对话框中设置参数，单击"确定"按钮，变形文字效果。

Section 09 制作人物明星照效果

生活中普通的人物照片经过处理也可以变身为耀眼的明星照效果。本案例选择一些具有特定角度和姿势的普通人物照，通过对其色调以及相应的效果进行调整，将其处理为具有明星风范的照片效果。

01 打开图像文件
在Photoshop CS5中打开附书光盘Chapter 18\Media\明星照效果.jpg图像文件。

02 复制并调整图像
按下快捷键 Ctrl+J，复制得到"图层 1"。设置混合模式为"柔光"，"不透明度"为 50%，加强效果。

03 调整曲线
添加"曲线 1"调整图层，在"调整"其面板中添加并拖动锚点，调整曲线。

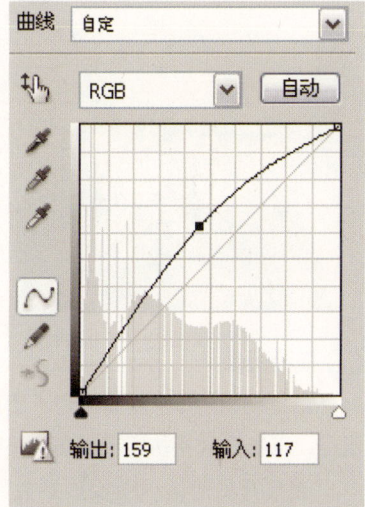

04 查看图像效果
此时在图像中可以看到，通过曲线调整图层的调整，图像的明暗对比效果得到了加强。

05 调整饱和度
添加"自然饱和度 1"调整图层，在其面板中拖动滑块设置参数，修复人物过于抢眼的红手套。

06 调整色阶
添加"色阶 1"调整图层，在其面板中拖动滑块设置参数，加强图像的对比效果。

07 修饰人物图像

按下快捷键Ctrl+Shift+Alt+E，盖印得到"图层 2"，执行"滤镜>液化"命令，在打开对话框的图像调整区域，调整画笔大小、压力等样式后，分别在人物脸部和腰部进行调整，完成后单击"确定"按钮，修饰人物脸部和神采效果。

08 创建选区

复制得到"图层 2 副本"图层，单击快速选择工具，在图像中人物部分单击并拖动，创建相对准确的人物选区。

09 模糊图像

按下快捷键Ctrl+J，复制得到"图层 3"。选择"图层 2"反选选区，执行"滤镜>模糊>高斯模糊"命令，在打开的对话框中设置参数，完成后单击"确定"按钮，模糊整个图像。

10 锐化图像

在"图层"面板中单击选择"图层 3"，执行"滤镜>锐化>智能锐化"命令，打开"智能锐化"对话框，在其中设置参数，完成后单击"确定"按钮，从而锐化人物图像效果，让明星照效果更突出。

11 盖印图层

按下快捷键Ctrl+Shift+Alt+E，盖印得到"图层4"。

12 载入选区

单击选择"图层4"，按住Ctrl键的同时单击"图层3"缩览图，载入选区，并反选选区。

13 羽化半径

按下快捷键Shift+F6，羽化选区，并按下快捷键Ctrl+J，复制得到"图层5"。

14 模糊图像

选择"图层5"，执行"滤镜>模糊>动感模糊"命令，在其对话框中设置参数，模糊图像。

15 调整图像效果

在"图层"面板中设置"图层5"的混合模式为"滤色"，"不透明度"为80%，调整图像效果。

16 复制图像

按下快捷键Ctrl+J，复制得到副本图层，调整图层混合模式为"叠加"，加强倾斜的光线效果。

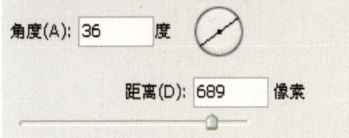

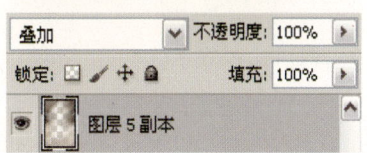

17 载入选区

单击选择"图层5",按住Ctrl键的同时单击"图层3"缩览图,再次载入选区。

18 调整选区

按下快捷键Ctrl+Shift+I,反选选区,同时再按下快捷键Shift+F6,羽化选区。

19 添加图层蒙版

单击选择"图层5",保持选区的情况下添加图层蒙版,并对副本图层应用相同的蒙版。

20 整体调整图像

盖印得到"图层6",设置混合模式为"柔光","不透明度"为50%,加强图像效果。

21 绘制边缘花纹

单击画笔工具,载入附书光盘Chapter 18\Media\边角花边.abr笔刷文件,调整颜色为白色,设置画笔样式为Sampled Brush 82,在图像中绘制白色花边。

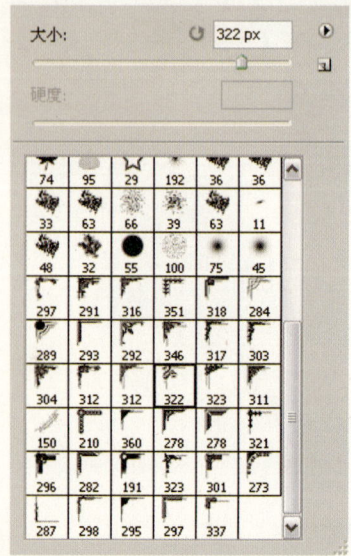